AF400247

# Eisenbahnoberbau
## Die Grundlagen des Gleisbaues

Von

## Dipl.-Ing. Dr. **Robert Hanker**
o. Professor an der Technischen Hochschule Wien

Mit 258 Textabbildungen

**Wien**
Springer-Verlag
1952

ISBN-13: 978-3-7091-7801-0      e-ISBN-13: 978-3-7091-7800-3
DOI: 10.1007/978-3-7091-7800-3

# Vorwort

*Grau, teurer Freund, ist alle Theorie,*
*Und grün des Lebens goldner Baum.*
*(Faust, Schülerszene.)*

Wenn man den Eisenbahnoberbau in seiner heutigen Form, Schienen auf Querschwellen im Schotter eingebettet, liegen sieht, dann erscheint alles so einfach und selbstverständlich, daß man meinen sollte, das Schaffen eines Oberbaues sei ein gutes biederes Handwerk und daß auch die Beschreibung des rein Handwerksmäßigen bald abgetan sein müßte.

Ein Vergleich mit einer Lokomotive, die dem Oberbau nahesteht, weil sie mit ihm zusammenarbeiten muß, mit ihren vielen Einzelteilen und ihrem verwickelten Aufbau — denken wir nur an eine Elektrolokomotive —, oder mit einer mächtigen, weit gespannten Brücke, die als „Träger" ein Gegenstück der Schiene bildet, scheint die untergeordnete Bedeutung des Eisenbahnoberbaues besonders deutlich darzutun. Daß für den Entwurf einer Lokomotive oder einer solchen großen Brücke viel „Wissen" gehört, leuchtet jedem ein — aber der Eisenbahnoberbau — ja kann man denn da überhaupt von einer Wissenschaft sprechen? Und doch ist es so. In dem einfachen, bescheidenen Oberbau, der unentwegt die schweren Lasten *trägt*, sich von den Lokomotiven und Wagen stoßen und hämmern läßt und sie dabei sicher an ihr Ziel *führt*, steckt eine gewaltige Geistesarbeit von mehreren Generationen, und nur wer die Entwicklung kennt, kann ermessen, wieviel mühsame Forscherarbeit aufgewendet werden mußte, um zu dem einfachen Endergebnis zu kommen: zu unserem heutigen Gleis.

Das vorliegende Buch hat sich daher das Ziel gesteckt, mehr als in anderen Büchern über den Eisenbahnoberbau, alles entwicklungsmäßig aufzubauen und dabei die wissenschaftliche Forschungsarbeit, die bei der Entwicklung geleistet worden ist, aufzuzeigen.

Wie im biologischen Sinn gilt auch hier der Satz: Alles Leben ist *Entwicklung* und nur Entwicklung ist Leben; Stillstand ist der Tod.

Wenn dies der Leitfaden sein soll, der das ganze Buch durchzieht, dann wird auch der Theorie ein gebührender Platz in den angestellten Betrachtungen eingeräumt werden müssen, obwohl gerade im Eisenbahnoberbau die praktische Erfahrung bei der Entwicklung führend war und wohl immer bleiben wird. Aber ohne Theorie gäbe es in der Technik und daher auch im Oberbau keine Entwicklung, sie befruchtet die Praxis, ist oft die Wegweiserin und schließlich ist zunächst jeder neue Gedanke „Theorie", der noch nicht in der Praxis erprobt worden ist.

Wie auf allen Gebieten des technischen Schaffens wird auch beim Eisenbahnoberbau im richtigen Zusammenklang von Theorie und Praxis noch ein weiterer Fortschritt zu erwarten sein. Aufgebaut auf Theorie und Praxis, wird daher im Anhang des Buches ein neuer Weg gewiesen, in welcher Richtung die *Weiter-*

*entwicklung* des Eisenbahnoberbaues gehen könnte. Bei diesem Streben hoffe ich, von „grauer Theorie" bewahrt geblieben zu sein, eben weil ich möglichst alle praktischen Erfahrungen (und nicht nur die eigenen), die in der Entwicklungszeit gemacht wurden, mögen sie oft noch so klein und unbedeutend sein, beachtet und für die Entwicklung ausgenützt habe.

Um die vielen praktischen Erfahrungen und die geleistete Forschungsarbeit festzuhalten, habe ich mich bemüht, ein möglichst umfassendes Literaturverzeichnis zusammenzustellen, das die ganze Entwicklung des Eisenbahnoberbaues widerspiegelt. Wenn dieses Verzeichnis trotz aller Bemühungen doch nicht „vollständig" ist, dann möge man mir den Mangel verzeihen. Es liegt nicht am guten Willen, sondern ist in der Unzulänglichkeit alles menschlichen Schaffens begründet.

Jedenfalls wäre ich für Mitteilungen, die eine Ergänzung im Literaturverzeichnis oder sonstige Änderungen zweckdienlich erscheinen ließen, sehr dankbar. An dieser Stelle sei auch allen Förderern aus der Praxis, die mich mit ihren Erfahrungen unterstützt haben, herzlichst gedankt und dem Verlag für die Ausstattung des Buches der besondere Dank ausgesprochen.

Nicht zuletzt danke ich noch meinem Assistenten Herrn Dipl.-Ing. Dr. techn. Leopold LIEBSCHER für die Unterstützung bei der mehrmaligen Durchsicht der Arbeit während des Druckes.

Das vorliegende Buch behandelt nur den Bau des laufenden Gleises, also den eigentlichen Eisenbahnoberbau, den *Gleisbau*, während die Behandlung der *Gleisverbindungen* einer späteren Arbeit vorbehalten sein soll. Dies erschien deshalb zweckmäßig, weil über Gleisverbindungen erst 1940 ein Buch von HARTMANN, „Reichsbahnweichen und Reichsbahnbogenweichen", Verlag Otto Elsner, Berlin, erschienen ist und bis zur Herausgabe eines neuen Buches über denselben Gegenstand ein größerer Zeitraum verstreichen soll, um die weitere Entwicklung berücksichtigen zu können.

Zusammenfassend sei schließlich festgestellt, daß die völkerverbindende Eisenbahn, die heute aus unserem Leben nicht wegzudenken ist, trotz aller neuen Verkehrsmittel in der nächsten Zukunft ihre Bedeutung für die Beförderung großer Mengen mit großer Geschwindigkeit behalten wird. Eine noch bessere eiserne Bahn zu schaffen, die bei geringerem Aufwand noch mehr leistet, ist also kein nutzloses Beginnen, sondern muß weiter unser Bestreben sein.

Dem Buch sei daher der Wunsch mit auf den Weg gegeben, sich als ein kleines, aber nützliches Blatt in „des Lebens goldenem Baum" zu erweisen, der ja in der gesamten Technik einen seiner kräftigsten Äste besitzt.

Wien, im Frühjahr 1952.

R. Hanker

# Inhaltsverzeichnis

Inhaltsverzeichnis                                           VII

Anhang

# Einleitung

Wenn man heute die etwas mehr als 150jährige Entwicklung des Eisenbahnoberbaues überblickt, kann man zwei etwa gleich lange Abschnitte feststellen.
Der erste Abschnitt war die Zeit der Entwicklung der verschiedensten Bauformen:
alles war im Fluß, die Querschwellenbauarten standen im Wettstreit mit Langschwellenbauarten und im ganzen ist dieser Zeitraum durch einen Artenreichtum
gekennzeichnet, der vom Standpunkt der Oberbauwirtschaft sicherlich höchst
unerwünscht war und auch heute noch ebensowenig erstrebenswert wäre, der
aber den Vorteil hatte, daß verschiedene Entwicklungsmöglichkeiten offen lagen.

Der zweite Zeitabschnitt ist gekennzeichnet durch den Sieg der Querschwelle
und durch eine Art Erstarrung der Bauformen; die Schienenform (bei uns und
in Amerika die Breitfußschiene, in England und in den mit England verbundenen
Staaten die Stuhlschiene) hat innerhalb 50 Jahren kaum mehr eine wesentliche
Änderung erfahren. Sie ist im Laufe der Zeit nur immer stärker geworden und die
Form wurde spannungstechnisch verbessert sowie hinsichtlich Aufnahme der
Laschendrücke sorgfältiger durchgebildet. Viel Mühe wurde aufgewendet, die
Befestigung der Schiene auf der Querschwelle einwandfrei zu gestalten und in
dieser Hinsicht dürfte kaum mehr viel Besseres zu erreichen sein. Hingegen ist
die Stoßausbildung trotz einer Unzahl von Vorschlägen, von welchen auch ein
großer Teil erprobt wurde, unbefriedigend geblieben, so daß man in jüngster
Zeit auf die einfachen Flachlaschen der ältesten Entwicklungsstufe zurückgegangen ist. Während also in der zweiten Hälfte der Entwicklungszeit an den
Oberbauformen sich grundsätzlich nichts geändert hat, sind die Anforderungen,
die an den Oberbau gestellt werden, ständig gestiegen. Einerseits sind die Achslasten immer größer geworden, anderseits werden mit Erhöhung der Fahrgeschwindigkeit immer größere Ansprüche an den Oberbau hinsichtlich Erhaltung
der richtigen Lage und Höhe der Schiene gestellt.

Es soll nun untersucht werden, wie und inwieweit die verschiedenen Oberbauformen den an sie zu stellenden Forderungen gerecht werden, welche Folgerungen
daraus gezogen werden können und in welcher Richtung die Entwicklung weiter
gehen müßte, wenn Fortschritte im Zusammenwirken von Fahrzeug und Gleis
und damit hinsichtlich Ruhe und Sicherheit der Fahrt sowie vom Standpunkt
der Oberbauwirtschaft gemacht werden sollen.

# A. Grundlagen
## I. Regelquerschnitte

Der *Eisenbahnoberbau* hat für die Fahrbetriebsmittel die Fahrbahn zu liefern, er liegt auf dem *Eisenbahnunterbau*, auf den er die von den Fahrzeugen kommenden Kraftwirkungen überträgt (Abb. 1).

Der Eisenbahnoberbau besteht aus den Schienen, den Schwellen und der Bettung. Alles was unterhalb der Bettung liegt (Dämme, Einschnitte samt deren Böschungen, Gräben und sonstige Entwässerungsanlagen, Kunstbauten, Stütz- und Futtermauern, Wegunter- und -überführungen, Durchlässe und Brücken), zählt zum Unterbau.

Man gibt der Unterbaukrone oder Bettungssohle in der Regel von Bahnmitte ein Gefälle von 4% nach außen. Die Bettungsstärke „a" wird bei ein-

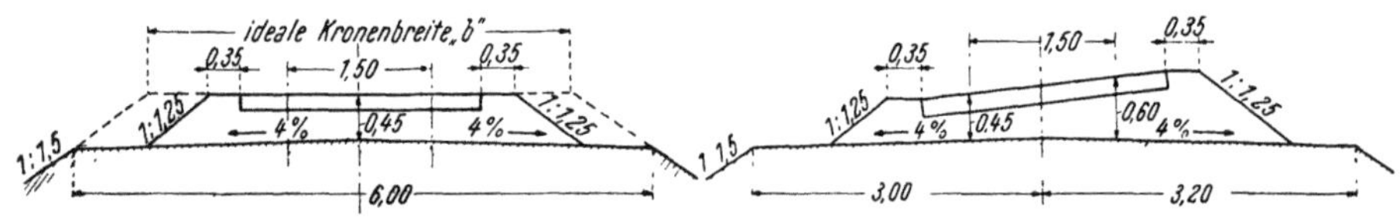

Abb. 1. Regelquerschnitt einer eingleisigen Hauptbahn in der Geraden

Abb. 2. Regelquerschnitt einer eingleisigen Hauptbahn im Bogen

gleisigen Bahnen und gerader Strecke in Gleismitte gemessen: der Abstand der Schwellenoberkante von der Unterbaukrone (Abb. 1). Im Bogengleis wird die Bettungsstärke unter der Innenschiene gemessen (Abb. 2).

Bei doppelgleisigen Bahnen und gerader Strecke wird „a" an den beiden inneren Schienen gemessen (Abb. 3). Im Bogengleis wird bei doppelgleisiger

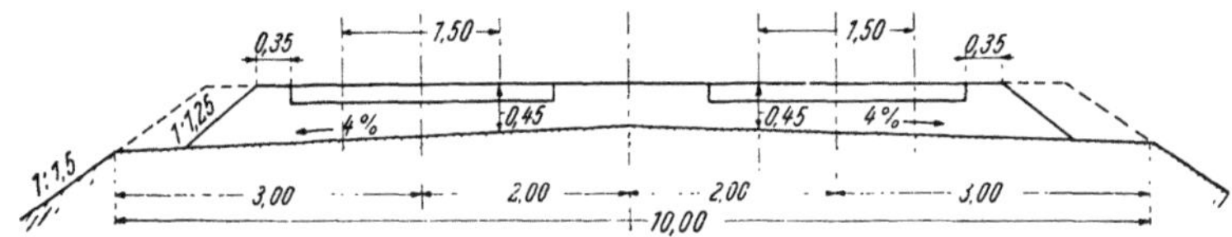

Abb. 3. Regelquerschnitt einer zweigleisigen Hauptbahn in der Geraden

Strecke „a" unter der Innenschiene des äußeren Bogenstranges gemessen (Abb. 4), weil an diesen Stellen (Abb. 1 bis 4) „a" überall den Kleinstwert hat. Die Bettungs-

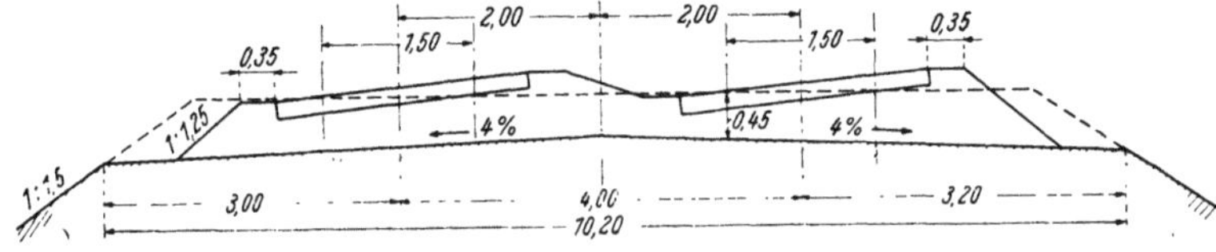

Abb. 4. Regelquerschnitt einer zweigleisigen Hauptbahn im Bogen

stärke „a" soll so bemessen werden, daß zwischen Unterkante-Schwelle und Unterbau eine genügend starke Schotterschichte liegt, die den Druck der Schwellen möglichst gleichmäßig auf den Unterbau überträgt. Die Bettungsstärke wird daher wenigstens 0,45 m stark ausgeführt. Nur bei Nebenbahnen mit schwächerem Verkehr, kleinen Raddrücken und Schmalspurbahnen kann man die Bettungsstärke um etwa 10 bis 20 cm ermäßigen.

Damit die Schwellen bei seitlichen Kräfteangriffen genügenden Halt in der Bettung finden, ist ein entsprechender Schottervorkopf erforderlich, der bei Hauptbahnen mit 0,35 m bemessen wird. Die seitliche Abböschung der Bettung wird 1 : 1,25 bei Steinschlag oder 1 : 1,5 bei Kies ausgeführt. Damit die Bettungsteile nicht über die Dammböschung abrollen können, muß die Dammkrone eine genügende Überbreite haben, und zwar auch bei Bahnen untergeordneter Bedeutung. Ein zu weit gehendes Sparen am Unterbau in dieser Richtung hat eine schwere Behinderung der Oberbauarbeiten zur Folge. Man kommt dadurch auf Planumsbreiten von B = 6,0 m bis 6,20 m für eingleisige Bahnen (Abb. 1 und 2) bei normaler Bettungsstärke „a" = 0,45 m. Um auch für größere Bettungsstärken,

die bei schlechtem Untergrund notwendig werden können, einen entsprechenden Sicherheitsstreifen gegen das Abrollen der Bettung zu haben, wird außerdem gewöhnlich noch die mindeste ideale Kronenbreite „b" = 4,00 m festgelegt. Mit zunehmender Bettungsstärke „a" wird dann selbsttätig auch die Unterbaukrone $B$ breiter; gleichzeitig wird überdies der Sicherheitsstreifen zwischen Bettungsfuß und Unterbaukronenrand größer, wenn die Bettungsböschung 1 : 1,25 ausgeführt wird, was bei größerer Bettungsstärke nur vorteilhaft ist. Die Abb. 5 und 6

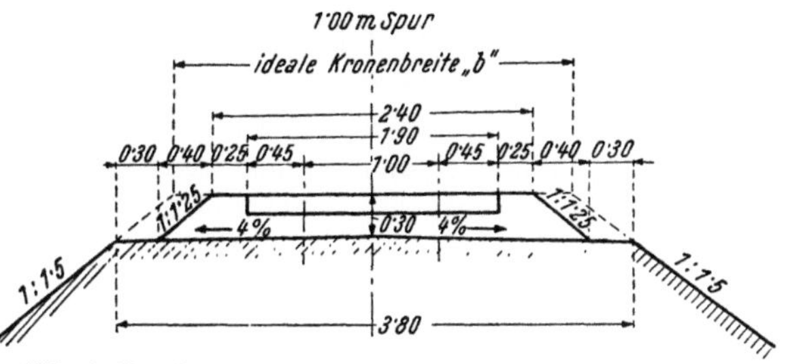

Abb. 5. Regelquerschnitt einer Bahn mit 1,00 m Spurweite

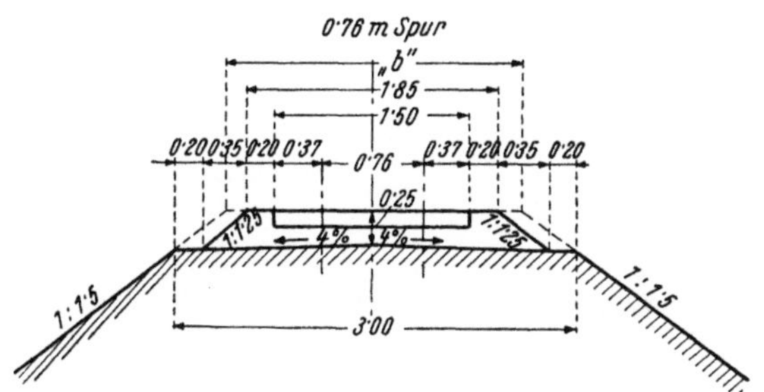

Abb. 6. Regelquerschnitt einer Bahn mit 0,76 m Spurweite

zeigen den Regelquerschnitt von Schmalspurbahnen, für deren Aufbau die gleichen Grundsätze maßgebend sind. Die in diesen beiden Abbildungen angegebenen Maße sind Kleinstmaße; es wird empfohlen, insbesondere die Unterbaukrone, wenn möglich, um 0,2 bis 0,5 m breiter auszuführen.

## II. Spurweite

Auf Grund der Technischen Vereinbarungen (T. V) des Vereines Deutscher Eisenbahnverwaltungen (gegründet 1846, am 6. Oktober 1932 in „Verein Mitteleuropäischer Eisenbahnverwaltungen" umgewandelt) über den Bau und die Betriebseinrichtungen der Haupt- und Nebenbahnen und der im Jahre 1909 zwischen fast allen europäischen Staaten vereinbarten Bestimmungen über die technische Einheit im Eisenbahnwesen (T. E.) bestehen gesetzliche Bindungen, an die sich die Eisenbahnverwaltungen halten müssen und die daher auch in den Oberbauvorschriften der Eisenbahnen berücksichtigt werden müssen [*26*].

Eines der wichtigsten Maße ist die *Spurweite* der regelspurigen Bahnen, die in § 2 der T. V. (Ausgabe 1930) mit 1,435 m festgesetzt worden ist. Sie geht auf GEORGE STEPHENSON zurück, der die erste Lokomotiveisenbahn von Stockton nach Darlington mit einer *Spurweite* von 4 Fuß 8½ Zoll (englisch) = 1,435 m ausführte [*1*]. Die STEPHENSONsche Lokomotivfabrik lieferte anfänglich auch für die in Europa entstehenden Eisenbahnen die Lokomotiven. So kam es, daß dieses unrunde Maß zur Regelspur wurde; alle späteren Versuche, größere Spurweiten in Mitteleuropa einzuführen, scheiterten. Wenn auch die Vorteile größerer Spurweiten für Hauptbahnen wegen Unterbringung größerer Lokomotivleistungen sehr bestechend sind, ist es anderseits für gebirgige Länder wahrscheinlich von Vorteil gewesen, daß die kleinere Spur zur Regelspur wurde, weil sich bei größeren Spurweiten dem Ausbau des Hauptbahnnetzes noch größere Schwierigkeiten entgegengestellt hätten als die, mit denen die an sich schon ärmeren Gebirgsländer ohnehin zu kämpfen hatten [*32*].

Als Spurweite wird der lichte Abstand der Schienenkopfinnenkanten festgesetzt, und zwar wird vereinbarungsgemäß nach § 2 der T. V. dieser Abstand 14 mm unter Schienenoberkante (S. O.) gemessen (Abb. 7). Bei seitlich schräg abgenützten Schienenköpfen, die im Bogengleis entstehen, wird bei dieser Art der Messung der Spielraum zwischen Achssatz und Gleis größer, also eine kleinere Spurweite vorgetäuscht, als tatsächlich vorhanden ist. Da schräg abgelaufene Schienenköpfe aber nur in Bogen mit kleinen Halbmessern vorkommen und über die zweckmäßigste Erweiterung der Spur in solchen Bogen ohnehin noch nichts Endgültiges feststeht, spielt dieser meßtechnische Mangel keine große Rolle, wenn nur dafür gesorgt wird, daß keine plötzlichen Spuränderungen vorkommen. Für die ruhige Fahrt ist nämlich weniger die absolute Größe

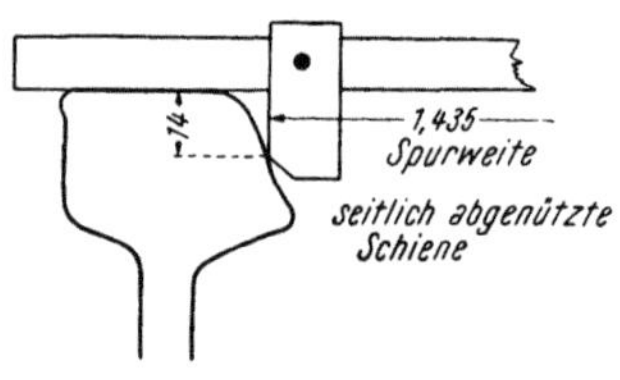


Abb. 7. Messen der Spurweite bei seitlich abgenütztem Schienenkopf

der Spurweite als eine möglichst wenig und stetig sich ändernde Spur von Bedeutung. Gemessen wird die Spur mit der Spurlehre, die durch die besondere Formgebung (s. Abb. 7) den Abstand der Schienenkopfinnenkanten 14 mm unter S. O. mißt. Im Betrieb kommen Änderungen der Spurweite vor, für welche Grenzen festgesetzt wurden, damit die Fahrzeuge nicht zwängen (— 3 mm) oder zu schlotterig im Gleis geführt werden (+10 mm).

Außer der Regelspur stehen aber noch andere Spurweiten in Verwendung, und zwar größere Spurweiten, sogenannte „Breitspur", in Rußland 1,524 m, in Spanien und Portugal 1,672 m, in Argentinien 1,676 m u. a. m. Kleinere Spurweiten als die Regelspur werden als „Schmalspur" bezeichnet. Die gebräuchlichsten Schmalspurweiten sind die „Kapspur" 1,067 m (weit verbreitet in den englischen Kolonien), die „Meterspur" 1,00 m und die 0,75-m-Spur. (Im Bereich der ehemaligen österreichisch-ungarischen Monarchie und Serbien haben die meisten Schmalspurbahnen eine Spurweite von 0,76 m.) Da solche Schmalspurbahnen zumeist örtlichen Verkehrsbedürfnissen dienen, kommen neben den genannten drei Spurweiten noch die verschiedensten Spurweiten bis herunter zu 0,38 m (Liliputbahnen) vor. Es sind aber Bestrebungen vorhanden, in Mitteleuropa nur mehr 1,00-m- und 0,75-m-Spur für Kleinbahnen zu verwenden.

Von den Eisenbahnen der Erde sind etwa 70% der Gesamtlänge in Regelspur ausgeführt, womit wohl erwiesen ist, daß sie die an die Hauptbahnen zu stellenden Forderungen im großen und ganzen erfüllen konnte.

Erst in jüngster Zeit sind Pläne für Überlandbahnen mit 2,0 m und noch größerer Spurweite aufgetaucht, um die Leistungsfähigkeit, Bequemlichkeit und Schnelligkeit wesentlich steigern zu können. Von der Verwirklichung solcher Pläne sind wir heute aber weiter denn je entfernt, weil erstens der Wiederaufbau der durch den Krieg zerstörten Welt unsere ganzen Kräfte in Anspruch nehmen wird, anderseits der Schnellverkehr über große Entfernungen wahrscheinlich nicht mehr erdgebunden sein wird.

# III. Spurmaß

Der Spurweite, die am Gleis gemessen wird, entspricht am Radsatz das Spurmaß (Abb. 8). Es beträgt bei Regelspurbahnen 1,425 mm. Auch bei Schmalspurbahnen ist in der Regel das Spurmaß um 10 mm kleiner als die Spurweite.

Bei Regelspurbahnen darf das Spurmaß gemäß § 52 der T. V. durch die Abnützung der Räder auf höchstens 1412 mm absinken, und da auch eine Überschreitung um 1 mm auf 1426 mm zulässig ist, beträgt der Spielraum zwischen Radsatz und einem Gleis von 1,435 m Spurweite normal 9 bis 23 mm. Dabei wird vereinbarungsgemäß das Spurmaß 10 mm unter dem Laufkreis gemessen (Abb. 8). Wie schon im Punkt II erwähnt, dürfen im Betrieb Unter- und Überschreitungen der vorgeschriebenen Spurweite (— 3, + 10 mm) vorkommen, auf keinen Fall aber darf die Spurweite größer als 1470 mm werden. Mit Berücksichtigung dieser Grenzwerte kann der Spielraum zwischen Achssatz und Gleis äußerstenfalls 6 und 58 mm betragen, welche Werte in Abb. 8 eingetragen sind.

Aus Abb. 8 ist noch abzulesen, daß die Spurkranzstärke auch bei stärkster Abnützung wenigstens 20 mm betragen muß und daß die Spurkranzhöhe bei neuen Rädern 25 mm, bei abgelaufenen Reifen höchstens 36 mm betragen darf. Die Breite der Räder ist in § 50 der T. V. mit 130 bis 150 mm festgelegt worden.

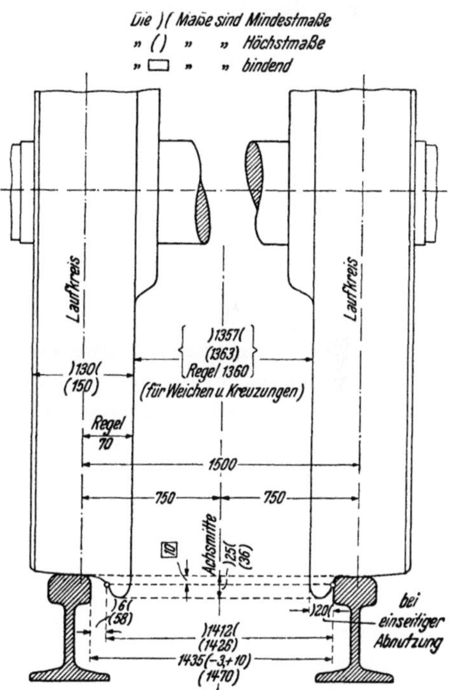


Abb. 8. Radsatz und Schiene

In § 21 der T. V. (Ausgabe 1930) wird verlangt, daß Weichen und Kreuzungen so ausgeführt sein müssen, daß Radsätze anstandslos durchlaufen können, bei denen der Abstand der inneren Stirnflächen der Radreifen mindestens 1357 und höchstens 1363 mm beträgt. Es sind dies die Maße, die in den T. V. (Ausgabe 1909) festgelegt worden sind, während für die Fertigung neuer Radsätze gemäß § 52 (1930) engere Grenzen gesetzt wurden. Für den Oberbau sind also noch die weiteren Toleranzen bindend.

# IV. Spurerweiterung

Der Spielraum zwischen Achssatz und Gleis wird im Bogengleis fallweise dadurch vergrößert, daß die Innenschiene von der Gleisachse um die „Spurerweiterung" abgerückt, die Spurweite also um dieses Maß vergrößert wird (Abb. 9). Die Spurerweiterung hat den Zweck

a) bei mehrachsigen Fahrzeugen ein Zwängen zu verhüten,

b) bei zweiachsigen Fahrzeugen mit freien Lenkachsen die Einstellung der Achsen in die Richtung des Bogenhalbmessers zu fördern,

c) bei allen Fahrzeugen den Anlaufdruck führender Achsen herabzusetzen und dadurch die Entgleisungsgefahr und die Abnützung zwischen Rad und Schiene zu verringern.

Über Notwendigkeit und Zweckmäßigkeit sowie über die erforderliche Größe der Spurerweiterung in Abhängigkeit vom Bogenhalbmesser und dem Aufbau des Laufwerkes der Fahrzeuge sind unsere Erkenntnisse trotz vieler wissenschaftlicher

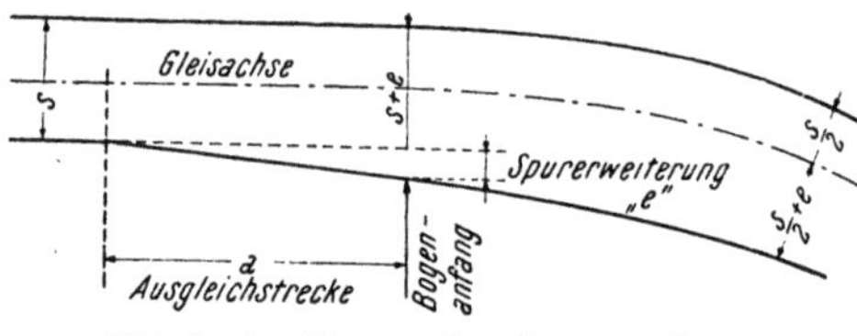


Abb. 9. Ausführung der Spurerweiterung

Arbeit noch recht bescheiden. Die Spurerweiterung ist aber, obwohl es sich nur um etliche Millimeter handelt, von großer Bedeutung für die Anwendung verschiedener Oberbaukonstruktionen. Die Herstellung der Spurerweiterung bedingt nämlich verteuernde Einrichtungen bei der Befestigung der Schienen auf den Schwellen oder die Verwendung besonders vorgebohrter oder gelochter Schwellen, so daß eine Oberbauform unter Umständen erst dann praktisch verwendbar wird, wenn nur selten Spurerweiterungen notwendig werden. Das Streben der Oberbautechniker geht daher dahin, möglichst selten Spurerweiterungen ausführen zu müssen. Manche Bahnverwaltungen (in Frankreich, Italien, Spanien, Belgien, Holland u. a. m.) geben daher dem Radsatz schon in der Geraden ein größeres Spiel, um dann in den Bogen mit wenig oder gar keiner Spurerweiterung auszukommen. Ein überflüssig großer Spielraum zwischen Achssatz und Gleis ist aber für die Ruhe der Fahrt sehr nachteilig, weil dem Fahrzeug die feste Führung genommen wird. Je größer der Spielraum, um so heftiger werden beim „Schlingern" der Fahrzeuge (das Hin- und Herpendeln des Achssatzes von einer Schiene zur anderen) die Seitenstöße zwischen Fahrzeug und Gleis und damit um so größer die Unruhe der Fahrt und die Entgleisungsgefahr. Das Streben nach möglichst kleinem Spielraum zwischen Achssatz und Gleis ist daher richtig, nur muß der Fahrzeugbau das Seine dazu beitragen, daß Spurerweiterungen ohne Schaden für Fahrzeug und Gleis weggelassen oder wenigstens vermindert werden können.

Nach § 70 der T. V. (Ausgabe 1909) soll bei Halbmessern unter 500 m mit Spurerweiterungen begonnen, bei Halbmessern bis zu 300 m sollen 30 mm gegeben und bei noch kleineren Halbmessern sollen 35 mm nicht überschritten werden.

Die Oberbauvorschriften in den verschiedenen Ländern begannen aber schon bei viel größeren Bogenhalbmessern mit Spurerweiterungen. Die österreichischen Bundesbahnen bei 1500 m mit 5 mm und erreichten bei 300 m 30 mm gemäß Tab. 1. Die Württembergischen und Badischen Staatsbahnen begannen bei 950 m mit der Ausführung von Spurerweiterungen, Bayern und Sachsen bei 900 m, Preußen bei 800 m.

Tabelle 1. *Spurerweiterung nach den ehemaligen Vorschriften der Österreichischen Bundesbahnen*

| bis 1934 | | bis 1938 | |
|---|---|---|---|
| Halbmesser $R$ m | Spurerweiterung mm | Halbmesser $R$ m | Spurerweiterung mm |
| 1500 bis 901 | 5 | bis 500 | 0 |
| 900 bis 701 | 10 | 499 bis 350 | 5 |
| 700 bis 571 | 15 | 349 bis 275 | 10 |
| 570 bis 451 | 20 | 274 bis 250 | 15 |
| 450 bis 301 | 25 | 249 bis 225 | 20 |
| 300 bis 100 | 30 | 224 bis 200 | 25 |
| | | 199 und kleiner | 30 |

Die Deutsche Reichsbahn schränkte bei Einführung des Reichsoberbaues K die Ausführung von Spurerweiterungen wesentlich ein und führt Spurerweiterungen nach Tab. 2 aus.

Tabelle 2. *Spurerweiterung nach der Vorschrift der Deutschen Reichsbahn*[1]

| Halbmesser m | Spurerweiterung mm |
|---|---|
| $R = 300$ bis 251 | 5 |
| $R = 250$ bis 160 | 10 |
| unter 160 | 15 |

Ob diese große Einschränkung bei unseren heutigen Fahrzeugen richtig war, wird von mancher Seite bezweifelt. Die Frage der Spurerweiterung, die mit der Führung der Fahrzeuge im Gleis eng zusammenhängt, wird daher im Abschnitt G noch eingehend behandelt werden.

# V. Spurrille

Das Profil des lichten Raumes im Bereich der Schiene ist grundlegend für alle Oberbaukonstruktionen, weil dieser Raum von allen Bauteilen freigehalten werden muß, um dem Rad und insbesondere dem Spurkranz freien Durchgang zu sichern.

---

[1] Diese und alle folgenden Angaben unter „Deutscher Reichsbahn" sollten mit „ehemaliger Deutscher Reichsbahn" bezeichnet werden, weil alle Angaben sich noch auf Vorkriegsverhältnisse stützen und Neuerungen im Bereich der jetzigen „Deutschen Bundesbahnen" noch nicht berücksichtigt werden konnten.

Nach den T. V. muß der freizuhaltende Raum für den Spurkranz mindestens 38 mm tief und soll 70 mm breit sein. Dabei ist im Bogengleis noch die Spurerweiterung und die größte lotrechte Abnützung des Schienenkopfes zu berücksichtigen. Nur für Leitschienen, die das Rad an der Innenfläche führen und bei Wegübergängen wird eine Unterschreitung dieser Maße zugestanden (Abb. 10).

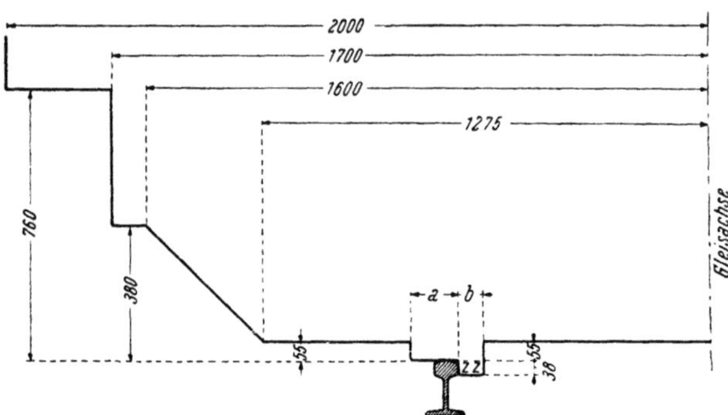


Abb. 10. Lichtraumprofil im Bereich des Gleises

$a =$ $\begin{cases} 135 \text{ mm für unbewegliche Gegenstände, die fest mit der Fahrschiene verbunden sind} \\ 150 \text{ mm für unbewegliche Gegenstände, die nicht fest mit der Fahrschiene verbunden sind} \end{cases}$

$b =$ $\begin{cases} 41 \text{ mm für Einrichtungen, die das Rad an der inneren Stirnfläche führen} \\ 70 \text{ mm für alle übrigen Einrichtungen (bei Wegübergängen ist eine Einschränkung auf 45 mm} \\ \quad \text{zulässig, wenn besondere Verhältnisse vorliegen)} \end{cases}$

$Z =$ die Ecken bei $Z$ dürfen ausgerundet werden

In Abb. 10 ist auch noch der Teil des Lichtraumprofils gezeichnet, der für die Lagerung von Oberbaustoffen bei Gleisumbauten in Betracht kommt. Beim Abladen des Schotters soll man nicht bis an die Umgrenzung des lichten Raumes herangehen und insbesondere im Winter und in Bogengleisen um 200 bis 400 mm größeren Abstand halten [*30, 31*].

# VI. Überhöhung

Im Bogengleis wird der äußere Schienenstrang in der Regel um die „Überhöhung" höher gelegt als der innere Strang (Abb. 2 und 4). Die Überhöhung hat den Zweck, die Mittelkraft aus Fliehkraft und Eigengewicht der Fahrzeuge möglichst in der Gleisachse zu halten, damit

a) die beiden Schienen möglichst gleich belastet werden und sich dann gleichmäßig abnützen,

b) die Sicherheit gegen Umkippen nach außen erhöht wird,

c) die Annehmlichkeit des Durchfahrens von Gleisbogen in den Reisezügen erhöht und das Verrutschen der Ladungen in Güterzügen herabgemindert wird.

Die erforderlichen Überhöhungen, ihre Größtwerte und Mindestwerte werden im Abschnitt G abgeleitet und begründet werden.

Die einzelnen Länder haben nach ihren Erfahrungen verschiedene Formeln für die Überhöhung aufgestellt:
zum Beispiel die Deutsche Reichsbahn

$$h = 8\,\frac{V^2}{R}\,. \tag{1}$$

Dabei bedeutet $V$ die Höchstfahrgeschwindigkeit in km/h, $R$ den Bogenhalbmesser in m und $h$ die Überhöhung in Millimeter. Diese Formel ist so gebaut, daß bei einer derart ausgeführten Überhöhung die schnellen Züge die Außenschiene und die langsamen die Innenschiene überlasten. In Tab. 3 sind die nach dieser Formel ermittelten Überhöhungen zusammengestellt. Bei kleinen Bogenhalbmessern sind die Werte etwas erhöht worden, weil in solchen Bogen alle Züge mit annähernd gleicher Geschwindigkeit fahren müssen. Die Österreichischen Bundesbahnen haben in ihren 1948 herausgegebenen Richtlinien etwas höhere Werte für die Überhöhung festgelegt, ohne sich an eine bestimmte Formel zu binden.

Für den Fall, daß aus örtlichen Gründen die *Regelwerte der Überhöhung* nicht ausgeführt werden können, hat man noch *Mindestüberhöhungen* festgesetzt, die also bei der zulässigen Höchstgeschwindigkeit die Mittelkraft aus Fliehkraft und Eigengewicht nach außen um einen bestimmten Betrag (s. Abschnitt G) abweichen lassen, so zwar, daß aber bei allen Bogenhalbmessern noch ausreichende Kippsicherheit vorhanden ist.

Die Deutsche Reichsbahn bemißt diese Mindestüberhöhungen nach der Formel

$$h = 11{,}8\,\frac{V^2}{R} - 90 \tag{2}$$

und unter 300 m Halbmesser

$$h = 11{,}8\,\frac{V^2}{R} - \left(40 + \frac{R}{6}\right). \tag{3}$$

In Tab. 3 sind die nach diesen Formeln ermittelten Werte für die Mindestüberhöhungen unter den Regelüberhöhungen ausgewiesen. Diese Überhöhungen wird man aber nur in Ausnahmefällen und in Zwangslagen anwenden, weil die Außenschiene dann bestimmt mehr abgenützt wird als die Innenschiene.

## VII. Überhöhungsrampen

Der Übergang von einer Überhöhung zu einer anderen und daher auch der Übergang von der Überhöhung Null aus der Geraden in einen Bogen mit der Überhöhung $h$ ist möglichst sanft zu gestalten, und zwar wird in der Regel die Außenschiene in einer „Überhöhungsrampe" hinauf- oder hinuntergeführt, während die Innenschiene in Projektshöhe verbleibt. Grundsätzlich kann gelten:

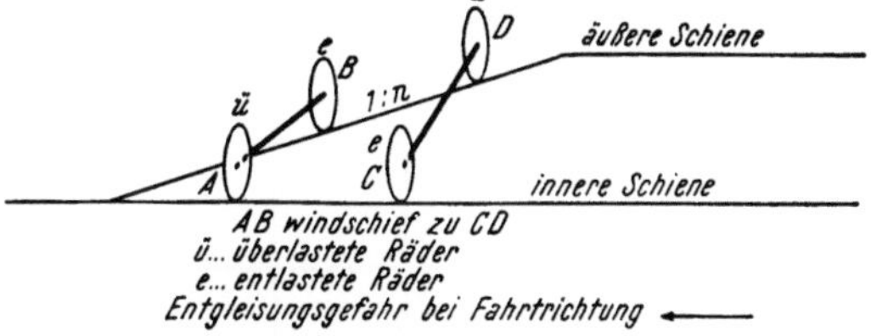

Beim Befahren einer Überhöhungsrampe liegen die beiden Achsen eines zweiachsigen Fahrzeuges windschief zueinander

Abb. 11. Windschiefe Lage der Achsen eines zweiachsigen Fahrzeuges in der Überhöhungsrampe

(Abb. 11). Zufolge der Federwirkung der Wagenaufhängung sind daher zwei Räder, $A$ und $D$, überlastet ($\ddot{u}$) und zwei Räder, $B$ und $C$, entlastet ($e$). Die Entlastung der Räder bildet eine Entgleisungsgefahr und muß daher in

### Tabelle 3. *Regelüberhöhung h und Mindestüberhöhung $h_{min}$ in mm*

| Halbmesser R in m | | Fahrgeschwindigkeit V in km/h | | | | | | | | | | | | | | | | | | | R in m |
|---|---|---|---|---|---|---|---|---|---|---|---|---|---|---|---|---|---|---|---|---|---|
| | | 20 | 30 | 40 | 50 | 60 | 70 | 80 | 90 | 100 | 110 | 120 | 130 | 140 | 150 | 160 | 170 | 180 | 190 | 200 | |
| 10000 | h | | | | | | | | | | | | | | 20 | 20 | 20 | 25 | 25 | 30 | 30 | 10000 |
| | $h_{min}$ | | | | | | | | | | | | | | | | | | | | | |
| 5000 | h | | | | | | | | | 20 | 20 | 25 | 25 | 30 | 35 | 40 | 45 | 50 | 60 | 65 | 5000 |
| | $h_{min}$ | | | | | | | | | | | | | | | | | | | 20 | |
| 2000 | h | | | | | | 20 | 25 | 30 | 40 | 50 | 60 | 70 | 80 | 90 | 100 | 115 | 130 | 145 | 150 | 2000 |
| | $h_{min}$ | | | | | | | | | | | | 20 | 25 | 45 | 60 | 80 | 100 | 125 | 145 | |
| 1800 | h | | | | | 20 | 20 | 30 | 35 | 45 | 55 | 65 | 75 | 85 | 100 | 115 | 130 | 145 | 150 | | 1800 |
| | $h_{min}$ | | | | | | | | | | | | 20 | 20 | 40 | 60 | 80 | 100 | 120 | 145 | |
| 1600 | h | | | | | 20 | 25 | 35 | 40 | 50 | 60 | 75 | 85 | 100 | 115 | 130 | 145 | | | | 1600 |
| | $h_{min}$ | | | | | | | | | | 20 | 35 | 55 | 75 | 100 | 125 | | | | | |
| 1400 | h | | | | | 20 | 30 | 40 | 45 | 55 | 70 | 80 | 95 | 110 | 130 | 145 | | | | | 1400 |
| | $h_{min}$ | | | | | | | | | | 20 | 30 | 50 | 75 | 100 | 125 | | | | | |
| 1200 | h | | | | 20 | 25 | 35 | 45 | 55 | 65 | 80 | 95 | 115 | 130 | 150 | | | | | | 1200 |
| | $h_{min}$ | | | | | | | | | 20 | 30 | 50 | 75 | 105 | 130 | | | | | | |
| 1000 | h | | | | 20 | 30 | 40 | 50 | 65 | 80 | 95 | 115 | 135 | 150 | | | | | | | 1000 |
| | $h_{min}$ | | | | | | | | 20 | 30 | 55 | 80 | 110 | 140 | | | | | | | |
| 800 | h | | | 20 | 25 | 35 | 50 | 65 | 80 | 100 | 120 | 145 | 150 | | | | | | | | 800 |
| | $h_{min}$ | | | | | | | 20 | 30 | 60 | 90 | 120 | 150 | | | | | | | | |
| 600 | h | | | 20 | 35 | 50 | 65 | 85 | 110 | 135 | 150 | | | | | | | | | | 600 |
| | $h_{min}$ | | | | | | 20 | 35 | 70 | 105 | 150 | | | | | | | | | | |
| 500 | h | | | 25 | 40 | 60 | 80 | 100 | 130 | 150 | | | | | | | | | | | 500 |
| | $h_{min}$ | | | | | | 25 | 60 | 100 | 145 | | | | | | | | | | | |
| 400 | h | | 20 | 30 | 50 | 70 | 100 | 130 | 150 | | | | | | | | | | | | 400 |
| | $h_{min}$ | | | | | 20 | 55 | 100 | 150 | | | | | | | | | | | | |
| 300 | h | | 25 | 45 | 65 | 95 | 130 | | | | | | | | | | | | | | 300 |
| | $h_{min}$ | | | | | 50 | 105 | | | | | | | | | | | | | | |
| 250 | h | | 35 | 55 | 85 | 120 | | | | | | | | | | | | | | | 250 |
| | $h_{min}$ | | | | 35 | 90 | | | | | | | | | | | | | | | |
| 200 | h | 20 | 40 | 70 | 105 | | | | | | | | | | | | | | | | 200 |
| | $h_{min}$ | | | 20 | 75 | | | | | | | | | | | | | | | | |
| 150 | h | 25 | 55 | 90 | | | | | | | | | | | | | | | | | 150 |
| | $h_{min}$ | | 20 | 60 | | | | | | | | | | | | | | | | | |
| 100 | h | 35 | | | | | | | | | | | | | | | | | | | 100 |
| | $h_{min}$ | | | | | | | | | | | | | | | | | | | | |

Die Werte hinter der stark ausgezogenen Linie gelten nur für Strecken mit Schnelltriebwagenverkehr.

bestimmten Grenzen gehalten werden: durch Festlegung der größten zulässigen Neigung der Überhöhungsrampe mit 1 : 300 nach § 20 der T. V. (1 : 400 nach den Bestimmungen der Deutschen Reichsbahn).

Diese Festsetzung ist *unabhängig von der Fahrgeschwindigkeit*, ist also eine Forderung aus *statischen* Rücksichten.

Beim Übergang der Fahrzeuge von der Geraden auf die Rampe und von der Rampe auf den Bogen mit unveränderlicher Überhöhung treten bei der Eindrehung des Fahrzeuges weitere Über- und Entlastungen der Räder ein, die *mit der Fahrgeschwindigkeit wachsen.* In den Vorschriften über die Überhöhungsrampe wird daher die Neigung der Rampe auch von der Fahrgeschwindigkeit abhängig gemacht: Die Überhöhungsrampe soll in der Regel eine Neigung von 1 : 10 $V$ haben; ausnahmsweise 1 : 8 $V$. Diese Festsetzung ist also abhängig von der Fahrgeschwindigkeit und somit eine Forderung aus *dynamischen* Gründen. Dabei ist zu berücksichtigen, daß bei der Festlegung der Rampenneigung weniger die Rampenneigung an sich als vielmehr die *Änderung der Neigung* auf die Größe der Kräftewirkungen Einfluß hat. Ebenso wichtig erscheint daher die Festlegung der kleinsten Ausrundungshalbmesser am Beginn und Ende der Rampe, für welche $R = 1{,}5\ V^2$ vorgeschlagen worden ist.

Daraus ist ersichtlich, daß mit Zunahme der Fahrgeschwindigkeit der Ausgestaltung dieser Überhöhungsrampen immer größere Bedeutung zukommt; ihre Entwicklung wird daher im Abschnitt G noch eingehend behandelt werden.

## VIII. Übergangsbögen.

Wenn Gerade und Kreisbogen oder zwei Bogen verschiedenen Halbmessers unmittelbar aneinanderschließen, muß die Überhöhungsrampe entweder in der Geraden liegen oder zum Teil in den einen oder den anderen Bogen gelegt werden. In allen Fällen treten größere Abweichungen der Mittelkraft aus Fliehkraft und Eigengewicht von der Gleisachse auf. Weiters muß dem Fahrzeug am Ort des Sprunges von einer Krümmung zur anderen eine Drehbeschleunigung um die lotrechte Achse in einer Zeit erteilt werden, die zur Zurücklegung des Achsstandes erforderlich ist. Bei großen Fahrgeschwindigkeiten ist diese Zeit sehr klein, die seitlichen Kräftewirkungen vom Fahrzeug auf das Gleis dementsprechend groß und stoßartig. Abhilfe bringt daher die Zwischenschaltung eines Bogens veränderlicher Krümmung, in dem dann auch naturgemäß die Überhöhungsrampe untergebracht wird. Für diesen Bogen veränderlicher Krümmung, den Übergangsbogen, hat sich aus der Fülle der Möglichkeiten, Linien mit stetig sich ändernder Krümmung zu finden, die *kubische Parabel* als die praktisch brauchbarste durchgesetzt. Die kubische Parabel als Übergangsbogen steht im Eisenbahnwesen seit etwa 1870 in Verwendung und hat die Gleichung

$$y = \frac{x^3}{6\,Rl}\,, \tag{4}$$

wobei $R$ den Halbmesser des Bogens, in den der Übergang aus der Geraden vollzogen werden soll, $l$ die Übergangsbogenlänge bedeutet (Abb. 12).

Ihre Krümmung nimmt von $K = 0$ bei $x = 0$ beim Anschluß an die Gerade bis $K = \dfrac{1}{R}$ bei $x = l$ im Anschluß an den Kreisbogen vom Halbmesser $R$ zu. Die Krümmungszunahme erfolgt im Bereich der Brauchbarkeit der kubischen Parabel nahezu geradlinig entsprechend der geraden Überhöhungsrampe. Die Punkte $A$ und $B$ (Abb. 12) sind aber bei der kubischen Parabel sowohl im Krümmungsverlauf als auch in der Rampengestaltung Unstetigkeitspunkte. In jüngster Zeit sind daher mit der weiteren Steigerung der Fahrgeschwindigkeit die Unstetigkeiten des Krümmungsverlaufes der kubischen Parabel am Anfang und am Ende des Übergangsbogens stärker in Erscheinung getreten und gaben Anlaß, die Frage der Übergangsbogengestaltung in der Theorie fortzuentwickeln, worüber im Abschnitt G, ausgehend von der Ableitung der Eigenschaften der kubischen Parabel und anderen Übergangsbogenformen, noch gesprochen werden soll. Die nach den Vorschriften der ehemaligen Deutschen Reichsbahn geforderten Übergangsbogenlängen sind in Tab. 4 zusammengestellt. Nach Tab. 4 sind für kleinere Überhöhungen vergleichsweise sehr kurze Übergangslängen zugelassen. Im Abschnitt G wird auf den Nachteil solcher Übergänge hingewiesen und eine Verlängerung vorgeschlagen und begründet.

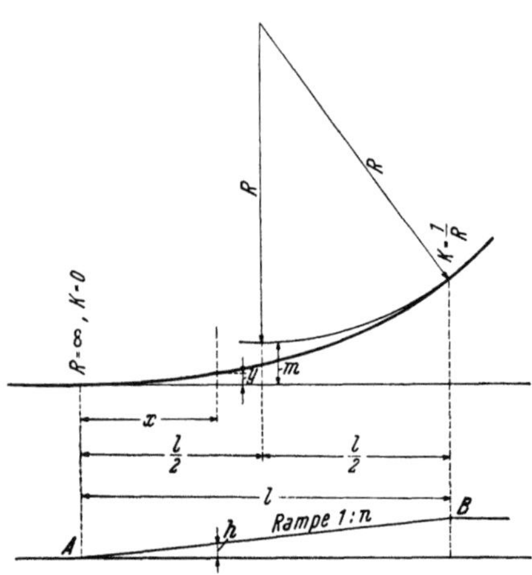


Abb. 12. Die kubische Parabel als Übergangsbogen. Lageplan und Rampengestaltung

# IX. Ausrundung der Neigungswechsel

So wie bei den Überhöhungsrampen der Neigungswechsel der *Außenschiene* ausgerundet werden muß, damit keine zu großen plötzlichen Über- und Entlastungen der Räder entstehen, ebenso müssen aus dem gleichen Grund Wechsel in der Längenneigung der Strecke bei *beiden* Schienen mit möglichst großen Halbmessern ausgerundet werden. Die T. V. empfehlen in § 3 (Ausgabe 1930) wenigstens $R = 5000$ m, ein Maß, das vor Bahnhöfen und in geraden Strecken auf 2000 m heruntergesetzt werden kann. Da die Über- und Entlastungen wieder mit der Fahrgeschwindigkeit wachsen, ist es begründet, wenn nach den Vorschriften der Deutschen Reichsbahn die Ausrundung mit $R = V^2$ verlangt wird, wobei mit $R$ der Ausrundungshalbmesser in m, mit $V$ die Höchstfahrgeschwindigkeit in km/h bezeichnet sind.

Wegen weiterer Entlastungen der Räder und dadurch hervorgerufene Entgleisungsgefahr sind Neigungswechsel in Überhöhungsrampen womöglich zu vermeiden. Lassen sich solche ungünstige Verhältnisse nicht umgehen, so sind alle Ausrundungshalbmesser möglichst groß zu wählen. Gegebenenfalls ist die Fahrgeschwindigkeit beim Zusammentreffen ungünstiger Neigungswechselverhältnisse zu beschränken.

**Tabelle 4.** *Regellängen l und Mindestlängen $l_{min}$ für Übergangsbögen in m*

Fahrgeschwindigkeit $V$ in km/h

| Halbmesser $R$ in m | | 20 | 30 | 40 | 50 | 60 | 70 | 80 | 90 | 100 | 110 | 120 | 130 | 140 | 150 | 160 | 170 | 180 | 190 | 200 | $R$ in m |
|---|---|---|---|---|---|---|---|---|---|---|---|---|---|---|---|---|---|---|---|---|---|
| 10000 | $l$ | | | | | | | | | | | | | 70 | 70 | 70 | 70 | 70 | 70 | 70 | 10000 |
| | $l_{min}$ | | | | | | | | | | | | | | | | | | | | |
| 5000 | $l$ | | | | | | | | | 50 | 50 | 50 | 50 | 50 | 55 | 65 | 75 | 90 | 115 | 130 | 5000 |
| | $l_{min}$ | | | | | | | | | | | | | | | | 50 | 50 | 50 | 50 | |
| 2000 | $l$ | | | | | | 30 | 30 | 30 | 40 | 55 | 75 | 90 | 115 | 135 | 160 | 195 | 235 | 275 | 300 | 2000 |
| | $l_{min}$ | | | | | | | | | | | 30 | 30 | 45 | 75 | 105 | 140 | 175 | 220 | | |
| 1800 | $l$ | | | | | 30 | 30 | 30 | 30 | 45 | 60 | 80 | 100 | 120 | 150 | 185 | 220 | 260 | 285 | | 1800 |
| | $l_{min}$ | | | | | | | | | | | 30 | 30 | 45 | 75 | 105 | 140 | 175 | 220 | | |
| 1600 | $l$ | | | | | 30 | 30 | 30 | 35 | 50 | 65 | 90 | 110 | 140 | 175 | 210 | 245 | | | | 1600 |
| | $l_{min}$ | | | | | | | | | | | 30 | 40 | 65 | 90 | 130 | 170 | | | | |
| 1400 | $l$ | | | | | 25 | 25 | 35 | 40 | 55 | 80 | 95 | 125 | 155 | 195 | 230 | | | | | 1400 |
| | $l_{min}$ | | | | | | | | | | | 25 | 30 | 55 | 85 | 120 | 160 | | | | |
| 1200 | $l$ | | | | 25 | 25 | 25 | 40 | 50 | 65 | 90 | 115 | 150 | 185 | 225 | | | | | | 1200 |
| | $l_{min}$ | | | | | | | | | 25 | 30 | 50 | 80 | 120 | 160 | | | | | | |
| 1000 | $l$ | | | | 20 | 20 | 30 | 40 | 60 | 80 | 105 | 140 | 175 | 210 | | | | | | | 1000 |
| | $l_{min}$ | | | | | | | | 20 | 25 | 50 | 80 | 115 | 160 | | | | | | | |
| 800 | $l$ | | | 20 | 20 | 20 | 35 | 55 | 75 | 100 | 130 | 175 | 195 | | | | | | | | 800 |
| | $l_{min}$ | | | | | | | 20 | 25 | 50 | 80 | 115 | 160 | | | | | | | | |
| 600 | $l$ | | 15 | 20 | 30 | 45 | 70 | 100 | 135 | 165 | | | | | | | | | | | 600 |
| | $l_{min}$ | | | | | 15 | 25 | 50 | 85 | 135 | | | | | | | | | | | |
| 500 | $l$ | | | 15 | 20 | 35 | 55 | 80 | 120 | 150 | | | | | | | | | | | 500 |
| | $l_{min}$ | | | | | | 15 | 40 | 75 | 120 | | | | | | | | | | | |
| 400 | $l$ | | 15 | 15 | 25 | 45 | 70 | 105 | 135 | | | | | | | | | | | | 400 |
| | $l_{min}$ | | | | | 15 | 35 | 65 | 110 | | | | | | | | | | | | |
| 300 | $l$ | | 10 | 20 | 35 | 60 | 90 | | | | | | | | | | | | | | 300 |
| | $l_{min}$ | | | | 25 | 60 | | | | | | | | | | | | | | | |
| 250 | $l$ | | 15 | 25 | 45 | 75 | | | | | | | | | | | | | | | 250 |
| | $l_{min}$ | | | | 15 | 45 | | | | | | | | | | | | | | | |
| 200 | $l$ | 10 | 20 | 30 | 55 | | | | | | | | | | | | | | | | 200 |
| | $l_{min}$ | | | 10 | 30 | | | | | | | | | | | | | | | | |
| 150 | $l$ | 15 | 25 | 40 | | | | | | | | | | | | | | | | | 150 |
| | $l_{min}$ | | 10 | 25 | | | | | | | | | | | | | | | | | |
| 100 | $l$ | 20 | | | | | | | | | | | | | | | | | | | 100 |
| | $l_{min}$ | | | | | | | | | | | | | | | | | | | | |

Die Werte hinter der stark ausgezogenen Linie gelten nur für Strecken mit Schnelltriebwagenverkehr.

Die Längen der Ausrundungstangenten $\lambda$, die Abstände der Schienenoberkante vom theoretischen Knickpunkt des Neigungswechsels $\delta$ und die Ordinaten
von Zwischenpunkten $y$ sind

gemäß Abb. 13:

$$\lambda = \frac{R}{2} \cdot \frac{1}{n} = \frac{Rm}{2000} \qquad (5) \qquad\qquad \delta = \frac{\lambda^2}{2R} = \frac{R}{8}\left(\frac{m}{1000}\right)^2 \qquad (6)$$

$$y = \frac{x^2}{2R}, \qquad (7)$$

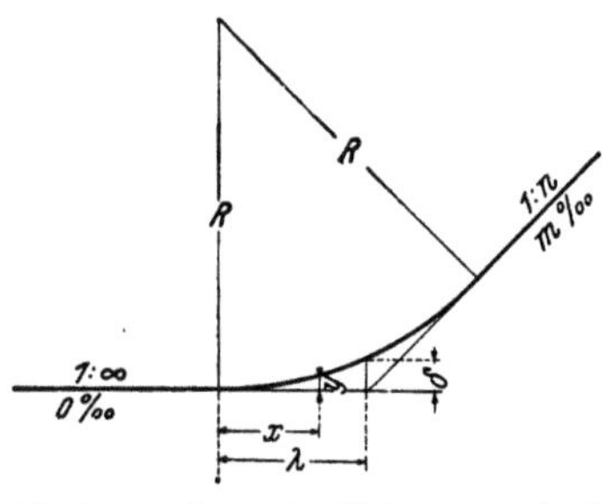

Abb. 13. Ausrundung der Neigungswechsel: von der Waagrechten auf die Steigung $1:n$

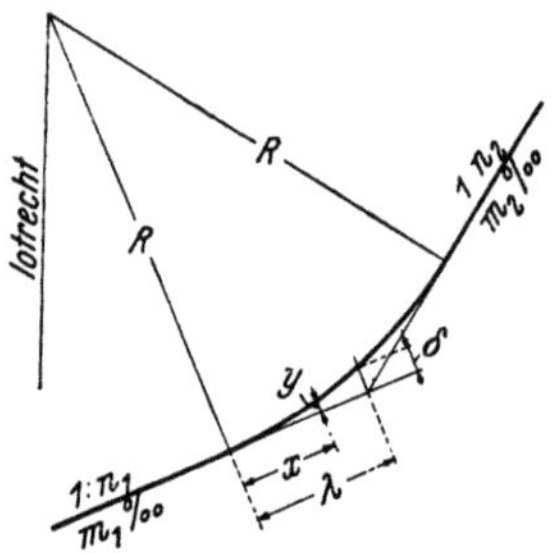

Abb. 14. Ausrundung der Neigungswechsel: von der Steigung $1:n_1$ auf die Steigung $1:n_2$

gemäß Abb. 14:

$$\lambda = \frac{R}{2}\left(\frac{1}{n_2} - \frac{1}{n_1}\right) = \frac{R(m_2 - m_1)}{2000} \qquad (8) \qquad\qquad \delta = \frac{\lambda^2}{2R} = \frac{R}{8}\left(\frac{m_2 - m_1}{1000}\right)^2 \qquad (9)$$

$$y = \frac{x^2}{2R}, \qquad (7)$$

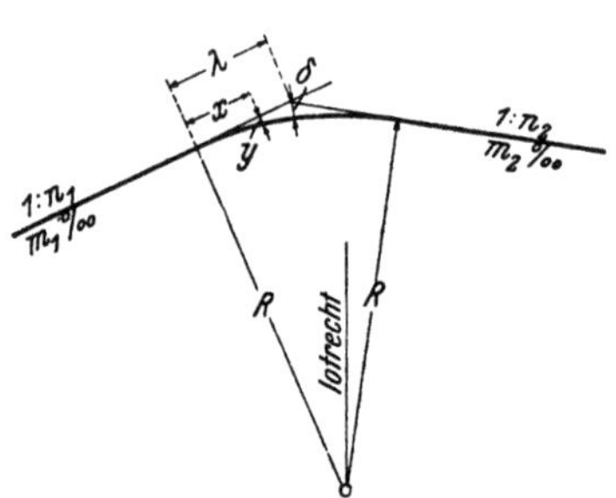

Abb. 15. Ausrundung der Neigungswechsel: von der Steigung $1:n_1$ in ein Gefälle $1:n_2$

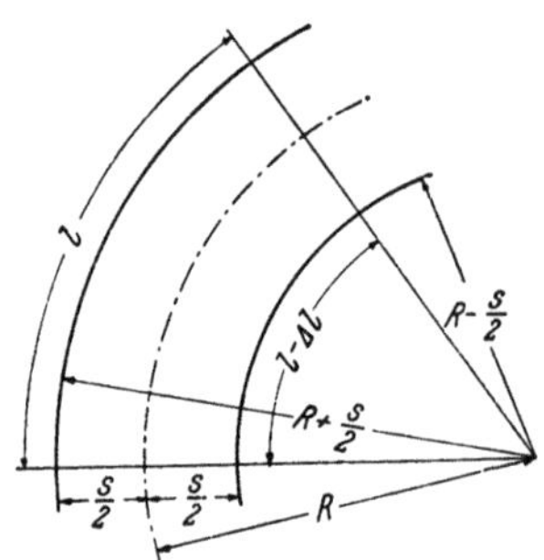

Abb. 16. Kürzung der Ausgleichsschienen

gemäß Abb. 15:

$$\lambda = \frac{R}{2}\left(\frac{1}{n_1} + \frac{1}{n_2}\right) = \frac{R(m_1 + m_2)}{2000} \qquad (10) \qquad\qquad \delta = \frac{\lambda^2}{2R} = \frac{R}{8}\left(\frac{m_1 + m_2}{2000}\right)^2 \qquad (11)$$

$$y = \frac{x^2}{2R}. \qquad (7)$$

# X. Ausgleichschienen

Im Bogengleis ist der Außenstrang länger als der Innenstrang, und zwar beträgt gemäß Abb. 16 die Kürzung

$$\Delta l = \frac{l \cdot s}{R} \tag{12}$$

nach der Gleichung

$$\frac{l - \Delta l}{l} = \frac{R - \frac{s}{2}}{R + \frac{s}{2}},$$

wenn mit $l$ die Länge der Normalschiene, mit $s$ die Spurweite und mit $R$ der Bogenhalbmesser bezeichnet wird.

Die Längen der Normalschienen, die im Außenstrang verlegt werden, betragen heute zumeist 15 bis 30 m. Im Innenstrang werden dem Bogenhalbmesser entsprechend *Ausgleichschienen* verlegt, die z. B. folgende Längen haben können:

$$\left.\begin{array}{l} 14\,960 \\ 14\,920 \\ 14\,880 \end{array}\right\rangle \begin{array}{l} 40 \text{ mm} \\ 40 \text{ mm} \end{array} \text{Kürzung}$$

und ebenso wie die Normalschienen auf Vorrat gehalten werden. Die Kürzungen gegenüber der Vollschiene betragen somit 40, 80 und 120 mm. Beim Verteilen der Ausgleichschienen auf den Innenstrang geht man so vor, daß immer die der rechnungsmäßigen Kürzung am nächsten kommenden Schienen verlegt werden, bis das Voreilen oder Zurückbleiben des inneren Schienenstranges mehr als die halbe ausgeführte Kürzung, in dem besonderen Fall also $\frac{1}{2} \cdot 40 = 20$ mm, beträgt. Der Stoß der Außenschienen und der Stoß der Innenschienen liegen dann immer nahezu senkrecht zur Gleisachse mit einer größten Abweichung von $\pm 20$ mm. Der verbleibende Fehler am Bogenende wird durch Vergrößern oder Verkleinern der Stoßlücken in den anschließenden Gleisfeldern der Geraden ausgeglichen, bis die beiden einander gegenüberliegenden Stöße wieder genau senkrecht zur Gleisachse liegen. Die Begrenzung der Abweichung auf 20 bis höchstens 30 mm ist notwendig, damit die Befestigung der Schienen auf den Querschwellen einwandfrei erfolgen kann.

# XI. Wärmelücken

Die Schienen dehnen sich bei Temperaturzunahme aus, und zwar nimmt die Länge bei $1^0$ C Temperatursteigerung um $\frac{1}{85\,000}$ der Länge zu.

Die Längenänderung einer Schiene von der Länge $l$ ist bei einer Temperatursteigerung von $t^0$ auf $T^0$ C

$$\Delta l = l\,(T - t)\,\frac{1}{85\,000}. \tag{13}$$

Nimmt man als äußerste Temperaturgrenzen für Mitteleuropa $+60^0$ C und $-25^0$ C, wobei mit einer entsprechenden Wärmespeicherung im Sommer durch die unmittelbare Sonnenbestrahlung gerechnet ist, dann wird

$$\Delta l = l \cdot 85 \frac{1}{85\,000} = \frac{l}{1000} \quad \text{oder} \quad \Delta l^{\mathrm{mm}} = l^{\mathrm{m}}, \tag{14}$$

das heißt, die größte Längenänderung beträgt so viele mm, als die Schiene m lang ist.

Die größten Stoßlücken bei 15 m langen Schienen würden mithin 15 mm, bei 30 m langen Schienen, die zur Verminderung der Schienenstöße in neuester Zeit in Gleisen für hohe Fahrgeschwindigkeiten verlegt werden, 30 mm betragen. Wenn das Rad so große Lücken überspringen müßte, wäre dies für Gleis und Fahrzeug von zerstörender Wirkung. Man gibt daher den Schienen nicht vollkommen freies Ausdehnungsspiel, sondern rechnet damit, daß sich zufolge der Reibung der Schiene auf den Schwellen und im Bereich der Verlaschung ein Teil der Wärmedehnung in Spannung umsetzt, und zwar in Zugspannung im

Tabelle 5. *Verlegungslücken in Millimetern*

| Schienen-länge | Strecken-gruppe | Schienenwärme in °C | | | | | | | | | |
|---|---|---|---|---|---|---|---|---|---|---|---|
| | | 32 | 27 | 21 | 15 | 9 | 3 | −3 | −9 | −14 | −20 |
| 15 m | A | 0 | 1 | 2 | 3 | 4 | 5 | 6 | 7 | — | — |
| | B | — | 0 | 1 | 2 | 3 | 4 | 5 | 6 | 7 | — |
| | C | — | — | 0 | 1 | 2 | 3 | 4 | 5 | 6 | 7 |
| 30 m | A | 0 | 2 | 4 | 6 | 8 | 10 | 12 | 14 | — | — |
| | B | — | 0 | 2 | 4 | 6 | 8 | 10 | 12 | 14 | — |
| | C | — | — | 0 | 2 | 4 | 6 | 8 | 10 | 12 | 14 |

Winter und in Druckspannung im Sommer. Nach den bisherigen Beobachtungen konnten keine schädlichen Wirkungen auf den Bestand des Gleises, die auf die zusätzlichen Spannungen zufolge der gehinderten Wärmedehnung zurückzuführen gewesen wären, beobachtet werden.

In Tab. 5 sind die unter diesen Voraussetzungen anzuwendenden Verlegungslücken für drei Streckengruppen *A*, *B* und *C* zusammengestellt:
Gruppe *A* sind Strecken in Gegenden mit heißem Sommer und mildem Winter,
Gruppe *B* sind Strecken in Gegenden mit mittlerem Klima,
Gruppe *C* sind Strecken in Gegenden mit kühlerem Sommer und strengem Winter.

Die Österreichischen Bundesbahnen haben in den 1948 herausgegebenen Richtlinien Stoßlückenwerte festgelegt, die etwa mit den Werten der Gruppe *B* übereinstimmen.

Bei Verlegung des Oberbaues werden die Wärmelücken mit Hilfe von Stoßlückeneisen hergestellt, das sind Eisenplättchen, die auf die bereits verlegte Schiene aufgelegt werden, während die zu verlegende Schiene daran geschoben wird.

In längeren Tunnelstrecken bleibt die Temperatur ständig nahe der mittleren Jahrestemperatur, so daß dort die Schienen ohne Stoßlücken verlegt werden können.

# B. Das Tragvermögen

## I. Allgemeines

Die ältesten Schienen hatten gar nicht die Aufgabe zu „tragen", sondern lediglich die Aufgabe, eine glatte Fahrbahn zu bilden [*8*]. Die ersten Vorläufer des heutigen Gleises waren nämlich die Balkenfahrbahnen in den Bergwerken. Da sich Holz stark abnützte, kam REYNOLD, ein englischer Grubenbesitzer und Eisenindustrieller, im Jahre 1767 auf den Gedanken, während einer Absatzkrise Roheisenbarren auf Vorrat zu gießen und damit die Holzbahnen zu belegen, um sie zu schonen (Abb. 17). Bei späterem Bedarf hätte er das so „gestapelte" Roheisen anderweitig verwenden wollen. Da sich aber zeigte, daß die Fahrzeuge auf den harten, unnachgiebigen Eisenbarren viel leichter

Abb. 17. Balkenfahrbahn mit einem Belag von Roheisenbarren

rollten als auf der Holzbahn, kam es nicht mehr zu einem Rückbau der Eisenbarren, die *eiserne Bahn* blieb und nach der eisernen Bahn hat in nahezu allen Sprachen der Erde das neue Verkehrsmittel, das so weltumspannende Bedeutung gewinnen sollte, seinen Namen bekommen.

Die ersten Schienen waren also keine Träger, sondern nur ein eiserner Belag. Von einem Tragvermögen konnte man erst sprechen, als JESSOP 1789 Gußeisenschienen (Abb. 18) mit einem Kopf und einem Steg herstellte und sie auf Steinwürfel lagerte, so daß die Schiene die freie Spannweite zwischen den in etwa 1 m Entfernung liegenden Steinwürfeln überbrückte [*8*]. Mit diesem Jahr beginnt eigentlich erst die Eisenbahn, wie wir sie heute haben, denn mit der JESSOP-Schiene war die Zuweisung

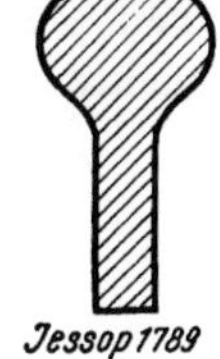


Abb. 18. Gußeisenschiene von etwa 1 m Länge

der Führung der Fahrzeuge an das Rad verbunden, der Spurkranz war erfunden und damit eine Scheidung von Eisenbahn- und Straßenfahrzeugen herbeigeführt worden. Die Spurbindung ist der folgenschwerste Entschluß für das ganze

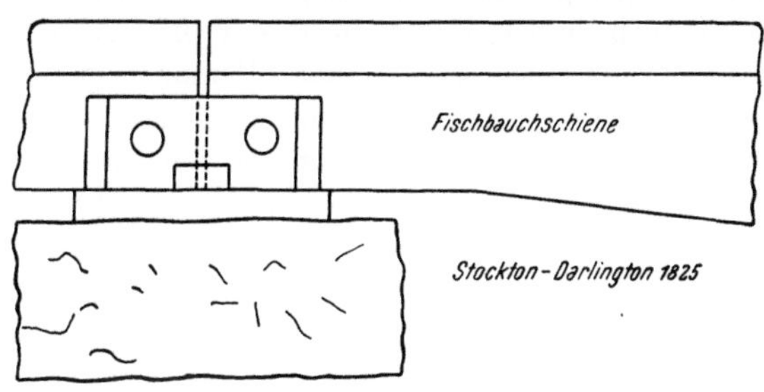


Abb. 19. Fischbauchschiene

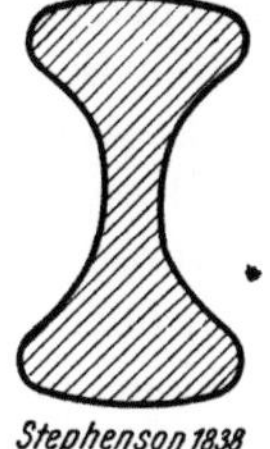


Abb. 20. Doppelkopfschiene (Stuhlschiene)

Eisenbahnwesen geworden, denn nicht so sehr die „eiserne Bahn", die „metallene Grundlage", wie es in einer berühmt gewordenen Definition der Eisenbahn heißt, sondern „der Spurkranz", die Spurbindung ist das Kennzeichen der Eisenbahn [*33*]. Das Tragvermögen der JESSOP-Schiene war natürlich bescheiden und es erscheint naheliegend, daß man das Tragvermögen wesentlich steigern kann, wenn man aus dem Freibalken einen Durchlaufträger macht. Das wurde möglich, als im Jahre 1820 BERKINSHAW gewalzte Schienen herausbrachte, die 4,5 m lang waren und über mehrere Stützen hinwegreichten. Eine weitere Erhöhung der Tragfähigkeit wurde durch Verbesserung der Schienenform erreicht. Zunächst wurde die Schienenhöhe an der Stelle des größten Biegungsmomentes vergrößert: Fischbauchschiene (Abb. 19). Da aber eine wechselnde Schienenhöhe walztechnisch widersinnig ist, kommt STEPHENSON 1838 zur Doppelkopfschiene (Abb. 20), die walztechnisch besonders günstig ist und den Baustoff schon sehr gut ausnützt. Eine noch bessere Baustoffausnützung

Abb. 21. Breitfuß-schiene

bringt dann die Breitfußschiene. Sie kommt aus Amerika und wird in Deutschland 1837 bei der Bahn Leipzig—Dresden verwendet (Abb. 21). Durch die Baustoffhäufung in dem breiten Fuß wird das Tragvermögen gegenüber der Doppelkopfschiene weiter erhöht [9]. Mit Doppelkopfschiene und Breitfußschiene sind die derzeit besten Schienenformen erreicht, sie wurden nur im Laufe der Jahre hinsichtlich Formgebung soweit verfeinert, daß heute durch eine Änderung der Schienenform kaum mehr einige Kubikzentimeter Erhöhung des Widerstandsmomentes herausgeholt werden könnten, wenn man alle in der Entwicklungszeit gemachten Erfahrungen berücksichtigt.

## II. Die Entwicklung der Schienenform

Die Entwicklung der Schienenform zeigt Abb. 22. Ursprünglich hatten die Schienenköpfe Birnenform, der Steg war kurz und klobig und als der Schienenstoß zum erstenmal mit Laschen gedeckt wurde, waren diese Flachlaschen nur imstande, in waagrechter Richtung die Stetigkeit der Fahrkante zu erhalten. Für die Aufnahme lotrechter Biegemomente war Schienen- und Laschenform ungeeignet (Abb. 22a, b und c). Dieser Mangel wurde sehr bald empfunden, man wagte aber nicht von der Birnenform abzugehen, weil bei einem stark unterschnittenen Profil „der Kopf der Schiene nicht genug gegen seitliches Abdrücken gesichert erschien". Die französischen Bahnen haben daher in das Profil (Abb. 22c) Laschenanlageflächen eingefräst. Gleichzeitig wurden aber Versuche gemacht, der ganzen Schiene entsprechende Anlageflächen zu geben, zunächst noch sehr steil 1 : 2, Abb. 22d, die nach Bewährung im Betrieb immer flacher wurden, 1 : 3 bis 1 : 4, um die Keilwirkung der Laschen zu erhöhen (Abb. 22e, f und g). Dabei wurde der Steg immer schlanker, so daß es aus spannungstechnischen Gründen doch zweckdienlich erschien, die Stegdicke gegen den Kopf und Fuß der Schiene etwas zu verstärken (Abb. 22g bis k). Um die Standfestigkeit bei größerer Schienenhöhe zu verbessern und Baustoff möglichst weit entfernt von der Schwerachse anzuhäufen, wurde der Schienenfuß mit dem Fortschritt der Walztechnik immer breiter, so daß sich die Notwendigkeit ergab, die obere Begrenzungslinie des Schienenfußes wieder zu knicken, um keinen zu schwachen Fußrand zu bekommen (Abb. 22g und i), wie dies schon früher bei steilen Laschenanlageflächen (Abb. 22d) geübt wurde (Abb. 22c). Der Schienenkopf hat oben seit je eine mehr oder weniger (Abb. 22b) gewölbte Form ($R = 200$ mm), die bei neueren Formen auch schon auf $R = 400$ und $600$ mm verflacht worden ist. Flachere Wölbungen geben geringeren Flächendruck zwischen Rad und Schiene,

sind also anzustreben. Die seitliche Begrenzung des Schienenkopfes ist von den
T. V. mit einer Ausrundung von 14 mm vorgeschrieben, hängt von den Abmessungen des Rades ab und wird noch bei der
Führung der Fahrzeuge eingehend behandelt
werden. Da der Schienenkopf der Abnützung
ausgesetzt ist, wurde er etwas massiger gehalten als der Schienenfuß (Abb. 22f), auch
wenn dadurch die Ausnützung des Baustoffes
für die Tragfähigkeit schlechter wurde. Erst
die jüngsten Formen (Abb. 22i und k) zeigen
ein Überwiegen des Schienenfußes, um unter
Umständen durch die große Schienenfußbreite Unterlagsplatten zu ersparen.

Die Schienengewichte sind somit von etwa
27 kg/m auf 49 kg/m in Deutschland und Österreich, in Amerika (Abb. 22k) auf 76 kg/m angewachsen und dementsprechend die Widerstandsmomente von $W = 43$ cm³ auf 234 cm³
bei der Schiene S 49 und auf rund 400 cm³
bei dem amerikanischen Profil.

Bei der Formgebung war aber immer zu
berücksichtigen, daß die Schiene als Träger
nicht nur ein möglichst hohes Widerstandsmoment haben soll, sondern auch geeignet
sein muß, die Stoßdrücke, die von den Rädern
kommen, unschädlich zu verarbeiten. Damit
diese Forderung erfüllt wird, darf das Trägheitsmoment der Schiene im Vergleich zum
Widerstandsmoment und zum Gesamtgewicht
des Gleises nicht über einen gewissen Betrag
wachsen, weil sonst „hartes Fahren" entsteht,
das einerseits unangenehm sich fühlbar macht,
anderseits auf Oberbau und Fahrzeuge zer-
störend wirkt.

Diese Erfahrungen mußte man mit Oberbauformen machen, deren Formgebung von
folgenden Erwägungen ausging: Das Tragvermögen muß sich steigern lassen, wenn man
die Schiene nicht von Unterstützung zu
Unterstützung frei spannt, sondern sie auf
der ohnehin überall vorhandenen Bettung
durchlaufend lagert. HARTWICH hat 1868
eine solche Schiene mit großer Höhe und
dementsprechend großem Tragvermögen entworfen (Abb. 23), die er durchlaufend unter-
stützt (Längsstützung). Sie hat sich aber neben anderen Gründen deshalb
nicht bewährt, weil die Schiene vergleichsweise ein zu großes Trägheitsmoment

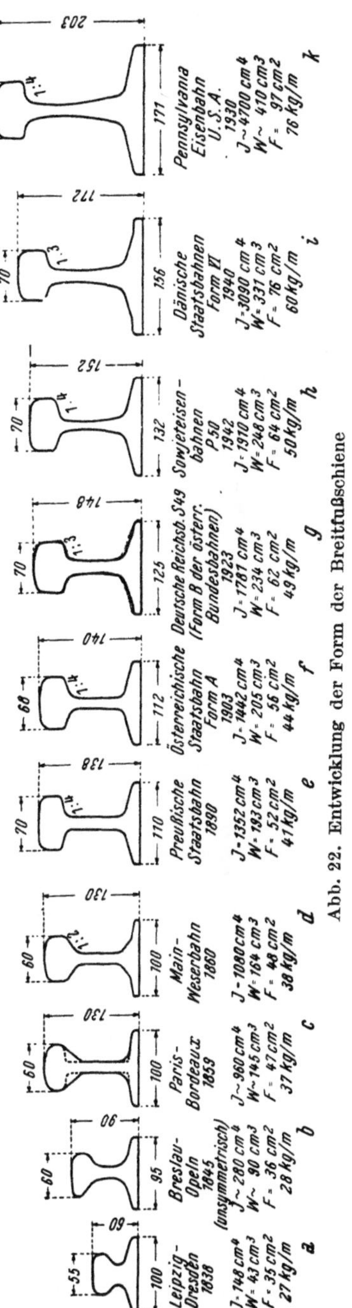



Abb. 22. Entwicklung der Form der Breitfußschiene

hatte, also zu steif war, so daß hartes Fahren mit allen damit verbundenen Nachteilen die Folge war.

SALLER [18] gibt für die Beurteilung der günstigsten Verteilung des Baustoffes vom Standpunkt der Stoßdruckverarbeitung den Wert $\frac{Fe}{W}$ an (dynamische Wertziffer [20]), der auch in der Form $\frac{FJ}{W^2}$ geschrieben werden kann, weil $\frac{J}{W} = e$ ist. $F$ ist der Querschnitt in cm², $J$ das Trägheitsmoment in cm⁴, $e$ der Abstand der äußersten gespannten Faser von der Nullinie in cm. Je kleiner der Wert $\frac{FJ}{W^2}$ ist, desto günstiger ist die Ausnützung eines Querschnittes. Dieser Wert wird bei gegebenem $W$, also bei einer bestimmten verlangten Tragfähigkeit, dann klein, wenn $J$ klein bleibt, also der Träger nicht zu steif ist. Der Wert $\frac{Fe}{W}$ ist aber nur *ein* Anhaltspunkt für die Beurteilung einer Schienenform hinsichtlich guter Stoßdruckverarbeitung.

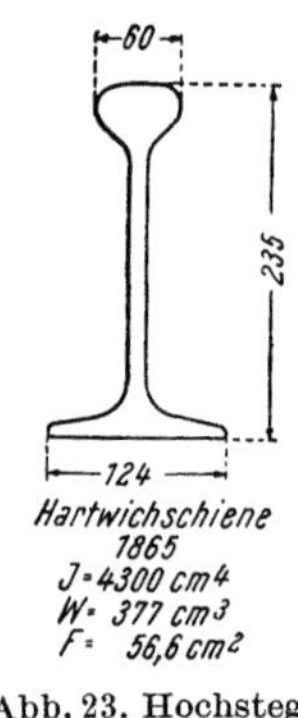

Abb. 23. Hochstegschiene (Schwellenschiene)

Die Schiene von HARTWICH z. B. verhält sich trotz Kleinheit von $\frac{Fe}{W}$ deshalb Stoßdrücken gegenüber ungünstiger, weil Schienen mit großem $J$ und kleiner Auflagerbreite zu großen Wellenlängen bei der Verformung führen, wodurch eine entsprechende Durchbiegung nicht die erforderliche Zeit zu ihrer Entstehung findet [39].

Man sieht, daß dem Streben, den Baustoff durch Vergrößerung des Trägheitsmomentes besser auszunützen und das Tragvermögen zu erhöhen, Grenzen gesetzt sind, die bei der Weiterentwicklung der Bauformen berücksichtigt werden müssen.

# III. Der Schienenbaustoff

Der Schienenbaustoff ist für die Tragfähigkeit deshalb von großer Bedeutung, weil von der Güte und Gleichmäßigkeit des Baustoffes die Höhe der zulässigen Beanspruchung abhängt und weil mit der Vergrößerung der Festigkeit die Tragfähigkeit steigt. Man ist daher, besonders in Amerika, wo schon Schienen mit sehr großen Metergewichten in Verwendung stehen, der Meinung, daß eine weitere Steigerung der Tragfähigkeit nicht durch eine Vergrößerung des Schienenquerschnittes erreicht, sondern mit einer Verbesserung der Stahlqualität durch entsprechende chemische Zusammensetzung und Wärmebehandlung angestrebt werden soll.

Bei diesem Streben ist aber immer darauf Rücksicht zu nehmen, daß die Schiene mit dem Rad zusammenarbeiten muß, einseitige Erhöhung der Festigkeit und Härte des einen Teiles ungünstig auf das Verhalten des anderen Teiles sich auswirken würde.

Es geht z. B. nicht an, die Festigkeit und Härte der Schiene einseitig so sehr zu erhöhen, daß dann die ganze Abnützung auf das Rad fällt, sondern es müssen der Baustoff der Schiene und der des Rades so aufeinander abgestimmt werden, daß die Abnützung beider ein Minimum wird.

Man sieht schon, mit der Tragfähigkeit, dem Schienenbaustoff und seinen Eigenschaften hängt innig die Schienen- und Radreifenabnützung zusammen, eine Erscheinung, die vom Standpunkt der Oberbauwirtschaft und der Fahrzeugerhaltung von größter Wichtigkeit ist und im nächsten Abschnitt eingehend behandelt wird.

Das schnelle, unter Umständen stoßartige Auftreten der Lasten bedingt, daß der Schienenbaustoff nicht nur große Festigkeit, sondern auch eine gewisse Elastizität besitzen muß, mit der er schnelle Formänderungen auszuführen vermag. Der Baustoff muß also außer einer entsprechenden Zug- und Druckfestigkeit auch eine ausreichende Dehnungsfähigkeit besitzen. Den gesetzmäßigen Zusammenhang für Dehnung und Festigkeit liefert die „Baustoffziffer" nach SALLER [18]. Hohe Festigkeit bei großer Dehnung und geringem Raumgewicht nach dem Ausdruck $\frac{E\gamma}{T^2}$ machen einen Baustoff zur Aufnahme von Stoßdrücken geeignet. In diesem Ausdruck bedeutet $E$ die Elastizitätszahl, $\gamma$ das Raumgewicht, $T$ die Spannung an der Elastizitätsgrenze. In Anlehnung an diese Erkenntnis fordern manche Bahnverwaltungen daher, daß das Produkt aus Festigkeit und Dehnung einen gewissen Wert nicht unterschreiten soll. In jüngster Zeit wird von Seite der stahlerzeugenden Industrie nachzuweisen versucht, daß der Wert einer großen Dehnung des Baustoffes Stahl im allgemeinen geringer sei, als er bis jetzt eingeschätzt wurde. Dazu ist zu sagen, daß man bei Bauteilen, wie Eisenbahnschienen, die unter Umständen auch außergewöhnliche Beanspruchungen mit bleibenden Verformungen aushalten müssen, auf entsprechende Dehnbarkeit nicht verzichten kann. Eisenbahnschienen müssen unter ganz anderen Bedingungen arbeiten als etwa Getriebeteile im Maschinenbau, so daß die Anwendung der Erfahrungen mit den auch großen Wechselbeanspruchungen ausgesetzten Maschinenteilen auf den Oberbau nicht angebracht ist. Der Oberbaupraktiker wird daher auf entsprechende Dehnung des Baustoffes mit Recht großen Wert legen und auch künftig nicht verzichten wollen. Da die ausreichend hohe Dehnbarkeit bei Steigerung der Festigkeit nicht leicht zu erreichen ist, steht die Hüttentechnik in der Baustofffrage vor keiner leichten Aufgabe, besonders wenn man noch vom Schienenbaustoff eine hohe Verschleißfestigkeit verlangt.

Die ersten Schienen aus *Gußeisen* konnten die Forderung nach entsprechender Elastizität kaum erfüllen. Bald erfolgte der Übergang zum *Schweißeisen* und Schweißstahl mit stetiger Steigerung der Festigkeit, bis schließlich seit 1859 mit Erfindung der Stahlerzeugung in der Bessemer-Birne nur mehr *Flußstahl* als Schienenbaustoff in Betracht kam.

1864 wird das Siemens-Martin-Verfahren erfunden, die Flußstahlerzeugung auf dem Herd im Flammofen, in dem auch Alteisen (Schrott) als Grundstoff verwendet werden kann. Seit 1879 kommt schließlich das Thomas-Verfahren zur Anwendung, das die Verarbeitung phosphorhaltigen Erzes ermöglicht.

Der Bessemer-Prozeß setzt phosphorfreies Erz voraus und geht in der sauer (Quarz und feuerfester Ton) ausgekleideten Birne vor sich. Der Thomas-Stahl wird in der basisch (gebrannter Dolomit und Steinkohlenteer) ausgekleideten Birne erzeugt. Beim Martin-Stahl kann bzw. muß je nach dem Erz saures oder basisches Herdfutter verwendet werden. Das Siemens-Martin-Verfahren hat durch verschiedene „Vergütungsmethoden" zu immer höherwertigen Stahlsorten geführt und viel zur Verbesserung der Massenherstellung des Stahles beigetragen.

Neben dem Herstellungsverfahren hängen die Eigenschaften des Stahles wesentlich von seiner chemischen Zusammensetzung ab. Diese ist sehr wechselvoll und schon kleine Zusätze anderer Stoffe können große Änderungen der Stahlbeschaffenheit bewirken. Die Herstellung guten Schienenstahles, der einerseits möglichst hochwertig sein soll, anderseits aber als Massenerzeugnis keine teuren Sonderbehandlungen verträgt, ist eine Wissenschaft und eine Kunst, die sich viel auf Überlieferungen stützt, daher nur stetig fortentwickelt werden kann.

Der Fachmann der Eisenbahn kann kaum in die Geheimnisse der Stahlerzeugung Einblick haben; er wird daher vom Hüttenfachmann abhängig sein, womit die Erzeugung von Eisenbahnschienen eine Vertrauenssache wird, trotz aller Lieferungsbedingnisse und strengen Güteproben, die für die Abnahme von Schienen vorgeschrieben werden.

Ehe auf die vorgeschriebenen Güteproben näher eingegangen wird, soll noch die Entstehung der Eisenbahnschiene vom erzeugten flüssigen Stahl bis zur abnahmebereiten Schiene kurz geschildert werden.

Der geschmolzene Stahl wird zunächst in aufrechtstehende Gußformen (Kokillen) zu Blöcken von etwa 2 bis 3 t Gewicht gegossen. Die Gießtemperatur soll möglichst niedrig sein, um ein rasches Erstarren des Stahles zu erzielen und dadurch die Entmischung (Seigerung) zu verhüten [40]. Gleichzeitig muß beim Gießen Vorsorge getroffen werden, daß grobe Schlackeneinschlüsse und Gasblasen, die sich im „Kopfteil" der Gußform (also oben) sammeln, auf ein Mindestmaß heruntergedrückt werden. Ganz verhüten lassen sich die vorgenannten Erscheinungen aber nicht, was zur Folge hat, daß die Schienen, die aus dem „Kopfende" des Stahlblocks kommen, ungleichmäßigeres Gefüge haben und spröder sind als die Schienen, die aus dem „Fußende" des Walzstückes geschnitten werden und dementsprechend weicher und zäher sind. Darauf wird bei der Festlegung der Abnahmebedingungen Rücksicht zu nehmen sein. (Über die Besonderheit der Herstellung von Verbundgußschienen berichtet BLOSS [34].)

Der in der Gußform erstarrte Stahlblock kommt entweder sofort in die Walzen oder wird vorher in Wärmeöfen noch gleichmäßig durchglüht. In mehreren Gängen wird der Block zur Schiene von 60 bis 100 m Länge ausgewalzt, die Enden, insbesondere das Kopfende, in entsprechender Länge abgetrennt und in noch warmem Zustand unter Zugabe des Schwindmaßes auf die Normalschienenlänge geteilt [35]. Dann werden die Schienen auf das Kühlbett zum Erkalten abgeschleppt. Nach dem Erkalten werden die Schienen in Richtpressen und in der Rollenrichtmaschine genau geradegerichtet und dann auf die richtige Länge an den Enden abgefräst, wobei Längenunterschiede von $\pm 2$ mm bis $\pm 3$ mm bei Schienenlängen von etwa 15 m zugelassen werden. Schließlich werden die Laschenlöcher gebohrt, alle Grate mit der Feile sorgfältig entfernt und die Stirnflächen abgefast, damit keine Haarrisse zurückbleiben, die Anlaß zu Schienenbrüchen geben könnten.

In der Regel wird verlangt, daß die Hüttenwerke mit der Fertigwalze am Schienensteg die Stahlsorte und die Jahreszahl der Erzeugung einwalzen. Es bezeichnet B. St. Bessemer-Stahl, T. St. Thomas-Stahl und M. St. 1930 eine Martin-Stahlschiene, die im Jahre 1930 gewalzt wurde.

Damit sind die Schienen zur Abnahme bereit. Bei der Abnahme werden verschiedene Güteproben durchgeführt, und zwar:

## 1. Die Schlagprobe

Ein etwa 1,3 m langes Schienenstück wird auf 1,0 m frei gelagert. In Feldmitte soll das Fallgewicht diese Schiene treffen mit einer Arbeitsleistung, die verhältnisgleich dem Trägheitsmoment der Schiene festgesetzt wird. Die ehemaligen k. k. Österreichischen Staatseisenbahnen verlangten z. B., daß die Schienen einen Schlag mit einem Arbeitsvermögen von $A = 100 \frac{J}{e^2}$ in mkg aushalten sollen ($J$ in cm⁴ Trägheitsmoment der Schiene, bezogen auf die Schwerachse, $e$ in cm Abstand dieser Achse von der am meisten beanspruchten Faser des Schienenquerschnittes) und weitere Schläge mit 0,4 dieses Arbeitsvermögens bis zu einer Durchbiegung von $\frac{60}{e}$ in cm (max 10 cm), ohne zu brechen oder sonstige Mängel zu zeigen.

## 2. Zerreißproben

Aus dem Schienenkopf wird ein Probestab gedreht von 20 bis 25 mm Durchmesser, entsprechenden Einspannköpfen und einer solchen Länge, daß für die Dehnungsmessung eine Meßlänge von 200 mm vorhanden ist. Die geforderte Zugfestigkeit wurde im Laufe der Zeit ständig gesteigert, von 50 kg/mm² auf 65 kg/mm², versuchsweise auf 75 kg/mm², während andere Staaten, z. B. Belgien und Frankreich, schon bis 85 kg/mm² gegangen sind. Für Sonderzwecke ist man auch schon auf 90 bis 100 kg/mm² Festigkeit gekommen. Dabei soll die Dehnung ein gewisses Maß nicht unterschreiten. Die ehemalige österreichische Südbahn hat z. B. verlangt, daß $f^2 \cdot d \geq 40.000$ sein soll, wenn $f$ die Festigkeit in kg/mm² und $d$ die Dehnung in Prozenten bedeutet. Diese Forderung ergibt eine Mindestdehnung von 16% bei einem Stahl von 50 kg/mm² Festigkeit und 7% Dehnung für eine Festigkeit von 75 kg/mm².

Mit Bezug auf die früheren Ausführungen über Seigerungserscheinungen, Lunker- und Blasenbildung im Stahlblock scheint es zweckmäßig, die Probestücke für die *Schlagproben* den Schienen aus dem „*Kopfende*" des Walzstabes und die Probestäbe für den *Zerreißversuch* dem Schienenkopf einer Schiene aus dem „*Fußende*" zu entnehmen. Entsprechen diese, dann ist anzunehmen, daß auch die anderen Schienen derselben Schmelzung um so mehr entsprechen werden, denn aus dem Kopfende kommen die sprödesten und aus dem Fußende die weichsten Schienen.

Außer diesen beiden Erprobungen (Schlagprobe und Zerreißprobe), die für die Abnahme der Schienen grundlegend sind, werden fallweise zu aufklärenden Zwecken noch folgende Erprobungen durchgeführt:

## 3. Belastungs- oder Biegeprobe

Ein etwa 1,3 m langes Schienenstück wird auf 1,0 m frei gelagert und stufenweise ansteigend langsam belastet, wobei die Durchbiegungen gemessen werden und die Streckgrenze zu ermitteln ist. Bei einer Belastung, die die Streckgrenze um 25 bis 30% übersteigt, sollen sich keine Mängel zeigen.

## 4. Kugeldruckprobe

Eine gehärtete Stahlkugel von 19 mm Durchmesser wird in den Schienenkopf mit einem Druck von 50 000 kg eingepreßt und dabei die Eindrucktiefe gemessen. Weiters wird die Härtezahl (Druck in kg, geteilt durch die Oberfläche des eingepreßten Kugelabschnittes in mm$^2$) bei einem Druck von 10 000 kg erhoben.

## 5. Ätzprobe

Solche Proben werden vorgenommen, um die Gleichmäßigkeit des Stoffgefüges zu prüfen. Dünne Schienenabschnitte werden geglättet und mehrere Tage in Salzsäure gelegt. Dabei werden etwaige Schlackeneinschlüsse, Blasen usw. sichtbar, der stärker gedichtete Randstahl hebt sich vom körnigen Kern ab u. a. m. Für den erfahrenen Stoffprüfer sind gerade diese Untersuchungen sehr aufschlußreich, besonders zur Beurteilung des Verschleißwiderstandes.

## 6. Verschleißprobe

Zur Ergründung des Verschleißwiderstandes sind auch mechanische Schleifversuche gemacht worden, die den Vorgang im Betrieb, also das Quetschen und Schleifen des Rades auf der Schiene mehr oder weniger gut nachahmen. Von den Maschinen für Verschleißmessungen sind zu nennen die von MOHR und FEDERHOFF, die Verschleißmaschine von AMSLER und die der Maschinenfabrik Augsburg-Nürnberg (Bauart SPINDEL) [42]. Dem Wesen nach wird bei allen Verfahren der Probekörper, die Schiene, gegen eine umlaufende Scheibe mit einem bestimmten Anpreßdruck gedrückt und die in der Zeiteinheit herausgeschabte Stahlmenge gemessen, die ein Maß für Verschleißfestigkeit geben soll.

Ob diese mechanischen Verschleißprüfungen tatsächlich ein Maß für die Bewährung der Schienen im Betriebe hinsichtlich Abnützung abgeben können, ist strittig und soll noch im folgenden Abschnitt behandelt werden [44].

# IV. Schienenabnützung

Sind die Abnahmeproben (Schlag- und Zerreißproben) darauf gerichtet, die entsprechende *Sicherheit* zu schaffen, daß die Schienen im Betrieb aller Voraussicht nach aus Gründen mangelhafter Stoffgüte nicht brechen, so dienen die zuletzt genannten Erprobungen (Ätz- und Verschleißproben) mehr der *Oberbauwirtschaft*, denn die Schienenabnützung möglichst klein zu halten, muß das Ziel aller Beteiligten sein, weil große Mengen Stahl alljährlich durch die Abnützung verlorengehen. Man rechnet damit, daß durchschnittlich auf etwa 40 Millionen Tonnen Rohwagenlast (Millionen Bruttotonnen = MBT) 1 mm Höhenabnützung und auf 1 MBT 1 mm$^2$ Flächenabnützung kommen; im übrigen aber weiß man, daß auch schon 5 bis 7 MBT 1 mm Höhenabnützung hervorgerufen haben. Solche außergewöhnlich hohe Abnützungserscheinungen können bei starker Streckenbelastung schon nach einigen Jahren Liegedauer den Austausch der Schienen erzwingen, während bei geringer Abnützung eine Lebensdauer von 40 Jahren und noch mehr erzielt worden ist. Diese in weiten Grenzen schwankenden Abnützungen sind zum Teil durch die Anlageverhältnisse der Bahn bedingt (starke

Steigungen und Krümmungen erhöhen die Abnützung), zum Teil durch die Größe
der Achslasten (denn es ist nicht gleichgültig, ob die geleisteten Bruttotonnen in
Achslasten von 5 oder 10 t oder gar 20 t über das Gleis rollen). Außerdem wird die
Schienenabnützung maßgeblich durch die Güte des Schienenbaustoffes beeinflußt
werden. Schließlich ist die Formgebung von Rad und Schiene und im weiteren
Sinn das Verhalten von Fahrzeug und Gleis verantwortlich für die Abnützung
der Schienen, denn von diesem Verhalten hängen die
Kräftewirkungen ab, mit welchen die Fahrzeuge auf den
Oberbau wirken und hängt die Länge der Wege ab, die
Rad und Schiene aufeinander und aneinander gleitend
zurücklegen.

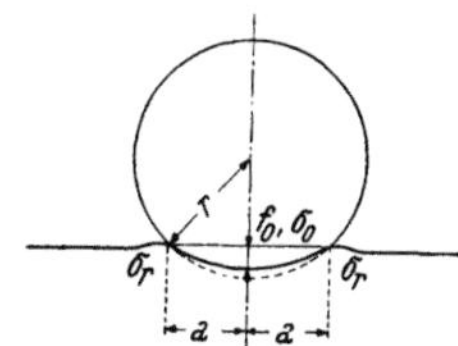

Abb. 24. Einpressung des
Rades in die Schiene

Nach Aufzählung der die Schienenabnützung be-
einflussenden Faktoren soll gezeigt werden, wie die Abnützung zustande kommt.

An der Berührungsstelle zwischen Rad und Schiene entstehen Formänderungen und Spannungen, über die die Gleichungen von HERTZ
in erster Annäherung Aufschluß geben können. Die Gleichungen von HERTZ
beziehen sich auf das Zusammenwirken von Walzen und Platten, bei dem die
Berührung längs einer Erzeugenden der Walze erfolgt.

Die Berührung von Rad und Schiene hingegen ist eine „Punktberührung‘‘,
weil der Schienenkopf gewölbt ist. Mit Zunahme der Abnützung wird die Wölbung
der Schiene im allgemeinen flacher, so daß die Punkteberührung sich der Linienberührung nähert. Die Formänderungsfigur wird also bei der Walze ein Rechteck,
bei Rad und Schiene eine langgestreckte Ellipse sein.

Schätzt man die Länge des Rechteckes, das diese Ellipse ersetzen kann, bei
fortgeschrittener Abnützung mit 3 bis 4 cm ein (ein Wert, der eher zu groß als
zu klein sein wird), dann ergibt sich nach HERTZ die Eindrückungsbreite $2a$
gemäß Abb. 24 mit

$$2\,a = 3{,}04\sqrt{\frac{Pr}{bE}} \tag{15}$$

und die Druckspannung $\sigma_0$ an der Stelle der größten Eindrückung $f_0$ mit

$$\sigma_0 = 0{,}418\sqrt{\frac{PE}{br}}\,. \tag{16}$$

$P$ ist der Raddruck, $E$ die Elastizitätsziffer und $r$ der Radhalbmesser. Mit
$b = 4$ cm, $P = 9000$ kg, $r = 50$ cm und $E = 2\,100\,000$ kg/cm² wird $2\,a = 0{,}7$ cm
und $\sigma_0 = 4000$ kg/cm². Bei geringerer Anschmiegung von Rad und Schiene
($b < 4$ cm) werden noch höhere Spannungen entstehen, die mithin zumeist über
der Quetschgrenze liegen werden. Dies um so mehr, als ja zu diesen Eindrückungs-
spannungen noch die Druckspannungen von der Schienenbiegung hinzukommen.
Solange aber die Formänderungsellipse nicht den Schienenrand erreicht, werden
diese Überschreitungen der Quetschgrenze keinen besonderen Einfluß auf die
Schienenabnützung haben, weil der überanstrengte Baustoff, gut zwischen
weniger beanspruchten Baustoffteilen ($\sigma_r < \sigma_0$) eingebettet, nicht ausweichen
kann. Erst wenn bei fortgeschrittener Abnützung durch die Gleitreibung (die
später besprochen werden soll) im Zusammenwirken mit ausgelaufenen Rädern

größere Randbelastungen auftreten (Abb. 25), tritt Abfließen des Baustoffes nach außen ein (Abb. 26). Dieses Abfließen zeigt sich besonders an der Innenschiene von Bogengleisen, weil sich dort zwei Wirkungen unterstützend überlagern: die Überschreitung der Quetschgrenze des Baustoffes und die nach der Bogeninnenseite auf die Schiene wirkende Kraft durch die große Gleitreibung der führenden Vorderachse aller Fahrzeuge. An der Außenschiene wird der Baustoff durch die Gleitreibung ebenfalls nach der Bogeninnenseite, hier aber gegen die Schienenkopfmitte gezogen, so daß sich die oben genannten Wirkungen zum Teil gegenseitig aufheben und die Gesamtwirkung, „Abfließen des Baustoffes nach außen", kleiner ist als an der Innenschiene: $f_1 < f_2$ (Abb. 26).

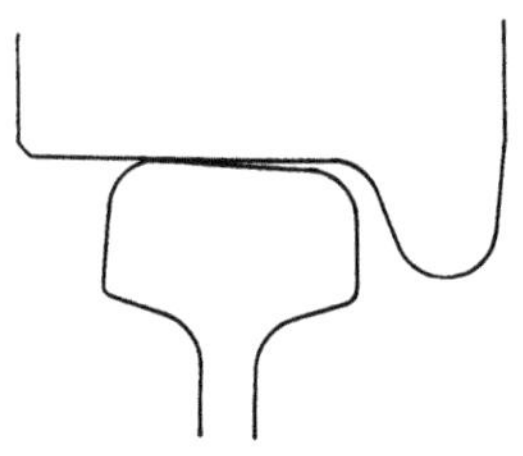

Abb. 25. Randpressung bei ausgelaufenen Rädern

Die große *seitliche* Abnützung der Außenschiene (Abb. 26a) ist eine Folge der Gleitreibung des Spurkranzes des führenden Vorderrades und wird im Abschnitt G noch eingehend behandelt werden.

Neben den über die ganze Schienenlänge konstanten Abnützungen sind ganz besonders schädlich die periodisch wechselnden, wellenförmigen Abnützungen der Schienenkopffahrfläche, die sogenannten *Riffelbildungen* (Wellenlänge 4 bis 10 cm), die im Betrieb sehr geräuschvolles, die Fahrbetriebsmittel zerrüttelndes Fahren zur Folge haben. Über die Ursache der Riffelbildungen ist schon viel geschrieben worden, da sich etliche Ursachen mit mehr oder minder großem Einfluß überlagern. Die grundlegende Ursache wird aber sicher im Schienen-

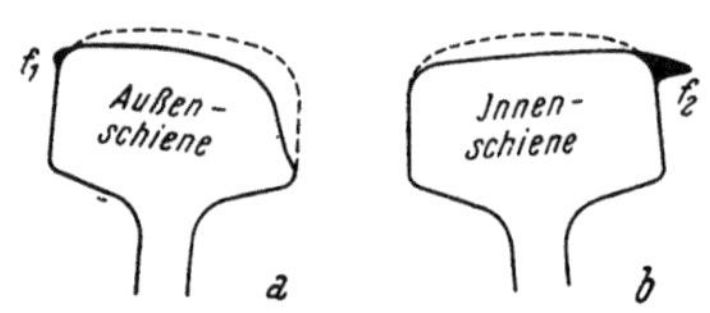


Abb. 26. Abnützung und Abfließen des über die Quetschgrenze beanspruchten Baustoffes der Schiene

baustoff oder im Walzverfahren zu suchen sein, da man beobachtet hat, daß nicht alle Schienen eines Streckenabschnittes Riffeln aufwiesen, sondern nur einzelne Schienen gleichen Ursprungs, während Schienen anderen Ursprungs riffelfrei blieben. Daneben werden andere Ursachen die Veranlagung einer Schiene zur Riffelbildung verstärken, so z. B. ist beobachtet worden, daß die steifen, eingepflasterten Straßenbahnschienen viel stärker ausgeprägte Riffeln aufweisen als anschließende Querschwellengleise mit niederen Breitfußschienen. Auch in den Fahrbetriebsmitteln (Torsionsschwingungen angetriebener Achsen) ist die Ursache gesucht worden. Wie eingangs erwähnt, ist aber das Auftreten der Riffeln in Eisenbahngleisen unserer Hauptbahnen mit elastischen Breitfußschienen bei einwandfreiem Walzverfahren in solchen Grenzen geblieben, daß die Bekämpfung der Riffelbildung durch besondere Maßnahmen bis jetzt nicht notwendig war [*43*].

An dieser Stelle sei auch noch erwähnt, daß bei Überschreitung der Quetschgrenze ganz unregelmäßige Abnützungen, Ausbröckelungen nicht nur am Rande des Schienenkopfes, sondern auch in Schienenkopfmitte auftreten können, wenn der Schienenkopf gespalten ist wie beim Blattstoß (s. S. 120) oder bei zweiteiligen Oberbauarten (die zweiteilige Schwellenschiene von Haarmann).

Gemäß Abb. 27 treten an den Kanten *a* durch die kleinen unvermeidbaren Bewegungen zwischen den beiden Teilen große Kantenpressungen mit Überschreitung der Quetschgrenze auf, die zu Abbröckelungen führen, weil der überbeanspruchte Baustoff hier seitlich ausweichen kann.

Um sich nun eine Vorstellung von dem Abnützungsvorgang bei Gleitbewegungen zwischen Rad und Schiene zu bilden, sei angenommen, daß auch bei der glattesten Oberfläche der sich berührenden Teile von Rad und Schiene eine Art mikroskopisch kleine Verzahnung stattfindet, wie Abb. 28 darstellt. Gleiten zwei solche Flächen aneinander vorbei, dann gibt es zwei Möglichkeiten des aneinander Vorbeikommens: entweder die Scherflächen der „Zähne" $ab$, $bc$, $cd$ usw. halten stand, dann muß das Rad gegen die Kraft $P$ aus den Verzahnungen herausgehoben werden, um die Zähne zu überspringen,

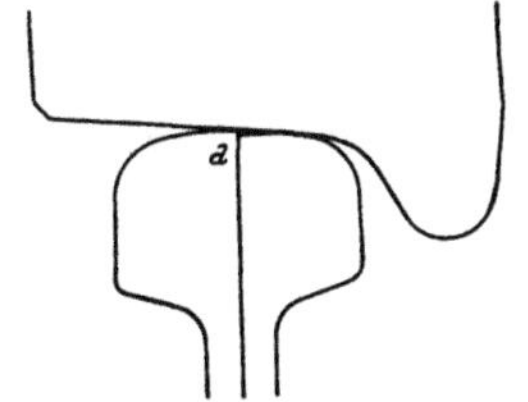

Abb. 27. Kantenpressungen bei geteiltem Schienenkopf

was um so leichter gehen wird, je flacher die Zähne sind und je geringere Höhe sie haben; oder die Scherfestigkeit genügt nicht, dann werden die Zähne abgeschert, es entsteht Abnützung.

Die Überwindung der Scherfestigkeit ist dann zu erwarten, wenn der Raddruck $P$ groß und die zur Verfügung stehenden Scherflächen klein sind, also bei großer spezifischer Pressung zwischen Rad und Schiene. Großer Raddurchmesser und möglichste Anschmiegung durch Linienberührung zwischen Rad und Schiene werden somit die Abnützung heruntersetzen.

Weiters wird die Scherfestigkeit dann überwunden werden, wenn sie an sich klein ist. Das wird dann der Fall

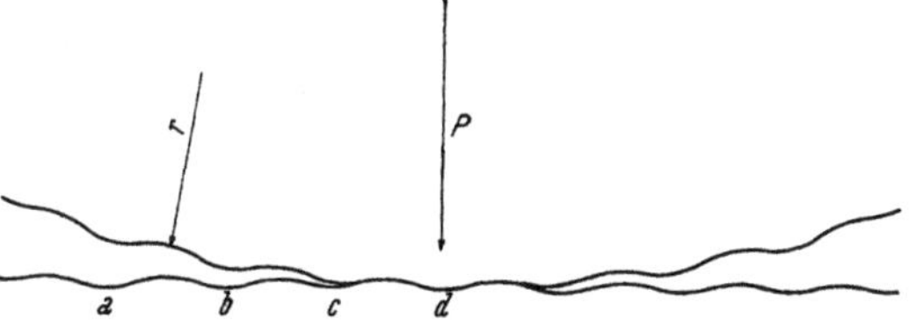

Abb. 28. Mikroskopisch kleine Verzahnung zwischen Rad und Schiene

sein, wenn das Gefüge des Stahles nicht gleichmäßig ist, Blasen und Schlackeneinschlüsse mit kleiner Scherfestigkeit vorhanden sind, womit die Wichtigkeit der Reinheit des Stahles für den Widerstand gegen Abnützung gegeben ist.

Die Scherfestigkeit wird mit der Härte des Stahles wachsen, also wird im allgemeinen harter Stahl größeren Widerstand gegen Abnützung zeigen als weicher Stahl, jedoch wird die größte Härte nichts nützen, wenn nicht gleichzeitig durch die Reinheit des Gefüges dafür gesorgt ist, daß auch alle zur Verfügung stehenden Scherflächen „Stahl" und nicht „Schlacke" oder „Luft" sind.

Die oben angestellten Überlegungen zeigen, daß unter Umständen auch weicher Stahl einen großen Widerstand gegen Abnützung haben kann, wenn zufolge des Gefügebaues „flache und niedrige Verzahnung", das Überspringen der Zähne begünstigt wird und dementsprechend die Scherkräfte, also die Scherbeanspruchung, gering ist.

Die Vorstellung von der „mikroskopisch kleinen Verzahnung" als Ursache für die Entstehung des Widerstandes bei der Gleitreibung läßt eine Reihe von Erscheinungen erklären, die aus der Erfahrung bekannt sind, wodurch die Richtigkeit der Annahme einer solchen Verzahnung gestützt wird: Der Reibwert der Ruhe (Haftreibung) ist immer größer als der Reibwert der Bewegung (Gleitreibung) und er nimmt mit Zunahme der Geschwindigkeit ständig ab. Erklärung:

Bei kleinen Gleitbewegungen oder im Zustand der Ruhe greifen die Zähne immer mehr oder weniger gut ineinander, sind also gut „verheftet". Bei größeren Gleitgeschwindigkeiten fehlt hingegen die Zeit zum ordentlichen „Eingriff", die beiden Flächen stützen sich nur mehr auf die Spitzen der Zähne ab, die „Hebearbeit" wird mit zunehmender Geschwindigkeit immer geringer, der Reibwert nimmt ab. Die spezifische Pressung wird hingegen größer, so daß es bei großen Gleitgeschwindigkeiten und großen Drücken zum Abscheren und Wegschleudern der glühend gewordenen Zahnspitzen kommt: die Räder oder Bremsbacken „feuern". Werden die Gleitflächen geschmiert, dann kommt es überhaupt zu keinem Zahneingriff, weil das Schmiermittel die unmittelbare Berührung der Stahlteile verhindert und die „Zähne" des Schmiermittels „unendlich klein höherer Ordnung" sind. Der Reibwert sinkt somit stark ab. Nur wenn bei längerem Stillstand der Fahrzeuge die Zeit vorhanden ist, daß das Öl z. B. in den Lagern der Achsen aus dem Zwischenraum zwischen Achse und Lagerschale ausgepreßt wird, dann tritt wieder richtige Verzahnung der Metallteile ein, wodurch z. B. der Laufwiderstand der Eisenbahnfahrzeuge beim Anfahren von 3 kg/t auf 20 kg/t steigen kann.

Wenn neben dem Gleiten, insbesondere Quergleiten, gleichzeitig ein Abrollen stattfindet, dürften auch seitliche elastische Verformungen dieser „Zähne" eine große Rolle spielen, worauf im Abschnitt G noch zurückgekommen werden wird.

Vorstehende Betrachtungen sollen lediglich einen Versuch darstellen, die sehr verwickelten Abnützungserscheinungen sich klarzumachen, ohne den Anspruch zu erheben, auf wissenschaftlicher Grundlage aufgebaut zu sein. CH. JACOB hat in Königsberg im Jahre 1911 wissenschaftliche Reibungsversuche durchgeführt und berichtet darüber in den Annalen für Physik, Leipzig 1912, S. 126, unter dem Titel „Über gleitende Reibung". Die Ergebnisse dieser Versuche, insbesondere bei vollkommen reinen (gesäuberten) Gleitflächen könnten mit den oben dargelegten Vorstellungen nicht geklärt werden; es muß aber darauf hingewiesen werden, daß die Versuche von JACOB mit ganz geringen Flächenpressungen durchgeführt wurden (zwischen 0,003 und 0,5 kg/cm², ausnahmsweise 60 kg/cm²), also Flächenpressungen, die zwischen Rad und Schiene noch weit überschritten werden. Zur Klärung der Abnützungserscheinungen zwischen Rad und Schiene, wobei auch der Widerstand des Stahles gegen Korrosion die bereits besprochenen Eigenschaften überlagern mag, wird daher noch viel wissenschaftliche Arbeit zu leisten sein.

Zusammenfassend ist zu sagen: Vom Standpunkt der Baustoffrage wird jedenfalls die Abnützung maßgeblich von der Reinheit des Stahles und von der Oberflächenbeschaffenheit des Gefüges abhängen. Es erscheint nicht unangebracht, die Ätzproben, die für die Reinheit des Stahles so aufschlußreich sind, durch Verschleißproben zu ergänzen. Ob sie die Ätzproben zu ersetzen imstande sind, sei noch dahingestellt, denn die Schwierigkeit bei der Auswertung der Verschleißproben wird immer die Herstellung einer Schleifscheibe sein, die eine gleichbleibende Versuchsgrundlage bietet.

Der Meinungsstreit DORMUS-SPINDEL [41] in dieser Sache hat zu keiner Klarheit geführt; nichtsdestoweniger wäre es aber angezeigt, danach zu streben, den Widerstand gegen Abnützung durch mechanische Versuche, also Schleifversuche, zu ergründen, und zwar weil dieses Verfahren das objektivere ist, also

weniger persönlicher und langjähriger Erfahrung bedarf als das andere, für das
DORMUS [36] eingetreten ist und welches das „subjektive" Prüfverfahren genannt
werden könnte. Man sollte also wohl trachten, durch Schleifen von Stahl auf
Stahl die Abwälzungsvorgänge zwischen Rad und Schiene nachzuahmen, um los-
gelöst von den übrigen Einwirkungen des Betriebes Vergleichswerte zwischen
verschiedenen Stahlsorten, Schienen- und Radreifenformen zu erhalten, die,
ergänzt durch die Erfahrungen des Betriebes [37], die subjektive Prüfmethode
wenigstens teilweise zu ersetzen imstande wären.

# V. Die Berechnung des Eisenbahnoberbaues

Die Berechnung des Eisenbahnoberbaues dient zur Ermittlung der Biegespannungen durch die lotrechten Lasten und die waagrecht wirkenden Seitenkräfte, liefert also die rechnerische Festsetzung der Tragfähigkeit des Oberbaues.

Auch die Oberbauberechnung hat im Laufe der Zeit eine Entwicklung durchgemacht, die im folgenden behandelt werden soll.

Die Berechnung des Eisenbahnoberbaues ist ein Teil der Baustatik und
Festigkeitslehre. Zufolge der *unmittelbaren* Einwirkung der *bewegten* Fahrzeuge
auf den elastisch gestützten Oberbau ergeben sich aber ungleich verwickeltere
Verhältnisse als etwa im Brückenbau. Einfach und klar ist bei der Oberbau-
berechnung wohl das Tragwerk, die Schiene; um so schwieriger aber sind die
*Kräfteangriffe* und die *Wirkung der Stützung* zu erfassen.

## 1. Kräfteangriffe

Die *lotrechten Lasten* sind auf ebener Fahrbahn bei zweiachsigen Fahrzeugen
durch deren Gesamtgewicht gegeben. Bei mehrachsigen Fahrzeugen sind die
Achsdrücke durch „Abwiegen" jeder Achse zu ermitteln. Während der Fahrt
ändern sich aber aus verschiedenen Gründen, insbesondere zufolge Ungenauigkeit
der Gleislage die Radlasten sehr bedeutend. Während nun diese Änderungen für
die Beanspruchung einer großen Brücke wenig ausmachen, da die Summe der
Lasten gleichbleibt, sind diese Änderungen für den Oberbau als den unmittelbar
getroffenen Träger sehr wohl von Bedeutung. Die Wirkung der unausgeglichenen
Fliehkräfte der Gegengewichte der Lokomotivräder, die Bewegung der Wasser-
massen im Kessel beim Bremsen, erhöhen die lotrechten Lasten, wenn auch diese
Wirkungen bei der Zunahme des Gesamtgewichtes der Lokomotiven an Bedeutung verloren haben. Groß und von ausschlaggebender Bedeutung sind aber
die Schlagwirkungen, welche „Flachläufer", das sind unrunde Bremsräder, bei
jeder Radumdrehung auf das Gleis ausüben und manchmal ganze Reihen von
Schienenbrüchen verursachen können.

Die *waagrechten Lasten quer zur Gleisrichtung* entstehen beim Fahren im
Bogen überwiegend als Führungskräfte der seitlich gleitenden Räder und hängen
ab vom Reibwert und von der Stellung der Achsen im Fahrzeugrahmen. Diese
Kräfte treten auch bei der kleinsten Fahrgeschwindigkeit auf und können somit
als „statische" Kräfte bezeichnet werden. (Näheres über die Entstehung dieser
Kräfte im Abschnitt G.)

Außer den statischen Kräften treten noch „dynamische" Kräfte auf, die mit der Fahrgeschwindigkeit wachsen: Es sind dies die unausgeglichenen Fliehkräfte, wenn die Überhöhung der Schienen der Fahrgeschwindigkeit und der Krümmung nicht entspricht, weiters die Kräfte, die in Krümmungsänderungen zufolge der Drehbeschleunigungen auftreten, und schließlich die Kräfte, die auch in der Geraden beim „Schlingern" der Fahrzeuge vom Rad auf die Schiene übertragen werden.

Die seitlichen Kräfteangriffe können unter Umständen sogar höhere Spannungen verursachen als die lotrechten Achslasten. Da die absolute Größe dieser seitlichen Beanspruchungen aber noch schwieriger zu erfassen ist als die Beanspruchungen durch die lotrechten Lasten, wurde in der Regel auf einen Nachweis dieser Spannungen verzichtet und dafür die zulässige Beanspruchung durch die lotrechten Lasten entsprechend niedrig gehalten. Die Wirkung der waagrechten Lasten ist somit bis jetzt bei der Oberbauberechnung, also bei der rechnerischen Festsetzung des Tragvermögens unberücksichtigt geblieben.

*Waagrechte Kräfte*, die *in der Gleisrichtung* wirken, äußern sich als Längskräfte auf das Gleis, beanspruchen die Schiene also auf Zug oder Druck. Die Längskräfte, die von den Fahrzeugen auf das Gleis übertragen werden, haben auf die *Beanspruchung* der Schienen keinen großen Einfluß, sie bewirken hauptsächlich als *Wanderschub* Verschiebungen der Schienen, wodurch die Wärmelücken geschlossen werden und die Ausdehnung der Schienen behindert wird.

Durch diese Behinderung der Ausdehnung treten dann Zug- und Druckspannungen in den Schienen auf, die bedeutende Werte erreichen können und auf die Gesamtbeanspruchung der Schienen schon von wesentlichem Einfluß sind. Es können bei vollkommener Behinderung der Ausdehnung Spannungen von etwa 1000 kg/cm² auftreten, die als *Zugspannung* im Winter die *Bruchgefahr vergrößern* und als *Druckspannungen* im Sommer die Möglichkeit einer *Gleisverwerfung* nahe rücken, wenn die Schwellen auf eine größere Länge frei gelegt worden sind. Das Gleis befindet sich unter Druckspannungen in einem „labilen" Gleichgewichtszustand und entspannt sich, wenn es nicht genügend im Schotterkörper verankert ist, dadurch, daß es plötzlich aus seinem Bett herausgeworfen wird und die Form einer Schlangenlinie annimmt, wobei seitliche Verlagerungen von 1 m und mehr mit scharfen, kurzen Windungen auftreten. Da solche Verwerfungen auch knapp vor der Durchfahrt eines Zuges auftreten, ja durch die Verformung des Gleises unter dem Zuge geradezu ausgelöst werden können, erkennt man die Gefährlichkeit der hohen Druckspannungen, die also durch die Auslösung der Verwerfung zu Entgleisungen führen und daher mit Recht entweder möglichst klein gehalten oder dadurch unschädlich gemacht werden sollen, daß das Gleis in der Bettung dauernd gut verankert wird.

## 2. Unterstützung.

Die Schiene wird heute nahezu ausschließlich durch Querschwellen unterstützt, die auf dem Schotterbett gelagert sind. Berücksichtigt man die Nachgiebigkeit der Bettung nicht, dann ist die Schiene ein Durchlaufträger auf unendlich vielen festen Stützen.

Zieht man die Durchbiegung der Schiene zwischen zwei solchen festen Stützen in Betracht und rechnet die Schiene als Freibalken, dann ergibt sich für die derzeit in Mitteleuropa verwendete schwerste Schiene S 49 mit

$$J = 1781 \text{ cm}^4 \quad \ldots \ldots \text{Trägheitsmoment}$$
$$l = \phantom{0}70 \text{ cm} \quad \ldots \ldots \text{Querschwellenentfernung}$$
$$E = 2\,100\,000 \text{ kg/cm}^2 \ldots \text{Elastizitätsziffer}$$
$$P = 8000 \text{ kg} \quad \ldots \ldots \text{Raddruck}$$

eine Durchbiegung $f$

$$f = \frac{Pl^3}{48\,EJ} = \frac{8000 \cdot 70 \cdot 70 \cdot 70}{48 \cdot 2\,100\,000 \cdot 1781} = 0{,}015 \text{ cm}.$$

Die Durchbiegung der Schiene wäre als Durchlaufbalken wegen der Wirkung der Einspannmomente über den festen Stützen noch geringer. Diese kleine Durchbiegung tritt gegenüber der tatsächlichen Gesamtsenkung der Schiene zufolge Nachgiebigkeit der Bettung ganz zurück, denn auch beim bestgelagerten Oberbau beträgt die Senkung unter der Last rund das Zehn- bis Zwanzigfache dieses Wertes (0,15 bis 0,3 cm).

Daraus erkennt man die Notwendigkeit, die Schwellensenkungen bei der Oberbauberechnung berücksichtigen zu müssen, wenn die Ergebnisse der Rechnung der Wirklichkeit nahe kommen sollen.

Mit Berücksichtigung der Schwellensenkungen wird aber die Berechnung so schwierig, daß man entweder bei der Belastung oder bei der Stützung vereinfachende Annahmen machen muß, um zu praktisch brauchbaren Rechnungsformeln zu kommen. Die Berechnung des Eisenbahnoberbaues hat daher eine Entwicklung durchgemacht, die zwischen diesen Erfordernissen hin- und herschwankt und auch heute noch nicht abgeschlossen ist. Festzuhalten ist jedenfalls, daß es zufolge der verwickelten Verhältnisse nie gelingen wird, die wirklichen in der Schiene auftretenden Spannungen zu ermitteln, und daß die auszurechnende Biegespannung nur *ein* Anhaltspunkt für die Beurteilung der Tragfähigkeit eines Oberbaues sein kann.

Bei der Beurteilung der Tragfähigkeit eines Oberbaues spielen außerdem noch eine gewichtige Rolle:

1. Das Alter des Gleises.

2. Die Schienenabnützung.

3. Der Erhaltungszustand der Schwellen und der Bettung.

4. Der Zustand der Schienenstöße.

5. Die Abweichung der Schienenlage von der vorgeschriebenen Richtung und der planmäßigen Höhe.

Alle diese Einflüsse richtig einzuschätzen, ist Sache der praktischen Erfahrung, die nur in jahrelanger Ausübung erworben werden kann. Die Praktiker stehen daher allen Oberbauberechnungen mit einer gewissen Skepsis gegenüber, und zwar mit Recht, wie die folgenden Untersuchungen noch zeigen werden. Trotzdem aber soll die Oberbauberechnung weiterentwickelt werden, einerseits um den Fahrzeugbau in dem Sinne zu beeinflussen, daß der Oberbau von allen Achsen möglichst gleichmäßig beansprucht wird, anderseits um bei der Weiterentwicklung des Oberbaues verschiedene Bauformen hinsichtlich ihrer Tragfähigkeit miteinander vergleichen zu können, wovon im Anhang dieses Buches auch Gebrauch gemacht wird.

## 3. Die Arten der Oberbauberechnung

### a) Die Berechnung Winkler

Es liegt nahe, den Eisenbahnoberbau als Durchlaufträger auf unendlich vielen Stützen zu betrachten, wobei man zunächst die Senkung der Stützen unberücksichtigt läßt. WINKLER hat in einer streng durchgeführten Rechnung durch eine Größtwertbestimmung gefunden, daß bei einer bestimmten Belastung (Abb. 29) das denkbar größte Moment im Durchlaufbalken von der Größe

$$M = 0{,}1888\,Ga \qquad (17)$$

entsteht, wenn in der Bezeichnungsweise nach WINKLER [28] $G$ die Radlast und a den Schwellenbestand bedeutet. (Die Bezeichnungen sind in der Folge mit den von den verschiedenen Verfassern gewählten in Übereinstimmung gebracht

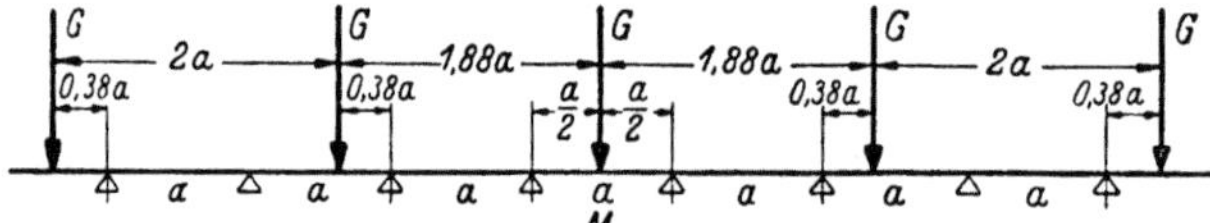


Abb. 29. Laststellung, die nach WINKLER das größte Moment im Durchlaufbalken ergibt

worden, um den Vergleich mit den Urschriften zu erleichtern.) Voraussetzung für die Aufstellung dieser Gleichung war lediglich die Annahme gleich großer Lasten und die Bedingung, daß nie mehr als eine Radlast in einem Schwellenfeld stehen kann.

Diese Gleichung wird noch heute bei manchen Bahnverwaltungen, also rund 80 Jahre nach ihrem Entstehen, kraft der Autorität ihres Verfassers verwendet, obwohl man weiß, daß bei anderen Laststellungen zufolge der nicht zutreffenden Voraussetzungen nicht senkbarer Stützen weit größere Biegemomente auftreten können.

Die Gleichung von WINKLER ist aber wissenschaftlich streng unter den gegebenen Voraussetzungen und das gab ihr Kraft, solange zu bestehen, trotz aller möglichen Einwände, die gegen sie erhoben werden können. Die drei wesentlichen Einwände sind:

1. *Die Stützpunkte liegen nicht fest,* sondern senken sich unter der Belastung.

2. *Die Abstände der Achsen* sind in Wirklichkeit nicht gleich und nicht so, wie es die Gleichung von WINKLER voraussetzt.

3. *Die Größe der Radlasten* ist nicht gleich, sondern die Radlasten weichen sehr wesentlich voneinander ab und damit auch die gegenseitigen Einwirkungen auf das Biegemoment.

Die Entwicklung drängte dazu, zunächst Punkt 1 in die Berechnung einzubeziehen.

### b) Die Berechnung Zimmermann

Die Berechnung des Eisenbahnoberbaues unter der Annahme einer elastischen Unterlage ist vergleichsweise einfach für eine stetig gestützte Schiene (Langschwelle), die Grundgleichungen finden sich bereits bei WINKLER [28].

Die Berechnungen gehen von der Annahme aus, daß der in der Bettung auftretende Flächendruck $p$ verhältnisgleich sei der Einsenkung $y$ nach der Gleichung

$$p = Cy. \tag{18}$$

Die Bedeutung der Proportionalitätskonstanten $C$ ergibt sich für den Fall $y = 1$ cm als jene Bodenpressung in kg/cm², die eine Einsenkung von 1 cm hervorzurufen imstande ist. Die Größe $C$ wird „Bettungsziffer" oder „Unterlageziffer" genannt. Mit der Bezeichnung „Unterlageziffer" will man andeuten, daß für die eintretenden Senkungen nicht nur das Verhalten der Bettung, sondern auch die Beschaffenheit des Untergrundes, also der gesamten „Unterlage", maßgebend ist. Die Größe der Unterlageziffer schwankt in weiten Grenzen: 3 bis 50 kg/cm³; die umfangreichen Messungen, die zur Ermittlung der Unterlageziffer durchgeführt wurden, werden im nächsten Abschnitt behandelt werden.

Die Querkraft und das Biegemoment in einem Langträger auf elastischer Unterlage ergibt sich unter der Voraussetzung, daß die äußeren Kräfte in der Nähe des betrachteten Querschnittes nur aus einer stetig über die Stabachse verteilten Belastung $p$ kg/cm² bestehen, somit $p\,b$ für die Längeneinheit, wenn $b$ die Trägerbreite ist, mit

$$dQ = bp\,dx \tag{19}$$

und

$$dM = Q \cdot dx, \tag{20}$$

wenn $Q$ die Querkraft, $M$ das Biegemoment und $x$ der Abstand des Querschnittes von einem beliebigen Festpunkt ist.

Differenziert man Gl. (20) nochmals nach $x$, so erhält man

$$\frac{d^2 M}{dx^2} = \frac{dQ}{dx} = bp. \tag{21}$$

Ferner gilt allgemein nach der Biegelehre:

$$M = -EJ\,\frac{d^2 y}{dx^2}, \tag{22}$$

wenn $E$ die Elastizitätsziffer und $J$ das Trägheitsmoment des gebogenen Stabes ist.

Differenziert man Gl. (22) zweimal, so erhält man mit Bezug auf Gl. (21)

$$EJ\,\frac{d^4 y}{dx^4} = -bp \tag{23}$$

und in Verbindung mit Gl. (18)

$$EJ\,\frac{d^4 y}{dx^4} = -C\,by. \tag{24}$$

Wird nun

$$\sqrt[4]{\frac{4\,EJ}{Cb}} = L \quad \text{und} \quad \frac{x}{L} = \xi \tag{25}$$

gesetzt, so ergibt sich als Differentialgleichung der elastischen Linie

$$\frac{d^4 y}{d\xi^4} = -4\,y. \tag{26}$$

Für den Fall des unendlich langen, gewichtslosen Trägers, der durch eine Einzellast $G$ belastet wird, gibt diese lineare Differentialgleichung 4. Ordnung viermal intregiert die Gleichung der Biegelinie

$$y = \frac{G}{2\,b\,CL} \cdot \eta \tag{27}$$

den Verlauf des Bettungsdruckes

$$p = \frac{G}{2\,b\,L} \cdot \eta \tag{28}$$

und den Verlauf des Biegungsmomentes

$$M = \frac{G\,L}{4} \cdot \mu. \tag{29}$$

In diesen Gleichungen bezeichnet $G$ den Raddruck in kg, $b$ die Auflagerbreite des Langträgers in cm, $C$ die Unterlageziffer in kg/cm³, $L = \sqrt[4]{\dfrac{4\,EJ}{bC}}$ den Grundwert des Langschwellenoberbaues mit den früher angegebenen Bezeichnungen.

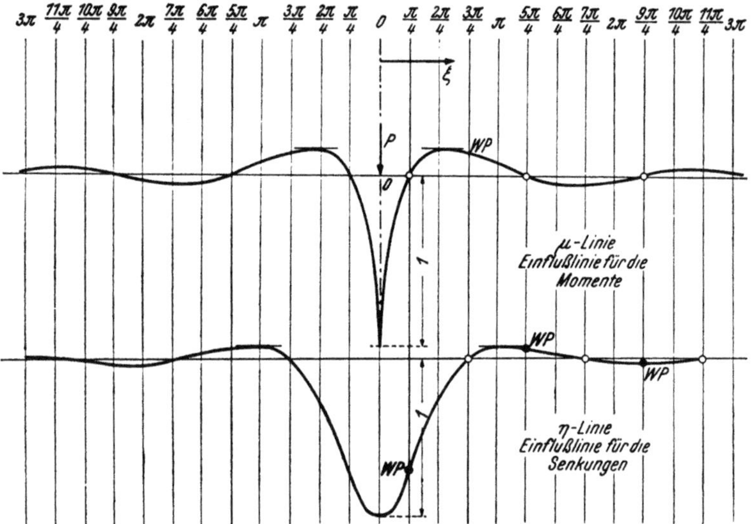


Abb. 30. Verlauf der Momente und Senkungen beim elastisch gestützten Langträger

$\mu$ und $\eta$ sind Funktionen von $\xi = \dfrac{x}{L}$, welche die Abhängigkeit der Senkung $y$, der Bodenpressung $p$ und des Biegemomentes $M$ des betrachteten Querschnittes im Abstand $x$ vom Lastort angeben:

$$\eta = e^{-\xi}\,(\cos\,\xi + \sin\,\xi) \tag{30}$$

$$\mu = e^{-\xi}\,(\cos\,\xi - \sin\,\xi). \tag{31}$$

In Abb. 30 sind die $\eta$- und $\mu$-Werte in Abhängigkeit von $\xi$ aufgetragen. Die sich ergebende $\eta$-Linie ist gleichzeitig Einflußlinie für die Senkungen und die $\mu$-Linie ist Einflußlinie für die Biegungsmomente.

Die $\eta$-Linie geht durch Null für

$$\xi = \frac{3\,\pi}{4}\,,\;\; \frac{7\,\pi}{4}\,,\;\; \frac{11\,\pi}{4}\;\text{ usw.}$$

Sie hat Größt- und Kleinstwerte für

$$\xi = 0,\; \pi,\; 2\,\pi\;\text{ usw.}$$

Die $\mu$-Linie geht durch Null für

$$\xi = \frac{\pi}{4}\,,\;\; \frac{5\,\pi}{4}\,,\;\; \frac{9\,\pi}{4}\;\text{ usw.}$$

Sie hat Größt- und Kleinstwerte für

$$\xi = \frac{2\,\pi}{4}\,,\;\; \frac{6\,\pi}{4}\,,\;\; \frac{10\,\pi}{4}\;\text{ usw.}$$

Die Nullwerte der einen Linie sind Wendepunkte im Verlauf der anderen. Aus dem Verlauf der elastischen Linie ($\eta$-Linie) ergibt sich, daß die Langschwelle zwischen $\xi = \dfrac{3\,\pi}{4}$ und $\dfrac{7\,\pi}{4}$ von der Unterlage sich abhebt, die Senkungen $y$

also negativ sind. Negativen Senkungen würden daher auch negative Bodenpressungen entsprechen, die aber die Bettung in Wirklichkeit nicht zu leisten imstande ist, weil das Schotterbett ja keine Zugkräfte auf das Gleis ausüben kann. In Wirklichkeit wird das Gewicht des Gleises diese fehlenden negativen

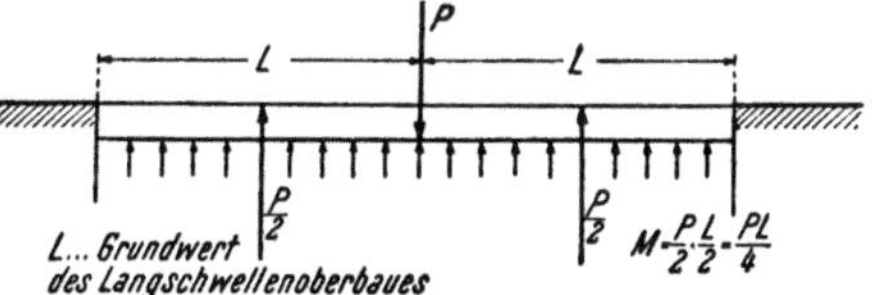



Abb. 31. Vergleich des Biegungsmomentes bei einem elastisch gestützten Langträger und einem starren Stab

Bodenpressungen ersetzen, so daß die elastische Linie des mit Gewicht behafteten Gleises der elastischen Linie des theoretischen, gewichtslosen Trägers recht nahe kommen mag.

Für $\xi = 0$ ergeben sich die Senkungen $y_0$, die Bodenpressungen $p_0$ und das Biegemoment $M_0$ am Lastort als Größtwerte, denn es haben für $\xi = 0$ $\eta$ und $\mu$ die größtmöglichen Werte, nämlich $\eta = 1$ und $\mu = 1$.

Am Lastort beträgt:

die Senkung $y_0$

$$y_0 = \frac{G}{2\,CbL} = \frac{G}{2\,Cb}\sqrt[4]{\frac{Cb}{4\,EJ}} = \frac{G}{\sqrt[4]{64\,C^3\,b^3\,EJ}}\,, \tag{32}$$

der Bettungsdruck $p_0$

$$p_0 = \frac{G}{2\,bL}\,, \tag{33}$$

das Biegungsmoment $M_0$

$$M_0 = \frac{GL}{4} = G\sqrt[4]{\frac{EJ}{64\,Cb}}\,. \tag{34}$$

Gl. (34) besagt, daß das Biegungsmoment in einem elastisch gelagerten Langträger dem Moment in einem starren Stab von der Länge $2\,L$ entspricht, der ohne Verbiegung in die Bettung eingedrückt wird (Abb. 31).

Wie bereits erwähnt, hat die Grundlagen der Berechnung des Langschwellenoberbaues auf elastischer Grundlage bereits WINKLER angegeben.

Die Berechnung der Querschwelle hat ZIMMERMANN durchgeführt. Diese
ist nicht mehr so einfach und wurde nur dadurch praktisch brauchbar gemacht,
daß ZIMMERMANN in seinem Buch [29] für die verwickelten Ausdrücke für das

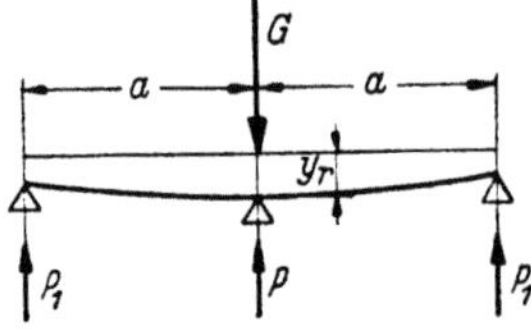

Abb. 32. Verteilung des Raddruckes, Annahme A

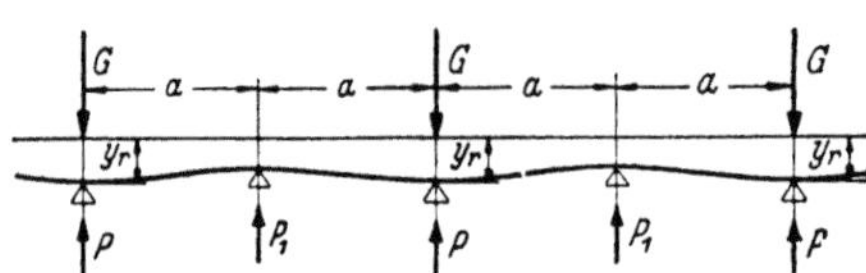

Abb. 33. Verteilung des Raddruckes, Annahme B

Moment, die Senkung und die Bodenpressung in einem Tafelwerk eine Reihe
von Festwerten $\eta_0$, $\eta_\varrho$, $\eta_\lambda$, $\mu_0$ und $\mu_\varrho$ in Abhängigkeit von den Schwellenabmessungen zusammengestellt hat. Die Größtwerte der Schwellenbeanspruchung
ergeben sich naturgemäß am Lastort „$r$"; es beträgt dort

die Senkung

$$y_r = \frac{kP}{bC} \, [\eta_\varrho],\tag{35}$$

das Biegemoment

$$M_r = \frac{P}{2\,k} \, [\mu_\varrho],\tag{36}$$

die Bodenpressung

$$p_r = C \, y_r.\tag{37}$$

Dabei bedeutet:

$b$    die Querschwellenbreite,

$P$    den Schienendruck,

$C$    die Bettungsziffer

$$k = \frac{1}{L} = \sqrt[4]{\frac{bC}{4\,E'J'}},$$

$E'$  die Elastizitätsziffer des Baustoffes der Schwelle,

$J'$  das Trägheitsmoment der Schwelle,

$[\eta_\varrho]$ und $[\mu_\varrho]$ die oben erwähnten Festwerte, die aus dem Tafelwerk von ZIMMER-
MANN zu entnehmen sind.

Für $y_r = 1$ wird $P = D$. Der Schwellensenkungsdruck $D$ ist

$$D = \frac{bC}{k\,[\eta_\varrho]},\tag{38}$$

das ist jene Kraft, die die Schwelle am Lastort um 1 cm eindrückt.

Um den Schienendruck $P$ zu berechnen, werden nun zwei Annahmen gemacht;
die eine ist die, daß sich der Raddruck $G$ auf drei Schwellen verteile und die
Schiene nur die Länge von zwei Feldweiten habe (Abb. 32). Die andere Annahme
setzt einen unendlich langen Träger voraus mit Radlasten auf jeder zweiten
Schwelle (Abb. 33). Dann ergibt sich für Abb. 32 der Schienendruck

$$P = \frac{\gamma + 2}{3\,\gamma + 2} \cdot G, \tag{39}$$

für Abb. 33

$$P = \frac{4\,\gamma + 1}{8\,\gamma + 1} \cdot G, \tag{40}$$

wobei $\gamma = \dfrac{B}{D}$ das Verhältnis des Schienensenkungsdruckes zum Schwellensenkungsdruck bedeutet. Der Schienensenkungsdruck ist ein Maß der Steifigkeit der Schiene:

$$B = \frac{6\,EJ}{a^3}, \tag{41}$$

worin $E$ die Elastizitätsziffer des Schienenstahles, $a$ den Schwellenabstand und $J$ das Trägheitsmoment der Schiene bedeutet.

Unter diesen Annahmen schwankt der Schienendruck $P$ etwa zwischen 0,7 bis 0,5 $G$. Mit dem nach Gl. (39) und (40) gefundenen $P$ wird nun nach Gl. (35), (36) und (37) das Biegemoment für die Querschwelle gerechnet, ebenso die Senkungen und Bodenpressungen.

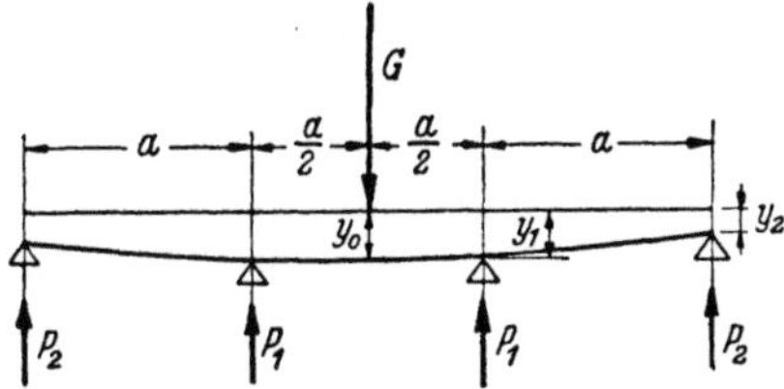

Abb. 34. Belastungsannahme zur Berechnung des Biegungsmomentes in der Schiene nach ZIMMERMANN

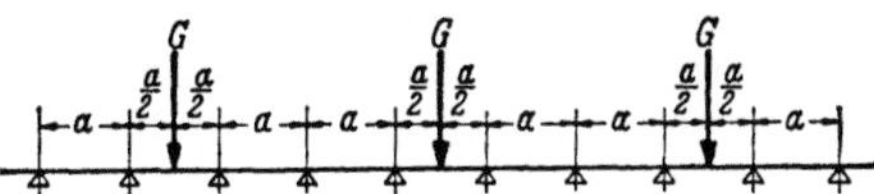

Abb. 35. Belastungsannahme zur Berechnung des Biegungsmomentes in der Schiene nach ENGESSER

Zur Berechnung des Biegemomentes für die Schiene nimmt ZIMMERMANN nun an, daß sich die Radlast $G$ auf vier Schwellen verteile und die Schiene eine begrenzte Länge von drei Feldweiten habe (Abb. 34). Dann ergibt sich das Moment unter der Last $G$ in Feldmitte

$$M = \frac{8\,\gamma + 7}{4\,\gamma + 10} \cdot \frac{Ga}{4}. \tag{42}$$

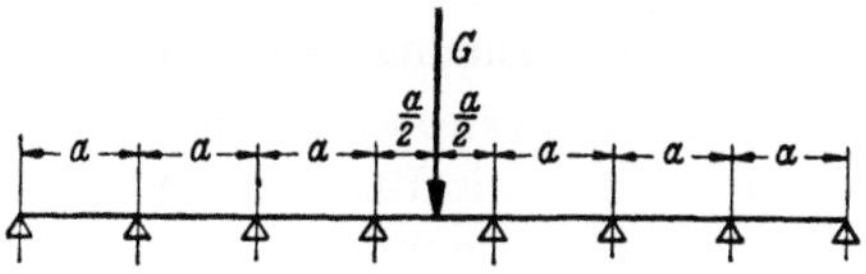

Abb. 36. Belastungsannahme zur Berechnung des Biegungsmomentes in der Schiene nach SCHWEDLER

Andere Forscher haben noch andere Belastungsannahmen gemacht. Zum Beispiel nimmt ENGESSER einen unendlich langen Träger mit gleichmäßig über die ganze Länge verteilten Lasten, die in Feldmitte jedes dritten Feldes stehen (Abb. 35). Dann ergibt sich ein Moment von

$$M = \frac{19\,\gamma + 4}{3\,\gamma + 1} \cdot \frac{Ga}{24}. \tag{43}$$

SCHWEDLER nimmt einen begrenzten Träger über acht elastisch gelagerten Stützen mit einer Last in Trägermitte an (Abb. 36). Dann ergibt sich ein Moment von

$$M = \frac{32\,\gamma^3 + 524\,\gamma^2 + 568\,\gamma + 97}{4\,\gamma^3 + 194\,\gamma^2 + 330\,\gamma + 71} \cdot \frac{Ga}{8}. \tag{44}$$

Vergleicht man die Ergebnisse der drei Gl. (42), (43) und (44), so ergibt sich für verschiedene Werte von $\gamma$ das Biegemoment

$$M = K \cdot G \cdot a$$

mit den Werten für $K$ nach Tab. 6.

Tabelle 6

| Moment nach der Formel von | $K$-Werte für $\gamma =$ | | | | |
|---|---|---|---|---|---|
| | 0,0 | 0,5 | 1,0 | 2,0 | 4,0 |
| ZIMMERMANN .................. | 0,175 | 0,229 | 0,268 | 0,319 | 0,375 |
| ENGESSER .................... | 0,167 | 0,225 | 0,240 | 0,250 | 0,256 |
| SCHWEDLER................... | 0,171 | 0,226 | 0,255 | 0,291 | 0,337 |

Für $\gamma = 0$ (unnachgiebige Stützung) ergeben sich kleinere Werte als 0,1888, da dieser Wert von WINKLER als überhaupt möglicher Größtwert für eine bestimmte Laststellung gefunden wurde. Bei ganz geringer Nachgiebigkeit $\gamma = 0{,}5$ springt das Moment sofort auf 0,23 $Ga$, um dann bei Steigerung der Nachgiebigkeit des Untergrundes weiter anzusteigen, und zwar nach ZIMMERMANN und SCHWEDLER verhältnismäßig stark, weil dort nur Einzellasten in Betracht gezogen werden, während bei ENGESSER der Anstieg nur mäßig ist, weil sich hier der Einfluß der Nachbarlasten in günstigem Sinne wirkend fühlbar macht. Jedenfalls zeigt Tab. 6, daß man je nach Wahl des $\gamma$ und der willkürlichen Belastungsannahmen jede Größe des Biegemomentes zwischen 0,17 und 0,37 $G \cdot a$ herausrechnen kann.

Der erhebliche Unterschied in der Größe der zu errechnenden Momente und durchgeführte Versuche, die deutlich darauf hinweisen, daß das Moment unter einer Last durch die Wirkung der benachbarten Lasten wesentlich verkleinert wird, ließen es wünschenswert erscheinen, den gegenseitigen Abstand der Achslasten zu berücksichtigen, gleichzeitig aber einfachere Gleichungen zu gewinnen, die für die Ausübung handlicher wären.

In diesem Bestreben ist man nun trotz einschlägiger Arbeiten von einer Reihe von Forschern wie BLOSS, DIEHL, DIETZ, v. DYK, PIHERA, SALLER u. a. m., die alle für ihre Rechnungen elastisch zusammendrückbare Bettung voraussetzen, wieder auf unelastische Stützung zurückgegangen, hat aber dafür den Einfluß von benachbarten Achsen, und zwar die jeweils wechselnde Größe dieses Abstandes in die Rechnung einzubeziehen versucht.

### c) Achsstandformel

Auf Grund von Untersuchungen der Niederländischen Eisenbahnen wurde im Jahre 1923 den Vereinsverwaltungen empfohlen, bei der Berechnung des Oberbaues die Achsstandformel zu verwenden [52].

Zur Bildung der Achsstandformel wird willkürlich eine Belastung nach Abb. 37 angenommen, bei der die Achslasten immer in Feldmitte stehen und abwechselnd den Abstand $m \cdot a$ und $n \cdot a$ in unbegrenzter Aufeinanderfolge haben, wobei $a$ der Querschwellenabstand ist und $m$ und $n$ beliebige Zahlen sind. Das Moment unter einer Last wurde gefunden mit

$$M = \frac{12\,mn - 7\,(m+n) + 4}{16\,[3\,mn - (m+n)]} \cdot Ga \; . \tag{45}$$

Wird $m = \infty$ genommen, so befinden sich nur mehr zwei Lasten im Endlichen und man erhält eine Gleichung für Endachsen:

$$M = \frac{12\,n - 7}{16\,(3\,n - 1)} \cdot Ga \; . \tag{46}$$

Wird auch $n = \infty$ gesetzt, dann ergibt sich der Fall der Einzellast mit:

$$M = \frac{Ga}{4} = 0{,}25\,Ga \; . \tag{47}$$

Voraussetzung für die Bildung der Gl. (45), (46) und (47) ist die Annahme, daß die Querschwellen in den unbelasteten Feldern als nicht vorhanden angesehen werden und die Schiene in diesem Raum von der Unterlage gewichtslos sich abhebt.

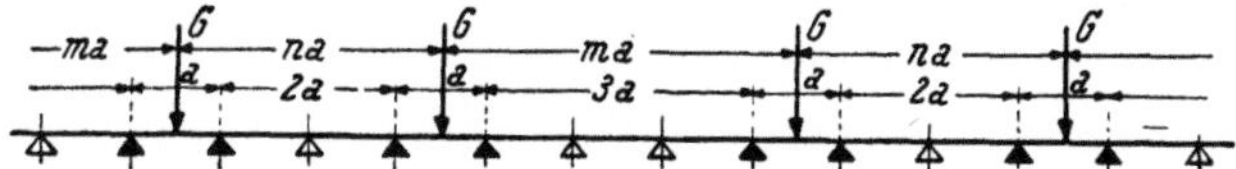

Abb. 37. Belastungsannahme zur Berechnung des Biegungsmomentes in der Schiene nach der Achsstandformel (allgemein)

Die Durchbiegung der Schiene stellt sich dann für den Fall der Endachsen nach Abb. 38 und für den Fall der Einzellast nach Abb. 39 dar. Da die Schienenteile $\infty A$ und $B \infty$ als gewichtslos unwirksam sind, bleibt für den Träger $A\,B$ als frei auf-

liegenden Balken auf zwei Stützen gemäß Abb. 39 das Moment $0{,}25\,G \cdot a$ nach Gl. (47).

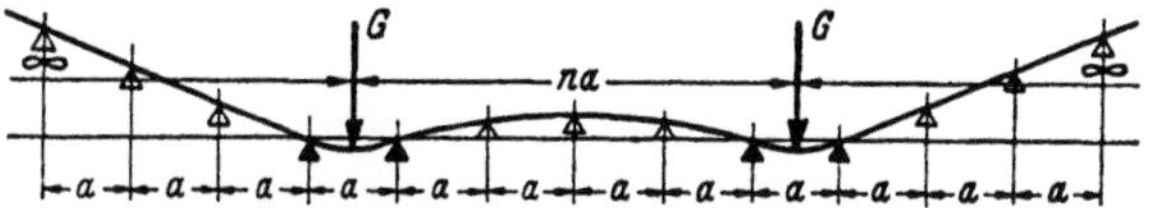

Abb. 38. Belastungsannahme und gedachte Verformung des Gleises mit Benützung der Achsstandformel (Endachsen)

Die Gl. (45) und (46) ergeben eine Abnahme des Momentes, wenn die benachbarten Lasten einander näher rücken, und zwar von $0{,}25\,Ga$ für eine Einzellast herunter bis $0{,}1875\,Ga$ für $m = 2$ und $n = 2$ (Abb. 40), was nahezu dem Wert nach (G. 17) entspricht, da ja auch die Belastungsannahmen nur wenig von-

einander abweichen. Kleinere Werte für $m$ und $n$ kommen nicht in Frage, da kleinere Achsstände nicht vorkommen.

Stellt man die Funktion $F\,(mn)$ der Gl. (45) und (46) zeichnerisch dar,

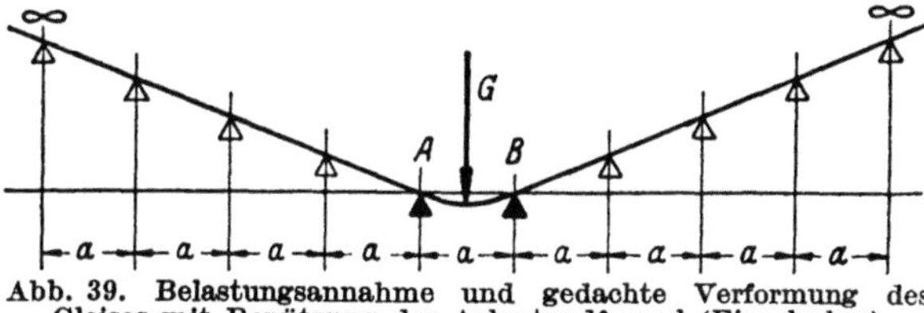

Abb. 39. Belastungsannahme und gedachte Verformung des Gleises mit Benützung der Achsstandformel (Einzelachse)

so scheint für die Ausübung eine leicht handhabbare Gleichung geschaffen, mit der auf einfache Weise die Wirkung der verschieden großen Abstände der Achsen berücksichtigt werden kann. Aber auch gegen die Achsstandformel können Einwände erhoben werden, und zwar:

1. Die bei den verschiedenen Fahrzeugen vorkommenden tatsächlichen Achsstände werden nicht vollkommen erfaßt, weil man mit einer gedachten

Laststellung rechnen muß, die nur immer „mehr oder weniger" der tatsächlichen Achsfolge angepaßt werden kann.

2. Die Berücksichtigung des gegenseitigen Einflusses *ungleich großer* Lasten ist nicht möglich.

3. Ausschlaggebend kommt in Betracht, daß die günstige Wirkung der Nachbarlasten auf das Moment solcher zwischen anderen Achsen „eingebetteten" Achsen gegenüber der Wirklichkeit zu klein erscheint. Messungen haben ergeben, daß der Einfluß benachbarter Achsen auf das Moment jedenfalls wesentlich größer ist als die Achsstandformel ergibt, was mit der Nichtberücksichtigung der Unterlage-

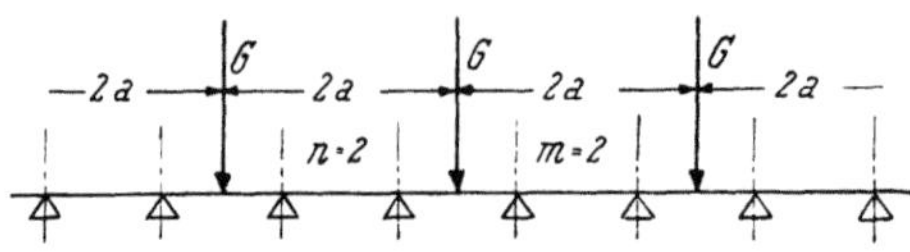
Abb. 40. Belastungsannahme, die nach der Achsstandformel das kleinste Biegungsmoment ergibt

ziffer zusammenhängt, die, wie später gezeigt werden wird, auch dann auf die Größe der Spannungen von großem Einfluß ist, wenn die $C$-Werte groß sind, also der Untergrund nur wenig nachgiebig ist.

Bei der Weiterentwicklung der Oberbauberechnung wird daher wieder elastisch zusammendrückbarer Untergrund vorausgesetzt, durch einen Kunstgriff der Querschwellenoberbau auf einen Langschwellenoberbau zurückgeführt und nun die einfachen Gleichungen der Berechnung des Langschwellenoberbaues dazu benützt, auch den Einfluß von mehreren Lasten ihrer wirklichen Größe und Lage gemäß, in die Rechnung einzubeziehen.

## d) Langträgerberechnung

### α) Die Berechnung der Schiene

**Grundgedanke.** Da die Durchbiegung der Schiene zwischen zwei Schwellen im Vergleich zur Gesamtsenkung zufolge Nachgiebigkeit des Gleisbettes nur gering ist, kann die Querschwellenstützung auf eine gedachte Längsstützung zurückgeführt werden, die die Querschwellen in ihrer Wirkung auf die Schiene ersetzt [67].

Weiter wird angenommen, daß die Querschwelle den Schienendruck gleichmäßig über die Länge $2\,\ddot{u}$ verteilt auf das Schotterbett überträgt (Abb. 41). Denkt man sich nun gemäß Abb. 42 die Querschwelle von der Breite $b_1$ auf die

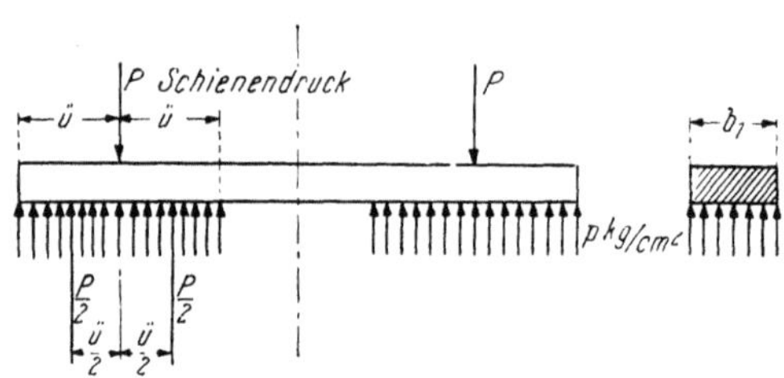
Abb. 41. Verteilung des Schienendruckes auf die Bettung

Länge $2\,\ddot{u}$ durch ein Schwellenstück von der Länge der Querschwellenentfernung $l$ ersetzt und in die Richtung der Gleisachse gedreht, dann entsteht durch diese Drehung eine gleichmäßig durchlaufende Längsstützung der Schiene [54]. Sollen die stützenden Flächen vor und nach der gedachten Drehung die gleichen sein, dann muß die gedachte Längsstützung eine Breite $b$ haben nach der Gleichung:

$$b = \frac{b_1 \cdot 2\,\ddot{u}}{l} \,. \tag{48}$$

Für diese Längsstützung mit der Breite $b$ gelten nun die Regeln des Langschwellenoberbaues. Führt man daher die Gl. (48) in den Grundwert des Langschwellenoberbaues

$$L = \sqrt[4]{\frac{4\,EJ}{bC}} \tag{25}$$

ein, dann erhält man:

$$L = \sqrt[4]{\frac{2\,EJ\,l}{Cb_1\,\ddot{u}}}\;. \tag{49}$$

$L$ ist nach Abb. 42 jene Auflagelänge einer starren Schiene, auf welche der gleichmäßig verteilt gedachte Bodendruck zu beiden Seiten der Last $P_0$ wirkt, so zwar, daß bei dieser gedachten einfachen Stützung dieselben Beanspruchungen entstehen wie bei der Querschwellenstützung.

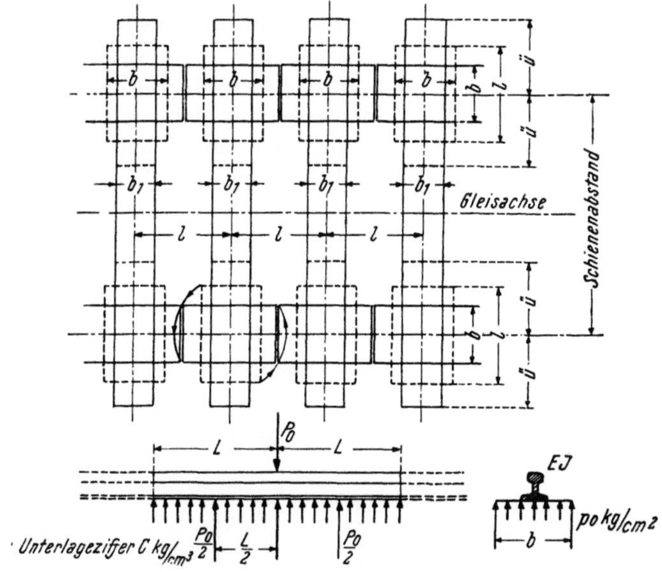


Abb. 42. Umwandlung der Querstützung in eine Längsstützung

Das Biegemoment $M_0$ am Lastort $P_0$, die Bodenpressung $p_0$ und die Senkung $y_0$ ergeben sich gemäß Abb. 43 mit:

$$M_0 = \frac{P_0 L}{4} = \frac{P_0}{4}\sqrt[4]{\frac{2\,EJ\,l}{Cb_1\,\ddot{u}}} \tag{50}$$

$$p_0 = \frac{P_0}{2\,bL} = \frac{P_0\,l}{4\,b_1\,\ddot{u}L} \tag{51}$$

$$y_0 = \frac{p_0}{C}\;. \tag{52}$$

Diese einfachen Ausdrücke für das Biegungsmoment, die Bodenpressung und die Senkung beim Angriff einer einzigen Last lassen sich nun auch auf die *Wirkung mehrerer Lasten* von *verschiedener Größe* und *beliebigem gegenseitigen Abstand erweitern* [55].

**Biegungsmoment.** Das Moment unter einer Last $P$ ist nach ZIMMERMANN:

$$M = \frac{P \cdot l}{4} \cdot \mu = \frac{Pl}{4} e^{-\xi} (\cos \xi - \sin \xi), \qquad (29)$$

wenn $\xi = \dfrac{x}{L}$ ist, wobei $x$ die Abszisse der Momentenlinie bedeutet.

Die der Gleichung

$$\mu = e^{-\xi} (\cos \xi - \sin \xi) \qquad (31)$$

entsprechende Linie ist aber zugleich die Einflußlinie für das Biegungsmoment, das heißt die Ordinate an irgendeinem Punkt gibt mit $\dfrac{P \cdot L}{4}$ vervielfacht den

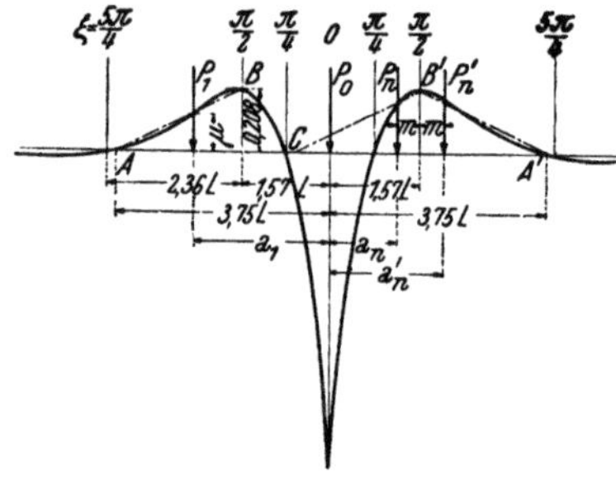

Abb. 43. Einflußlinie für das Biegungsmoment

Einfluß irgendeiner Last $P$ auf das Biegungsmoment am Ort der Last $P_0$ (Abb. 43).

Damit ist die Aufgabe bereits gelöst. Um aber eine für die Ausübung handliche Form zu bekommen, wird die Einflußlinie in dem Raum $AB$ (Abb. 43), in dem auftretende Radlasten das Moment an der Stelle von $P_0$ beeinflussen, durch eine Gerade ersetzt, die in Abb. 43 strichpunktiert eingezeichnet ist. Auftretende Radlasten links von $A$ und rechts von $A'$ haben auf das Moment an der Stelle von $P_0$ nur mehr verschwindenden Einfluß und werden vernachlässigt. Lasten zwischen $B$ und $P_0$ kommen praktisch äußerst selten vor. Für diese wenigen Ausnahmefälle wird später noch eine kleine Ergänzung angefügt.

Die Ausgleichsgerade verbindet den runden Wert 3,75 mit $B$, dem höchsten Punkt der $\mu$-Linie.

Der Punkt $B$ liegt also bei $\xi = \dfrac{\pi}{2} = 1{,}57$ oder $x = 1{,}57\,L$ und hat nach Gl. (31) den Ordinatenwert

$$\mu = -\frac{1}{e^{\frac{\pi}{2}}} = -0{,}208 \, .$$

Bezeichnet $a$ den Abstand der Last $P_1$ von $P_0$, so soll $\mu$ von Null bis $\mu = 0{,}208$ geradlinig ansteigen, wenn die Last $P$ von $a = 3{,}75\,L$ bis $a = 1{,}57\,L$ an die Last $P_0$ heranrückt. Diese Bedingung wird erfüllt durch die Gleichung

$$\mu = \frac{3{,}75\,L - a}{10{,}5\,L} \, , \qquad (53)$$

denn für $a = 3{,}75\,L$ wird $\mu = 0$ und für $a = 1{,}57\,L$ wird $\mu = 0{,}208$.

Eine Last $P_1$ im Abstand $a_1$ von $P_0$ vermindert also das Moment bei $P_0$ nach der Gleichung

$$M = \frac{P_0 \cdot L}{4} - \frac{P_1 L}{4} \cdot \mu = \frac{P_0 L}{4} - \frac{P_1 L}{4} \frac{(3{,}75\,L - a_1)}{10{,}5\,L} = \frac{P_0 L}{4} - \frac{P_1 (3{,}75\,L - a_1)}{42} \, .$$

$$(54)$$

Sind mehrere Lasten $P_1$, $P_2$, $P_3$ ... mit den Abständen $a_1$, $a_2$, $a_3$ ... in den bezeichneten Räumen beiderseits von $P_0$ vorhanden, dann wird das Moment:

$$M_0 = \frac{P_0 L}{4} - \left[ \frac{P_1(3,75\,L - a_1) + P_2(3,75\,L - a_2) + P_3(3,75\,L - a_3) + \cdots}{42} \right]. \tag{55}$$

Diese Gleichung gilt für Lasten im Abstand $a$, wenn

$$3,75\,L > a > 1,57\,L\,.$$

Kommen ausnahmsweise einmal Lasten mit einem Abstand $a < 1,57\,L$ vor, dann kann man die Wirkung solcher Lasten $P_n$ (Abb. 43) in einfachster Weise mit Benützung der Ausgleichsgeraden $B'C$, die die gleiche Neigung gegen die Abszissenachse hat wie die Gerade $A'B'$, dadurch berücksichtigen, daß man die Last $P_n$ nicht mit dem tatsächlichen Abstand $a_n$, sondern mit dem Abstand $a_n' = a_n + 2\,m$ in Gl. (55) einführt, indem man von der Erwägung ausgeht, daß eine Last $P_n'$, die bezüglich des Punktes $B'$ symmetrisch zu $P_n$ liegt, dieselbe Wirkung auf das Moment an der Stelle von $P_0$ hat wie die Last $P_n$ selbst. Da $m = 1,57\,L - a_n$ ist, wird

$$a_n' = 3,14\,L - a_n\,. \tag{56}$$

Eine Erweiterung der Gl. (55) bezüglich der Radlasten mit $a < 1,57\,L$ ist damit überflüssig geworden.

**Bodenpressung.** Die Senkung unter einer Last $P$ ist nach ZIMMERMANN:

$$y = \frac{P}{2\,b\,CL} \cdot \eta\,, \tag{27}$$

wobei $\eta$ für die Senkung ein ähnlicher Ausdruck wie $\mu$ für das Moment ist

$$\eta = e^{-\xi}(\cos \xi + \sin \xi). \tag{30}$$

Die $\eta$-Linie ist aus denselben Gründen wie bei der $\mu$-Linie ausgeführt, die Einflußlinie für die Senkung gemäß Abb. 44.

Diese Linie ist natürlich gleichzeitig die Einflußlinie für die Bodenpressung, da die Bodenpressung:

$$p = C \cdot y = \frac{P}{2\,b \cdot L} \cdot \eta\,. \tag{28}$$

Ersetzt man nun in ähnlicher Weise wie bei der Einflußlinie für das Moment die Einflußlinie für die Senkung im Bereich $A\,B$ (Abb. 44) durch eine Gerade, indem man $B$ mit $C$ (im Abstand $2\,L$ von 0) verbindet, dann erhält man eine sehr einfache Beziehung für den Einfluß der Last $P_1$ auf die Senkung und die Bodenpressung am Ort der Last $P_0$, da

$$\eta = 1 - \frac{a_1}{2\,L} \tag{57}$$

wird.

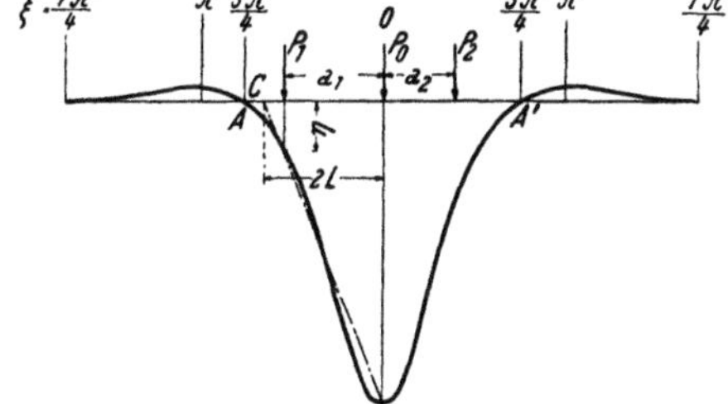


Abb. 44. Einflußlinie für die Senkung

Für $a = 0$ wird $\eta = 1$ und für $a = 2\,L$ wird $\eta = 0$, das heißt, im Abstand $a = 2\,L$ von $P_0$ hat eine Last $P_1$ auf die Bodenpressung an Stelle $P_0$ den Einfluß Null; bei Näherrücken von $P_1$ an $P_0$ steigt der Einfluß geradlinig an, bis bei $a = 0$ die Last $P_1$ mit ihrem vollen Betrag die Bodenpressung durch $P_0$ vergrößert.

Die Bodenpressung bei $P_0$ wird also zufolge der Wirkung der Lasten $P_0$ und $P_1$ nach Gl. (57)

$$p_0 = \frac{P_0}{2\,b\,L} + \frac{P_1}{2\,b\,L}\left(1 - \frac{a_1}{2\,L}\right) \tag{58}$$

und mit der Einführung der Gl. (48)

$$p_0 = \frac{l}{4\,b_1\,\ddot{u}\,L}\left[P_0 + P_1\left(1 - \frac{a_1}{2L}\right)\right]. \tag{59}$$

Da im Raum $A\,B$ und $B\,A'$ höchstens je eine Radlast stehen kann, erhält man schließlich als Endgleichung für die Bodenpressung am Lastort $P_0$:

$$p_0 = \frac{l}{4\,b_1\,\ddot{u}\,L}\left[P_0 + P_1 + P_2 - \frac{1}{2\,L}\,(P_1\,a_1 + P_2\,a_2)\right] \tag{60}$$

und die Senkung

$$y_0 = \frac{p_0}{C} = \frac{l}{4\,b_1\cdot\ddot{u}\cdot L\,C}\left[P_0 + P_1 + P_2 - \frac{1}{2\,L}\,(P_1\,a_1 + P_2\,a_2)\right]. \tag{61}$$

### $\beta$) Die Berechnung der Querschwelle

Unter der dem ganzen Rechnungsgang zugrunde gelegten Voraussetzung, daß die Querschwelle gemäß Abb. 41 den Schienendruck gleichmäßig über die Länge $2\,\ddot{u}$ verteilt auf das Schotterbett überträgt, ist auch die Berechnung der Querschwelle sehr einfach.

Da der Bodendruck $p = C\cdot y$ nach Abb. 41 auch gleich ist $p = \dfrac{P}{2\,\ddot{u}\,b_1}$ ,wird die Senkung am Lastort:

$$y = \frac{P}{2\,\ddot{u}\,b_1\cdot C}\,, \tag{62}$$

wenn mit $P$ der auf die Querschwelle übertragene Schienendruck bezeichnet wird [56].

Den für eine bestimmte Lastenfolge (s. Abb. 44) ungünstigsten (größten) Schienendruck $P$ erhält man durch Einführung der Gl. (62) in die nach Gl. (61) errechnete Senkung:

$$y = \frac{P}{2\,\ddot{u}\,b_1\,C} = \frac{l}{4\,\ddot{u}\,b_1\,L\,C}\cdot\left[P_0 + P_1 + P_2 - \frac{1}{2\,L}\,(P_1\,a_1 + P_2\,a_2)\right].$$

Daraus ergibt sich:

$$P = \frac{l}{2\,L}\cdot\left[P_0 + P_1 + P_2 - \frac{1}{2\,L}\,(P_1\,a_1 + P_2\,a_2)\right]. \tag{63}$$

Und das Biegungsmoment $\bar{M}$ in der Querschwelle am Lastort ist dann gemäß Abb. 41

$$\bar{M} = \frac{P}{2}\cdot\frac{\ddot{u}}{2} = \frac{l\,\ddot{u}}{8\,L}\cdot\left[P_0 + P_1 + P_2 - \frac{1}{2\,L}\,(P_1\,a_1 + P_2\,a_2)\right] =$$

$$= \frac{l\,\ddot{u}}{8}\sqrt[4]{\frac{C\,b_1\,\ddot{u}}{2\,E\,J\,l}}\left[P_0 + P_1 + P_2 - \frac{1}{2\,L}\,(P_1\,a_1 + P_2\,a_2)\right]. \tag{64}$$

Daraus ersieht man, daß die wirksamste Verstärkung des Oberbaues in der Verkleinerung der Schwellenteilung gelegen ist, daß hingegen das Mittel der Schwellenverlängerung, wodurch zwar auch die Lagerfläche vergrößert wird, nur in beschränktem Maße anzuwenden sein würde, da sonst die Biegemomente in der Schwelle zu groß werden.

Bei dieser Berechnung ist der Schienendruck als Einzellast wirkend angenommen. Da diese Annahme zufolge der lastverteilenden Wirkung des Schienenfußes zu ungünstig ist, wäre noch eine Abminderung der Momentenspitze in Betracht zu ziehen, das heißt, es wäre das nach Gl. (64) errechnete Biegungsmoment noch zu verkleinern um

$$\Delta \overline{M} = -\,0{,}125\ Pf,$$

wenn mit $f$ die Schienenfußbreite bezeichnet wird. Hiernach hat man:

$$\overline{M} = \frac{l\ddot{u}}{8L}\cdot\left[P_0+P_1+P_2-\frac{1}{2L}(P_1 a_1+P_2 a_2)\right] - \frac{lf}{2\cdot 8\cdot L}\left[P_0+P_1+P_2-\frac{1}{2L}(P_1 a_1+P_2 a_2)\right] =$$

$$= \frac{l}{8L}\left(\ddot{u}-\frac{f}{2}\right)\left[P_0+P_1+P_2-\frac{1}{2L}(P_1 a_1+P_2 a_2)\right]. \tag{65}$$

### γ) *Kritik der Berechnungsgleichungen*

Auch gegen die Langträgerberechnung können Einwände [70] erhoben werden, und zwar hinsichtlich Genauigkeit (Vernachlässigung der Wirkung von Lasten, die weitab vom betrachteten Querschnitt liegen) und Ersatz der Einzelstützen durch eine durchlaufende Stützung.

Was die Vernachlässigung der Wirkung von Lasten anlangt, die außerhalb des Bereiches $AA'$ der Abb. 43 liegen, so zeigt ein Blick auf die Abb. 30, daß die Wirkung dieser Lasten wegen der in diesen Bereichen kleinen Abweichung der Einflußlinie von der Abszissenachse nur mehr sehr gering ist (in der Größenordnung von 1 bis 2% für die ungünstigste Laststellung, während für noch weiter abliegende Lasten die Wirkung praktisch Null ist).

Die japanischen Staatsbahnen haben es nach der Abhandlung von VOGEL [71] durch ein Tafelwerk ermöglicht, die Wirkungen auch weiter abseits liegender Achsen zu berücksichtigen und CZITARY [49] hat eine Berechnung des Querschwellenoberbaues von unendlicher Länge durchgeführt. Diese beiden Abhandlungen würden die Handhabe bieten, die Berechnung des Oberbaues ohne die eben erwähnten Ungenauigkeiten der Langträgerberechnung durchzuführen; die genaue Berechnung, insbesondere das japanische Verfahren, ist aber weniger übersichtlich und schwieriger in der Handhabung, so daß es trotzdem angezeigt ist, die genauen Verfahren nur dazu zu verwenden, die Ergebnisse der Langträgerberechnung wissenschaftlich zu unterbauen [49, 59, 60, 62], im übrigen aber für die Praxis die Langträgerberechnung zu benützen, weil sie viel einfacher ist und zufolge ihrer Einfachheit wird weiter entwickelt werden können, während die genauen Verfahren durch ihren verwickelten Aufbau die Weiterentwicklung hemmen würden. Überdies können auch gegen die genauen Verfahren, obwohl sie unter den gemachten Voraussetzungen wissenschaftlich streng sind, Einwände erhoben werden, und zwar gerade weil diese Voraussetzungen in Wirklichkeit nicht zutreffen. Die eine Voraussetzung betrifft die Annahme, daß die

Bettung positive und negative Reaktionen zu leisten imstande ist. Da die Bettung keine Zugkräfte auf das Gleis ausüben kann, muß das Gewicht des Oberbaues diese fehlenden Zugkräfte ersetzen.

Weiters wird bei allen genauen Berechnungen vorausgesetzt, daß die Schienen auf den Querschwellen punktförmig gelagert sind. Demgemäß würden sich die Querschwellen bei der Verformung des Oberbaues nur senken und wieder heben, je nach der Belastung, ohne sich dabei zu verdrehen, was aber in Wirklichkeit nicht zutrifft. Durch die Einspannung der Schiene auf der Unterlagsplatte

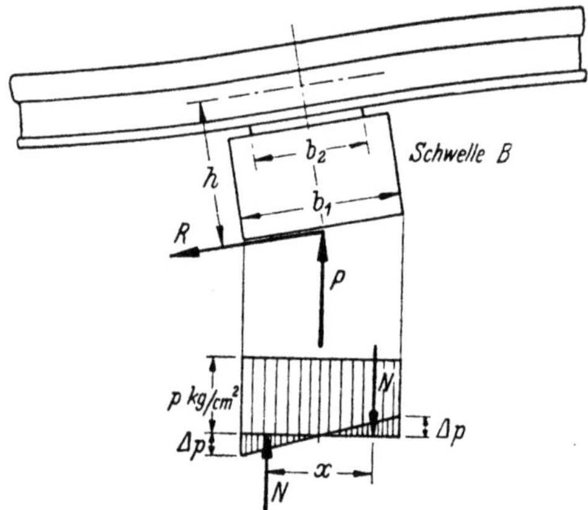


Abb. 45. Veränderung der Druckverteilung bei Verdrehung der Querschwelle

wird die Schwelle gezwungen, sich zu verdrehen (Abb. 45), wobei der Widerstand der Querschwellen gegen diese Verdrehung in den Schienen unter der Last spannungsvermindernd wirken muß. Nach Abb. 45 wird bei der Verdrehung die vorerst gleichmäßige Bodenpressung von $p$ kg/cm² um $\Delta p$ vergrößert oder verkleinert. Diese ungleichmäßige Verteilung der Bodenpressung entspricht einem Moment .

$$M_1 = N \cdot x. \qquad (66)$$

Gleichzeitig muß bei der Verdrehung der Schwelle an der Schwellensohle eine Reibung $R$ von der Größe $P \cdot f$ auftreten, wenn $P$ der Schienendruck und $f$ der Reibwert zwischen Schwelle und Bettung ist. Diese Reibung wirkt mit dem Hebelarm $h$ auf die Schiene und mithin mit dem Moment

$$M_2 = P \cdot f \cdot h. \qquad (67)$$

Hauptausschlaggebend ist das Moment $M_2$, während der Einfluß von $M_1$ nur von untergeordneter Bedeutung ist. Da auch $M_2$ als eine Nebenwirkung an sich klein ist, kann der Momentenverlauf zufolge der Wirkung von $M_2$ nach

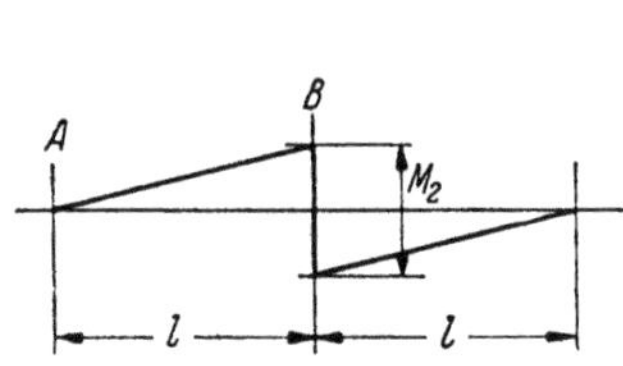


Abb. 46. Verteilung des Reibungsmomentes

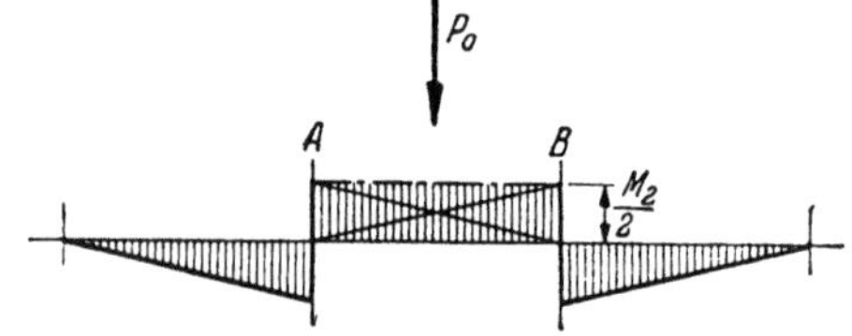


Abb. 47. Abminderung des Biegungsmomentes in der Schiene durch das Reibungsmoment (Verdrehungswiderstand)

Abb. 46 angenommen werden, wobei die durch das Moment $M_2$ hervorgerufene Änderung der Auflagerdrücke vernachlässigt wird. Da an der Schwelle $A$, die der Radlast links benachbart ist, dasselbe Moment $M_2$ mit entgegengesetztem Drehsinn auftritt, wird zwischen den Schwellen $A$ und $B$ eine gleichmäßige Abminderung des Biegemomentes $M_0$ um $\frac{1}{2}M_2$ zustande kommen, wie Abb. 47

zeigt. Weiters ergibt die Rechnung, daß diese Zusatzmomente ebenso wie die Schienendrücke $P$ mit der Entfernung vom Lastort rasch abnehmen und der Momentenverlauf sich nach Abb. 48 darstellt. Die über jeder Schwelle auftretenden Spitzen im Momentenverlauf werden durch die Wirkung der Flächenlagerung der Schienen auf den Schwellen in irgendeiner Weise abgestumpft, so daß der Momentenverlauf im wesentlichen wieder dem der Langträgerstützung entspricht. Bei Annahme einer Unterlagsziffer $C = 30$ (wo die Verdrehungen nur klein sind), einer Schwellenentfernung von 65 cm und einem Reibwert von 0,3 ergibt sich für einen Querschwellenoberbau mit Schienen von 49 kg/m eine Abnahme des Biegemomentes um etwa 10% bei Stellung der Last in Feldmitte (Abb. 48). Bei Annahme eines größeren Reibwertes, der sehr wohl im Bereich der Möglichkeit liegt und wenn man die Wirkung des seitlichen Widerstandes

der Bettung noch hinzurechnet, kann das Biegemoment $M_0$ noch weiter verkleinert werden. Beobachtungen haben gezeigt, daß große Unterschiede der gemessenen Spannungen bei durchnäßten Schwellen gegenüber trockenen Schwellen (bis zu 24%) vorgekommen sind [61]. Diese Erscheinung könnte folgendermaßen erklärt werden: Nasse Holzschwellen, die unter Umständen ganz schwammig werden, setzen dann einer *ungleichmäßigen* Einpressung der Unterlegplatte nur einen geringen Widerstand entgegen, so daß es nicht zur

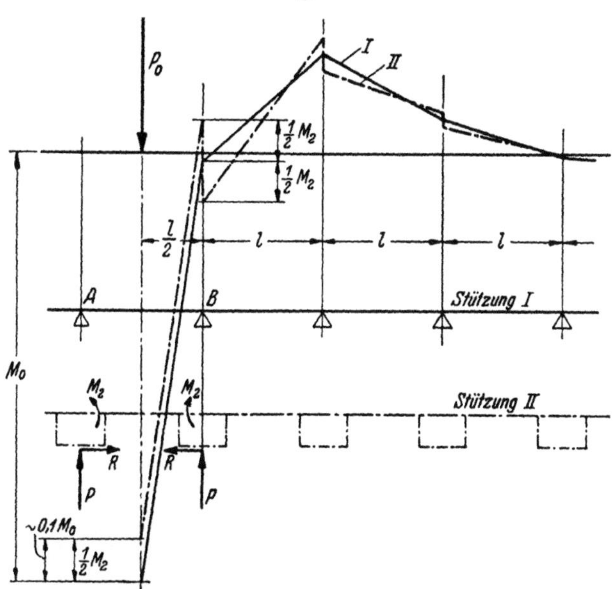


Abb. 48. Verlauf der Abminderung des Biegungsmomentes $M_0$ zufolge des Verdrehungswiderstandes der Querschwellen

——— Momentenverlauf, Stützung I

—·—·— Momentenverlauf, Stützung II

Verdrehung der Schwelle kommt und die Wirkung der Reibung an der Schwellensohle wegfällt. Die gemessenen höheren Spannungen wären mithin auf die bei nassem Untergrund und nassen Schwellen kleinere Unterlageziffer im Verein mit dem verminderten Verdrehungswiderstand der nassen Holzschwellen zurückzuführen.

Spannungsmessungen und Nachrechnungen deuten also darauf hin, daß der Verdrehungswiderstand der Querschwellen das Biegemoment in der Schiene um 10 bis 20% vermindern kann.

Da auch die nach den genauen Rechnungsverfahren ermittelten Biegungsmomente eine 10- bis 20%ige Abminderung erfahren müßten, weil sie ja Punktlagerung (also Stützung $I$ nach Abb. 48) voraussetzen, sieht man, daß der Fehler der Langträgerberechnung von 1 bis 2% durch die Vernachlässigung der Wirkung der weiter draußen liegenden Lasten bedeutungslos wird.

Den Einfluß des Verdrehungswiderstandes der Querschwellen auf das Biegemoment festzustellen, wird Sache der weiteren Forschung sein. Ehe Versuchsergebnisse die verschiedenen Einflüsse geklärt haben, wird man den Verdrehungswiderstand der Querschwellen durch einen allgemeinen Abminderungsbeiwert $\varkappa$
berücksichtigen, so zwar, daß Gl. (55) übergeht in

$$M_0 = \varkappa \cdot \frac{P_0 L}{4} - \left[ \frac{P_1(3{,}75\,L - a_1) + P_2(3{,}75\,L - a_2) + P_3(3{,}75\,L - a_3) + \cdots}{42} \right]. \quad (68)$$

Abb. 48 zeigt den raschen Abfall der Nebenwirkungen der Querschwellen,
wenn man sich vom Lastort entfernt. Die Wirkung der Lasten $P_1$ bis $P_n$ auf
das Biegemoment wird daher nur unwesentlich durch den Verdrehungswiderstand
der Querschwellen beeinflußt werden. Ausschlaggebend ist die Wirkung der
Querschwellen auf das Moment der Last $P_0$.

Man versieht daher nur das erste Glied des Ausdruckes mit dem Abminderungsbeiwert $\varkappa$ und berücksichtigt dadurch die Wirkung der dem Lastort unmittelbar
benachbarten Schwellen, die den Haupteinfluß haben, während die Nebenwirkungen aller übrigen Schwellen, die diesem Einfluß gegenüber zurücktreten,
unberücksichtigt bleiben.

Der Abminderungsbeiwert $\varkappa$, der also den Einfluß des Verdrehungswiderstandes angibt, wird zunächst, ehe weitere Versuchsergebnisse (s. Punkt 4, Messungen am Oberbau) vorliegen, mit $\varkappa = 0{,}9$ angenommen.

$\varkappa$ hängt ab:

1. von der Schienenlagerung auf der Schwelle (Breite $b_2$),

2. vom Reibwert zwischen Schwelle und Bettung,

3. von der Unterlageziffer (Nachgiebigkeit der Schwellen),

4. von der Schwellenform,

5. vom Schienendruck $P$;

zu 1. je größer die Breite $b_2$ der Unterlegplatte, um so kleiner ist der Flächendruck, um so kleiner muß daher die Verpressung der Unterlegplatte in der Schwelle
sein, um so mehr wird die Schwelle als Ganzes verdreht und um so größer muß
daher $M_2$ nach Gl. (67) und mit $M_2$ die Abminderung von $M_0$ sein;

zu 2. ein großer Reibwert erhöht die Reibung und damit $M_2$, um so mehr
muß $\varkappa$ kleiner werden als Eins;

zu 3. je größer die Nachgiebigkeit der Schwelle (hohes Alter, Nässe), desto
kleiner wird auch der Widerstand gegen ungleichmäßiges Verpressen sein, um
so mehr wird die Verdrehung der Schwelle und somit auch die Reibung an der
Schwellensohle ausgeschaltet, um so mehr wird sich $\varkappa$ der Eins wieder nähern;

zu 4. die Schwellenform wird Einfluß auf die Reibungsziffer haben und die
Höhe der Schwelle beeinflußt den Hebelarm der Reibung $h$;

zu 5. mit Wachsen des Schienendruckes $P$ wächst das Reibungsmoment $M_2$
und verkleinert $\varkappa$. Der Schienendruck $P$ wächst mit Näherrücken der Nachbarlasten $P_1$ und $P_2$ an $P_0$ [Gl. (63)]. Die Nachbarlasten $P_1$ und $P_2$ wirken mithin
auf Grund dieser Überlegung in zweifacher Hinsicht spannungsvermindernd:
a) zufolge Auftretens im negativen Glied der Gl. (68), b) zufolge Verkleinerung
des Beiwertes $\varkappa$.

Die auffallend kleinen Spannungen durch die mittleren Tenderachsen (bei dreiachsigen Tendern rücken die Achsen besonders nahe aneinander), die bei Spannungsmessungen immer wieder festzustellen waren, könnten dadurch eine Erklärung finden.

Der zweite Einwand gegen die Langträgerberechnung ist der, daß der Einfluß des Querschwellenabstandes zu wenig in Erscheinung tritt, weil die angenommene durchlaufende Stützung in Wirklichkeit nicht zutrifft.

Um diesen Einfluß zahlenmäßig festzulegen, sei das Biegemoment durch eine Einzellast nach ZIMMERMANN mit dem Biegemoment, das die Langträgerberechnung ergibt, für verschiedene Schwellenabstände verglichen.

Das Biegemoment nach ZIMMERMANN ist gemäß Gl. (42) und Abb. 34

$$M = \frac{8\gamma + 7}{16\gamma + 40} \cdot G \cdot a \,, \tag{69}$$

nach der Langträgerberechnung gemäß Gl. (68)

$$M = 0{,}9 \, \frac{GL}{4} = 0{,}9 \, \frac{G}{4} \sqrt[4]{\frac{2\,E\,J\,a}{C\,b_1\,\ddot{u}}} \,, \tag{70}$$

wenn nunmehr in beiden Gleichungen die Radlast mit $G$ und der Schwellenabstand mit $a$ bezeichnet wird.

Vergleicht man Gl. (69) und (70), so scheint bei Annahme eines mittleren $\gamma$ das Moment nach ZIMMERMANN proportional dem Schwellenabstand $a$ zu sein, während bei der Langträgerberechnung das Moment proportional der $\sqrt[4]{a}$ ist. Das würde bedeuten, daß die Langträgerberechnung für größere Schwellenabstände viel zu kleine Biegungsmomente ergibt.

Bei dieser Schlußfolgerung wird aber übersehen, daß auch das $\gamma$ gemäß Gl. (41) von $a$ abhängt

$$\gamma = \frac{B}{D} = \frac{6\,EJ}{a^3\,D} \tag{71}$$

und daher die Annahme eines *durchschnittlichen* Wertes von $\gamma$ bei Betrachtung der Abhängigkeit des Schwellenabstandes von der zulässigen Achslast und umgekehrt zu unzulässigen Schlußfolgerungen führt (s. Niederschrift über die 30. Beratung des Oberbauausschusses am 11. und 12. Dezember 1940 in Würzburg).

Wird hingegen in dem Ausdruck für $\gamma$ in der Gl. (71) $\frac{6\,EJ}{D} = N$ gesetzt, ein für einen gegebenen Oberbau (Schienen- und Schwellenform) fester unveränderlicher Wert, dann wird

$$\gamma = \frac{N}{a^3} \,. \tag{72}$$

Dieser Wert in Gl. (69) eingesetzt, ergibt

$$M = \frac{8\,N + 7\,a^3}{16\,N + 40\,a^3} \cdot G\,a \,. \tag{73}$$

Wird wie früher

$$\frac{8\gamma + 7}{16\gamma + 40} = \frac{8\,N + 7\,a^3}{16\,N + 40\,a^3} = K$$

gesetzt, so erhält man

$$N = a^3 \frac{40\,K - 7}{8 - 16\,K}. \tag{74}$$

Wählt man etwa $K = 0{,}33$, um für die üblichen Schwellenentfernungen das aus Gl. (69) zu ermittelnde Biegemoment dem aus Gl. (70) zu errechnenden Biegemoment anzugleichen, dann wird für $a = 65$ cm $N = 625\,000$.

Mit diesem konstanten $N$ nach Gl. (73) für verschiedene Schwellenabstände die Biegungsmomente gerechnet, ergibt die Werte der Tab. 7.

Zum Vergleich sind daneben die Biegungsmomente ausgewiesen, die die Langträgerberechnung nach Gl. (70) ergibt, wenn

das Trägheitsmoment der Schiene $J = 1797$ cm$^4$,

die Elastizitätsziffer des Stahles $E = 2\,100\,000$ kg/cm$^2$,

die Unterlagsziffer $C = 5$ kg/cm$^2$,

die Querschwellenbreite $b_1 = 26$ cm

und der Überstand der Schwellenenden $\ddot{u} = 50$ cm

angenommen wird:

Tabelle 7

| Schwellen-entfernung $a$ cm | Berechnung nach ZIMMERMANN | | Langträgerberechnung | |
|---|---|---|---|---|
| | $K = \dfrac{8\,N + 7\,a^3}{16\,N + 40\,a^3}$ | $M = Ka\,G$ | $L = \sqrt[4]{\dfrac{2E\,Ja}{Cb_1\,\ddot{u}}}$ cm | $M = 0{,}9\,\dfrac{L}{4}\,G$ |
| 65 | 0,330 | 21,4 $G$ | 93,2 | 21,0 $G$ |
| 70 | 0,310 | 21,7 $G$ | 94,9 | 21,3 $G$ |
| 80 | 0,281 | 22,5 $G$ | 98,2 | 22,1 $G$ |
| 90 | 0,258 | 23,2 $G$ | 101,2 | 22,8 $G$ |
| 100 | 0,240 | 24,0 $G$ | 104,0 | 23,4 $G$ |
| 120 | 0,216 | 25,9 $G$ | 108,6 | 24,4 $G$ |
| 140 | 0,202 | 28,4 $G$ | 113,0 | 25,4 $G$ |

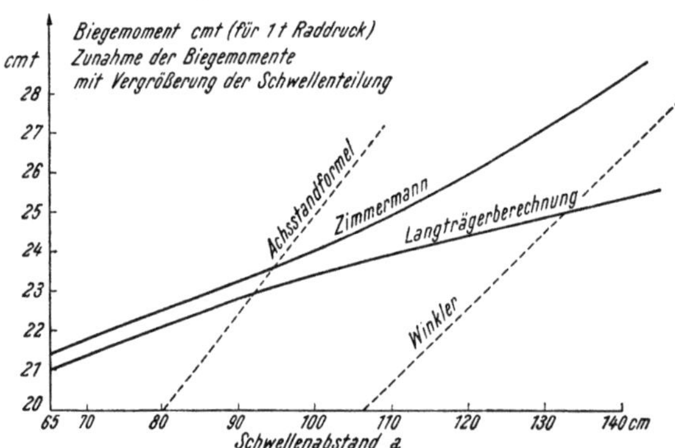


Abb. 49. Biegemomente nach ZIMMERMANN und der Langträgerberechnung

Werden die Werte für die Biegungsmomente $M$ in Abhängigkeit von den Entfernungen der Querschwellen aufgetragen (Abb. 49), dann erkennt man, daß bis zu einer Schwellenentfernung von etwa 100 cm die Zunahme der Biegemomente nach ZIMMERMANN genau so verläuft wie die Zunahme der Momente nach der Langträgerberechnung. Erst bei noch größeren Schwellenentfernungen macht sich bei der Langträgerberechnung der Einfluß der zu günstigen Annahme einer gleichmäßig durchlaufenden Stützung so bemerkbar, daß die Langträgerberechnung zu kleine Werte für die Biegungsmomente ergibt.

Da Schwellenentfernungen über 100 cm aber selbst bei Bahnen untergeordnetster Bedeutung kaum vorkommen, wird das Wesen der Oberbaubeanspruchung durch die Langträgerberechnung schon recht weitgehend erfaßt, so daß auch der zweite Einwand gegen diese Berechnung entkräftet ist. In Abb. 49 ist noch gestrichelt die Zunahme der Biegemomente bei unelastischer Stützung (WINKLER, Achsstandformel) eingezeichnet, nach der die Zunahme der Momente proportional dem Schwellenabstand $a$ erfolgt. Aus dem großen Unterschied des Verlaufes der Linien ist wieder zu ersehen, daß die Berechnungsverfahren, die unelastische Stützung annehmen, nicht das Wesen der Oberbaubeanspruchung erfassen.

Die geringe Zunahme des Biegemomentes mit der Schwellenentfernung bei der Langträgerberechnung (proportional der $\sqrt[4]{a}$) darf aber nicht zu dem Schluß führen, daß auch die Tragfähigkeit nur mit der $\sqrt[4]{a}$ bei Vergrößerung des Schwellenabstandes absinkt, denn die Bodenpressung, die für die Tragfähigkeit auf weite Sicht mindestens ebenso maßgebend ist, steigt gemäß Gl. (51) mit $\sqrt[4]{a^3}$, wächst also nahezu proportional dem Schwellenabstand. Die Bedeutung kleiner Schwellenentfernungen für die Erhöhung der Tragfähigkeit, die der Praxis ja geläufig ist, bleibt damit ungeschmälert auch nach den Ergebnissen der Langträgerberechnung aufrecht.

Hingegen zeigt diese Betrachtung, daß man bei *ausnahmsweise* zuzulassenden größeren Achslasten auch bei großen Schwellenentfernungen nicht ängstlich zu sein braucht.

### δ) *Geschwindigkeitsbeiwert*

Versuche haben gezeigt, daß die Beanspruchungen der Schienen mit zunehmender Fahrgeschwindigkeit im allgemeinen zunehmen, allerdings mit einer recht großen Anzahl von Regelwidrigkeiten. Festzuhalten ist jedenfalls, daß die Beanspruchungen bei Ruhebelastung etwa um 15% größer sein können als bei einer Fahrgeschwindigkeit von 5 km/h und daß bei einer Fahrgeschwindigkeit von etwa 40 km/h die Beanspruchungen wieder so groß werden als bei Ruhebelastung. Diese Beobachtung deutet darauf hin, daß für die vollkommene Ausbildung der Senkung der Schwellen und der Durchbiegung der Schiene eine gewisse Zeit notwendig ist, die bei bewegter Last nicht vorhanden ist, und zwar um so mehr nicht vorhanden sein müßte, je größer die Fahrgeschwindigkeit ist. Das würde heißen, daß mit zunehmender Fahrgeschwindigkeit zufolge der „zeitlichen Nachwirkung" die Schienenbeanspruchungen abnehmen müßten. Bei einem vollkommenen Gleis und vollkommenen Fahrbetriebsmitteln müßte sich dies auch zeigen. Da aber Gleis und Fahrzeuge mit

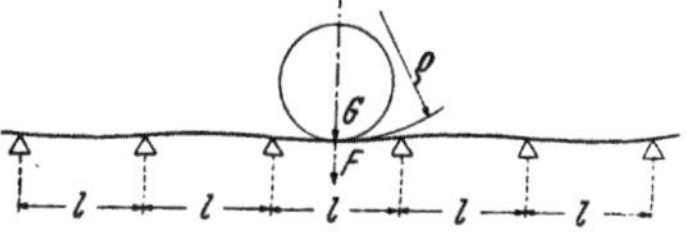

Abb. 50. Lotrechte Fliehkraft durch Befahren der elastischen Linie des Trägers auf unnachgiebiger Stützung

Mängeln behaftet sind, werden bei größeren Fahrgeschwindigkeiten zufolge dieser Mängel dynamische Wirkungen ausgelöst, die die Beanspruchungen im ungünstigen Sinn beeinflussen und die günstige Wirkung der „zeitlichen Nachwirkung" aufheben und schließlich überholen.

Mit Berücksichtigung der Fahrgeschwindigkeit würde sich das auf die Schiene wirkende Moment somit ergeben mit

$$M_v = k_v \cdot M \,, \tag{75}$$

wobei $k_v$, der Geschwindigkeitsbeiwert, größer als Eins ist und $M$ das mit Gl. (17), (42), (45) oder (68) errechnete Biegemoment unter der ruhenden Last bedeutet.

Auf theoretischem Weg hat zuerst WINKLER [28] eine Gleichung für die Berücksichtigung der Fahrgeschwindigkeit errechnet, die vielfach von den Bahnverwaltungen übernommen und bis in die jüngste Zeit verwendet wurde.

$$k_v = \frac{1}{1 - 0{,}0000007 \frac{Gl\,V^2}{J}} \,. \tag{76}$$

Dabei ist

$G$ die Radlast in kg,
$l$ die Schwellenentfernung in cm,
$V$ die Fahrgeschwindigkeit in km/h,
$J$ das Trägheitsmoment der Schiene in cm⁴.

Diesen Geschwindigkeitsbeiwert erhält man unter der Annahme, daß das Rad die elastische Linie des Trägers auf unnachgiebiger Stützung befährt und dabei zufolge der nach oben hohlen Bahn eine lotrechte Fliehkraft $F$ auf die Schienen ausübt (Abb. 50).

Die Fliehkraft $F$ ist

$$F = \frac{Gv^2}{g\varrho}$$

und da $\frac{1}{\varrho} = \frac{M_v}{EJ}$, wenn mit $\frac{1}{\varrho}$ die Krümmung der elastischen Linie und mit $M_v$ das dieser Krümmung entsprechende Biegemoment bezeichnet wird, erhält man

$$F = \frac{Gv^2 M_v}{g\,EJ} \,.$$

Da auf die Schiene bei bewegter Last an Stelle $G$ nunmehr die Kraft $G+F$ wirkt, wird gemäß Gl. (17)

$$M_v = 0{,}1888\,(G+F)\,l$$
$$= 0{,}1888\left(G + \frac{G \cdot v^2 M_v}{g\,EJ}\right) \cdot l;$$

aus dieser Gleichung $M_v$ ermittelt, ergibt

$$M_v = M\,\frac{1}{1 - 0{,}1888\frac{Gl\,v^2}{g\,EJ}} = M \cdot k_v \,,$$

daher

$$k_v = \frac{1}{1 - 0{,}1888\frac{Gl\,v^2}{g\,EJ}} \,. \tag{77}$$

Dabei wird

$G$ in kg,

$l$ in cm,

$v$ in cm/sek,

$g$ in cm/sek$^2$,

$E$ in kg/cm$^2$,

$J$ in cm$^4$ gemessen.

Bei Zusammenfassung von $0{,}1888\,\dfrac{v^2}{gE}$ und Übergang von $v$ cm/sek in $V$ km/h wird der Ausdruck

$$\frac{0{,}1888 \cdot 10\,000}{981 \cdot 2\,100\,000 \cdot 3{,}6 \cdot 3{,}6} = 0{,}00\,000\,007$$

und damit geht Gl. (77) in Gl. (76) über.

Während bei kleinen Fahrgeschwindigkeiten die nach dieser Gleichung zu errechnenden Geschwindigkeitsbeiwerte sehr klein bleiben (es sei nur an die verschwindend kleine Durchbiegung bei starrer Stützung erinnert), wachsen bei großen Fahrgeschwindigkeiten diese Beiwerte sehr rasch an und werden für mittlere Schwellenentfernungen $l$ und übliche Trägheitsmomente der Schiene $J$ bei etwa $V = 200$ km/h $k_v = \infty$. Dies kommt daher, daß die lotrechte Fliehkraft die Durchbiegung erhöht, wodurch die Krümmung der elastischen Linie schärfer wird, was wieder eine Erhöhung der Fliehkraft zur Folge hat, bis schließlich $k_v = \infty$ erreicht wird. Ein solcher Geschwindigkeitsbeiwert steht im Widerspruch mit der Erfahrung, da Geschwindigkeiten von 200 km/h bereits ohne Schaden für das Gleis gefahren worden sind, ohne daß eine besondere Verstärkung der Gleise notwendig gewesen wäre. Es ist auch leicht einzusehen, warum der Geschwindigkeitsbeiwert von WINKLER zu unmöglichen Ergebnissen führt: Bei großen Fahrgeschwindigkeiten (200 km/h) wird ein Schwellenfeld von $l = 70$ cm in rund $^1/_{80}$ Sekunde durchfahren. Es müßte also die lotrechte Fliehkraft beim Befahren von 80 Schwellenfeldern 80mal in der Sekunde von Null auf den Größtwert in jeder Feldmitte anschwellen und wieder zurückgehen. Eine solche Biegewelle kann sich nicht ausbilden, dazu ist die Zeit viel zu kurz und dementsprechend können natürlich auch die Schienenbeanspruchungen nicht folgen, bleiben vielmehr weit hinter diesem theoretisch errechneten Wert zurück.

Die Spannungsmessungen haben gezeigt, daß wohl im großen Durchschnitt mit der Erhöhung der Fahrgeschwindigkeit die Spannungen wachsen, daß im einzelnen aber sehr viele Ausnahmen von dieser Regel festzustellen sind, was wohl damit erklärt werden kann, daß die zusätzlichen Beanspruchungen in erster Linie von den Zufälligkeiten der Ausführungsmängel von Fahrzeug und Gleis herrühren werden.

Da sich zufällige Wirkungen theoretisch nicht erfassen lassen, wird es daher zweckmäßig sein, Mittelwerte aus den Versuchsergebnissen der Spannungsmessungen der Bildung einer Erfahrungsgleichung zugrunde zu legen.

Die Versuchsergebnisse zeigen deutlich, daß das Ansteigen des Geschwindigkeitsbeiwertes einer höheren als der ersten Potenz der Geschwindigkeit folgt. Die meisten Wirkungen sind Stoß- und Fliehkräfte, die mit $V^2$ ansteigen. Es erscheint daher begründet, zunächst die vom ehemaligen Reichsbahnzentralamt Berlin vorgeschlagene Gleichung für

$$k_v = 1 + \frac{V^2}{30\,000} \tag{78}$$

zu verwenden, die sich den bisherigen Versuchsergebnissen am besten anschmiegt.

Es ist aber nicht ausgeschlossen, daß die Gl. (78) für sehr hohe Geschwindigkeiten, ferner bei Wagenachsen und für die Berechnung der Schwellen zu große Werte ergibt [71], so daß noch Abänderungen und Ergänzungen zu Gl. (78) zu erwarten sind [70]. Darüber werden aber erst weitere Versuchsergebnisse entscheiden können.

### ε) *Zusammenfassung der Berechnungsgleichungen*

Der Eisenbahnoberbau ist als ein Langträger aufzufassen mit dem Grundwert:

$$L = \sqrt[4]{\frac{2\,E\,J\,l}{C\,b_1\,ü}}\,. \tag{I}$$

Dabei bedeuten:

$E$ die Elastizitätsziffer des Schienenstahles, kg/cm², <br>
$J$ das Trägheitsmoment der Schiene, cm⁴, <br>
$C$ die Unterlageziffer, kg/cm³, <br>
$b_1$ die Breite der Querschwelle, cm, <br>
$ü$ den Überstand der Querschwellenenden über die Schienenmitte, cm, und <br>
$l$ den Schwellenabstand, cm.

**1. Schiene.** Das von der Schiene zu übernehmende Moment am Lastort $P_0$ ist:

$$M_0 = \varkappa\,\frac{P_0\,l}{4} - \left[\frac{P_1\,(3{,}75\,L - a_1) + P_2\,(3{,}75\,L - a_2) + P_3\,(3.75\,L - a_3) + \ldots}{42}\right]. \tag{II}$$

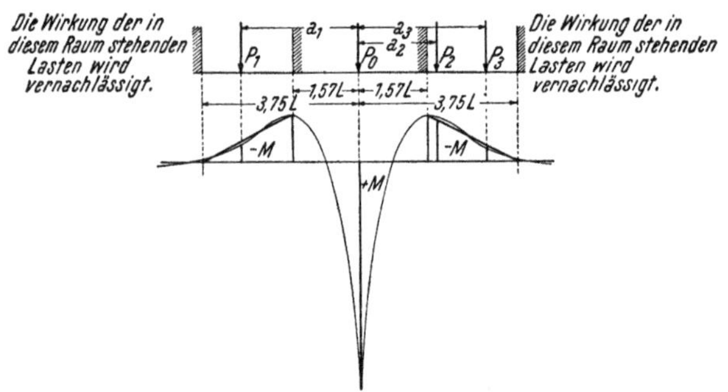


Abb. 51. Langträgerberechnung — Biegemoment

Alle links und rechts von $P_0$ liegenden Radlasten ($P_1$, $P_2$, $P_3$ usw.), die sich innerhalb des Abstandes 3,75 $L$ befinden (Abb. 51), *verkleinern* das Moment $M$ unter der Last $P_0$ und sind gemäß Gl. (II) zu berücksichtigen. Der Abminderungsbeiwert $\varkappa$ soll die Verkleinerung des Momentes durch den Verdrehungswiderstand der Querschwellen zufolge der Reibung zwischen Schwelle und Bettung berücksichtigen und wäre vorerst, ehe weitere Versuche vorliegen, mit 0,9 in Rechnung zu stellen. Die Bodenpressung am Lastort $P_0$ ist zu errechnen nach

$$p_0 = \frac{l}{4\,b_1\,ü\,L} \cdot \left[P_0 + P_1 + P_2 - \frac{1}{2\,L}\,(P_1\,a_1 + P_2\,a_2)\right]. \tag{III}$$

Die links und rechts von $P_0$ liegenden Radlasten $P_1$ und $P_2$, die sich innerhalb des Abstandes $2\,L$ befinden (Abb. 52), *vergrößern* die Bodenpressung $p$ unter der Last $P_0$ gemäß Gl. (III).

Die Senkung $y_0$ am Lastort $P_0$ ist:

$$y_0 = \frac{l}{4\,b_1\,\ddot{u}\,LC} \cdot \left[ P_0 + P_1 + P_2 - \frac{1}{2\,L}\,(P_1\,a_1 + P_2\,a_2) \right]. \qquad \text{(IV)}$$

**2. Querschwelle.** Das von der Querschwelle zu übernehmende Biegemoment am Lastort ist:

$$\overline{M} = \frac{l}{8\,L}\left(\ddot{u} - \frac{f}{2}\right)\left[ P_0 + P_1 + P_2 - \frac{1}{2\,L}\,(P_1\,a_1 + P_2\,a_2) \right], \qquad \text{(V)}$$

wobei $f$ die Schienenfußbreite bedeutet.

**3. Unterlageziffer.** Über die zu verwendende Unterlageziffer $C$ ist folgendes zu sagen:

Für die Berechnung der Schiene geben, wie Rechnungsbeispiele zeigen, die kleinen Unterlageziffern die ungünstigsten Beanspruchungen. Beim Entwurf eines neuen Oberbaues und für den Entwurf der Fahrzeuge ist also die untere Grenze der Unterlageziffer maßgebend.

Messungen am Oberbau, über die später noch berichtet werden wird, zeigen, daß heute mit einem niedersten Wert

$$C = 5 \ \text{kg/cm}^3$$

gerechnet werden kann.

Wird ein Oberbau mit dieser Unterlageziffer berechnet und werden die Achslasten so verteilt, daß

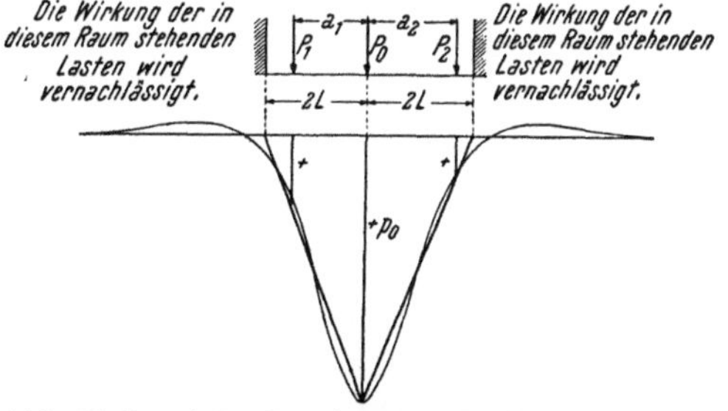


Abb. 52. Langträgerberechnung — Bodenpressung und Senkung

sie bei dieser Unterlageziffer die besten gegenseitigen Entlastungen bringen, dann ist man sicher, daß bei höheren Unterlageziffern die Beanspruchungen nur kleiner werden können, auch wenn die gegenseitige Beeinflussung der Achsen aufeinander dann ungünstiger werden sollte.

Für den Entwurf braucht man also nur *eine* Unterlageziffer, $C = 5$, wodurch der Einwand, daß die Verwendung verschiedener Unterlageziffern für die einheitliche Berechnung des Oberbaues zu verwickelt sei, wegfällt.

Um festzustellen, ob bestehende Gleise noch geeignet sind, eine bestimmte Verkehrsbelastung zu ertragen, wird man auch höhere Unterlageziffern zwischen $C = 5$ und $C = 25$ kg/cm³ heranziehen können.

Maßgebend für die Wahl des $C$ wird sein:

a) das Alter der Schwellen,
b) der Zustand des Schotterbettes,
c) die Bodenbeschaffenheit des Untergrundes,
d) die Schüttungshöhe über dem Untergrund,
e) die Entwässerung des Bahnkörpers.

Über die Abhängigkeit der Unterlageziffern vom Schotterbett und vom Untergrund wird im nächsten Abschnitt (Punkt 4, S. 77) berichtet.

**4. Geschwindigkeitsbeiwert.** Die nach vorstehenden Regeln zu ermittelnden Biegemomente in Schiene und Schwelle gelten für ruhende Belastungen.

Mit zunehmender Fahrgeschwindigkeit nehmen die Beanspruchungen zu, und zwar wachsen die Beanspruchungen mit dem Quadrat der Fahrgeschwindigkeit:

$$k_v = 1 + \frac{V^2}{30\,000} \, . \tag{VI}$$

Der Geschwindigkeitsbeiwert $(k_v)$ ist mithin eine Zahl, größer als Eins, mit der die nach Gl. (II) und (V) gefundenen Momente zu vervielfachen wären (wobei $V$ die Fahrgeschwindigkeit in km/h bedeutet), um das der Spannungsermittlung zugrunde zu legende Moment zu erhalten nach den Gleichungen:

$$M_v = k_v \cdot M \tag{VII}$$

$$\overline{M}_v = k_v \cdot \overline{M} . \tag{VIII}$$

Danach betragen die Biegungsspannungen in der Schiene

$$\sigma_v = \frac{M_v}{W} \tag{IX}$$

und die Biegespannungen in der Querschwelle

$$\overline{\sigma}_v = \frac{\overline{M}_v}{\overline{W}} , \tag{X}$$

wenn $W$ das Widerstandmoment der Schiene und $\overline{W}$ das Widerstandmoment der Querschwelle in cm$^3$ bedeutet.

**5. Zulässige Beanspruchungen.** Für deren Festsetzung sollen, ehe weitere Untersuchungen vorliegen, in Anlehnung an die Vorschläge des technischen Ausschusses folgende zulässige Stahlbeanspruchungen gelten:

1. Beim Entwurf neuer Gleise (mit Rücksicht auf eine spätere Steigerung der Verkehrslasten, Abnahme der Widerstandsfähigkeit mit zunehmendem Alter des Gleises usw.)

$$\sigma_v = 1200 \text{ kg/cm}^2; \quad p_0 = 2{,}0 \text{ kg/cm}^2.$$

2. Bei der Überprüfung bestehender Gleise (mit Berücksichtigung des tatsächlich vorhandenen Zustandes der Schwellen, der Bettung und der Schienenabnützung)

$$\sigma_v = 1700 \text{ kg/cm}^2; \quad p_0 = 2{,}5 \text{ kg/cm}^2.$$

Künftig wird die zulässige Bodenpressung $p_0$ vielleicht auch von der Unterlageziffer abhängig zu machen sein, denn es ist wahrscheinlich, daß einer Unterlage mit $C = 40$ eine Bodenpressung von $p_0 = 4$ kg/cm$^2$ weniger schädlich ist als eine Bodenpressung von $p_0 = 2{,}5$ kg/cm$^2$ für eine Unterlage mit $C = 5$.

### ζ. *Rechnungsbeispiele*

Um die Bedeutung der Langträgerberechnung für die Gewichtsverteilung bei mehrachsigen Fahrzeugen zu zeigen, sei die Beanspruchung des Oberbaues $K$ auf Stahlquerschwellen durch eine Lokomotive des Lastenzuges $E$ (Abb. 53) nachgerechnet und mit den Beanspruchungen verglichen, die derselbe Oberbau durch eine *gleich schwere* Lokomotive (Lastenzug $E_1$, Abb. 54) mit *anderer Lastverteilung* auszuhalten hat.

*Schiene S 49.*

Trägheitsmoment der Schiene .................... $J = 1797$ cm$^4$

Schienenfußbreite................................ $f = 12,5$ cm

Widerstandsmoment der Schiene .................. $W = 239$ cm$^3$

Elastizitätsmodul des Schienenstahles ............. $E = 2\,100\,000$ kg/cm$^2$

*Querschwelle.*

Trägheitsmoment der Querschwelle................ $\bar{J} = 344$ cm$^4$

Widerstandsmoment der Querschwelle ............. $\overline{W} = 51$ cm$^3$

Wirksame Querschwellenbreite .................... $b_1 = 26$ cm

Überstand des Schwellenendes über Schienenmitte... $\ddot{u} = 50$ cm

Querschwellenentfernung ......................... $l = 65$ cm

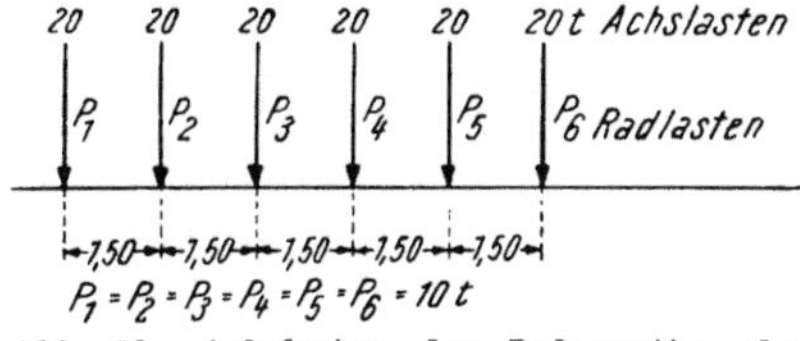


Abb. 53. Achslasten der Lokomotive des Lastenzuges $E$

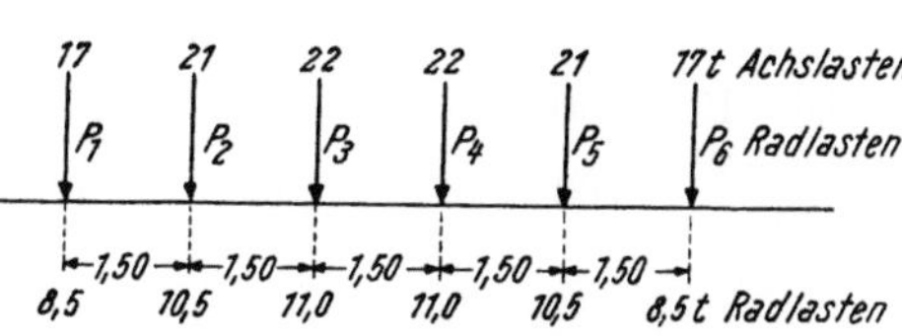


Abb. 54. Achslasten der Lokomotive eines Lastenzuges $E_1$ mit demselben Gesamtgewicht wie $E$, aber anderer Gewichtsverteilung

**1. Schiene.** a) Biegungsmomente.

*Lastenzug E.*

$\alpha$) $C = 5$.

$$L = \sqrt[4]{\frac{2\,EJ\,l}{Cb_1\,\ddot{u}}} = \sqrt[4]{\frac{2 \cdot 2\,100\,000 \cdot 1797 \cdot 65}{5 \cdot 26 \cdot 50}} = 93,2 \text{ cm},$$

$$3,75\,L = 350 \text{ cm}$$

Das Biegemoment unter der Last $P_1$ und $P_6$ ist nach Abb. 55

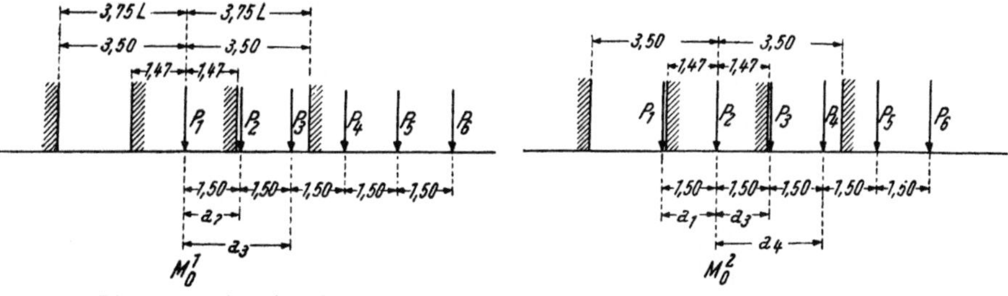

Abb. 55. Biegemoment unter der Randlast $P_1$ der Lok $E$ bei $C = 5$    Abb. 56. Biegemoment unter der zweiten Last $P_3$ der Lok $E$ bei $C = 5$

$$M_0{}^1 = M_0{}^6 = 0,9 \cdot \frac{P_1 L}{4} - \left[\frac{P_2\,(350 - a_2) + P_3\,(350 - a_3)}{42}\right] = 0,9 \cdot \frac{10 \cdot 93,2}{4} -$$

$$- \frac{10 \cdot 200}{42} - \frac{10 \cdot 50}{42} = 210 - 47,6 - 11,9 = 150,5 \text{ tcm}.$$

Das Moment unter der Last $P_2$ und $P_5$ ist nach Abb. 56

$$M_0{}^2 = M_0{}^5 = 0.9 \,\frac{P_2 \, L}{4} - \left[\frac{P_1\,(350 - a_1) + P_3\,(350 - a_3) + P_4\,(350 - a_4)}{42}\right].$$

Mit $a_1 = 1{,}50$; $a_3 = 1{,}50$; $a_4 = 3{,}00$ erhält man:

$$M_0{}^2 = M_0{}^5 = 0.9 \,\frac{10 \cdot 93{,}2}{4} - \frac{10 \cdot 200}{42} - \frac{10 \cdot 200}{42} - \frac{10 \cdot 50}{42} =$$

$$= 210 - 47{,}5 - 47{,}5 - 12 = 103 \ \text{tcm.}$$

Das Moment unter der Last $P_3$ und $P_4$ ist nach Abb. 57

$$M_0{}^3 = M_0{}^4 = 0.9 \,\frac{P_3 \, L}{4} - \left[\frac{P_1\,(350 - a_1) + P_2\,(350 - a_2) + P_4\,(350 - a_4) + P_5\,(350 - a_5)}{42}\right].$$

Mit $a_1 = 3{,}00$; $a_2 = 1{,}50$; $a_4 = 1{,}50$; $a_5 = 3{,}00$ wird

$$M_0{}^3 = M_0{}^4 = 0.9 \,\frac{10 \cdot 93{,}2}{4} - \frac{10 \cdot 50}{42} - \frac{10 \cdot 200}{42} - \frac{10 \cdot 200}{42} - \frac{10 \cdot 50}{42} =$$

$$= 210 - 11{,}9 - 47{,}6 - 47{,}6 - 11{,}9 = 91 \ \text{tcm.}$$

Die Beanspruchungen unter den Randlasten $P_1$ und $P_6$ sind somit um $\dfrac{(150{,}5 - 91)}{91} \cdot 100 = 66\%$ größer als unter den gleich großen Mittellasten $P_3$ und $P_4$!

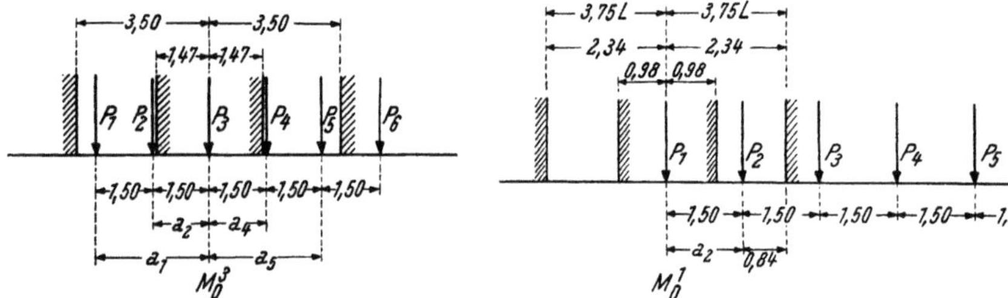

Abb. 57. Biegemoment unter der Mittellast $P_3$ der Lok $E$ bei $C = 5$      Abb. 58. Biegemoment unter der Randlast $P_1$ der Lok $E$ bei $C = 25$

Nach der Achsstandformel der Niederländischen Eisenbahnen ergäbe sich mit $m = 2$ und $n = 2$ unter den Randlasten ein Moment:

$$M_0{}^1 = M_0{}^6 = \frac{12\,n - 7}{16\,(3\,n - 1)} \cdot G a = 138 \ \text{tcm,}$$

unter den Mittellasten:

$$M_0{}^2 = M_0{}^3 = M_0{}^4 = M_0{}^5 = \frac{12\,mn - 7\,(m + n) + 4}{16\,(3\,mn - m - n)} \cdot G a = 122 \ \text{tcm.}$$

Der Unterschied der Beanspruchungen durch die End- und Mittelachsen beträgt daher bei der Achsstandformel nur

$$\frac{138 - 122}{122} \cdot 100 = 13\,\% \,.$$

Der Vergleich 66% Vergrößerung des Momentes nach der Langträgertheorie und 13% Vergrößerung nach der Achsstandformel zeigt eindringlich *den Wesensunterschied* der beiden Berechnungsarten.

$\beta)\ C = 25.$

$$L = \sqrt[4]{\frac{2 \cdot 2100000 \cdot 1797 \cdot 65}{25 \cdot 26 \cdot 50}} = 62,3 \text{ cm},$$

$$3,75\ L = 234 \text{ cm}.$$

Das Biegungsmoment unter der Last $P_1$ und $P_6$ ist nach Abb. 58

$$M_0{}^1 = M_0{}^6 = 0,9\,\frac{10 \cdot 62,3}{4} - \frac{10\,(234 - 150)}{42} = 140 - 20 = 120 \text{ tcm}.$$

Ähnlich ergibt sich das Moment unter der Last $P_2$ und $P_5$ sowie die Momente unter der Last $P_3$ und $P_4$ mit:

$$M_0{}^3 = M_0{}^4 = M_0{}^2 = M_0{}^5 = 100 \text{ tcm}.$$

Bei dem weniger nachgiebigen Untergrund mit $C = 25$ sind also die Momente unter den vier Mittellasten gleich groß und nur um $\frac{120 - 100}{100} \cdot 100 = 20\,\%$ kleiner als die Beanspruchungen unter den Endachsen, womit gleichzeitig der große Einfluß der Unterlageziffer auf die Spannungsverteilung gezeigt ist.

Es liegt nun nahe, durch eine andere Lastverteilung die Beanspruchungen der Schiene unter allen Lasten möglichst einander anzugleichen.

Die Untersuchung eines Lastzuges $E_1$ (Abb. 54) soll dies zeigen. Das Gesamtgewicht der Lokomotive ist das gleiche wie beim Lastzug $E$:

$$2 \cdot (P_1 + P_2 + P_3 + P_4 + P_5 + P_6) = 120 \text{ t}.$$

*Lastenzug $E_1$.*

$\alpha)\ C = 5.$

$$L = 93,2,\ \ 3,75\ L = 350 \text{ cm}.$$

$$M_0{}^1 = M_0{}^6 = 0,9\,\frac{8,5 \cdot 93,2}{4} - \frac{10,5 \cdot 200}{42} - \frac{11 \cdot 50}{42} = 178,5 - 50 - 13 = 115,5\,\text{tcm}.$$

$$M_0{}^2 = M_0{}^5 = 0,9\,\frac{10,5 \cdot 93,2}{4} - \frac{8,5 \cdot 200}{42} - \frac{11 \cdot 200}{42} - \frac{11 \cdot 50}{42} =$$
$$= 220 - 40,5 - 52,5 - 13 = 114 \text{ tcm}.$$

$$M_0{}^3 = M_0{}^4 = 0,9\,\frac{11 \cdot 93,2}{4} - \frac{8,5 \cdot 50}{42} - \frac{10,5 \cdot 200}{42} - \frac{11 \cdot 200}{42} - \frac{10,5 \cdot 50}{42} =$$
$$= 231 - 10 - 50 - 52,5 - 12,5 = 106 \text{ tcm}.$$

Der Unterschied der Beanspruchungen zwischen $P_1$ und $P_3$ ist somit von 66 % beim Lastzug $E$ auf $\frac{115,5 - 106}{106} \cdot 100 = 9,5\,\%$ zurückgegangen und die größten Biegemomente unter den Randlasten sind beim Lastenzug $E$ mit 150,5 gegenüber dem Lastzug $E_1$ mit 115,5 tcm oder $\frac{150,5 - 115,5}{115,5} \cdot 100 = 30\,\%$ größer, bei gleicher Gesamtlast der Lokomotive!

$\beta)\ C = 25.$

$$L = 62,3,\ \ 3,75\ L = 234 \text{ cm}.$$

$$M_0{}^1 = M_0{}^6 = 0,9 \, \frac{8\,5 \cdot 62,3}{4} - \frac{10,5 \cdot 84}{42} = 119 - 21 = 98 \text{ tcm} .$$

$$M_0{}^2 = M_0{}^5 = 0,9 \, \frac{10,5 \cdot 62,3}{4} - \frac{8,5 \cdot 84}{42} - \frac{11 \cdot 84}{42} = 147 - 17 - 22 = 108 \text{ tcm} .$$

$$M_0{}^3 = M_0{}^4 = 0,9 \, \frac{11 \cdot 62,3}{4} - \frac{10,5 \cdot 84}{42} - \frac{11 \cdot 84}{42} = 154 - 21 - 22 = 111 \text{ tcm} .$$

Bei weniger nachgiebigem Untergrund ist im Gegensatz zum nachgiebigeren Untergrund ($C = 5$) das Biegemoment unter den Mittelachsen größer als das unter den Endachsen, bleibt aber bei allen Achsen kleiner als die Biegemomente unter den Randlasten bei $C = 5$; somit ist für die Berechnung der Schiene und für die Verteilung der Lasten die Unterlageziffer $C = 5$ maßgebend.

b) Bodenpressung. Die Bodenpressungen sind naturgemäß unter den mittleren Achsen und unter den schwersten Achsen am größten.

*Lastenzug E.*

$\alpha$) $C = 5$.

Die Bodenpressung unter der Last $P_3$ ist nach Abb. 59

$$p_0 = \frac{l}{4\,b_1\,\ddot{u}L} \left[ P_3 + P_2 + P_4 - \frac{1}{2\,L} (P_2\,a_2 + P_4\,a_4) \right]$$

$$L = 93,2 \text{ cm}, \quad 2\,L = 186,4 \text{ cm},$$

$$a_2 = a_4 = 1,50 \text{ m}.$$

$$p_0 = \frac{65}{4 \cdot 26 \cdot 50 \cdot 93,2} \left[ 10 + 10 + 10 - 2 \cdot \frac{150}{186,4} \cdot 10 \right] = 1,87 \text{ kg/cm}^2.$$

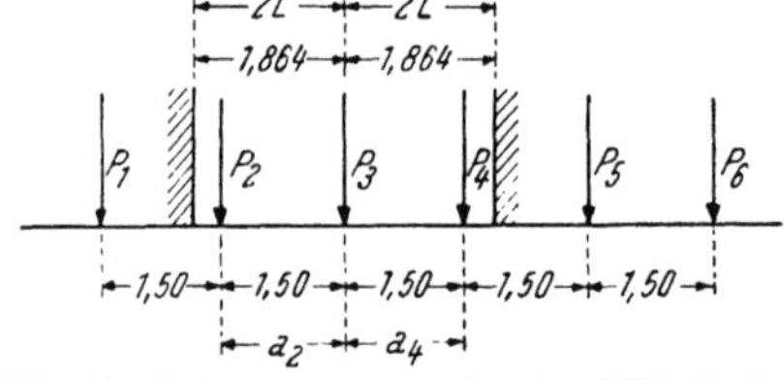


Abb. 59. Bodenpressung unter der Mittellast $P_3$ der Lok $E$ bei $C = 5$

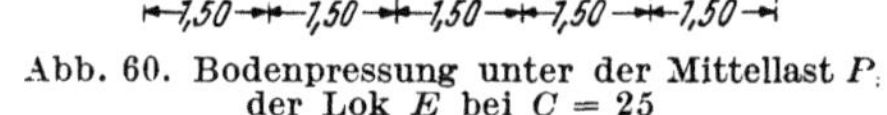


Abb. 60. Bodenpressung unter der Mittellast $P_3$ der Lok $E$ bei $C = 25$

$\beta$) $C = 25$.

$$L = 62,3, \quad 2\,L = 124,6 \text{ cm} .$$

Die Bodenpressung unter der Last $P_3$ ist nach Abb. 60

$$p_0 = \frac{l}{4\,b_1\,\ddot{u}L}\,P_3 = \frac{65}{4 \cdot 25 \cdot 50 \cdot 62,3} \cdot 10 = 2,0 \text{ kg/cm}^2 .$$

$\gamma$) $C = 40$.

$$L = \sqrt[4]{\frac{2\,EJ\,l}{C\,b_1\,\ddot{u}}} = \sqrt[4]{\frac{2 \cdot 2100000 \cdot 1797 \cdot 65}{40 \cdot 26 \cdot 50}} = 55,4 \text{ cm} ,$$

$$p_0 = \frac{l}{4\,b_1\,\ddot{u}L}\,P_0 = \frac{65}{4 \cdot 26 \cdot 50 \cdot 55,4} \cdot 10 = 2,25 \text{ kg/cm}^2 .$$

Aus diesen Berechnungen erkennt man, daß die Bodenpressungen am größten bei wenig nachgiebigem Untergrund werden, obwohl bei nachgiebigem Untergrund auch die Nachbarlasten zur Vergrößerung des Schienendruckes beitragen, während bei weniger nachgiebigem Untergrund nur eine Last den Schienendruck beeinflußt.

*Lastenzug $E_1$.*

$\alpha$) $C = 5$.

Die Bodenpressung unter der Last $P_3$ ist nach Abb. 59

$$p_0 = \frac{l}{4\,b_1\,\ddot{u}L} \left[ P_3 + P_2 + P_4 - \frac{1}{2\,L}\,(P_2\,a_2 + P_4\,a_4) \right],$$

$$p_0 = \frac{65}{4 \cdot 26 \cdot 50 \cdot 93,2} \cdot 15,2 = 2,04 \ \text{kg/cm}^2.$$

$\beta$) $C = 25$.

Die Bodenpressung unter der Last $P_3$ ist nach Abb. 60

$$p_0 = \frac{65}{4 \cdot 26 \cdot 50 \cdot 62,3} \cdot 11 = 2,20 \ \text{kg/cm}^2.$$

$\gamma$) $C = 40$.

Die Bodenpressung unter der Last $P_3$ ist

$$p_0 = \frac{65}{4 \cdot 26 \cdot 50 \cdot 55,4} \cdot 11 = 2,48 \ \text{kg/cm}^2.$$

Die Erhöhung der Bodenpressung gegenüber dem Lastzug $E$ beträgt mithin

$$\frac{2,48 - 2,25}{2,25} \cdot 100 = 10\,\% \,.$$

2. **Querschwelle.** Ebenso wie bei der Bodenpressung wird auch die ungünstigste Beanspruchung der Querschwelle in der Regel bei hohen Bettungsziffern zu erwarten sein. Zur Gegenüberstellung werden jedoch auch für $C = 5$ die Biegungsmomente gerechnet.

*Lastenzug $E$.*

a) $C = 5$.

Es ist nach Abb. 59

$$P = \frac{l}{2\,L} \left[ P_3 + P_2 + P_4 - \frac{1}{2\,L}\,(P_2\,a_2 + P_4\,a_4) \right] =$$

$$= \frac{65}{2 \cdot 93,2} \left[ 10 + 10 + 10 - 2 \cdot \frac{150}{186,4} \cdot 10 \right] = 4,85 \ \text{t} \,,$$

$$\ddot{u} - \frac{f}{2} = 50 - 6,2 = 43,8 \,,$$

$$\overline{M} = P \cdot \frac{\ddot{u} - \dfrac{f}{2}}{4} = \frac{4,85 \cdot 43,8}{4} = 53,0 \ \text{tcm} \,.$$

b) $C = 25$.

Es ist nach Abb. 60

$$P = \frac{l}{2L} \cdot P_3 = \frac{65}{2 \cdot 62,3} \cdot 10 = 5,21 \text{ t},$$

$$\overline{M} = \frac{5,21 \cdot 43,8}{4} = 57 \text{ tcm}.$$

c) $C = 40$.

Es ist

$$P = \frac{65}{2 \cdot 55,4} \cdot 10 = 5,85 \text{ t},$$

$$\overline{M} = \frac{5,85 \cdot 43,8}{4} = 64 \text{ tcm}.$$

*Lastenzug $E_1$.*

a) $C = 5$.

Der größte Schienendruck tritt unter den Mittellasten $P_3$ und $P_4$ auf. Es ist nach Abb. 59

$$P = \frac{65}{2 \cdot 93,2} \cdot \left[ 11 + 10,5 + 11 - \frac{1}{186,4}(10,5 \cdot 150 + 11 \cdot 150) \right] = \frac{65 \cdot 15,4}{186,4} = 5,30 \text{ t},$$

$$\overline{M} = \frac{5,30 \cdot 43,8}{4} = 58,0 \text{ tcm}.$$

b) $C = 25$.

Es ist nach Abb. 60

$$P = \frac{65}{2 \cdot 62,3} \cdot 11 = 5,74 \text{ t},$$

$$\overline{M} = \frac{5,74 \cdot 43,8}{4} = 62,8 \text{ tcm}.$$

c) $C = 40$.

Es ist

$$P = \frac{65}{2 \cdot 55,4} \cdot 11 = 6,45 \text{ t},$$

$$\overline{M} = \frac{6,45 \cdot 43,8}{4} = 70,4 \text{ tcm}.$$

Die größten Biegemomente sind somit gegenüber dem Lastenzug $E$ um $\frac{70,4 - 64}{64} \cdot 100 = 10\%$ größer geworden.

In Tab. 8 sind die aus den Biegemomenten für Schiene und Querschwelle ermittelten Spannungen $\sigma = \frac{M}{W}$ und die Bodenpressungen zusammengestellt.

Aus der Zusammenstellung erkennt man, daß unter den Randlasten die ungünstigsten Beanspruchungen der Schiene beim Lastenzug $E$ um $30\%$ größer sind als beim Lastenzug $E_1$, daß hingegen die Bodenpressungen und die Schwellenbeanspruchungen unter den Mittellasten beim Lastenzug $E_1$ um $10\%$ größer sind als beim Lastenzug $E$.

Tabelle 8

| | $C$ | Größte Biegespannungen (kg/cm²) | | | | Größte Bodenpressung kg/cm² |
| | | der Schiene unter der Last | | | d. Querschwellen unter der Last $P_3$ und $P_4$ | |
| | | $P_1$ und $P_6$ | $P_2$ und $P_5$ | $P_3$ und $P_4$ | | |
|---|---|---|---|---|---|---|
| Lokomotive des Lastenzuges $E$ | 5 | 629 | 430 | 381 | 1040 | 1,87 |
| | 25 | 502 | 418 | 418 | 1120 | 2,00 |
| | 40 | 465 | 405 | 405 | 1250 | 2,25 |
| Lokomotive des Lastenzuges $E_1$ | 5 | 482 | 478 | 443 | 1140 | 2,04 |
| | 25 | 410 | 452 | 465 | 1230 | 2,20 |
| | 40 | 383 | 435 | 450 | 1380 | 2,48 |

Die Lastenverteilung nach $E_1$ wirkt sich also für die Beanspruchungen der Schiene wesentlich mehr im günstigen Sinne aus als für die Beanspruchungen der Schwellen und Bodenpressungen im ungünstigen Sinn.

Die Schwellenbeanspruchungen sind jedoch gegenüber den Schienenbeanspruchungen schon an sich hoch. Über die Zulässigkeit höherer Schwellenbeanspruchungen wurde schon gesprochen, da ja für die Betriebssicherheit in erster Linie der Bestand der Schienen maßgebend ist, deren Beanspruchungen also mit Recht kleiner gehalten werden sollen.

Immerhin könnte es möglich sein, daß eine 10%ige Erhöhung der Schwellenbeanspruchung und der Bodenpressung insbesondere im Zusammenhang mit den Erscheinungen am Schienenstoß ungünstiger sich auswirkt als eine 30%ige Herabsetzung der Schienenbeanspruchung, wenn erstere schon an der Grenze des Zulässigen angelangt wären.

Dann würde dieser Umstand aber nur darauf hindeuten, daß in der Baustoffverteilung und in der Stoßausbildung mit dem heutigen Oberbau noch nicht das Optimum erreicht ist, das mit einem bestimmten Metergewicht des Oberbaues zu erreichen sein müßte.

Im übrigen ist noch besonders festzustellen, daß alle bisherigen Betrachtungen nur die Wirkung der *lotrechten* Kräfte umfaßten, daß aber die waagrechten Kräfte und ihre Verarbeitung für die Bewährung eines Oberbaues von gleicher Bedeutung sein können. In diesem Zusammenhang sei auf die Arbeit von CZITARY [50] verwiesen und auf die im Anhang gebrachte überschlägige Gegenüberstellung der Beanspruchung einer Schwellenschiene und einer Breitfußschiene auch für waagrechte Beanspruchungen.

## 4. Messungen am Oberbau

Um die Grundlagen für die Oberbauberechnung zu schaffen, muß insbesondere die Unterlageziffer $C$ durch Beobachtungen und Messungen am Oberbau festgestellt werden. Weiter sind Beobachtungen und Messungen notwendig, die theoretisch ermittelten Biegemomente und Senkungen mit den im Betriebe auftretenden zu vergleichen, um Anhaltspunkte zu bekommen, ob die der Rechnung zugrunde gelegten Annahmen (in der Regel vereinfachende Annahmen, wie ja die Entwicklung der Oberbauberechnung gezeigt hat) zulässig oder verbesserungsbedürftig sind.

Die Schwierigkeiten der Beobachtung und Messung am Oberbau sind in folgendem begründet: Erstens ist die Apparatur für die Messungen nicht einfach anzubringen, weil der Untergrund in der Umgebung des Gleises noch in etwa 6 m Tiefe mit dem Gleis in Schwingungen kommt und weil bei größeren Fahrgeschwindigkeiten durch die stoßartig auftretenden Bewegungen der Gleisteile schnellende Bewegungen der Übertragungsteile (Schreibhebel z. B.) mit dementsprechenden Fehlerquellen auftreten. Zweitens liegen die Schwierigkeiten in den oft großen Streuungen der Meßergebnisse begründet, die durch zufällige Einflüsse entstehen, sich vielfältig übergreifen und hauptsächlich von Unregelmäßigkeiten in Gleis und Fahrzeug stammen.

Legt man bei großer Streuung der beobachteten Meßgrößen (es sind z. B. Streuungen der Biegespannungen über 100 % festgestellt worden) Mittelwerte den weiteren Schlußfolgerungen zugrunde, dann kann man ein ganz verschwommenes Bild von dem zu erforschenden Gegenstand bekommen. Baut man aber auf gewisse Gruppen von Meßergebnissen, die nahe aneinanderliegen, weiter auf, dann bedarf es der schärfsten Selbstkritik, nicht der Versuchung zu unterliegen, nur das aus den Versuchen herauszulesen, was zur Stützung einer vorgefaßten Meinung oder einer aufgestellten Theorie dienen kann.

Den ersten Ausgangspunkt für die Beziehungen zwischen dem von einer Unterlage auf die Bettung ausgeübten Druck und der entstehenden Einsenkung lieferten 1869 die Beobachtungen von M. M. v. Weber [27].

Von 1877 bis 1888 hat Häntzschel [57] Versuche zur Bestimmung der Unterlageziffer gemacht. Er benützte bei seinen ersten Versuchen als Übertragungsmittel der Schienenbewegungen auf die Meßvorrichtung ein mit Wasser gefülltes Knierohr, an dessen waagrechtem Schenkel ein die Schienensenkungen aufnehmender Tauchkolben angebracht war und dessen lotrechter Schenkel ein Wasserstandglas mit Teilung trug, an der die Ablesungen gemacht wurden. Die Senkungen konnten auf 0,1 mm genau abgelesen werden, weil die lotrechte Meßröhre nur ein Zehntel des Querschnittes des Tauchkolbens hatte. Bei den späteren Versuchen wurden die Einsenkungen der Schiene durch einen auf dem Knierohr befestigten Hebel auf einen mittels Uhrwerk bewegten Papierstreifen aufgeschrieben. Die Versuche konnten nur bei geringer Fahrgeschwindigkeit gemacht werden (5 km/h), weil sonst die Übertragungsmittel in zuckende Bewegungen gerieten, die eine einwandfreie Ablesung unmöglich machten. Auf Grund der Untersuchungen von Häntzschel, die an einem Langschwellengleis vorgenommen wurden, ergaben sich aus den Senkungen nach Gl. (32) rückgerechnet die Unterlageziffern zwischen $C = 3$ bei Kiesbettung auf leichtem Lehmboden und $C = 8$ bei Kiesbettung mit Packlage auf gutem Untergrund. Zimmermann [29] hat darauf seinen Berechnungen diese von Häntzschel ermittelten $C$-Werte zugrunde gelegt.

Den Nachteil der mit Masse behafteten Übertragungsmittel schaltet zuerst Ast [45] (1893 bis 1895) dadurch aus, daß er als Übertragungsmittel den masselosen Lichtstrahl benützt, indem er ein photographisches Meßverfahren ausbildet. Er stellt den Apparat nur 70 cm vom Gleis entfernt auf ein weitauskragendes

Gerüst, dessen Füße 8,50 m von der Gleisachse entfernt sind, damit die Erschütterungen durch die Fahrbetriebsmittel möglichst ferngehalten werden.

Das gelang aber nicht vollkommen; deshalb stellte WASIUTYNSKI [72] seinen Photoapparat auf zwei 14 m lange Laufschienen, die 4,25 m von der Schiene entfernt auf vier Mauerpfeiler (Gründungstiefe 7,5 m) gelagert waren. Er konnte dadurch Messungen über eine ganze Schienenlänge ausführen und war weniger abhängig von störenden Nebenwirkungen der bewegten Fahrzeuge, obwohl auch bei seiner Anordnung Erschütterungen noch in 7,0 m Tiefe festgestellt werden konnten. Damit die Senkungen noch mit genügender Genauigkeit gemessen werden konnten, verwendete WASIUTYNSKI wegen der großen Entfernung des Apparates von der Schiene ein Teleobjektiv.

Die Meßergebnisse der Versuche von AST und WASIUTYNSKI haben die Versuchsergebnisse HÄNTZSCHELS im wesentlichen bestätigt, insbesondere hat WASIUTYNSKI bereits den Einfluß des Untergrundes neben dem Einfluß der Bettung auf die Größe der $C$-Werte festgestellt.

Den Versuchsapparaturen von AST und WASIUTYNSKI haftet aber der Nachteil an, daß sie an den Aufstellungsort gebunden sind. Um verschiedene Oberbauarten miteinander zu vergleichen, müßte man die einzelnen Oberbauarten nacheinander vor dem Apparat einbauen.

Diesen Nachteil vermeidet ein kleiner handlicher Apparat von BLOSS, den er *Gleisdurchbiegungsphoto* [2, 47] nennt. BLOSS setzt seinen Apparat knapp neben die Schiene zwischen zwei Schwellen, die vom Schotter freigelegt werden; dabei macht der Apparat die Senkungen des Untergrundes mit. Damit keine Schleuderbewegungen auf den Apparat übertragen werden können, wird er auf eine dämpfende Sandschicht gestellt. Um die tatsächlichen Senkungen der Schiene zu ermitteln, wird außer dem Bild eines „Schienenpunktes" noch das Bild eines „festen Punktes", der außerhalb des Apparates liegt, aufgenommen. Diese beiden Meßbilder müssen dann nur nach der Aufnahme durch Umzeichnen auf eine geradlinige Spur, die der absolut „feste Punkt" bei gänzlich störungsfreier Aufstellung des Apparates ergeben würde, zurückgeführt werden. Ein weiterer Vorteil des Heranbringens des Apparates so nahe an die Schiene besteht darin, daß sich die photographische Vergrößerung leicht bis 1 : 16 steigern läßt, was der Genauigkeit der Aufnahmen zugute kommt.

Vor BLOSS hat noch BASTIAN [46] Messungen zur Bestimmung der Unterlageziffer ausgeführt. BASTIAN hat bei verschieden großen Druckplatten (137,5 cm² und 550 cm² Druckfläche) die Senkungen durch Spiegelvorrichtungen mit Fernrohrbeobachtung gemessen und findet $C = 9$ bei der großen Druckfläche und $C = 20$ bei der kleinen Druckfläche, alle Messungen auf demselben Untergrund. Bei größerer spezifischer Bodenpressung ergibt sich also eine höhere Unterlageziffer, eine Tatsache, die auch später bei den großangelegten Versuchen des Oberbau- und Bahnbaufachausschusses im Verein Mitteleuropäischer Eisenbahnverwaltungen festgestellt wurde.

Sehr wesentlich für das Verhalten des Gleises im Betrieb sind auch *Beobachtungen*, die ohne Vornahme von Messungen lediglich Tatsachen beschreibend festhalten, auf die dann weiter aufgebaut und neue Theorien gestützt werden können. Von solchen Beobachtungen sind zu nennen: Die Beobachtungen SCHUBERTS [69] über das Verhalten der Gleisbettung und des Untergrundes sowie ihre gegenseitige Einwirkung während des Betriebes. Bräuning [4] hat Beobachtungen über die Kraftwirkungen am Oberbau angestellt, insbesondere die Erscheinungen beschrieben, die mit dem ungleichmäßigen Eindrücken der Unterlagsplatten in die Holzquerschwellen zusammenhängen — also einem sehr maßgeblichen Faktor für die Beurteilung der Tragfähigkeit. Die Ergebnisse dieser Beobachtungen sollen später noch verwendet werden.

Im Jahre 1922 wurde in einer Sitzung des technischen Ausschusses des Vereines mitteleuropäischer Eisenbahnverwaltungen in Heidelberg beschlossen, zur Gewinnung von Unterlagen für eine einheitliche Oberbauberechnung Spannungsmessungen am Oberbau durchzuführen. Diese Spannungsmessungen wurden durchgeführt von den Niederländischen Eisenbahnen und der Reichsbahndirektion Dresden. Die Ergebnisse sind in dem „Bericht des Fachausschusses für Oberbau, Anlage 2, zur Niederschrift 108 des Technischen Ausschusses Münster Westfalen, 16. bis 18. September 1930", niedergelegt.

Die Art der Durchführung dieser Versuche und ihre Ergebnisse sollen in nachstehendem in möglichst gedrängter Form wiedergegeben werden.

Sämtliche Spannungsmessungen wurden mit dem Spannungsmesser „Okhuizen" durchgeführt, und zwar wurden in jedem Gleisquerschnitt vier Spannungsmesser an dem Schienenfuß angesetzt und vier Ablesungen $R_a$, $R_i$, $L_a$ und $L_i$ gemacht (Abb. 61). Die Spannungen durch das lotrechte Biegemoment wurden dann mit $\frac{1}{2}\,(R_a + R_i)$ und $\frac{1}{2}\,(L_a + L_i)$ ermittelt und aus den Ablesungen von

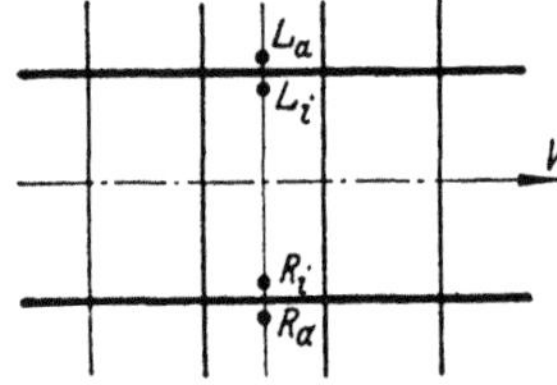

Abb. 61. Anbringung der Spannungsmesser

in der Regel neun Zugfahrten wieder das Mittel genommen. Bei der Reichsbahndirektion Dresden wurden Vergleichsversuche mit dem oben beschriebenen Gleisdurchbiegungsphoto von Bloss durchgeführt, die nicht immer gute Übereinstimmung mit den Messungen „Okhuizen" zeigten. Nichtsdestoweniger wurden aber bei den eigentlichen Versuchen auch von der Reichsbahndirektion Dresden vier Okhuizen-Spannungsmesser verwendet, um vergleichsfähige Meßergebnisse zu bekommen und weil die Okhuizen-Spannungsmesser handlicher, billiger und schneller auswertungsfähig waren; dafür mußte man die Möglichkeit von Fehlerquellen bei größeren Fahrgeschwindigkeiten zufolge der Massenwirkung im Hebelwerk des Okhuizen-Spannungsmessers in Kauf nehmen. Auch das Verfahren der Mittelwertbildung aus den Ablesungen außen und innen ist nicht vollkommen einwandfrei, weil weder die Kraftrichtung noch der Angriffspunkt bei der angreifenden Last bekannt ist und die gebildeten Mittelwerte aus den Aufzeichnungen der seitlich angebrachten Spannungsmesser nicht die erwünschte Teilung für lotrechte und waagrechte Wirkungen darzustellen brauchen.

Die Versuche wurden mit folgenden Belastungszügen durchgeführt: Alle Züge hatten eine Lokomotive der Achsfolge 2 C, einen drei- oder vierachsigen Schlepptender, zwei zweiachsige und am Schluß einen vierachsigen offenen Güterwagen (Abb. 62, 63 und 64).

Gefahren wurde mit Geschwindigkeiten zwischen 5 und 90 km/h auf geraden Gleisen mit Schwellenabständen zwischen 60 und 90 cm.

Von den Ergebnissen der Spannungsmessungen geben die Abb. 65 bis 68 einen kleinen Ausschnitt. Die Spannungen sind in kg/cm², umgerechnet für

1 t Achsdruck unter jeder Achse, aufgetragen („Messung") und zum Vergleich mit dem Spannungsverlauf nach der Langträgerberechnung die entsprechenden Rechnungswerte ebenso für 1 t Achsdruck ausgewiesen (z. B. „Langträger-

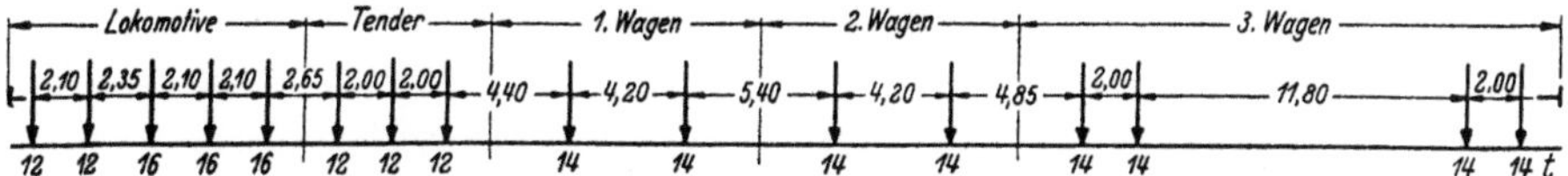

Abb. 62. Belastungszug auf den Niederländischen Probestrecken

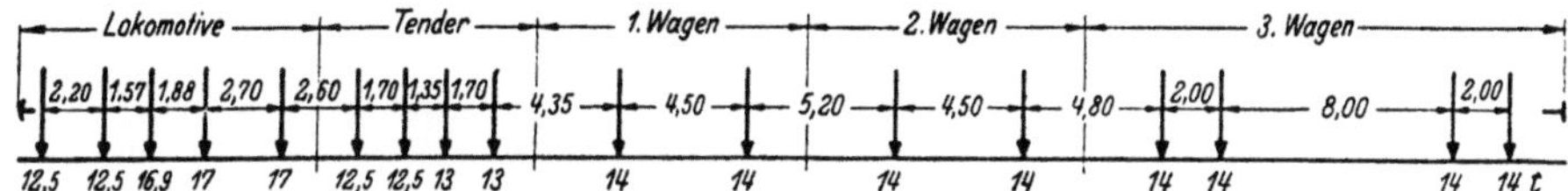

Abb. 63. Belastungszug auf den Oldenburgischen Probestrecken

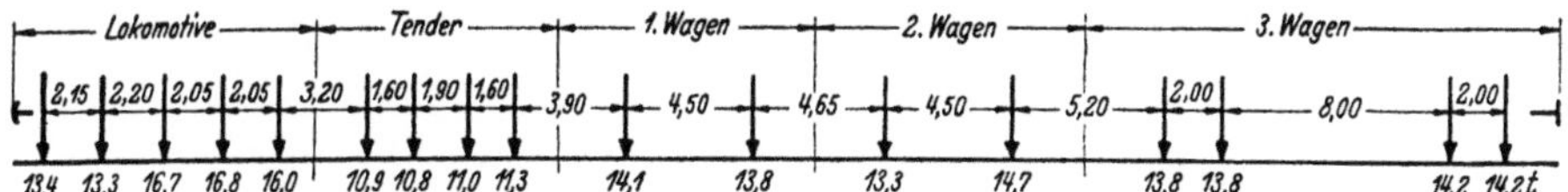

Abb. 64. Belastungszug auf den Sächsischen Probestrecken

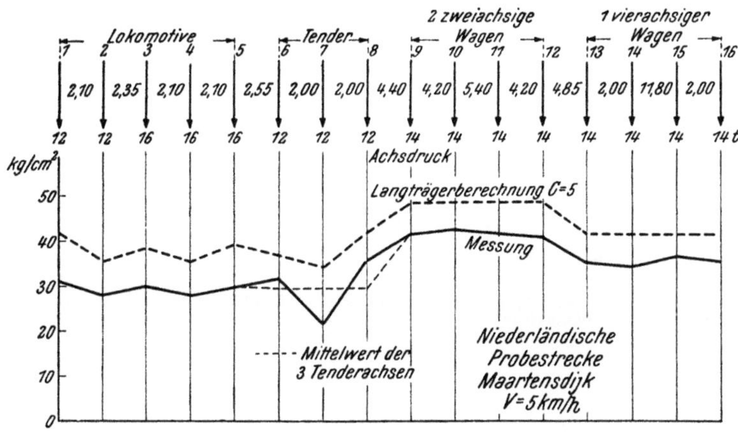

Abb. 65. Vergleich der Spannungen in kg/cm², umgerechnet auf 1 t Achsdruck nach den Ergebnissen der Messung und der Langträgerberechnung $C = 5$ (Niederländische Probestrecke)

berechnung" $C = 5$). In Abb. 66 sind außerdem noch die Rechnungswerte nach Berechnung WINKLER, ZIMMERMANN und nach der Achsstandformel angegeben.

Bei der Auswahl der Ergebnisse der Spannungsmessungen waren folgende Gesichtspunkte maßgebend:

1. Jede Probestrecke sollte mit je einem Diagramm vertreten sein.

2. Um möglichst vergleichsfähige Unterlagen zu bringen, wurden die Spannungsmessungen für $V = 5$ km/h ausgewählt, weil bei dieser Geschwindigkeit die geringsten Streuungen der Meßergebnisse zu erwarten sind. Die Bewegungen der Schreibhebel der Spannungsmesser sind bei dieser Geschwindigkeit so langsam, daß die Aufzeichnungen noch durch keine Fehler zufolge der Trägheit des Hebelwerkes belastet sind.

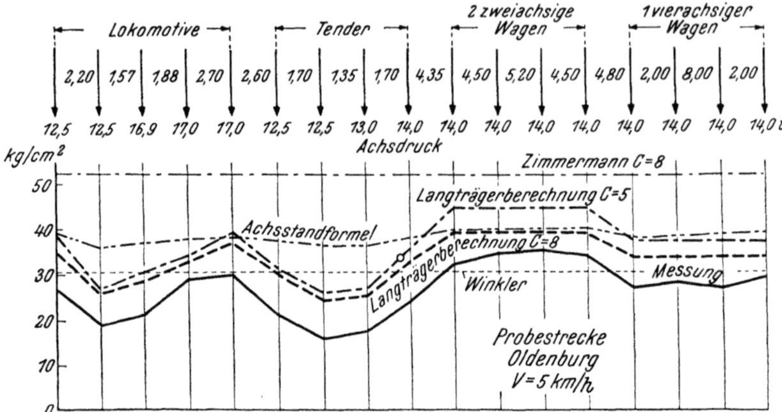

Abb. 66. Vergleich der Spannungen in kg/cm², umgerechnet auf 1 t Achsdruck nach den Ergebnissen der Messung und der Berechnungen „WINKLER“, „ZIMMERMANN“, „Achsstandformel“ und „Langträgerberechnung $C = 5$ und $C = 8$ (Oldenburgische Probestrecke)

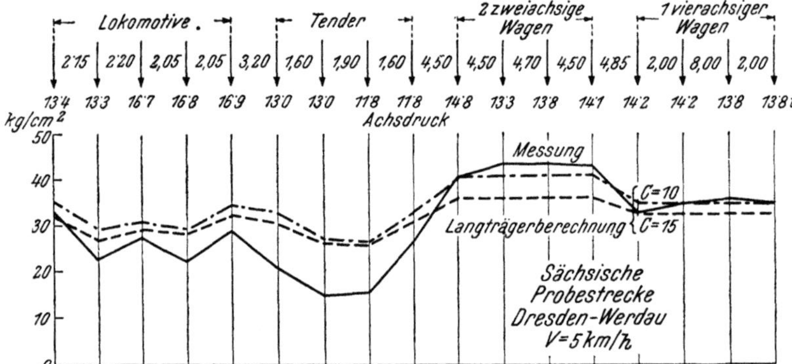

Abb. 67. Vergleich der Spannungen in kg/cm², umgerechnet auf 1 t Achsdruck nach den Ergebnissen der Messung und der Langträgerberechnung $C = 10$ und $C = 15$ (Sächsische Probestrecke, Dresden-Werdau)

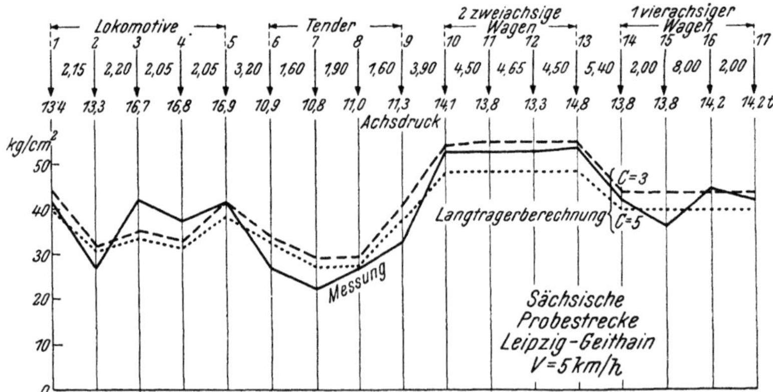

Abb. 68. Vergleich der Spannungen in kg/cm², umgerechnet auf 1 t Achsdruck nach den Ergebnissen der Messung und der Langträgerberechnung $C = 3$ und $C = 5$ (Sächsische Probestrecke Leipzig—Geithain)

3. Als Querschwellenentfernung wurde eine möglichst einheitliche mittlerer Größe gewählt. (Leipzig—Geithain hatte Messungen nur bis 83 cm Querschwellenentfernung, daher wurden für Dresden—Werdau die Messungen mit 80 cm und für die beiden restlichen die Messungen mit 70 cm Querschwellenentfernung gewählt, weil für diese keine Angaben für 80 cm Querschwellenentfernung mit $V = 5$ km/h vorliegen.)

Wenn man die Meßergebnisse der Abb. 65 bis 68 mit den Ergebnissen der verschiedenen Berechnungsmethoden vergleicht, dann erkennt man, daß die Berechnung nach WINKLER und ZIMMERMANN den gemessenen Spannungen überhaupt nicht folgt und daß auch die Achsstandformel die großen Unterschiede der Spannungen je 1 t Achslast nicht ausreichend wiedergibt. Die Ergebnisse der Langträgerberechnung geben diese Unterschiede schon wesentlich besser wieder. Im einzelnen kann folgendes festgestellt werden: Auf den Niederländischen und Oldenburgischen Probestrecken liegen die Meßergebnisse um rund 8 kg/cm² unter den Ergebnissen der Rechnung. Um sie zur Deckung zu bringen, müßte entweder der Abminderungsbeiwert $\varkappa = 0{,}9$ in Gl. (68) noch heruntergesetzt oder angenommen werden, daß zufolge toten Ganges in den Gelenken der Spannungsmesser Okhuizen die gemessenen Spannungen zu klein ermittelt wurden und daher erhöht werden müßten [71]. Daß diese letztere Annahme die größere Wahrscheinlichkeit für sich hat, zeigen die Versuche auf den sächsischen Probestrecken. Bei Leipzig—Geithain liegen für etwa $C = 4$, das der „minderwertigen" Bettung („minderwertig" gemäß der Bezeichnung der Reichsbahndirektion Dresden) entsprechen dürfte, die Meßergebnisse und Rechnungswerte im Mittel übereinander; bei Dresden—Werdau stimmen für etwa $C = 10$ die gemessenen Spannungen unter den Wagenachsen mit den gerechneten Werten überein. Da die Spannungsmesser bei den sächsischen Versuchen besonders geeicht worden sind, um die oben genannten Fehlerquellen auszuschalten, dürfte die Übereinstimmung der gemessenen und gerechneten Spannungen zeigen, daß die Wahl von $\varkappa = 0{,}9$ in der Gleichung der Langträgerberechnung Gl. (68) entsprechend sein dürfte.

Hingegen zeigen alle Spannungsmessungen bei den sächsischen Versuchen, daß die mittleren Tenderachsen noch kleinere Spannungen ergeben, als selbst die Langträgerberechnung nachweist. Bei den niederländischen und oldenburgischen Versuchen ist diese Erscheinung zwar weniger deutlich zum Ausdruck gekommen, jedenfalls aber kann aus den Meßergebnissen geschlossen werden, daß die Beeinflussung der Spannungen durch den Verdrehungswiderstand der Querschwellen bei der wellenförmigen Verformung des Oberbaues noch größer ist, als durch Gl. (68) errechnet wird. Es ist möglich, daß man die kleinen Spannungen unter ganz nahe aneinanderliegenden Achsen dadurch wird berücksichtigen können, daß man den negativen Teil der Gl. (68) mit einem Berichtigungsbeiwert $\varkappa_1$ größer als Eins versieht. Wie schon im Kapitel V 3 d $\gamma$ ausgeführt, würde dieser Berichtigungsbeiwert von den Schwellenabmessungen, der Schwellenform, der Bettungsreibung, der Befestigungsart der Schienen auf den Schwellen u. a. m. abhängen; zur Festlegung der Höhe dieses Berichtigungsbeiwertes müßten noch Versuche durchgeführt werden, weil die bisherigen Spannungsmessungen noch keine festen Anhaltspunkte bieten.

Jedenfalls haben die Spannungsmessungen aber gezeigt, daß das Wesen der

Oberbaubeanspruchung von der Langträgerberechnung schon recht weitgehend erfaßt wird und insbesondere folgendes feststeht:

1. Die Spannungen je Tonne Achsdruck weichen in Abhängigkeit von der Lage der Achsen zueinander sehr wesentlich voneinander ab, so daß es unangebracht ist, von einem Oberbau für einen bestimmten Achsdruck zu sprechen, weil je nach der Lage der Achsen zueinander die schwereren Achsen kleinere Beanspruchungen ergeben können als leichte Achsen, die ungünstiger liegen.

2. Der Einfluß der Querschwellenentfernung auf die Biegespannung der Schienen tritt gegenüber dem Einfluß der Unterlageziffer stark zurück, das heißt, schlechter Untergrund wird viel höhere Spannungen verursachen als ein großer Schwellenabstand bei guter Bettung. Das ergibt die Rechnung, denn in dem Ausdruck für $L = \sqrt[4]{\dfrac{2\,EJ\,l}{Cb_1\,\ddot{u}}}$ kann $l$ zwischen 50 und 100 cm liegen (Schwankung 100%), während $C$ zwischen 5 und 25 (ausnahmsweise noch größere Unterschiede), also um 500% schwanken kann. Dasselbe zeigen die Versuchsergebnisse (Abb. 69). In Abb. 69 wurden die Messungen von Dresden—Werdau für eine Achse mit

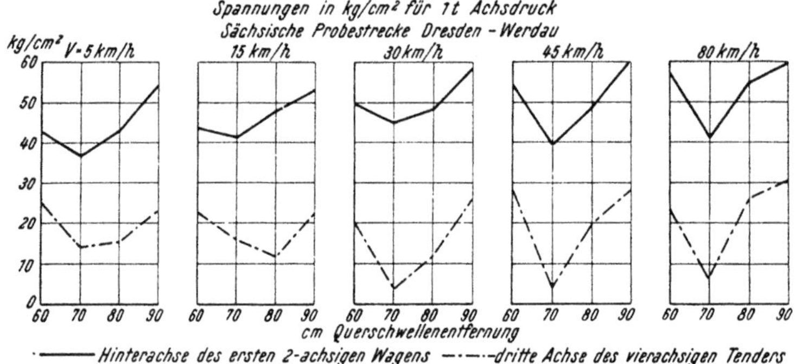



Abb. 69. Ergebnisse der Spannungsmessungen in Abhängigkeit von der Querschwellenentfernung

besonders niederer Beanspruchung (dritte Tenderachse) den Messungen für eine Achse mit besonders hoher Beanspruchung (Hinterachse des ersten zweiachsigen Wagens) für verschiedene Querschwellenentfernungen und verschiedene Fahrgeschwindigkeiten gegenübergestellt. *Ausnahmslos* liegen die Beanspruchungen bei 60 cm Schwellenentfernung höher als bei 70 cm Schwellenentfernung. Nach Angabe der Reichsbahndirektion Dresden sei dafür keine andere Erklärung vorhanden als die Möglichkeit einer kleineren Unterlageziffer bei dem Gleis mit 60 cm Schwellenentfernung. Wird diese Möglichkeit als gegeben angesehen (gemessen wurden die Unterlageziffern bei diesen Versuchen nicht), dann zeigt Abb. 69 den überragenden Einfluß der Unterlageziffer gegenüber der Querschwellenentfernung.

3. Mit zunehmender Fahrgeschwindigkeit steigen die Beanspruchungen mäßig an, allerdings mit vielen Unregelmäßigkeiten und mit vielen Ausnahmen (Abb. 70). In Abb. 70 sind dieselben Ergebnisse verwertet wie in Abb. 69, nur ist die Zusammenstellung der Meßergebnisse dem Zweck entsprechend eine andere. Jedenfalls zeigen die Ergebnisse der Messung, daß die Wirkung der Fahrgeschwindigkeit hauptsächlich zufälligen Einflüssen zuzuschreiben ist, worauf schon früher hingewiesen wurde. Im Gegensatz hiezu ist aus Abb. 69 eine gewisse gesetzmäßige Wiederkehr desselben Charakters der Spannungsbilder

zu entnehmen, was darauf hinweist, daß die Nachgiebigkeit der Bettung *hauptausschlaggebend* für den allgemeinen Verlauf der Spannungsbilder gewesen ist. Denn wenn die Abhängigkeit der Spannungen vom Querschwellenabstand hauptausschlaggebend gewesen wäre, hätte sich dies in einem geradlinigen Anstieg der Spannungen von links nach rechts zeigen müssen.

Da die Spannungsmessungen somit ergeben haben, daß die Beanspruchung der Schienen wesentlich von der Größe der Nachgiebigkeit der Bettung und des

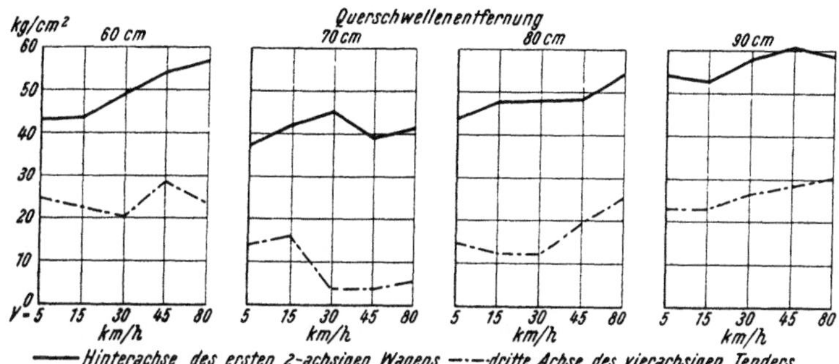


Abb. 70. Ergebnisse der Spannungsmessungen in Abhängigkeit von der Fahrgeschwindigkeit

Untergrundes abhängt, schien es angezeigt, Versuche zu Ermittlung der Unterlageziffer $C$ anzustellen, wobei besonderer Wert darauf zu legen war, eingebaute Schwellen, so wie sie im Betrieb standen, unter möglichst verschiedenen Verhältnissen zu untersuchen.

Die Bestimmung der Unterlageziffer wurde gemäß dem Beschluß des Technischen Ausschusses vom September 1930 nach einheitlichen Richtlinien durchgeführt. In die Arbeit teilten sich die Niederländischen Eisenbahnen, die Schweizerischen Bundesbahnen, das Reichsbahnzentralamt München, die Reichsbahndirektion Karlsruhe und das Reichsbahnzentralamt Berlin. (Niederschrift 113 des Technischen Ausschusses Stockholm, 28. bis 30. Mai 1935, die auch Abbildungen der Meßvorrichtungen enthält.) Für die Durchführung der Versuche einigte man sich auf einen Wagen nach dem Entwurf der Niederländischen Eisenbahnen, der die Belastungen zu liefern hatte. Es ist ein zweiachsiger Plattformwagen, der mit Schienen in vier Schichten beladen ist. Auf den Schienen ist ein Holzboden verlegt zur Aufstellung einer Druckpumpe, deren Leitungen zu hydraulischen Pressen führen, von denen je eine unter der Mitte der Längsträger des Wagens angebracht ist. In der Nähe der Pumpe befindet sich in jeder Druckleitung ein Manometer, um beobachten zu können, ob die beiden hydraulischen Pressen gleichmäßig arbeiten und damit das Wagengewicht vermittels zweier Stempel gleichmäßig auf die Schwellen übertragen.

Das auf die Schwelle übertragene Gewicht rechnet sich wie folgt:

| | |
|---|---:|
| Gewicht des Wagens........................... | 17 995 kg |
| Bemannung ................................. | 80 ,, |
| | 18 075 kg |
| Achssatz samt Büchsen ...................... | 1 960 ,, |
| Belastung der Schwelle ...................... | 16 115 kg |

Die Schwellensenkungen wurden in der Weise bestimmt, daß die Senkungen von neun Holzschrauben, die in die Schwellendecke eingedreht worden waren, mit einer besonderen Vorrichtung gemessen wurden:

Beiderseits des Gleises werden zwei etwa 1,80 m lange Eisenpfähle $V$ und $V_1$ (Abb. 71) in den Boden gerammt, an denen die Festpunkte angebracht werden. Über das aus dem Boden herausragende Ende eines jeden Pfahles wird ein Lager

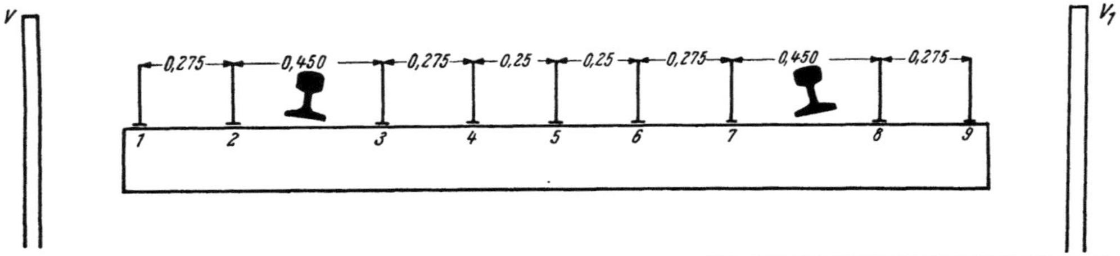

Das Tragvermögen



Strecke: Rheine-Osnabrück
Gleis: Rheine-Rodde km 175,050
Oberbau: K 49 auf Holzschwellen
Bettung: Steinschlag, von Hand gestopft
Untergrund: Sand
Damm: 1·0 m hoch, Sand

| Schw. Nr. | Abmessung / Tragfläche | | Meßpunkt 1 | 2 | 3 | 4 | 5 | 5 | 6 | 7 | 8 | 9 | Mittl. Eindrückung mm | $V$ | $V_1$ | Mittl. Einsenkung $V$ und $V_1$ | Mittl. Ges. Eindrückung mm | Belastung kg/cm² | Berechnete Unterlageziffer |
|---|---|---|---|---|---|---|---|---|---|---|---|---|---|---|---|---|---|---|---|
| I | 262×<br>×26×16 | Unbelastet | 19,55 | 18,22 | 16,33 | 12,52 | 16,03 | 14,82 | 11,51 | 12,14 | 20,00 | 16,03 | | 2,60 | 3,00 | | | | |
| | | Belastet | 20,23 | 20,28 | 19,03 | 15,04 | 18,52 | 17,28 | 15,31 | 15,23 | 21,92 | 16,80 | 15,86 : 8 = 1,98 | 2,60 | 3,00 | 0 | 1,98 | 16115 : 5512 = 2,92 | $\dfrac{1000 \cdot 2,92}{198}$ = 14,7 |
| | | Unbelastet | 19,69 | 18,39 | 16,56 | 12,72 | 16,25 | 15,08 | 11,86 | 12,52 | 20,06 | 16,18 | | 2,60 | 3,00 | | | | |
| | 5512 cm² | Unterschied | 0,54 | 1,89 | 2,47 | 2,32 | 2,27<br>2,23 | 2,20 | 3,45 | 2,71 | 1,86 | 0,62 | | 0 | 0 | | | | |
| II | 260×<br>×26×16 | Unbelastet | 11,72 | 17,12 | 15,33 | 17,84 | 23,41 | 18,55 | 18,83 | 24,58 | 28,23 | 28,42 | | 0,50 | 2,80 | | | | |
| | | Belastet | 12,90 | 19,62 | 18,54 | 20,93 | 26,61 | 22,05 | 22,47 | 28,25 | 31,60 | 29,25 | 20,51 : 8 = 2,56 | 0,50 | 2,80 | 0 | 2,56 | 16115 : 5460 = 2,95 | $\dfrac{1000 \cdot 2,95}{256}$ = 11,5 |
| | | Unbelastet | 11,74 | 17,15 | 15,45 | 17,88 | 23,42 | 18,88 | 19,12 | 24,70 | 28,32 | 28,69 | | 0,50 | 2,80 | | | | |
| | 5416 cm² | Unterschied | 1,16 | 2,47 | 3,09 | 3,05 | 3,18<br>3,18 | 3,17 | 3,35 | 3,55 | 3,28 | 0,56 | | 0 | 0 | | | | |
| III | 263×<br>26×16 | Unbelastet | 19,45 | 15,82 | 23,16 | 21,31 | 20,21 | 13,22 | 21,65 | 25,18 | 24,85 | 26,04 | | 2,40 | 2,80 | | | | |
| | | Belastet | 20,28 | 18,11 | 25,26 | 23,57 | 22,68 | 15,58 | 24,18 | 27,55 | 26,92 | 26,83 | 14,35 : 8 = 1,79 | 2,40 | 2,80 | 0 | 1,79 | 16115 : 5538 = 2,91 | $\dfrac{1000 \cdot 2,91}{179}$ = 16,2 |
| | | Unbelastet | 19,63 | 16,02 | 23,19 | 21,41 | 20,46 | 13,43 | 21,82 | 25,22 | 24,92 | 26,14 | | 2,40 | 2,80 | | | | |
| | 5538 cm² | Unterschied | 0,65 | 2,09 | 2,07 | 2,16 | 2,22<br>2,18 | 2,15 | 2,36 | 2,33 | 2,00 | 0,69 | | 0 | 0 | | | | |

Mittelwert der Unterlageziffer 42,4 : 3 = 14,1

Abb. 71. Muster für die Bestimmung der Unterlageziffer nach dem Beschluß des Technischen Ausschusses vom September 1930

geschoben, das mit zwei Schrauben am Pfahl festgeklemmt werden kann. Zwischen den Lagerstellen ist eine Mikrometerschraube eingeschaltet, die mit einer schneidenförmig ausgebildeten Stütze für das eine Ende des aus einem Doppel-T-Eisen gebildeten Lineals verbunden ist. Das andere Ende des Lineals wird durch einen auf diesem verschiebbaren Stahlstift unterstützt. Dieser Stift wird bei den Messungen auf die Holzschrauben oder bei den Eisenschwellen auf die gezeichneten Meßstellen aufgesetzt. Das Lineal wird mit einer sehr empfindlichen Wasserwaage mittels einer Mikrometerschraube waagrecht eingestellt. Die Mikrometerschraube hat 2 mm Ganghöhe, der Kopf ist in 20 Teile geteilt. Ein Teilstrich entspricht somit $^1/_{10}$ mm, durch Schätzung ist noch eine Ablesung mit $^1/_{100}$ mm möglich. Zur Durchführung der Messung wird der stählerne Stift der Reihe nach auf die verschiedenen Meßpunkte der Schwelle gestellt. Mit dem Lineal auf der einen Seite des Gleises werden die Punkte 1 bis 5, auf der anderen Seite die Punkte 5 bis 9 gemessen. Punkt 5 ist lediglich ein Kontrollpunkt und wird von beiden Seiten eingemessen.

Bei der Durchführung der Messung wird wie folgt vorgegangen: Die Unterlagsplatten oder Gußstühle der zu messenden, in ihrer ursprünglichen Lage verbleibenden Schwelle werden entfernt und auf die Schwelle zwei schwere Bügel gestellt, die die Schiene umgreifen, so daß der Stempeldruck vom Versuchswagen das Wagengewicht unmittelbar auf die Schwelle übertragen kann. Solange der Wagen noch in größerer Entfernung von der Meßstelle steht, werden bei unbelasteter Schwelle die Höhenlagen der neun Meßpunkte in Beziehung auf die Festpunkte $V$ und $V_1$ bestimmt; zu diesem Zweck werden die Stahlspitzen auf jeden der Meßpunkte gestellt und die Mikrometerstellung bei genau waagrechter Lage der Lineale abgelesen (Zeile 1 in Abb. 71). Gleichzeitig wird die Höhenlage von $V$ und $V_1$ mit einem Nivellierinstrument festgehalten. Dann wird der Wagen über die zu messende Schwelle gefahren, bis die Druckstempel über den Bügeln liegen. Mit der Druckpumpe werden die hydraulischen Pressen betätigt, der Wagen hebt sich nach allmählicher Entspannung der Tragfedern von den Achsbüchsen ab, so daß das ganze Wagengewicht mit Ausnahme der Räder, Achsen und Achsbüchsen von der einen Schwelle getragen wird. Nun wird von jedem Meßpunkt wieder die genaue Höhenlage hinsichtlich der Festpunkte $V$ und $V_1$ und deren Höhenlage mit dem Nivellierungsinstrument festgehalten (Zeile 2 in Abb. 71). Dann werden die Bügel entlastet, der Wagen weggefahren und nun in der gleichen Weise die Höhenlage aller Punkte zum drittenmal abgelesen (Zeile 3 in Abb. 71). Die Unterschiede der zweiten und dritten Ablesung, wenn nötig vermehrt um die Senkung der Festpunkte, geben die lotrechten Verschiebungen der Oberkante der Schwelle (Zeile 4 in Abb. 71).

Die Unterschiede zwischen erster und zweiter Ablesung werden als Kontrolle benützt. Zur Berechnung der Unterlageziffer wird aus den Lesungen an den Punkten 1 bis 4 und 6 bis 9 das Mittel gebildet, zur Ermittlung der Tragfläche das Schwellenstück zwischen Punkt 4 und 6 als nicht druckübertragend angenommen, die spezifische mittlere Pressung in kg/cm² und schließlich aus mittlerer Pressung und mittlerer Eindrückung die Unterlageziffer errechnet. In der Regel wurden mehrere Schwellen untersucht (in Abb. 71 die Schwellen Nr. I, II, III) und aus den Ergebnissen der Mittelwert genommen.

Im ganzen wurden 385 Messungen an 104 verschiedenen Orten durchgeführt. Die 104 ermittelten $C$-Werte sind in Tab. 9 zusammengestellt.

Für die Art der Zusammenstellung, die von der in der „Niederschrift 113" gewählten abweicht, waren folgende Gesichtspunkte maßgebend:

Zunächst erfolgte eine Haupttrennung der Meßergebnisse nach der Art der Bettung, Steinschlag und Kies. Da Unterlageziffern von Sandbettung nicht gemessen wurden, fehlen leider diesbezügliche Angaben. Dann wurden die beiden Hauptgruppen weiter unterteilt nach der Art des Untergrundes, auf dem die Bahn verläuft. Die Bezeichnung des Untergrundes erfolgte in tunlichster Anlehnung an die Bezeichnungen der Niederschrift. Eine weitere Gliederung erfolgte nach dem Verlauf der Bahn im Einschnitt, in Geländehöhe oder auf

Tabelle 9. *Gemessene C-Werte nach Versuchen des Oberbau-*

| Die Bahn liegt | | Steinschlagbettung | | | | | | | | | |
| --- | --- | --- | --- | --- | --- | --- | --- | --- | --- | --- | --- |
| | | Untergrund | | | | | | | | | |
| | | Moor | Ton | Lehm | Ton u. Lehm | Sand | Sand u. Lehm | Kies u. Lehm | Sand u. Kies | Kies | Fels |
| in Geländehöhe oder im Einschnitt | | 8,9<br>12,1 | 6,0<br>6,0<br>10,7<br>14,9<br>19,0 | 8,3<br>9,5<br>10,6<br>10,7<br>11,9<br>15,4<br>17,5 | 10,2 | 8,0<br>16,7<br>17,7 | 7,7<br>9,1<br>9,2<br>9,3<br>11,2<br>12,7<br>13,3<br>13,9<br>15,4 | 13,1<br>19,9 | 23,6<br>27,8<br>45,2 | 15,7<br>17,5<br>22,4<br>30,5<br>32,8 | 13,8<br>14,4<br>14,6<br>17,1<br>18,6<br>21,3<br>21,4<br>23,3<br>24,7<br>25,7<br>29,4<br>32,1<br>55,4 |

auf einem Damm

| Schüttmaterial | Höhe m | Moor | Ton | Lehm | Ton u. Lehm | Sand | Sand u. Lehm | Kies u. Lehm | Sand u. Kies | Kies | Fels |
| --- | --- | --- | --- | --- | --- | --- | --- | --- | --- | --- | --- |
| Sand und Lehm | 0— 1 | | | | | | | | | | |
| | 1— 2 | | | 10,7 | | | | | | | |
| | 2— 3 | | | 13,1 | | | | | | | |
| | 3— 5 | | | | | | | | | | |
| | 5—10 | | | 14,2***) | 27,6***) | | 13,8 | | | | |
| Sand | 0— 1 | 9,9 | | | | 14,1†) | | 9,8 | | | |
| | 1— 2 | 11,0 | | 9,9<br>10,7 | | 18,9<br>19,0 | | | | | |
| | 2— 3 | | | | | 15,8 | 9,6 | | | | |
| | 3— 5 | | | | | | | | | | |
| | 5—10 | | | | | 13,0 | | | | | |
| Sand und Kies | 0— 1 | 8,6 | | | | | | | | | |
| | 1— 2 | 6,0<br>10,5<br>25,7**) | | | | | | | 34,0 | 33,3 | |
| | 2— 3 | | | | | | | 12,2 | | | |
| | 3— 5 | 30,4***) | | | | | | 17,8***) | | | 28,2***) |
| | 5—10 | 29,2***) | | 12,6***) | | | 19,1***) | | | | |
| Kies | 0— 1 | 14,4 | | | | | | | | | |
| | 1— 2 | 5,7<br>8,3 | | | | | | | | | |
| | 2— 3 | | | | | | | | | | |
| | 3— 5 | | | | | | | | | 37,2 | 22,3***) |
| | 5—10 | | | | | | | 21,6***) | | | |
| Mittelwerte***) | | 9,5 | 11,3 | 11,7 | 10,2 | 15,4 | 11,4 | 13,7 | 32,6 | 27,1 | 24,0 |

*) Liegt auf einer Sandschüttung, die den Moorboden bis 3,3 m unter S. OK. durchsetzt hat.

**) Liegt im Übergang zum festen Boden.

***) Bei der Bildung der Mittelwerte werden „Damm über 3 m Höhe" ausgeschieden, weil dann der Einfluß des Untergrundes verschwindet. (Wenn Untergrund und Schüttmaterial des Dammes gleich sind, wird aus allen gemessenen Werten das Mittel gebildet.)

†) Siehe S. 72.

*ausschusses im Verein Mitteleuropäischer E.V.*

| | | Kiesbettung | | | | | | | | Anmerkung |
| | | Untergrund | | | | | | | | |
| Moor | Ton | Lehm | Ton u. Lehm | Sand | Sand u. Lehm | Kies u. Lehm | Sand u. Kies | Kies | Fels | |
|---|---|---|---|---|---|---|---|---|---|---|
| | | 9,5 | 16,2 | 10,9<br>13,5<br>13,6 | 12,0 | 12,1 | | 11,7<br>14,8<br>17,3 | | Von den 104 ermittelten C-Werten haben erhoben:<br>das RZA Berlin 39<br>das RZA München 21<br>die Schweizer Bundesbahnen 17<br>die Niederländ. Eisenbahnen 14<br>die RBD Karlsruhe 13<br>zusammen 104 |
| | | | | | 16,4 | | | | | |
| | | | 9,5 | | | | 14,7 | | | |
| 22,0*) | 7,9 | | | | | | | | | |
| 9,6 | | | | | | | | | | |
| | | | | 16,6 | | | | | | |
| 9,5 | | | | | | | | | | |
| 10,5 | | | | | | | | | | |
| | | 15,7***) | | | | | | | | |
| 9,9 | 7,9 | 9,5 | 12,8 | 13,6 | 14,2 | 12,1 | 14,7 | 14,6 | — | |

einem Damm. Dabei wurden die Meßergebnisse von Einschnitten, gleichgültig welcher Tiefe des Einschnittes (also auch Tiefe Null, Geländehöhe), zusammengefaßt, weil in allen Fällen der Untergrund gleich unter der Bettung folgt. Bei Dämmen hingegen wurde unterschieden nach dem Schüttmaterial und nach der Höhe des Dammes, weil es naheliegend ist, daß die Unterlageziffer auch vom Schüttmaterial des Dammes abhängig sein wird und daß der Einfluß des Untergrundes bei zunehmender Höhe des Dammes verschwinden wird, weil bei Dammhöhen über 3 m die aufgebrachte Nutzlast gegenüber dem Gewicht des Dammes keine Rolle mehr spielt und die Druckverteilung auf den Untergrund schon sehr gleichmäßig sein wird.

Vergleicht man unter diesen Gesichtspunkten die Meßergebnisse, dann ergibt sich folgendes:

Die größte mittlere Unterlageziffer für Kiesbettung ist 14,7, für Steinschlagbettung 24,0 bis 32,6, womit die Überlegenheit der Steinschlagbettung eindeutig gegeben ist. Anderseits kann aber die beste Bettung nicht zur Geltung kommen, wenn der Untergrund zu nachgiebig ist. Bei Untergrund Moor ist die kleinste Unterlageziffer $C = 5,7$ auch bei Steinschlagbettung; man sieht, daß für die Unterlageziffer ausschlaggebend die Beschaffenheit des Untergrundes ist. Daneben kommen bei Untergrund Moor Unterlageziffern $C = 30,4$ und 29,2 vor, weil bei Dammhöhen über 3,0 m die gute Beschaffenheit des Dammaterials (Sand und Kies) den Ausschlag gegeben hat, während der Einfluß des Untergrundes verschwunden ist. Die höchsten Unterlageziffern wurden mit Steinschlagbettung bei Untergrund Kies und Fels erreicht, die ausnahmsweise bis 55,4 anstiegen, im Mittel etwa bei 25,0 lagen.

Zusammenfassend kann aus den Meßergebnissen entnommen werden:

Die Unterlageziffer ist ausschlaggebend von der Güte des Untergrundes abhängig, und zwar zeigen:

schlechte Böden eine Unterlageziffer zwischen 5 und 10,

gute Böden eine Unterlageziffer zwischen 10 und 20,

sehr gute Böden bis Fels eine Unterlageziffer zwischen 20 und 50.

Bei Dammhöhen zwischen 2,0 und 3,0 m und mehr verschwindet der Einfluß des Untergrundes und maßgebend für die Unterlageziffer wird dann die „Bodenbeschaffenheit" des Dammes selbst.

Übergreifend zeigt sich der Einfluß der Bettung in dem Sinn, daß unter Voraussetzung gleichen Untergrundes mit Steinschlag wesentlich höhere Unterlageziffern erreicht werden können als bei Kies, während die Art der Bettungsherstellung (gewalzt, gestampft oder gestopft) nur von geringem Einfluß zu sein scheint.

Bezüglich der absoluten Höhe der Unterlageziffer haben die Versuche gezeigt, daß sie höher zu liegen scheint als die Rechnungsmethoden, die eine Unterlageziffer benützen, bisher angenommen haben (ZIMMERMANN hat seinen Berechnungen eine Unterlageziffer $C = 3$ bis 8 zugrunde gelegt). Dies mag seinen Grund darin haben, daß die Belastung der Schwellen durch den Probewagen bedeutend höher war, als die Belastungen in der Praxis. Der Schienendruck auf eine Schwelle schwankt, wie früher angeführt, zwischen etwa 0,7 und 0,5 $G$; da die Untersuchungen mit einer Schwellenbelastung von rund 16 000 kg durchgeführt worden sind, würde dies übliche Achslasten von 23 bis 32 t voraussetzen, die wir in Europa noch nicht erreicht haben. Da aber anzunehmen ist, daß die Einsenkungen nicht ganz verhältnisgleich den Belastungen sind, sondern die Senkungen mit zunehmender Belastung eine kleinere Zunahme aufweisen [53], so müssen Versuche, bei denen größere Endbelastungen verwendet werden, auch zu größeren durchschnittlichen Unterlageziffern führen. (Siehe auch die Versuche von BASTIAN [46], die früher besprochen wurden.)

Für die Wahl der Unterlageziffer $C$ hätten also nach den bisher vorliegenden Versuchsergebnissen folgende Richtlinien zu gelten:

Tabelle 10

| Bettung | Bodenbeschaffenheit des Untergrundes | | |
| --- | --- | --- | --- |
| | schlecht | gut | sehr gut |
| | $C$ kg/cm³ | | |
| Kies .......................... | 5 | 10 | 15 |
| Steinschlag ................... | 5 | 15 | 25 |

Die in Tab. 10 angeführten Werte für die Unterlageziffer $C$ gelten bei einem Verlauf der Bahn im Einschnitt, in Geländehöhe und im Damm bis 1,0 m Schüttungshöhe. Zwischen 1,0 und 3,0 m Schüttungshöhe des Dammes verschwindet der Einfluß der Bodenbeschaffenheit des Untergrundes nach und nach; maßgebend für die Unterlageziffer von 3,0 m Dammhöhe angefangen ist dann nur mehr die Bodenbeschaffenheit des Dammes selbst. Bei Dammhöhen zwischen 1,0 und 3,0 m wäre geradlinig zwischenzuschalten, wobei auf ein Vielfaches von 5 kg/cm³ abzurunden wäre, da weitergehende Abstufungen unangebracht sind.

Als Bodenbeschaffenheit des Untergrundes ist jene mittlere Beschaffenheit anzunehmen, die in 0,0 bis 2,0 m unter Schwellenoberkante vorgefunden wird.

Dabei haben zu gelten:

als *schlechte* Böden: Moor, weicher Lehm, weicher Ton;

als *gute* Böden: alle nicht besonders aufgezählten Bodenarten;

als *sehr gute* Böden: festgelagerter Kies, Fels.

# C. Die Druckübertragung auf die Bettung
## I. Allgemeines

Die ersten Balkenfahrbahnen und die Steinwürfel lagen unmittelbar auf dem Unterbau. Als aber die Radlasten größer wurden, mußte zwischen Unterbau und Schiene ein Körper zwischengeschaltet werden, der den Druck auf den Unterbau besser verteilt: die Bettung.

Verfolgt man die nach unten zu immer besser werdende Druckverteilung, dann ergibt sich etwa folgendes Bild:

Bei einem Raddruck von 8000 kg beträgt der Schienendruck auf eine Schwelle etwa die Hälfte, also 4000 kg. Dabei entstehen nachstehende Flächenpressungen:

zwischen Rad und Schiene ................................. 4000 kg/cm²

zwischen Schienenfuß und Unterlagsplatte ..................... 25 ,,

zwischen Unterlagsplatte und Schwelle ....................... 10 ,,

zwischen Schwelle und Bettung............................... 2 ,,

zwischen Bettung und Unterbau ............................... 1 ,,

Die Druckübertragung auf die Bettung kann erfolgen:

a) durch Einzelstützen,

b) durch Querschwellen,

c) durch Langschwellen.

Als die Schiene als Träger ausgebildet war, schien zunächst die *Einzelstütze* das gegebene Druckübertragungsmittel, denn sie verteilt den Druck gleichmäßig nach allen Seiten, der Baustoff ist am besten ausgenützt.

Einzelstützen haben aber den Nachteil, daß sich zwei einander gegenüberliegende Stützen trotz der später verwendeten Spurstangen (ursprünglich war gar keine Verbindung zwischen den beiden Schienensträngen vorhanden [8]) unabhängig voneinander verdrehen können, wodurch die Erhaltung der richtigen Form des Gleises erschwert ist. Die Erfahrungen mit Einzelstützen, Spuränderungen und sonstigen Verformungen des Gleises führten daher sehr bald zur *Querschwelle*, die nicht nur die Druckübertragung besorgt, sondern auch die Formhaltung in ausgezeichneter Weise löst, da sich die Schienen zufolge der großen Biegesteifigkeit der Schwellen nicht unabhängig voneinander verdrehen können, so daß zumindest die Spurweite zunächst gesichert ist. Als Baustoff wurde aus naheliegenden Gründen zuerst Holz verwendet, erst später trat als Baustoff Stahl hinzu und schließlich Stahlbeton.

Neben der Querschwelle entwickelte sich gleichzeitig die *Langschwelle*. Ihr liegt der Gedanke zugrunde, die durchlaufend vorhandene Bettung auch zur durchlaufenden Stützung zu verwenden und nicht „Brücken zu bauen, wenn man einen Damm schütten kann", um einen Vergleich mit dem Unterbau zu bringen. Dieser Vergleich lag besonders nahe, als die Querschwellenentfernungen noch groß waren, also in der ersten Entwicklungsstufe des Eisenbahnoberbaues. Zuerst wurde natürlich wieder Holz als Baustoff für die Langschwelle versucht. Die Langschwelle aus Holz ist aber vollkommen ungeeignet, die richtige Gleisform zu erhalten, besonders im Bogengleis, weil die Langschwellen aus Holz nur geringe Länge haben können (biegen lassen sich Holzschwellen ja nicht) und das Gleis sich daher unter den Seitenstößen der Fahrzeuge im Zusammenhang mit der wenig seitensteifen Schiene verdrückt. Erst der Fortschritt der Walztechnik, der es gestattete, entsprechend breite Träger zu walzen, brachte auch das Langschwellenprinzip zu größerer Verbreitung. Sowohl einteilige Bauarten, wie der schon erwähnte Oberbau von HARTWICH, als auch mehrteilige Bauarten, wie die von HAARMANN, HILF und HOHENEGGER, die später noch besprochen werden sollen, standen in dieser Entwicklungsstufe im Wettbewerb mit den Querschwellenbauarten. Der Kampf zwischen Lang- und Querschwelle dauerte einige Jahrzehnte, bis schließlich die Querschwelle aus diesem Kampf siegreich hervorging.

Daß die Langschwelle, trotz des theoretischen Vorteiles der durchlaufenden Stützung, auf Hauptbahnen sich nicht durchsetzen konnte (bei eingepflasterten Gleisen von Straßen- und Hafenbahnen hat sich hingegen das Langschwellenprinzip bestens bewährt und beherrscht hier ausschließlich das Feld), hatte folgende Gründe:

1. Die Druckübertragung war bei den damals verwendeten Langschwellen-

breiten schlechter als bei den in Wettbewerb stehenden Querschwellenbauarten. Bei der Langschwelle traten größere Pressungen zwischen Schwelle und Schotterbett auf, die das Schotterbett auf die Dauer nicht aufnehmen konnte.

2. Die Erhaltung der richtigen Form des Gleises war schwieriger, weil die Langschwellen bei nicht genügend biegungssteifen Querverbindungen sich verdrehen können und damit die Spurweite sich ändert.

3. Die durchlaufende Unterstützung bildete im Laufe der Zeit durch fortschreitende Verdichtung des Schotterkörpers ein durchlaufendes Hindernis für die Wasserabfuhr. Das Wasser drang in den Unterbau ein, weichte ihn auf und schlechte Gleislage war die Folge.

4. Bei den mehrteiligen Bauarten kam noch hinzu, daß bei der Walkarbeit, die der Oberbau beim Übergang der Radlasten auszuhalten hat, kleine Verschiebungen zwischen den Einzelteilen auftraten, die zu solcher Abnützung insbesondere der Schwellendecke führten, daß Längsrisse entstanden, womit das Schicksal der Langschwellenbauarten besiegelt war.

Trotz der schlechten Erfahrungen mit der Langschwelle hat aber HOHENEGGER, einer der erfahrensten Oberbaukonstrukteure, dem wir auch eine der besten Querschwellenbauarten verdanken, den Ausspruch getan, daß die Zukunft des Eisenbahnoberbaues der Langschwelle gehöre. Die weitere Entwicklung wird lehren, ob er wohl noch Recht behalten soll [74].

Nach dieser allgemeinen Übersicht sollen nun die Mittel der Druckübertragung auf die Bettung im einzelnen besprochen werden.

## II. Die Schwellenformen

### 1. Einzelstützen

Einzelstützen gehören zu den ältesten Druckübertragungsmitteln, denn die ersten Bahnen in England verwendeten *Steinwürfel* [8], so im Jahre 1800

Abb. 72. Gleis auf Steinwürfeln der Pferdebahn Merthyr—Tydfil (1800). Aus HAARMANN (Das Eisenbahngleis, Kritischer Teil)

die Bahn mit Pferdebetrieb Merthyr—Tydfil, Abb. 72, und die Lokomotivbahn von Stockton nach Darlington (1825), Abb. 19, und von Liverpool nach Manchester (1829). Bei allen diesen Gleisen waren die beiden Schienenstränge nicht miteinander verbunden, so daß die Spurhaltung sehr mangelhaft gewesen sein muß. Später finden sich noch Steinwürfel (1874) bei den bayrischen Staatsbahnen, wo aber die Stoßstellen durch zwei Holzquerschwellen unterstützt waren (Abb. 73). Heute werden Steinwürfel als Einzelunterlagen noch in Entseuchungsgleisen verwendet, über die im Kapitel J II gesprochen werden wird.

Einzelstützen aus *Eisen* wurden in tropischen Ländern entwickelt, insbesondere in Argentinien und Indien, wo sie sich bis in die jüngste Zeit gehalten haben. In tropischen Ländern werden oft Holzschwellen durch Insekten zerstört, also

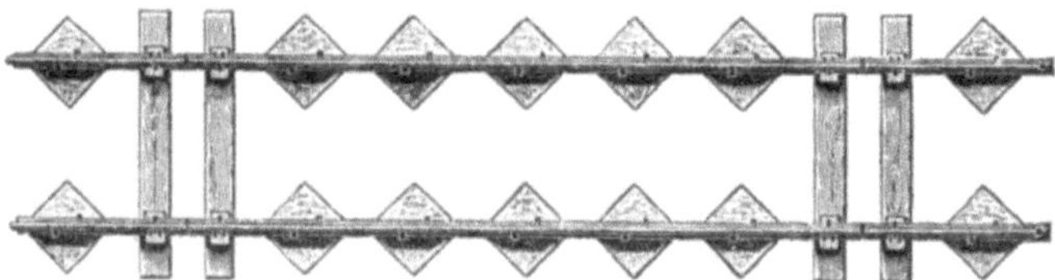

Abb. 73. Steinwürfel, abwechselnd Holzquerschwellen am Stoß, Bayrische Staatsbahnen (1874). Aus HAARMANN (Das Eisenbahngleis, Kritischer Teil)

ging man zu Gußeisen über; da für diesen Baustoff die Querschwelle wegen der auftretenden großen Biegespannungen ungeeignet ist, kam man zu glockenförmigen Einzelstützen, die gleichzeitig den Schienenstuhl angegossen haben. Dazu gehört das Schalenlager von GREAVES (1854) (Abb. 74) und die Gußglocke nach GRIFFIN (1863) (Abb. 75). Das Schalenlager von GREAVES war kreisrund, 550 mm Durchmesser, und

Abb. 74. Schalenlager von GREAVES (1854). Aus HAARMANN (Das Eisenbahngleis, Geschichtlicher Teil)

Abb. 75. Gußglocke von GRIFFIN (1863). Aus HAARMANN, (Das Eisenbahngleis, Geschichtlicher Teil)

wog etwa 36 kg; das GRIFFINsche Schalenlager war länglichrund, 720 mm lang und 440 mm breit, die Höhe 190 mm, Gewicht bis 50 kg. In Indien wurden 1874 auch Glockenstützen von MacLELLAN aus gepreßtem Blech verwendet, 1897 entstanden Glockenstützen aus Stahlbeton.

Die Entwicklung zeigt, wie die Querverbindungen, die bei GRIFFIN noch richtige Spur-,,Stangen‘‘ waren, im Lauf der Zeit zu hochkantig gestelltem Flacheisen von immer größerer Höhe wurden, um den Nachteil der Einzelstützen, die schlechte Formhaltung des Gleises, durch möglichst steife Querverbindungen abzuschwächen. Die gußeisernen Lagerschalen haben eine Liegedauer bis zu 50 Jahren gehabt, woraus ersichtlich ist, daß sich die Stützung im allgemeinen für die Bahnen in den Tropen bewährt hat, was wohl hauptsächlich auf die geringere Inanspruchnahme dieser Bahnen zurückzuführen sein wird.

## 2. Holzquerschwellen

Als man von den Einzelstützen zur Querschwelle überging, kam in erster Linie Holz als Baustoff in Betracht und die Holzquerschwelle ist als die meist verbreitete Unterstützung in ihrer Form durch viele Jahrzehnte bis auf den heutigen Tag nahezu unverändert geblieben. Die Holzschwelle hat die höchsten gestellten Anforderungen hinsichtlich Achsdruck und Geschwindigkeit befriedigen können, denn gerade in Amerika mit den größten Achsdrücken (30 t und

Abb. 76. Holzquerschwelle, Lagerflächen der Schienen parallel zur Unterlagefläche

mehr) werden vorwiegend Holzschwellen der allgemein üblichen Abmessungen verwendet. Der steigenden Beanspruchung wird dadurch Rechnung getragen, daß man in Amerika mit der Schwellenentfernung auf das kleinstzulässige Maß heruntergegangen ist, das mit Rücksicht auf das Unterstopfen der Schwellen noch möglich ist.

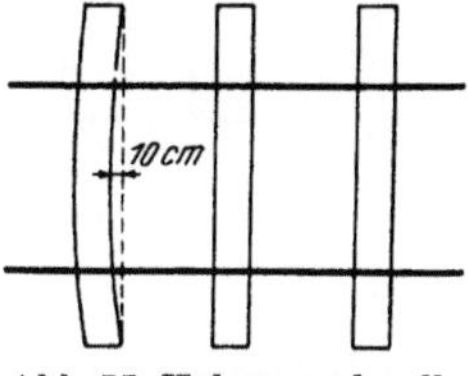

Abb. 77. Holzquerschwelle, zulässige waagrechte Krümmung

Das zur Herstellung der Schwellen verwendete Holz muß gesund, möglichst astfrei (insbesondere an den Stellen der Schienenlagerung) und rißfrei sein. Es darf nicht Drehwuchs haben und muß außerhalb der Saftperiode, also im Winter, gefällt werden. Die Waldkanten müssen frei von Rinde sein, die Stirnflächen senkrecht zur Faserrichtung stehen. Die Schwellen sollen möglichst gerade sein, jedenfalls müssen sie auf einer ebenen Fläche $AB$ überall satt aufliegen und die Lagerfläche der Schienen $CD$ zu dieser Unterlagefläche parallel sein (Abb. 76). In waagrechter Richtung ist eine Krümmung bis zu einer Pfeilhöhe von 10 cm zulässig (Abb. 77).

Die Schwellen werden aus den Baumstämmen geschnitten oder gehackt. Um dabei möglichst wenig Abfallholz zu bekommen, werden die Schnitte so geführt, daß je nach der Stammdicke verschiedene Formen entstehen (Abb. 78).

Die Querschnittabmessungen mit den Bezeichnungen nach Abb. 78 sind in Tab. 11 zusammengestellt.

Tabelle 11

| Maße in cm für | $h$ | $b$ | $b_2$ | $b_3$ | $b_4$ | $b_5$ | $b_6$ |
|---|---|---|---|---|---|---|---|
| Schwere Gleise ................ | 16 | 26 | 20 | 26 | 16 | 23 (20) | 16 (20) |
| Leichte Gleise ................ | 15 | 24 | 19 | 24 | 16 | 21 (18) | 16 (18) |
| Schmalspurgleise ............... | 13 | 20 | 14 | — | — | — | — |

Für schwere Gleise soll $h_1$ wenigstens 7 bis 8 cm betragen, damit die Schwelle nach beiden Seiten eine gute Abstützung im Schotter findet. Für leichte Gleise kann die eine Seitenbegrenzung auch volle Waldkante haben (Abb. 79). Um auch schwächere Stämme und das Wipfelende stärkerer Stämme ausnützen zu können, kommt man zu Form 3 (Sachsenform). Sie hat auch den Vorteil, daß nur zwei Flächen zu bearbeiten sind, sie steht also hinsichtlich Billigkeit an erster Stelle. Nachteilig ist die kleinere Auflagerfläche, die größere Pressungen der

Bettung zu Folge hat. Da aber auch die Seitenflächen bis zur halben Schwellenhöhe noch etwas zur Druckübertragung, besonders in scharfkantigem Schotter, beitragen werden, kommt die geringere Lagerfläche praktisch nicht voll zur Auswirkung und Gleise mit Schwellen der Sachsenform haben keine besonderen Anstände gemacht.

Als mindeste Auflagerbreite für die Schiene (Unterlagsplatte) $b_2$, $b_4$ oder $b_6$ wird 16 cm für erforderlich gehalten. Die Höhe der Schwelle $h$ wird in erster Linie von der Forderung bestimmt, daß die Befestigungsmittel einen verläßlichen

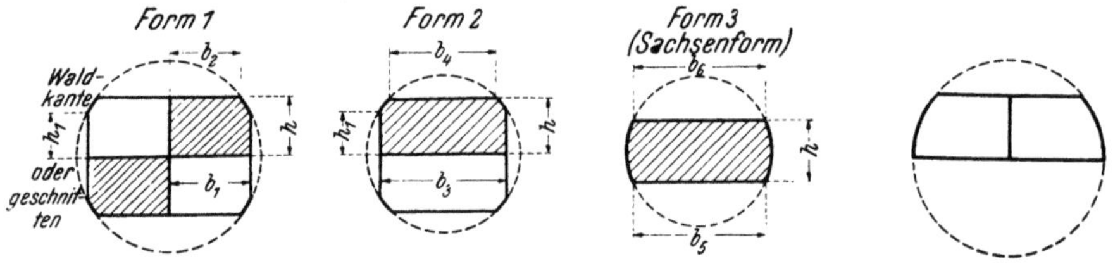

Abb. 78. Grundformen der Holzquerschwellen

Abb. 79. Volle Waldkante einer Schwelle

Sitz bekommen können. Weiters wächst mit der Schwellenhöhe der Verdrehungswiderstand der Schwelle bei der Verformung des Gleises unter der Last, eine größere Schwellenhöhe wirkt also spannungsvermindernd auf die Biegung der Schiene.

Die Schwellenlänge hat im Laufe der Entwicklung zwischen 2,20 und 2,70 m geschwankt (alle angestellten Betrachtungen beziehen sich, wenn nicht besonders hervorgehoben, auf Bahnen mit 1,435 m Spurweite). Ursprünglich bevorzugte man die kurzen Schwellen, weil für die anfänglich noch kleinen Achslasten die druckübertragenden Flächen auch bei kurzen Schwellen groß genug waren. Später ging man, insbesondere beeinflußt von der Durchleuchtung, die das statische Verhalten des Oberbaues durch die ZIMMERMANNsche Theorie erfahren hat, zu den ganz langen Schwellen über und heute bevorzugt man eine mittlere Länge von etwa 2,50 m, in der richtigen Erwägung, daß es vorteilhafter ist, die ausreichende Druckübertragung besser durch Näheraneinanderrücken der Schwellen als durch ihre Verlängerung zu erzielen, weil der Schwellenbaustoff für die Druckübertragung um so weniger ausgenützt ist, je weiter er von der Schiene abgerückt ist, überdies die langen Schwellen das Biegemoment (die

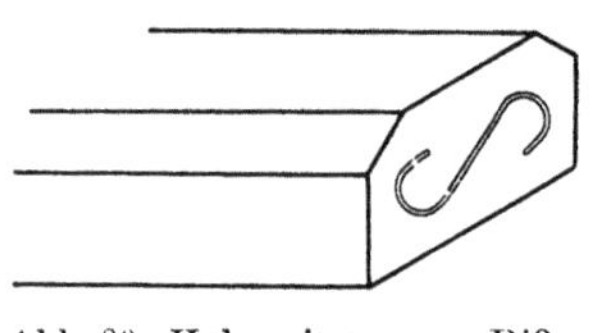

Abb. 80. Hakeneisen gegen Rißbildung

Schwellen sind ohnehin sehr hoch beansprucht) viel mehr erhöhen als der besseren Druckübertragung genützt wird [75]. Mit einer Schwellenlänge von 2,40 bis 2,50 m dürfte man also den richtigen Ausgleich getroffen haben. Kurze Schwellen haben außerdem den Nachteil, daß sich leichter Risse bilden, die vom Kopf der Schwelle ausgehen und von dort gegen den Ort der Befestigungsmittel fortschreiten. Da durch Rißbildung die Befestigungsmittel locker werden, hat man auch versucht, durch Einschlagen von S-förmigen Hakeneisen (Abb. 80) oder durch Umschlingen der Schwellenenden mit Flacheisenbändern die Rißbildung zu verhindern.

Von heimischen Hölzern, die als Schwellenbaustoff in Betracht kommen, sind zu nennen:

Harthölzer . . . . . . . . . . . Eiche und Buche,
Weichhölzer . . . . . . . . . . Kiefer und Lärche.

Fichte und Tanne sind wegen zu guter Spaltbarkeit weniger geeignet. Eichenholz ist das beste, aber auch das teuerste Holz und kommt heute nach Erhöhung der Lebensdauer der anderen Hölzer durch besondere Behandlung nur mehr für Sonderkonstruktionen in Frage. Lärche ist das beste Weichholz und wird in Österreich, solange die Wälder der Alpen noch Lärchenholz liefern, mit Erfolg verwendet.

Buche wird vorwiegend in Frankreich verwendet, gewinnt aber auch bei uns immer mehr an Bedeutung [79]. In Deutschland ist das Kiefernholz vorherrschend. Es ist billig, weil es keine besonderen Ansprüche an Boden und Klima stellt und hat wenig Neigung zu Rißbildung.

Um die Lebensdauer der Schwellen, die zufolge der wechselnden Feuchtigkeit stark der Fäulnis ausgesetzt sind, zu erhöhen und sie länger gebrauchsfähig zu erhalten, werden sie *imprägniert*. Das in den Zellen enthaltene Eiweiß ist der Fäulnisträger, der entfernt und durch Imprägnierungsstoff ersetzt werden muß. Im Laufe der Entwicklung sind viele Arten der Tränkung erprobt worden. Heute kommt hauptsächlich die Tränkung mit Zinkchlorid ($ZnCl_2$) und Teeröl in Betracht. Der eigentliche Fäulnisbekämpfer ist das Teeröl, das Zinkchlorid ist ein Streckungsmittel für das teure Teeröl.

Von den verschiedenen Tränkungsverfahren soll das sogenannte Vakuumverfahren besprochen werden. Es besteht

a) im Dämpfen der Schwellen,

b) Herstellen eines Unterdruckes (Vakuum),

c) Einpressen der Tränkflüssigkeit.

a) Die Schwellen werden nach entsprechender Anarbeitung und Vorbohrung der Löcher für die Schienenbefestigungsmittel auf kleine Rollwagen verladen und in einen Langkessel, der luftdicht abgeschlossen werden kann, eingeschoben. Nach Abschluß werden die Schwellen etwa 1 Stunde durch Wasserdampf von 3 bis 4 atü gedämpft, wodurch das Eiweiß zersetzt und der Zellstoff verdünnt wird.

b) Danach wird ein Unterdruck von etwa 0,6 atü erzeugt, wodurch der verdünnte Zellsaft austritt; Einwirkungsdauer ebenfalls etwa eine Stunde.

c) Nun wird das Tränkmittel eingebracht und der Druck im Kessel nach und nach auf 7 atü gesteigert. Das Tränkmittel wird durch diesen Vorgang von den Zellen zunächst angesogen und die Tränkung gilt als beendet, wenn der Druck ohne Nachpressen 20 Minuten erhalten bleibt.

Der Teerölverbrauch ist nach diesem Verfahren vergleichsweise hoch. Ein anderes Verfahren, das *Rüping-Sparverfahren*, arbeitet etwas anders, insbesondere wird nach der Tränkung ein Teil der Tränkflüssigkeit durch Unterdruck wieder herausgesogen. Ob dadurch die Wirkung der Tränkung nicht herabgesetzt wird, möge dahingestellt bleiben.

Jedenfalls ist erwiesen, daß die Lebensdauer der Schwellen durch Tränkung wesentlich erhöht wird [73], gemäß Tab. 12.

Tabelle 12

| Holzart | Lebensdauer in Jahren | | | |
| | in rohem Zustand | | mit Teeröl getränkt | |
| | im Mittel | Grenzen | im Mittel | Grenzen |
| --- | --- | --- | --- | --- |
| Eiche .......... | 15 | 8 bis 25 | 25 | 15 bis 30 |
| Lärche ......... | 10 | 5 bis 15 | 20 | 15 bis 25 |
| Kiefer ........... | 8 | 3 bis 10 | 15 | 10 bis 20 |
| Buche .......... | 3 | 2 bis 4 | 25 | 15 bis 30 |

In der Zusammenstellung sind die Hölzer in der Reihenfolge der stärkeren Wirkung der Tränkung gereiht. Besonders ist zu vermerken, daß die zwei Harthölzer, Eiche und Buche, ganz verschiedenes Verhalten zeigen: während die Eichenschwelle im rohen Zustand etwa die fünffache Lebensdauer der Buchenschwelle hat, ist im getränkten Zustand die Buchenschwelle der Eichenschwelle gleichwertig geworden. Rohes Buchenholz hat so geringe Lebensdauer, daß es in diesem Zustand als Schwellenholz unverwendbar ist. Imprägnierte Buche ist dagegen ein vorzügliches Schwellenholz in jeder Hinsicht. Aber auch die Weichhölzer werden durch Tränkung wesentlich verbessert, während bei Eiche die Wirtschaftlichkeit der Tränkung fraglich sein kann, weil die Lebensdauer unter Umständen nur wenig gesteigert wird.

Zusammenfassend seien die Vorteile der Holzschwellen gegenüber anderen Druckübertragungsmitteln aufgezählt:

1. Holzschwellen zeigen ein ausgezeichnetes elastisches Verhalten, sie verarbeiten Stoßdrücke zum Teil schon in sich ohne die Elastizität der Bettung in Anspruch zu nehmen. Das Fahren auf Holzschwellen ist daher vergleichsweise weich und geräuschlos [76].

2. Die ebene Unterfläche erleichtert das Stopfen und Richten des Gleises.

3. Bei Verwendung scharfkantiger Steinschlagbettung ist die Reibung zwischen Schwelle und Bettung ausreichend, Kräftewirkungen längs und quer, auf die Bettung zu übertragen.

4. Die Schienen liegen isoliert, was bei elektrischer Zugfolgesicherung den Ausschlag für die Wahl von Holzschwellen geben kann.

5. Die Holzschwelle ist viel anpassungsfähiger an örtliche Verhältnisse; sie kann an Ort und Stelle noch bearbeitet werden, man ist bei der Befestigung der Schiene nicht an einen bestimmten Platz gebunden, ist also viel freizügiger in der Verwendung.

## 3. Stahlquerschwellen

Es scheint naheliegend, das durch Fäulnis leicht zerstörbare Holz durch das dauerhaftere Eisen zu ersetzen, insbesondere galt dies in einer Zeit, als man das Imprägnieren des Holzes noch nicht kannte. In Deutschland kam hinzu, daß man aus volkswirtschaftlichen Gründen die Eisenindustrie stärken und die

Einfuhr von Holzschwellen aus dem Auslande herabsetzen wollte [*80*]. Vor dem ersten Weltkrieg war in Deutschland das Verhältnis Holz- zu Stahlschwellen etwa 2 : 1; nachher war ein weiteres Ansteigen der Verwendung von Stahlschwellen festzustellen. Im Gegensatz dazu sind England und Amerika beharrlich bei der Holzschwelle geblieben, obwohl auch England in hohem Maße auf die Einfuhr von Holzschwellen angewiesen ist. In der Schweiz hingegen wird die Stahlschwelle noch mehr bevorzugt als in Deutschland. Daraus ist zu ersehen, daß die beiden Schwellenarten technisch nahezu gleichwertig sein werden und ihre Anwendung hauptsächlich von wirtschaftlichen Erwägungen beeinflußt wird.

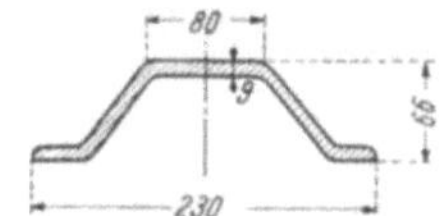

Abb. 81. Vautherin-Schwelle

Blickt man auf die Entwicklung der Stahlschwelle zurück, dann waren die Erfahrungen mit den ersten Eisenschwellen recht schlechte. Da man bestrebt war, die Kosten der Eisenschwelle nicht über die Kosten einer Holzschwelle ansteigen zu lassen, waren die ersten Eisenschwellen viel zu schwach und mußten oft schon nach kurzer Liegedauer ausgewechselt werden. Also das angestrebte Ziel, Verlängerung der Lebensdauer, wurde nicht erreicht, gerade das Gegenteil. Im Laufe der Zeit lernte man aber durch entsprechende Formgebung der Stahlschwellen die Leistung der Schwellen den Anforderungen hinsichtlich Biegefestigkeit und sichere Verbindung mit der Schiene anzupassen, so daß dann der Weiterentwicklung der Stahlschwelle nichts mehr im Wege stand.

An Schwellenformen standen bisher folgende in Verwendung:

1. Die Trogschwelle.
2. Die I-Schwelle (Carnegie-Schwelle).
3. Die T-Schwelle von Schubert.
4. Die Hohlschwelle von Scheibe.

Die ersten Trogschwellen waren aus 4 mm starkem Blech gepreßt worden, also viel zu schwach. Dann folgte 1868 die Schwelle von Vautherin (Abb. 81), die in Frankreich und Westdeutschland viel in Verwendung stand. Sie hatte bereits 9 mm Stärke und trapezförmigen Querschnitt. Da das Wesen der Trogschwelle und ihrer Bewährung darin gelegen ist, daß sie einen möglichst großen Schotterkörper umgreift, wodurch ihre Verankerung im Schotterbett gewährleistet erscheint, konnte die Vautherin-Schwelle noch nicht voll befriedigen, weil der umschlossene Schotterkörper zu klein und daher keine ruhige Lage des

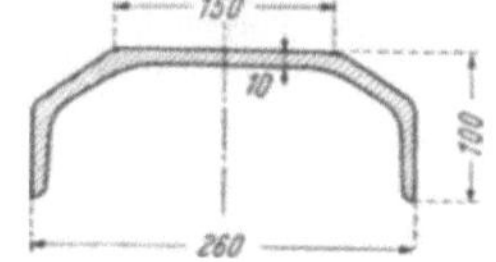

Abb. 82. Heindl-Schwelle

Gleises zu erzielen war. Im Jahre 1888 brachte Heindl eine Trogschwelle mit 26 cm Auflagerbreite, 10 cm Höhe und 10 mm Deckenstärke (Abb. 82) auf den österreichischen Bahnen heraus, die wesentlich besser entsprach und die Grundform für die weitere Entwicklung gegeben hat. Die später erscheinenden Schwellen in Preußen, Baden und schließlich die Reichsbahnschwellen (Abb. 83) hatten dieselbe Grundform, nur werden die Fußränder der Schwellen wulstartig verstärkt, wodurch die Schwerachse etwas vom oberen Rand abgezogen und ein Schutz gegen die Beschädigung des Schwellenrandes durch die Stopfhacke geschaffen wurde. Die neuesten Schwellen haben 11 mm Deckenstärke, im übrigen aber grundsätzlich dieselben Abmessungen wie die Heindl-Schwelle aus dem Jahre 1888, womit gesagt sein will, wie weitblickend der Entwurf Heindls war.

Für die Bewährung der Trogschwelle ist wesentlich, daß die Schwellenenden hinuntergepreßt werden (Abb. 84), damit der Trog allseits geschlossen ist und der Reibungswiderstand „Schotter auf Schotter" zur Wirkung kommt. Denn

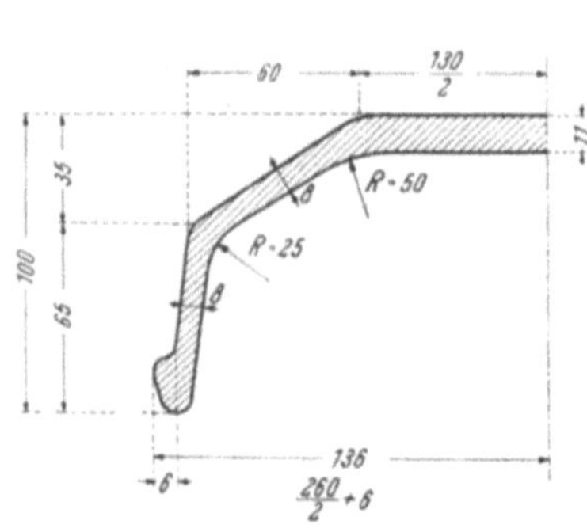

Abb. 83. Trogschwelle mit Fußrändern

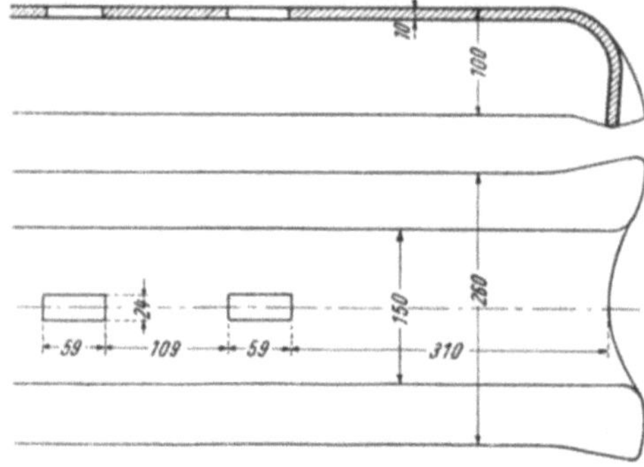

Abb. 84. Herunterpressen der Schwellenenden

gemäß Abb. 85 würde bei einer offenen Trogschwelle die Reibung „Schotter auf Stahl", bei einer Holzschwelle „Schotter auf Holz" und bei einer geschlossenen

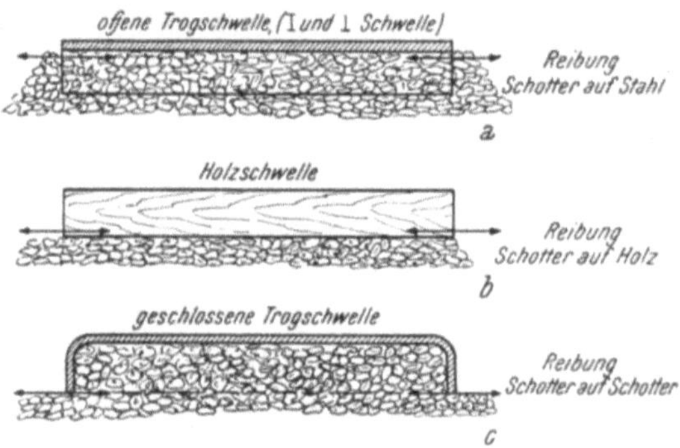


Abb. 85. Vergleich des seitlichen Reibungswiderstandes bei verschiedenen Schwellenarten

Trogschwelle „Schotter auf Schotter" zur Wirkung kommen und es ist leicht einzusehen, daß im ersten Fall die Reibung am kleinsten, im letzten Fall am größten ist.

Die für die Erhaltung der richtigen Lage so vorteilhafte Trogform ist aber statisch viel weniger günstig, da mit einer Materialverteilung in I-Form viel höhere Trägheits- und Widerstandsmomente zu erzielen sind. In Amerika wurden daher Versuche mit solchen Schwellen, CARNEGIE-Schwellen (Abb. 86), gemacht, mit dem Ergebnis, daß nicht das Tragvermögen, sondern die Erhaltung der Gleisform für die Wahl der Schwellenform das Ausschlaggebende ist — die Trogform blieb, die I-Form verschwand wieder. Es ist selbstverständlich, daß auch die T-Form der Eisenschwelle von SCHUBERT (Abb. 87) nicht befriedigen konnte, denn sie ist statisch und formhaltend im Nachteil. Die Formgebung war auf besser auszuführende Stopfarbeit gegründet, die bei der Trogschwelle schwieriger und schlechter wirksam ist. Wegen der oben aufgezählten Nachteile verschwand sie ebenso wie die I-Form, denn bei diesen Formen wirkt gegen Seitenschiebung nur die kleine Reibung „Schotter auf Stahl", auch dann, wenn

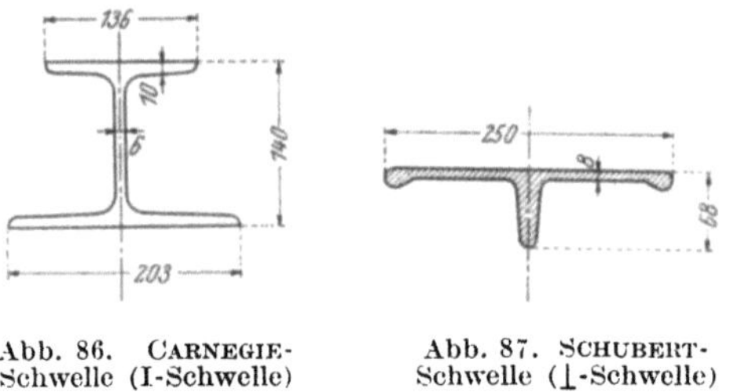

Abb. 86. CARNEGIE-Schwelle (I-Schwelle)

Abb. 87. SCHUBERT-Schwelle (⊥-Schwelle)

man die Schwellenenden mit Kappen versehen würde, weil das Wesentliche für die Bewährung der von der Trogschwelle umschlossene Schotterkörper ist, der den anderen Bauarten fehlt.

Beim wirtschaftlichen Wettbewerb mit der Holzschwelle hatte die Stahlschwelle noch mit einer Erscheinung zu kämpfen: mit der Neigung zu Rißbildungen (Abb. 88) in der Schwellendecke, ausgehend von den Lochungen für die Aufnahme der Befestigungsmittel, Rißbildungen, die die Schwellen vorzeitig unbrauchbar machten und daher die angestrebte Verlängerung der Lebensdauer vereitelten. Die Neigung zur Riß-

bildung ist verständlich, weil gerade an der Stelle höchster Biegebeanspruchung die Schwellendecke durch die Lochung geschwächt wird, überdies beim Stanzen der Löcher Haarrisse entstehen können, die bei der Dauerbiegung zur Ermüdung des Baustoffes und schließlich zum Bruch führen. Die beste Lösung dieser offenen Frage scheint daher der in jüngster Zeit eingeschlagene Weg zu sein, die Lochung der

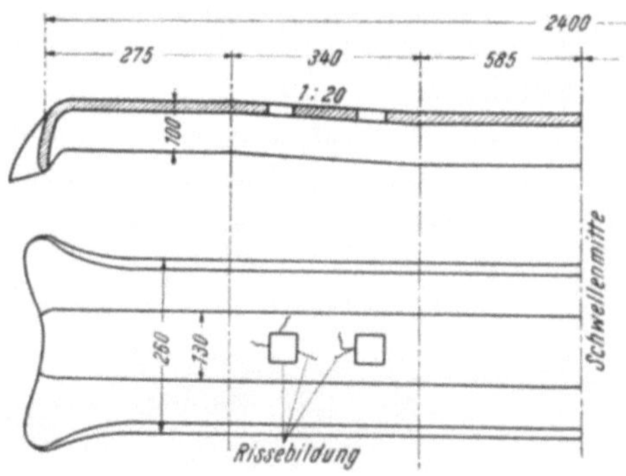

Abb. 88. Rißbildungen, von der Lochung ausgehend

Schwellen dadurch zu vermeiden, daß man entsprechend geformte Unterlagsplatten mit der Schwellendecke verschweißt. Damit wären sämtliche Befestigungssysteme mit gelochter Stahltrogschwelle überholt, über deren Entwicklung später noch zu sprechen sein wird.

Die vierte Form von Stahlquerschwellen ist die Hohlschwelle von SCHEIBE [78]. Ihr liegt der Gedanke zugrunde, der Stahlschwelle dieselben elastischen Eigenschaften zu geben wie der Holzschwelle und sie dadurch geeigneter für die Verarbeitung von Stoßdrücken zu machen. Die Hohlschwelle (Abb. 89) hat die Form

eines geschlitzten, unten offenen Rohres, dessen untere Begrenzungsflächen, zwei geneigte Ebenen, den Druck gut auf eine größere Fläche verteilen und die federnde Abstützung besorgen. Der Hohlraum wird mit Schotter gefüllt, wodurch das Eigengewicht der Schwelle vorteilhaft erhöht wird. Die Schwelle ist schon lange versuchsweise in Verwendung, die Schienenbefestigung hat schon einige Änderungen erfahren — die Schwellendecke ist vergleichsweise sehr schwach, muß

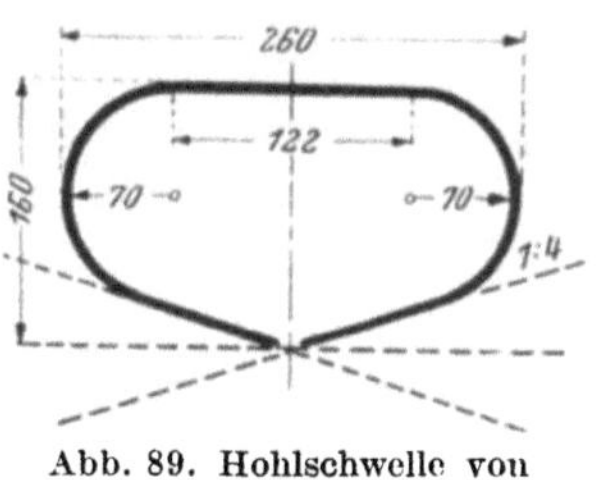

Abb. 89. Hohlschwelle von
SCHEIBE

schwach sein, weil die Schwelle sonst zu schwer und mithin zu teuer würde. Größere Verbreitung hat sie auch nicht gefunden. Der theoretische Vorzug, die größere Elastizität, war nicht ausschlaggebend. Der Mangel in der Schienenbefestigung würde heute durch Aufschweißung von Unterlagsplatten zu beheben sein. Es bleibt aber dann immer noch ein Nachteil gegenüber der Trogschwelle: bei der Hohlschwelle ist die Lage des Gleises nur durch Reibung „Schotter auf Stahl" gesichert und die ist erfahrungsgemäß zu klein, womit nochmals der Nachweis erbracht ist, daß bei der Formgebung der Stahlschwelle die Sicherung der Gleislage in erster Linie zu berücksichtigen ist.

## 4. Stahllangschwellen

Die Stahllangschwellen, die heute bereits ganz verschwunden sind, hatten zumeist die bei der Querschwelle bewährte Trogform. Die von HILF im Jahre 1867 eingeführte Form hatte eine Mittelrippe (Abb. 90), die von HAARMANN eine Hutform (Abb. 91), die von HOHENEGGER (Abb. 92) die normale Trogform, die vom Standpunkt der Verankerung des Gleises im Schotterbett als die beste bezeichnet werden muß.

Bei HILF sind Spurstangen in Verwendung, die keine ausreichende Sicherung der Spurweite ergeben. Bei HAARMANN und HOHENEGGER sind schon höhensteife Querverbindungen vorhanden, auf welche die Langschwellen aufgesattelt waren, aber auch diese Querverbindungen, die etwa alle 3 m angeordnet waren, erwiesen sich

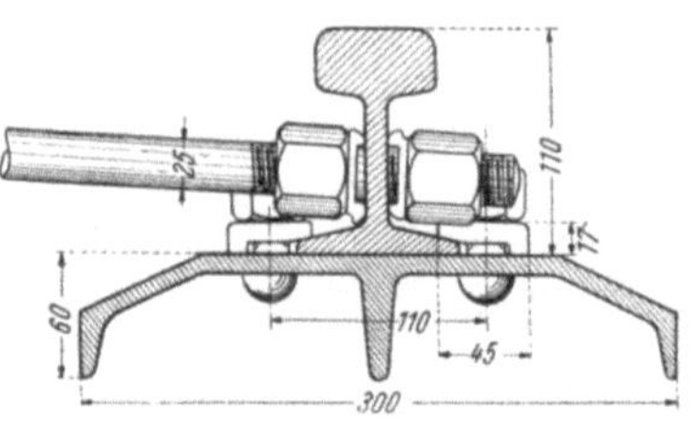

Abb. 90. Langschwelle von HILF

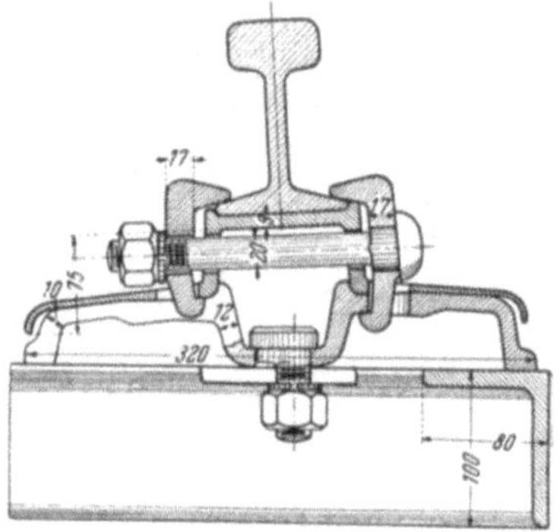

Abb. 91. Langschwelle von HAARMANN

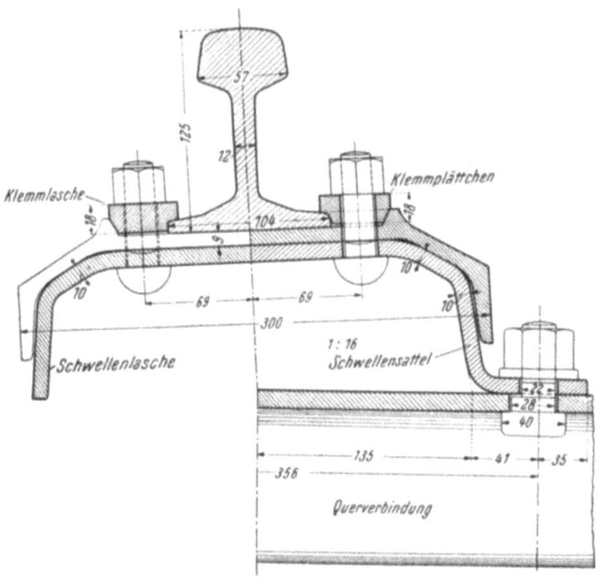


Abb. 92. Langschwelle von HOHENEGGER

als zu schwach, die Gleisform dauernd zu erhalten. Warum die Stahllangschwellen sich sonst nicht bewährt haben, ist eingangs schon gesagt worden. Von den verschiedenen Formen der Langschwellen sind etwa 500 km verlegt worden. Aus den Hauptgleisen wanderten sie zunächst in Gleise untergeordneter Bedeutung mit geringer Beanspruchung und heute werden wohl kaum noch Langschwellen bei Hauptbahnen zu finden sein.

## 5. Stahlbetonschwellen

Um an Stahl zu sparen — der Stahlverbrauch bei der Stahlbetonschwelle beträgt etwa ein Viertel des Gewichtes der Stahlschwelle — wurden mit dem Aufblühen des Stahlbetons im sonstigen Bauwesen auch Versuche mit Stahlbetonschwellen gemacht, die aber bisher keinen solchen Erfolg hatten, daß die Stahlbetonschwellen schon weitere Verbreitung gefunden hätten. Erst in jüngster Zeit dürften Bauweisen und Herstellungsverfahren ersonnen worden sein, die voraussichtlich besser entsprechen werden [85].

Die bisherigen Mißerfolge sind in folgendem begründet:

1. Wenn Holz- oder Stahlschwellen durch ungleichmäßige Lagerung übermäßigen Biegungsbeanspruchungen ausgesetzt werden, können sie bleibende Verformungen aushalten, ohne zu brechen. Stahlbetonschwellen bekommen bei Überbeanspruchungen Risse und sind dann nicht mehr voll leistungsfähig. Dadurch, daß man die Schwellen in Gleismitte nicht unterstopft, kann man zwar die Bruchgefahr herabmindern; zufolge nicht zu vermeidender Setzungen wird aber immer die Neigung zu Brüchen vorhanden sein.

2. Wegen des spröden Baustoffes sind Stahlbetonschwellen dynamischen Beanspruchungen weniger gewachsen [82, 83]. Sie würden sich also besser in Nebengleisen, die nur mit geringer Geschwindigkeit befahren werden, bewähren und dort ihre lange Lebensdauer zur Geltung bringen können. Da aber Nebengleise immer mit ausgebauten Oberbaustoffen aus Hauptgleisen gespeist werden und bei Ausrüstung der Nebengleise mit neuen Stahlbetonschwellen für diese Oberbaualtstoffe keine geeignete Verwendung vorhanden wäre, ist die Wirtschaftlichkeit des Einbaues von Stahlbetonschwellen in Nebengleise wohl kaum gegeben.

3. Die Schienenbefestigung hat bisher nicht voll befriedigt. Einbetonierte Holzdübel zeigen trotz bester Tränkung Neigung zum Schwinden und Treiben, werden also locker oder sprengen den Beton. Einbetonierte Eisenteile als Widerlager für Ankerschrauben sind zu starr und unnachgiebig, so daß durch die stoßartigen Beanspruchungen beim raschen Lastwechsel der Beton ausbröckelt.

Als Beispiele der Entwicklung seien angeführt, eine italienische Schwelle, Abb. 93, mit Holz-

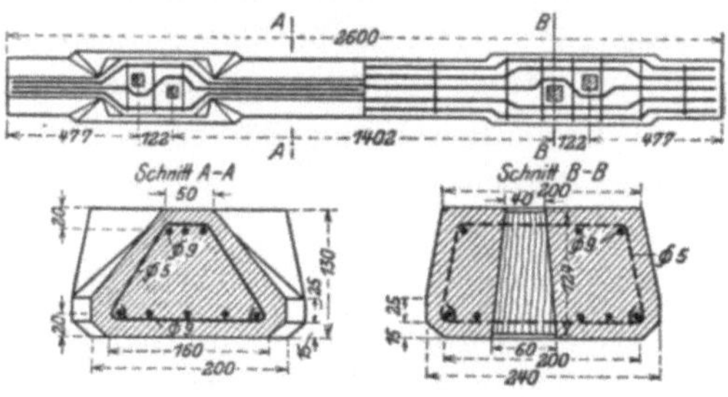

Abb. 93. Stahlbetonschwelle

dübeln, von der Bloss folgendes berichtet: Sie hatte bei nur 13 cm Höhe ein Gewicht von 140 kg (dabei nur 12 kg Stahl) und war in einer Schnellzugstrecke bei Dresden [81] versuchsweise eingebaut worden. Von 20 Schwellen war ein Viertel nach 16 Jahren noch gebrauchsfähig, während drei Viertel wegen Bruch und Zerstörung der Plattenlager im Lauf der Zeit ausgebaut werden mußten. Als ein anderer Versuch ist die Asbestonschwelle [*84, 88*] zu nennen, bei der die Schwellen am Schienenauflager aus einer Mischung von Zement und Asbest besteht, die gebohrt werden kann und den Befestigungsschrauben unmittelbar als Sitz dient. Auch diese Schwellen, die in Sachsen in größerer Zahl eingebaut wurden und bei 240 kg Gewicht 19,5 kg Stahleinlagen hatten, haben keine größere Verbreitung gefunden.

In Ungarn sind ebenfalls schon etwa 20 Jahre Versuche im großen mit Stahlbetonschwellen gemacht worden. Die dort gesammelten Erfahrungen sind im allgemeinen günstiger, nur halten im Bogen unter 500 m Halbmesser die Befestigungsmittel nicht Stand, weil wegen der Stahleinlagen nur Platz für je eine Schwellenschraube innen und außen vorhanden ist und eine Vermehrung der Schwellenschrauben ohne grundlegende Änderung der Schwellenform unmöglich ist.

Während des Krieges sind von der deutschen Reichsbahn neuerdings Versuche mit Stahlbetonschwellen gemacht worden [*85*] und derzeit sind Versuche mit solchen Schwellen bei den österreichischen Bundesbahnen im Gange, die, auf die bisherigen Erfahrungen aufbauend, alle genannten Nachteile möglichst zu vermeiden trachten. Insbesondere gilt es, die Betonqualität zu verbessern (hinsichtlich Dichtigkeit, Druckfestigkeit und Biegezugfestigkeit), dabei aber nicht zu übersehen, daß die Schwellen ein Massenartikel sind, also die obgenannten Anforderungen an die Betongüte in solchen Grenzen gehalten werden, daß die Aufwendungen wirtschaftlich tragbar sind. Daneben liegt noch die Frage offen, ob schlaffe Stahleinlagen oder vorgespannte Einlagen (Spannbetonschwelle) wirtschaftlicher sein werden.

In jüngster Zeit haben die Deutschen Bundesbahnen bereits im Großen Spannbetonschwellen nach dem Verfahren von KARIG eingebaut, das darin besteht, daß in jeder Schwelle sich nur zwei etwa 18 mm dicke Spannstangen mit Endankern befinden. Diese Spannstangen liegen mit einer Umhüllung ohne Verband im Beton und werden erst nach dem Abbinden des Betons mit einem besonderen Spanngerät gespannt. Querkraftbewehrung ist keine vorhanden. Es sind zwei Typen entwickelt worden, eine 200 kg und eine 180 kg schwere Schwelle. Um die Einführung, Entwicklung und wissenschaftliche Durchdringung der vielfältigen Probleme, die mit dieser Schwelle zusammenhängen, hat sich besonders Dr.-Ing. MEIER vom Eisenbahnzentralamt Minden große Verdienste erworben.

Über die Bewährung aller dieser Schwellen wird aber erst später Bestimmtes gesagt werden können.

## 6. Verbundschwellen

Diesen Schwellen liegt ein Gedanke zugrunde, die Druckübertragung auf die Bettung nur im Bereich des Schienenauflagers zu bewirken und die beiden „Einzelstützen" unter jeder Schiene aber so miteinander zu verbinden, daß man den Tragkörper nicht mehr als „zwei Einzelstützen", sondern als eine Querschwelle, eben als „Verbundschwelle", ansprechen kann [*91*].

Eine der ältesten Bauarten ist die aus Holz und Eisen zusammengesetzte Schwelle von MICHEL (Abb. 94), die in Frankreich mit gutem Erfolg angewendet wurde. Sie besteht aus zwei 70 cm langen Schwellenstücken, die durch zwei

U-Eisen miteinander verbunden werden. Flacheisenbügel und Schrauben sorgen für den Zusammenschluß der Schwellenstücke mit dem U-Eisen.

In jüngster Zeit hat der Zwang, mit Holz zu sparen und schwächere Holzsorten für die Schwellenerzeugung auszunützen, zu *geleimten* Verbundschwellen

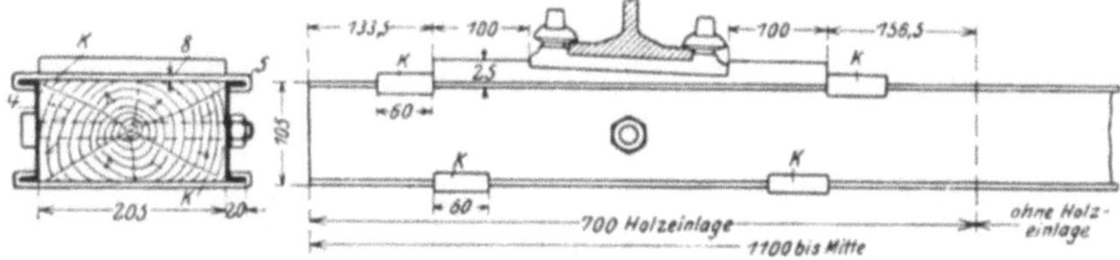

Abb. 94. Verbundschwelle von MICHEL

geführt, ein Verfahren, das besonders durch BÄSELER [*89*] eine große Förderung erfahren hat. Von den verschiedenen Möglichkeiten seien zwei grundsätzlich verschiedene Bauarten angeführt, die BLOSS als einschenkelige und zweischenkelige Zwieschwelle bezeichnet [*90*].

Die zweischenkelige (Abb. 95) ist im Wesen so aufgebaut, wie die Verbundschwelle von MICHEL: zwei vollkantige Halbschwellen 15 ×20 sind beiderseits mit Holzschenkeln von 7,5 cm Breite gefaßt; die Verbindung erfolgt durch Verleimung. Weitgehende Versuche waren notwendig, eine Leimverbindung zu entwickeln, die den Witterungseinflüssen standhält. Hält die Verbindung, dann hat die Zwieschwelle eine Reihe von Vorteilen:

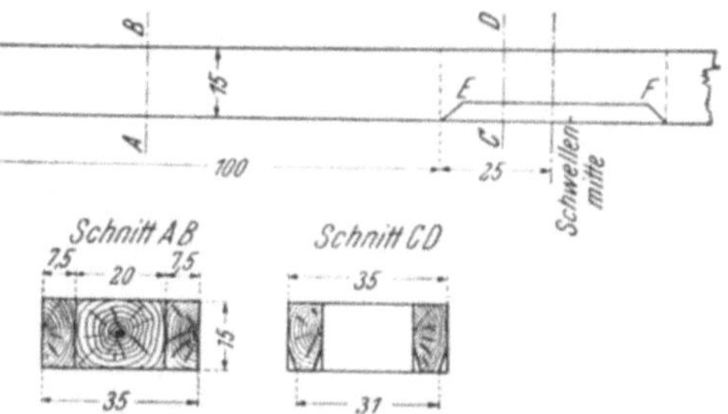

Abb. 95. Zweischenkelige Zwieschwelle

breite Lagerfläche, 35 cm, und dadurch bedingt geringeren Bettungsdruck, geringere Holzbeanspruchung und somit Erhöhung der Tragfähigkeit des Oberbaues, bei Nutzbarmachung kleiner Holzabmessungen. Ein weiterer Vorteil ist der erhöhte Widerstand gegen Seitenverschiebung zufolge des in Schwellenmitte gefaßten Schotterkörpers. Damit die Schwelle in diesem Bereich keine lotrechten Kräfte, sondern nur waagrechte Kräfte überträgt, sind die verbindenden Holzschenkel zwischen *EF* (Abb. 95) zu einer stumpfen Schneide zugeschärft.

Eine einschenkelige Zwieschwelle zeigt Abb. 96. Sie hat einen kräftigen, über die ganze Schwellenlänge

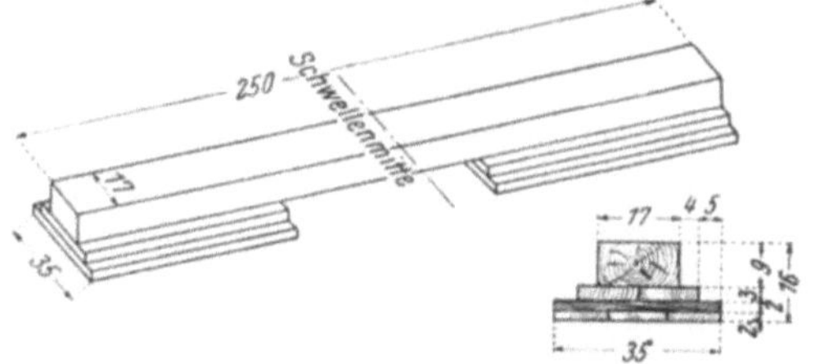

Abb. 96. Einschenkelige Zwieschwelle

gehenden Oberteil, 9 ×17, der die Spurhaltung besorgt und unter dem Schienenauflager mehrere Holzlagen längs und quer, die die Schwelle auf 35 cm verbreitert.

Den oben angeführten Vorteilen der Verbundschwellen stehen aber auch Nachteile gegenüber, die nicht übersehen werden sollen und die bewirken werden, daß man solche Schwellen doch nur als Notbehelf einbauen wird, wenn die

Materialknappheit die Beschaffung von Vollschwellen unmöglich macht. Als solche Nachteile wären aufzuzählen: Auch die beste Leimverbindung wird durch die Witterung mit der Zeit leiden und die schwachen Einzelteile werden sich verziehen und früher durch Fäulnis zugrunde gehen als die kräftige Vollschwelle. Die Herstellung der Verbundschwellen wird, auch dann, wenn sie im großen am laufenden Band erfolgt, viel Arbeit erfordern und daher teuer sein. Und letzten Endes ist im Oberbau immer noch das Einfache gegenüber verwickelten Bauformen Sieger geblieben. Trotzdem wird vielleicht gerade in der heutigen Zeit diesen Schwellen größere Bedeutung zukommen, so daß mit weiteren Versuchen alle Möglichkeiten für eine Weiterentwicklung erforscht werden sollten.

# D. Die Druckübertragung auf den Unterbau (Die Bettung)

## I. Allgemeine Anforderungen an die Bettung

Die Druckübertragung auf den Unterbau wird heute allgemein durch die Bettung besorgt. Die Anforderungen, die an die Bettung gestellt werden, sind sehr vielseitig, jedenfalls hängt von einer guten Bettung die Tragfähigkeit, die ruhige Lage des Gleises und damit auch die Betriebssicherheit sehr wesentlich ab.

Die Bettung hat folgende Aufgaben zu erfüllen:

1. Sie hat den Schwellendruck möglichst gleichmäßig auf den Unterbau zu übertragen und soll imstande sein, alle Stoßdrücke elastisch zu verarbeiten, ohne bleibende Formänderungen zu erleiden [96].

2. Da dieser Idealzustand aber nicht zu erreichen ist, daher bleibende und ungleichmäßige Setzungen unvermeidlich sind, soll die Bettung in einfachster Weise die Möglichkeit bieten, durch Nachstopfen die richtige Höhenlage wieder herzustellen.

3. Sie soll durch die Reibung zwischen Schwellen und Bettung eine Verankerung für das Gestänge bieten, weil die Schienen allein zu wenig seitensteif sind, die richtige Form des Gleises sicherzustellen.

4. Die Bettung soll gut wasserdurchlässig sein, um einerseits die Schwellen trocken zu erhalten und um anderseits das Niederschlagwasser rasch abzuführen, damit der Unterbau nicht aufgeweicht wird. In der Bettung und in der Unterbaukrone festgehaltenes Wasser gibt im Sommer Anlaß zu „Schlammpumpen“, im Winter zu „Frostauftrieben“, beides Erscheinungen, die die Erhaltung des Gleises erschweren, ja sogar betriebsgefährlich werden können. Besonders schlecht ist lehmiger oder tonhaltiger Untergrund, der über der Frostgrenze ansteht. In diesem Fall ist sicher mit Frostauftrieben zu rechnen und Abhilfe nur vom Ersatz des Lehmes und Tones durch Sand oder Schlacke zu erwarten.

Vorstehend an die Bettung gestellte Forderungen lassen sich zumeist nicht gleichzeitig erfüllen. Demgemäß sind die drei hauptsächlich als Bettungsstoffe in Betracht kommenden Materialien, Steinschlag, Kies und Sand nicht gleichwertig, sondern ihre Güte fällt in der Reihenfolge der Aufzählung. Gebrochener

Schotter, Steinschlag ist der beste Bettungsstoff, denn er gibt zufolge der scharfen Kanten die größte Reibung zwischen Bettung und Schwellen sowie zwischen den Schottersteinen untereinander, sichert also am besten die Lage des Gleises. Überdies hat er die größten Hohlräume, sorgt also am besten für rasche Wasserabfuhr. Der runde Kies hat geringere innere Reibung und der Sand überdies noch kleineren Hohlraumgehalt; Sand ist somit der schlechteste Bettungsstoff.

Aber auch der beste Bettungsstoff hat Mängel:

1. Die Schottersteine liegen nicht unverrückbar auf dem Unterbau, trotz größter Reibung sind Verschiebungen bei großen, wiederholt auftretenden Seitenkräften möglich.

2. Der Schotter samt dem Unterbau setzt sich ungleichmäßig, wodurch die richtige Höhenlage des Gleises verlorengeht.

3. Bei der Unterstopfarbeit und durch Verwitterung entsteht Gesteinsmehl, das die Hohlräume der Bettung ausfüllt und dadurch die Entwässerung des Gleises verschlechtert.

Diese Mängel haben in der Entwicklungszeit immer wieder das Bestreben aufkommen lassen, den mangelhaften, verschiebbaren Schotter durch eine unverrückbare Betonunterlage zu ersetzen [103]. Alle Versuche in dieser Richtung mußten aber wieder aufgegeben werden, weil der Beton zu wenig elastisch und daher ungeeignet war, die Stoßdrücke zu verarbeiten, so daß Zerstörungen an

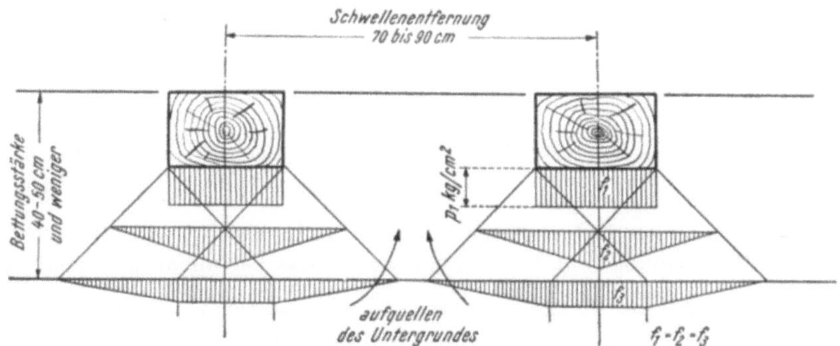


Abb. 97. Druckverteilung auf den Unterbau bei großer Schwellenentfernung und geringer Bettungsstärke

Schienen, Befestigungsteilen und am Beton selbst nicht verhindert werden konnten. Da überdies auf einer festen Betonunterlage ungleichmäßige Setzungen nur schwer zu beheben sind, bleibt der Schotter, obwohl mangelhaft, das ausgezeichnetste Mittel, durch Nachstopfen die verlorengegangene richtige Höhenlage in einfachster Weise wieder herzustellen, ist somit bis heute beim Aufbau des Gleises unentbehrlich geblieben.

Anzustreben ist eine möglichst gleichmäßige Druckübertragung auf den Unterbau. Einzelstützen und Querschwellen verteilen den Druck bei großer Schwellenteilung nicht gleichmäßig, wenn man nicht zu großen Bettungsstärken gehen will.

Abb. 97 zeigt die Druckverteilung beim Querschwellenoberbau mit großer Schwellenteilung und geringer Bettungsstärke. Bei dieser Art der Druckverteilung kam es insbesondere dann, wenn die spezifische Bodenpressung groß und der Unterbau lehmig und tonig war, zum Aufquellen des durchfeuchteten Lehmes oder Tones zwischen den Querschwellen. Ungleichmäßige Setzungen und Verschlammung der Bettung waren die Folge, dem nur durch Verstärkung der Bettung und Verkleinerung der Schwellenverteilung begegnet werden konnte, so daß eine Druckverteilung nach Abb. 98 entstand.

Bei Sandbettung liegen die Verhältnisse nach Modellversuchen von BRÄUNING [4] noch ungünstiger, weil im Sandbett viel leichter Verschiebungen auftreten, der Sand zwischen den Schwellen hochgepreßt wird, und zwar um so mehr, je größer die Schwellenteilung bzw. je größer das Verhältnis $\frac{a}{b}$ ($a$ Schwellenentfernung, $b$ Schwellenbreite) und je geringer die Auflast $h$ ist, wenn mit $h$ die Höhe der Bettung über Schwellen*unterkante* bezeichnet wird. Bei kleinen Werten $\frac{a}{b}$ (etwa 2) und entsprechender Höhe $h$ (etwa Vollfüllung bis Schwellenoberkante) steigt auch bei Sandbettung die Tragfähigkeit der Bettung rasch an, weil dann

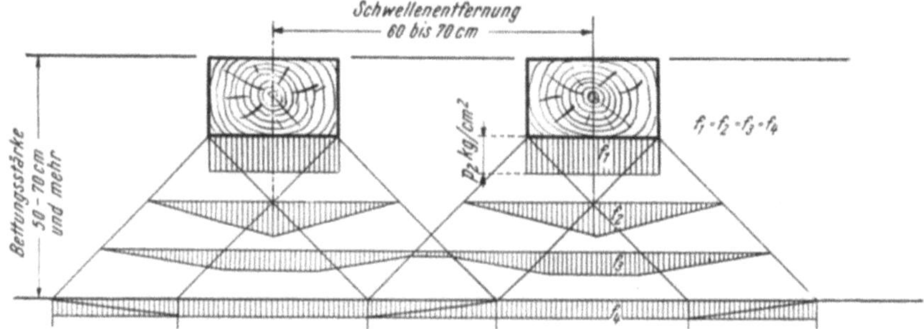


Abb. 98. Druckverteilung auf den Unterbau bei kleiner Schwellenentfernung und großer Bettungsstärke

der Sand nach keiner Seite ausweichen kann, sich eine Art „Bettungsgewölbe" (nach der Bezeichnung von BRÄUNING) bildet, das bei unnachgiebigem Untergrund Belastungen bis 30 kg/cm² verträgt, während bei $\frac{a}{b} = 4$ bis 6 und $h = 0$ der Sand schon bei einer Pressung von 1,0 kg/cm² auszuweichen beginnt.

Aus diesen Versuchen ergibt sich die Regel, daß Sand und die sich ähnlich verhaltende Kiesbettung *bei enger Schwellenteilung*, abgesehen von den anderen Nachteilen, hinsichtlich *Tragfähigkeit* auch für hohe Belastungen *entsprechen können*, daß aber für Langschwellenstützung nur scharfkantiger Steinschlag in Frage kommen kann, weil bei der großen Entfernung der Schwellen $\frac{a}{b} = \frac{1,50}{30} = 5$ kein Bettungsgewölbe sich ausbilden kann, die minderwertigen Bettungen daher versagen müssen.

Dieser Nachteil trifft die Langschwellenstützung auch unter der Voraussetzung gleicher Lagerfläche bei Lang- und Querschwellen. Da die Lagerfläche der älteren Langschwellensysteme überdies noch kleiner war als die der Querschwellenbauten, mußte die Langschwellenstützung schon wegen der ungünstigen Stützung versagen und um so mehr versagen, wenn rollige Bettung, die früher allgemein größere Verbreitung hatte, zur Lagerung verwendet wurde. Ein Querschwellengleis mit Schwellen $26 \times 16 \times 260$ und einer Schwellenteilung von

75 cm hat eine Lagerfläche von 9000 cm² je 1 m Gleis; ein Langschwellengleis mit 30 cm breiten Schwellen hat 6000 cm² Lagerfläche und der HARTWICH-Oberbau (Abb. 23) hatte nur 2400 cm² Lagerfläche je 1 m Gleis. Die hohen Flächenpressungen hatten daher bei schlechterem Untergrund Aufquellen des Bodens und Verschlammung der Bettung zur Folge, die für die Langschwellenstützung natürlich noch verhängnisvoller waren als für den Querschwellenoberbau, weil der Langschwelle die Querentwässerung längs der Querschwelle abgeht.

Heute ist man zufolge der immer größer werdenden Achslasten gezwungen, auch beim Querschwellenoberbau zu immer engerer Schwellenteilung und größeren Bettungsstärken überzugehen, so daß heute die Langschwelle bei den gleichen Bettungsstärken und entsprechender Auflagerbreite der Schwellen nicht so schlecht abschneiden würde als ehedem, wenngleich die Querschwelle der Langschwelle auf alle Fälle hinsichtlich Entwässerung einiges voraus hat. Gute, gleichmäßige Druckverteilung und damit ausreichende Entwässerung durch trocken bleibende, nicht verschlammende Bettung (Unkrautbildung) [*243*] ist für die Erhaltung der planmäßigen Gleisform von so großer Wichtigkeit, daß selbst das Tragvermögen der Schiene gegenüber dieser Forderung zurücktritt. Denn das Gleis hat ja nicht nur die Aufgabe, die Fahrzeuge zu *tragen*, sondern sie auch sicher zu *führen* und diese Aufgabe kann ein Gleis nur dann erfüllen, wenn Lage und Höhe der Schienen sich nur wenig vom theoretisch als richtig erkannten Wert entfernen; darüber entscheidet aber in erster Linie die Güte der Bettung.

## II. Der Bettungsstoff

Die Güte der Bettung hängt naturgemäß in erster Linie von den Bettungsstoffen ab. Verwendet wurden schon die verschiedensten Stoffe, wie Sand, Kies, ein Sand-Kies-Gemisch, Hochofenschlacke, Kohlenlösche, Grus oder Feinschlag und Steinschlag. Vielfach wurde auch als unterste Schicht der Bettung eine Packlage aus Steinen angewendet, die sich aber im Eisenbahnoberbau weit nicht so bewährt hat als im Straßenbau. Die Packlage verschlammte leicht, hemmte dann die Wasserabfuhr und kam auf dem aufgeweichten Untergrund durch ungleichmäßige Setzungen aus der richtigen Lage. Das Nachregulieren der Bettung ist dann aber schwieriger, als wenn sie durchwegs aus Steinschlag gleicher Korngröße besteht.

Es wurde schon erwähnt, daß der Bettungsstoff möglichst scharfkantig sein soll, um die Schwellen in der Bettung gut zu verankern. Er soll aber auch eine ausreichend große Festigkeit besitzen und möglichst wenig der Verwitterung unterliegen. Damit er durch die Wirkung der Stopfhacke möglichst wenig zermahlen wird, ist auch neben Festigkeit eine große Zähigkeit erwünscht. Damit die Schottersteine beim Brechen möglichst würfelig ausfallen, sollen die Gesteine nicht spaltbar sein, Schiefergesteine sind daher weniger geeignet.

Aus allen diesen Gründen erhellt die Wichtigkeit der systematischen Gesteinsuntersuchungen, die von sachverständigen Mineralogen durchzuführen sind, um aus den verschiedenen Gesteingewinnungsstellen nur Gesteine zu beschaffen, die für Bettungszwecke auch tatsächlich geeignet sind.

Nun die Bettungsstoffe selbst:

## 1. Sand

In den weiten Tiefebenen aller Kontinente ist Sand zumeist das einzig vorfindbare Bettungsmaterial. In diesen Ländern ist Sand daher auch für Hauptbahnen durch viele Jahrzehnte in Verwendung gestanden. In jüngster Zeit macht sich aber das Bestreben geltend, für Bahnen ersten Ranges nur Steinschlag zu verwenden, auch wenn dieser höherwertige Bettungsstoff von weit hergeholt werden muß und dementsprechend sehr kostspielig ist. Für Gleise geringerer Bedeutung wird man sich in solchen Gegenden aber immer mit Sandbettung abfinden, man muß nur alles vermeiden, was bei Verwendung von Sand die Minderwertigkeit dieser Bettung weiter heruntersetzt. Dazu gehören: lehmige und tonige Verunreinigungen des Sandes, zu kleine Korngrößen, zu große Schwellenentfernungen, Verwendung von Stahlschwellen und schlechte Entwässerung des Untergrundes. Die Begründung dieser Forderungen ist im Punkt D I bei den allgemeinen Anforderungen an die Bettung bereits gegeben worden.

Besonders wichtig ist die letzte Forderung, daß bei Sandbettung der Untergrund gut entwässert sein muß. Wenn dieser Grundsatz für jede Bettung gilt, dann für Sandbettung in ganz besonderem Maße, da nur bei trockener Bettung eine ausreichend ruhige Gleislage zu erzielen ist.

## 2. Kies

Dieser Bettungsstoff ist dem Sand etwa gleichwertig, nur sichert der größere Hohlraumgehalt besser die Trockenhaltung des Gleises. Die Unterlageziffer wird im allgemeinen etwas günstiger liegen als bei Sandbettung, die Biegungsanstrengungen der Schiene werden somit etwas geringer sein. Der Widerstand gegen Verschiebungen des Gleises ist nicht größer als im Sand, es ist im Gegenteil vorteilhaft, wenn der Kies einen gewissen Sandanteil hat, weil reiner Kies zu „rollig" ist. Es ist deshalb auch Grubenkies dem Flußkies vorzuziehen, wobei Korngrößen über 6 cm und Beimengungen von Sand unter 1 mm Korngröße nicht wünschenswert sind.

## 3. Steinschlag

Die Gesteine werden in Steinbrechmaschinen (Schotterquetschen) auf die gewünschten Korngrößen, 3 bis 6 cm, gebrochen. Bei Weichgestein ist auch eine Korngröße bis 10 cm vorteilhaft. Feinschlag, Splitt oder Grus von 1 bis 3 cm Korngröße ist weniger wasserdurchlässig und wird hauptsächlich zum Feineinregulieren der Schwellenhöhen und beim „Unterschaufeln" der Schwellen — ein Verfahren, das später noch besprochen wird — verwendet. Als Gesteine, die zur Erzeugung von Steinschlag Verwendung finden, sind zu nennen:

Basalt, Grauwacke, Diorit, Diabas, Syenit, Quarzit, Granit, Dolomit, Kalkstein. Basalte sind die härtesten, Kalkstein die weichsten Sorten, es gibt aber auch sehr harte Kalksteine, die vorzüglichen Oberbauschotter abgeben. Gneis, Hornblendenschiefer, Serpentinbasalt, gewisse Porphyre, also alle schieferigen Gesteine und solche, die viel Feldspat enthalten, also leicht verwittern, sind weniger geeignete Gesteinsarten, werden aber natürlich dort, wo andere Gesteinsarten nicht vorkommen, doch als Bettungsstoff verwendet, besonders bei Bahnneubauten, wenn das aus den Einschnitten gewonnene Felsmaterial zweckentsprechend verwendet werden soll. Bei Neubeschaffung aus anzulegenden Steinbrüchen wird man aber trachten, eine solche Auswahl zu treffen, daß weniger geeignete Gesteinsarten ausscheiden. Um dieses Ziel zu erreichen, wird man, wie schon eingangs erwähnt, die Gesteine einer fachmännischen Prüfung unterziehen. Für große Bahnverwaltungen wird es wirtschaftlich sein, eine eigene Versuchsanstalt für Gesteinsprüfung zu unterhalten, deren Kosten reichlich durch die Senkung der Ausgaben für die Bahnerhaltung zu decken sein werden.

# III. Das Herstellen der Bettung

## 1. Das Unterstopfen der Schwellen

Um eine gute Druckübertragung zwischen Schwelle und Bettung sicherzustellen, werden die Schwellen unterstopft. Mit der Stopfhacke (dem Krampen) wird Bettungsstoff unter die Schwelle geschlagen und dabei die Bettung so verdichtet, daß die Schwellensenkung unter der Last möglichst gleichmäßig ist und in mäßigen Grenzen (1 bis 3 mm) bleibt. Um ordentlich stopfen zu können, darf die Schwellenentfernung nicht unter 55 bis 50 cm betragen, was bei der Stoßschwellenentfernung und bei der Austeilung der Schwellen von Weichen und Drehscheibengleisen zu berücksichtigen ist.

Das Werkzeug, die Stopfhacke (Abb. 99), hat an dem einen Ende eine Spitze, an dem anderen Ende

Abb. 99.  Stopfhacke (Krampen)

eine ebene Bahn, mit der die eigentliche Stopfarbeit geleistet wird. Das richtige Unterstopfen ist eine Arbeit, die Erfahrung und Übung erfordert, wie jedes Handwerk und sollte nicht von ungelernten Arbeitern ausgeführt werden, was insbesondere bei Vergebung von Gleisneulagen an bahnfremde Unternehmer berücksichtigt werden sollte.

In neuerer Zeit wird neben dem alten Stopfverfahren mit der Stopfhacke auch mit Gleisstopfmaschinen gearbeitet, die auf dem Prinzip des Preßlufthammers beruhen [20]. Die Stopfarbeit geht rascher vor sich, ob aber die Bettung nicht mehr zermahlen wird, sei dahingestellt. Auch wird dem Maschinenstopfen nachgesagt, daß die Geräte weniger feinfühlig gehandhabt werden können als die Handstopfhacke. Über die jüngste Entwicklung der Gleisstopfmaschinen wird im Kap. H II 2 noch gesprochen.

Allen älteren Stopfverfahren haftet jedenfalls der Nachteil an, daß nach dem Unterstopfen der Schwellen der Raum zwischen den Schwellen mit lose geschüttetem Schotter ausgefüllt wird (Abb. 100),

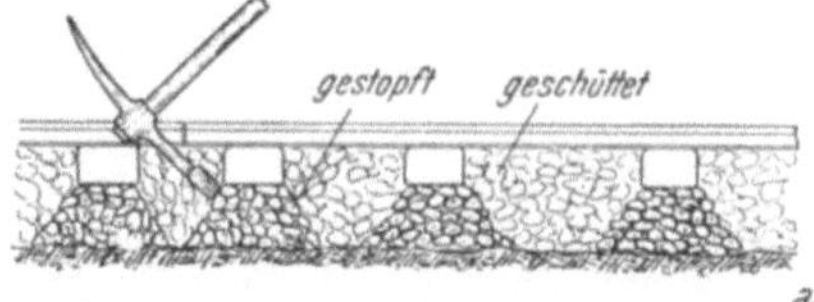


Abb. 100.  Lagerung der Schwellen bei gestopftem Schotterbett

der gegen das seitliche Ausweichen des verdichteten Bettungskörpers unter den Schwellen nur geringen Widerstand leistet, so daß die gleichmäßige Lagerung der Schwelle mit der Zeit mehr oder weniger verlorengeht [97]. Diesen Übelstand soll die gestampfte oder gewalzte Bettung vermeiden.

## 2. Das Stampfen und Walzen der Bettung

Wenn zum Gleiseinbau genügend Zeit zur Verfügung steht, kann zur Herstellung eines gut tragenden Bettungskörpers auch das Stampfen und Walzen angewendet werden [95]. Das Walzen der Bettung insbesondere dann, wenn längere Gleisstrecken für den Neubau ganz außer Betrieb gesetzt werden können. Das Stampfen [98] der Bettung wird in folgender Weise durchgeführt: Das Gleisbett wird mit Bohlen seitlich eingefaßt, die gleichzeitig als Höhenmarken dienen. Dann wird über das ganze Planum der Schotter in Lagen von etwa 8 cm Höhe ausgebreitet und mit einem Stopfgerät, das aus ebenen Wagenpuffern mit einer Handhabe besteht, über die ganze Fläche gerammt (Abb. 101). bis die genaue Höhe der Schwellenunterkante erreicht ist, wobei Überhöhungsrampen zu berücksichtigen sind. Da nach dem Aufbringen der Schwellen am Schotterbett nicht mehr gerührt werden soll, müssen die Schwellen alle genau die gleiche Höhe haben, was als Nachteil des Verfahrens anzusehen ist. Noch verbleibende Höhenunterschiede können zwar dadurch ausgeglichen werden, daß

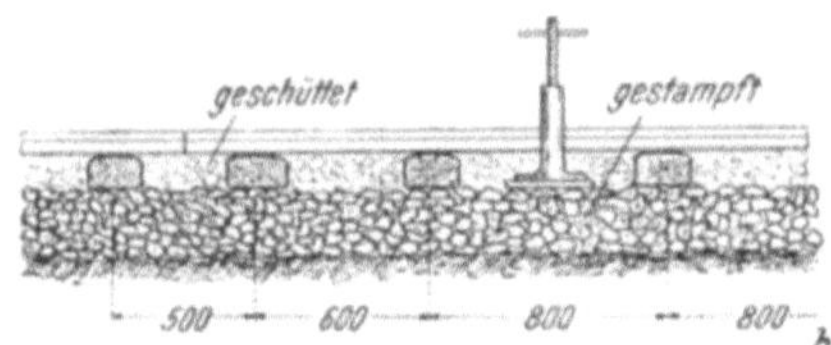


Abb. 101. Gestampftes Schotterbett

man das Gestänge nach dem Zusammenbau anhebt und je nach Erfordernis eine dünne Schicht feinen Splitt unter die Schwellen streut, die zu tief liegen. Auf keinen Fall darf durch nachträgliche Anwendung der Stopfhacke der gleichmäßig verdichtete Bettungskörper gestört werden [106]. Dies gilt auch für den Fall, daß man ein kombiniertes Verfahren anwendet, das darin besteht, daß die untersten Schichten der Bettung gestampft und ein Tragkörper von nur geringer Stärke unter den Schwellen noch gestopft wird. Dieses Verfahren hätte den Vorteil eines möglichst gleichmäßigen Bettungskörpers, ohne an eine genaue Schwellenhöhe gebunden zu sein.

Dem Stampfen etwa gleichwertig ist das Walzen der Bettung [99], das dieselben Vorbereitungen nötig hat, aber nur dann wirtschaftlich anwendbar ist, wenn mehrere Kilometer Gleis in einer Länge neu zu erstellen sind. Das Ergebnis der Walzung ist das gleiche wie bei der Stampfung: ein gleichmäßig verdichtetes, bis zur Schwellenunterkante reichendes Schotterbett.

Gegenüber nur gestopfter Bettung hat das Stampfen oder Walzen den Vorteil fester, dichter Lagerung der Schottersteine, die nicht seitlich ausweichen können. so daß die Haltbarkeit einer so hergestellten Bettung wesentlich verlängert wird.

## 3. Das Füllformverfahren

Beim Verlegen eiserner Trogschwellen hat sich das Füllformverfahren [94] als besonders zweckmäßig erwiesen, da das Stopfen der Trogschwellen langwieriger ist und ein weniger gutes Gleisgefüge gibt als das Stopfen der unten ebenen Holzschwellen.

Beim Füllformverfahren wird das Schwellenlager durch *Füllen* und *Stopfen* von eisernen Bettungsfüllformen *von oben* hergerichtet, nachdem die Bettung unterhalb der Schwellen durch Walzen oder Stampfen verdichtet worden ist.

Die Füllformen werden auf Lehrschienen abgestützt, die neben dem Gleis auf Lagerböcken ruhen, die, in etwa 3 bis 4 m Entfernung angeordnet, die richtige Lage und Höhe sichern (Abb. 102).

Als Lehrschienen wurden die für das neue Gleis bestimmten Fahrschienen verwendet. Da sie die Träger für die Füllformen sind, müssen sie der Lage und Höhe nach richtig liegen. In überhöhten Gleisbögen muß die äußere Lehrschiene um ein gewisses Maß höher, die innere um ein gewisses Maß tiefer liegen als der künftigen Lage der Außen- oder Innenschiene entspricht, welche Maße je nach

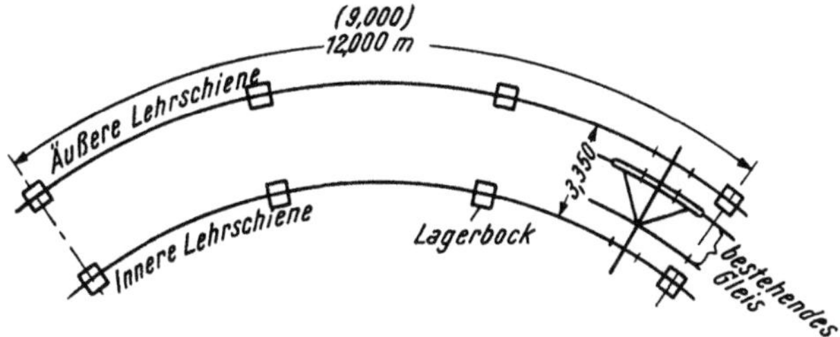


Abb. 102. Anbringung der Lehrschienen beim Füllformverfahren

der Entfernung der Lehrschienen von der Gleismitte leicht auszurechnen sind. Wenn die Festpunkte, nach welchen das Gleis abgesteckt worden ist, 2 m von der Gleismitte entfernt stehen, ist eine Entfernung der Schieneninnenkanten der Lehrschienen von 3,28 m zweckmäßig (Abb. 103). Bei Gleisumbauten (Neulagen) ist es vorteilhaft, die Lehrschienen zu setzen, solange noch das alte Gleis liegt, und die Schwelleneinteilung vom alten Gleis auf die Lehrschiene zu übertragen (Abb. 102). In allen Fällen ist eine gute Vorbereitung für den Erfolg dieser Art der Bettungsherstellung ausschlaggebend.

Nachdem das alte Gleis ausgebaut und die alte Bettung entfernt wurde, wird die neue eingebracht und auf eine Höhe von 25 bis 30 mm unter Schwellenunterkante durch Stampfen oder Walzen verdichtet. Dann werden in gewissen Abständen die Füllformen an den bezeichneten Stellen auf die Lehrschienen gesetzt. Für die tiefer grei-

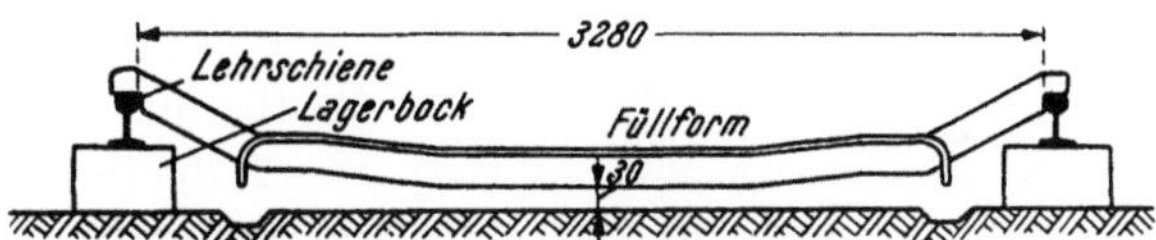


Abb. 103. Aufsetzen der Füllform auf die Lehrschienen

fenden Kappen der Schwellen sind vorher in die Bettung Rillen einzuschneiden (Abb. 103). Dann wird in jede Füllform die gleiche Menge Schotter gefüllt und mit Stampfen bis an den Rand der Füllform festgestampft, wobei zu beachten ist, daß am Ort des Schienenlagers die Bettung besonders gut zu dichten ist, während in der Schwellenmitte die Bettung nur lose eingefüllt werden soll, um ein „Reiten" der Schwellen zu verhüten.

Nach Abheben der Füllform wird die Trogschwelle über den gestampften Kern gestülpt und die richtige Lage mit einem Stichmaß geprüft (Abb. 104).

Abb. 104. Überprüfen der richtigen Lage der gestopften Schwelle mit Stichmaß

Es ist zweckmäßig, die so gelagerten Schwellen durch 10 bis 15 Rammschläge (die Stoßschwellen durch 20 bis 30 Schläge) mit vier etwa 45 kg schweren Eichenholzstößeln noch 20 mm herunterzurammen, wodurch die Bettungsrippen so verdichtet werden, daß sich eine spätere Nacharbeit erübrigt. Während und nach dem Rammen ist die Lage der Schwellen durch Lehren zu überprüfen. Zu tief gerammte Schwellen sind abzunehmen, noch Schotter aufzubringen und neuerlich zu rammen, bis sie genau richtig hoch liegen. Dann erst werden die Schienen, die als Lehrschienen gedient haben, von der Seite eingeschoben und mit den Schwellen verschraubt, womit bereits die richtige Gleislage erreicht sein muß.

## 4. Das Unterschaufeln (Soufflage)

In Frankreich und England wird schon seit mehr als 20 Jahren bei der Erhaltung des *Holz*querschwellenoberbaues ein Verfahren angewendet, das gegenüber dem Unterstopfen in erster Linie kräfte- und zeitsparender ist und daher auch bei uns Eingang finden dürfte.

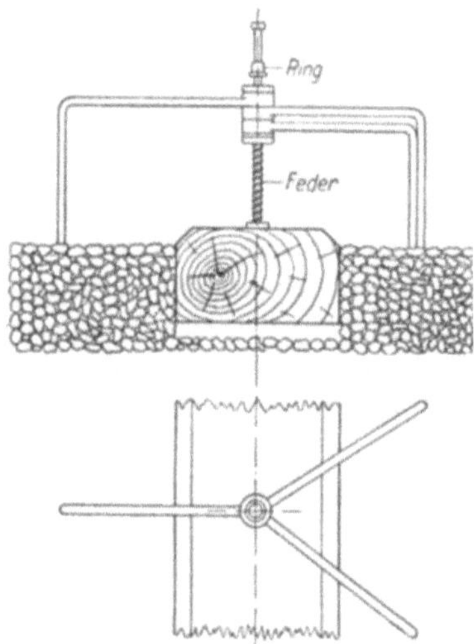


Abb. 105. Dansometer zur Feststellung der Hohlräume unter den Schwellen. (Nach SALLER, Gleistechnik und Fahrbahnbau 1937)

Das Wesen des Verfahrens besteht darin, daß man bei eingetretenen Unregelmäßigkeiten in der Höhenlage des Gleises das unter den Schwellen verdichtete Gleisbett nicht durch neuerliche Stopfarbeit zerstört, sondern durch Einbringen von feinem Splitt unter die Schwelle (Unterschaufeln) die entstandenen Höhenfehler ausgleicht [*102*].

Der eigentlichen „Oberbauarbeit" müssen bei diesem Verfahren Messungen vorausgehen, die

1. den oberflächlich erkennbaren Höhenfehler des ruhenden, unbelasteten Gleises festlegen,

2. die Hohlräume feststellen, die sich unter einzelnen Schwellen oder Schwellengruppen gebildet haben.

Zur Festlegung der Höhenfehler unter 1. bedient man sich eines kleinen Nivellierinstrumentes, das man in den „Hochpunkten" auf den Schienenkopf aufsetzt (Punktentfernung etwa 40 m) und an Visiertafeln abliest, um wie viele Millimeter die Zwischenpunkte zu tief liegen. Die Fehlermaße werden am Schienensteg angeschrieben.

Zur Festlegung der Hohlräume unter den Schwellen gemäß 2. werden sogenannte Dansometer benützt (Abb. 105): Ein Dreifuß wird über einem Schwellenende auf das Schotterbett gestellt [*100*]. Ein Stift, der durch eine Feder gegen die Schwellendecke gedrückt wird, bildet die Drehachse des zusammenklappbaren Gerätes.

Vor Beginn der Messung wird ein Ring, der längs des Stiftes gleiten kann, in die tiefste Stellung gedrückt, bis er am Dreifuß anliegt.

Beim Befahren des Oberbaues senkt sich die Schwelle unter der Last, die Feder hält den Stift in Anlehnung an die Schwelle, er senkt sich also mit der Schwelle und schiebt dabei den Ring nach oben. Nach Entlastung der Schwelle bleibt der Ring durch die Reibung in der hochgedrückten Lage und der Zwischenraum zwischen Ring und Dreifuß gibt das Maß der Senkung der Schwelle. Vergleicht man die Senkungen zwischen hohlliegenden Schwellen und solchen, die satt aufliegen, bekommt man ein Maß für die Größe des Hohlraumes.

Das Hohlliegen der Schwellen wird mit einem Klopfgewicht geprüft. Dieses Gerät besteht aus einer Stange mit einer etwa 7 kg schweren Eisenkugel am Ende. Wenn man das Gerät aus etwa 30 cm Höhe auf die Schwelle fallen läßt, kann man am Klopfton erkennen, ob die Schwelle hohlliegt oder nicht. Die hohlliegenden Schwellen werden bezeichnet und ein Dansometer auf eine mittlere Schwelle von je fünf (oder weniger) hohlliegenden Schwellen angesetzt. Auf diese Weise wird durch Vergleich und Schätzung das Maß des „Hohlliegens" jeder Schwelle bestimmt, zur Lesung gemäß 1. dazugeschlagen und angeschrieben.

Damit sind die Vorbereitungsarbeiten erledigt. Zum eigentlichen Unterschaufeln wird der Schotter je in einem halben Schwellenfach über Kreuz bis zur Schwellenunterkante ausgeräumt, das Gleis mit Winde einige Zentimeter angehoben und nun die erforderliche Menge Splitt (1 bis 2 cm Korngröße) mit besonders geformten Schaufeln unter die Schwellen geworfen. Die Geschicklichkeit der Arbeiter kann so weit entwickelt werden, daß sich eine vollkommen ebene, gleichmäßige Unterlage bildet. Auch die Menge des Splitts, die aus Tabellen je nach dem angeschriebenen Hebungsmaß entnommen werden und in einem blechernen Meßgefäß ausgemessen werden kann, wird rasch richtig schätzen gelernt, so daß das Messen der Splittmenge bald wegfallen kann und nur fallweise zum Überprüfen der Fertigkeit der Arbeiter herangezogen wird.

Als Vorteile des Unterschaufelns dem Unterstopfen gegenüber werden angeführt:

1. Die durch den Betrieb bereits verdichtete Bettung bleibt ungestört.

2. Da der Splitt nicht den Schlägen der Stopfhacke ausgesetzt ist, eignen sich auch minder harte Gesteinsarten, die wohlfeiler sind.

3. An den eng liegenden Stoßschwellen oder bei Doppelschwellen wird eine gleichmäßigere Unterstützung erzielt als beim Stopfen. Die Neigung der Stoßschwellen, heruntergefahren zu werden, wird dadurch geringer.

4. Die Arbeit geht rascher vor sich.

5. Die Arbeit ist weniger anstrengend, wodurch die Güte der Arbeit gefördert wird.

Voraussetzungen für die Anwendung des Verfahrens sind: Holzschwellenoberbau (oder Stahlbetonschwellen mit ebener Lagerfläche), geringe Korngrößen der Bettung (30 bis 50 mm), weil sonst der Splitt in die Zwischenräume verrieselt; Bestehen einer bereits verdichteten Bettung. In besonderen Fällen wird also nach wie vor das Unterstopfen keinesfalls zu entbehren sein.

## IV. Das Gleis auf Federn mit festen Stützen

Da sich der Bettungskörper aus Sand, Kies oder Steinschlag verändert und das Gleis daher im Lauf der Zeit seine richtige Lage und Höhe verliert, waren schon immer Bestrebungen vorhanden, die Schienen auf eine unverschiebliche Betonunterlage zu legen. Die Mißerfolge mit dieser Stützung wegen mangelnder Elastizität dieser „Bettung" führte WIRTH dazu, ein Gleis zu entwerfen, bei welchem die Schienen mit Zwischenschaltung von starken Spiralfedern, die in

Federkasten ihre Führung erhielten, auf Betonwürfeln lagern, um auf diese Weise elastische Stützung mit unverrückbarer Lage des Gleises zu vereinen [*104*]. Die bei dem ersten Entwurf zu wenig steifen Querverbindungen wurden bei der zweiten Versuchsausführung verstärkt [*105*], so daß das Gleis, von dem einige Schienenlängen in einer Schnellzugstrecke bei Wien eingebaut waren, durch eine Reihe von Jahren die Richtigkeit des Grundgedankens der Bauweise erbringen konnte.

Die Lagerung des Gleises auf Federn ist auch günstig für die dynamische Beanspruchung von Stahlbrücken, worauf auch BLOSS bei einer gegebenen Übersicht über die Entwicklung der Federstützung der Schienen hinweist [*93*].

Größere Verbreitung hat der „Federnoberbau" aber trotz seiner „richtigen" Grundgedanken nicht gefunden, wohl hauptsächlich aus wirtschaftlichen Gründen. Die Gleise der ganzen Welt liegen nach wie vor im Schotterbett und daran wird sich voraussichtlich auch in Zukunft nichts ändern.

# E. Die Befestigungsmittel

## I. Die Befestigung der Schienen auf Holzschwellen

Befestigungsmittel sind jene Konstruktionsteile, die Schiene und Schwelle verbinden und dadurch die planmäßige Lage der Schienen sichern.

Das älteste und einfachste Befestigungsmittel ist der Schienennagel, der den Schienenfuß mit einem Haken faßt und auf die Schwelle niederdrückt (Abb. 106).

Die Beanspruchungen der Befestigungsmittel sind, den Kräfteangriffen entsprechend, sehr mannigfach, und zwar:

a) Durch die Seitenkraft $S$ wird der äußere Nagel seitlich in das Schwellenholz gepreßt, die Haftkräfte verteilen sich nicht mehr gleichmäßig und beim Überschreiten der zulässigen Pressung entstehen unerwünschte Spurerweiterungen.

b) Wenn die Resultierende $R$ aus $P$ und $S$ den Schienenfuß ausmittig trifft (Abb. 106), preßt sich die Schiene außen tiefer in das Holz, wobei der innere Nagel auf Zug beansprucht wird. Um dieser ungleichmäßigen Einpressung des Schienenfußes möglichst vorzubeugen, wird die Schiene unter einem Winkel von 1 : 20 nach innen geneigt. Diese Neigung wird in primitivster Art durch Einschneiden in die Schwellendecke („Dexeln") hergestellt.

c) Bei der wellenförmigen Verformung des Oberbaues durch Einzelachsen sucht sich die Schiene in den Wellenbergen von den Schwellen abzuheben, wodurch *beide* Nägel auf Zug beansprucht werden (siehe Oberbauberechnung). Die Zugkräfte sind an sich nicht sehr groß und die Haftkraft der Nägel im Holz wird

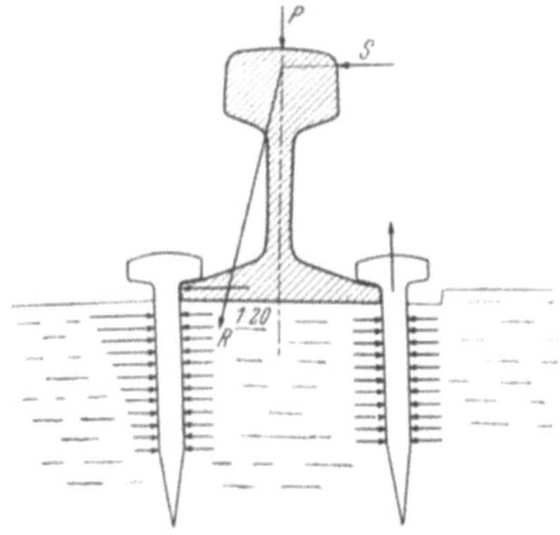


Abb. 106. Nagelbefestigung ohne Unterlagsplatte, Außennagel übernimmt allein die Seitenkraft $S$

zunächst reichlich genügen, diese Kräfte aufzunehmen. Durch die vieltausendfache Wiederholung der Beanspruchung und zufolge der Eintrocknung des Holzes bilden sich aber im Laufe der Zeit kleine Zwischenräume zwischen Nagel und Schienenfuß, die bewirken, daß bei großen Fahrgeschwindigkeiten und der raschen Verformung des Oberbaues die Zugkräfte schlagartig auftreten, wodurch die Nägel *auf beiden Seiten* des Schienenfußes aus der Schwelle herausgezogen werden. Man kann dann Nägel finden, die 10 mm und mehr vom Schienenfuß abstehen.

d) Auf die Schiene wirken auch Kräfte in der Längsrichtung des Gleises. Sie wirken erfahrungsgemäß überwiegend in der Fahrtrichtung und verschieben die Schienen auf den Schwellen, eine Erscheinung, die mit „Wandern" des Oberbaues bezeichnet und später noch näher besprochen werden soll. Bei diesem Wanderbestreben werden die Nägel in *einer zweiten Richtung*, senkrecht zur zuerst besprochenen Beanspruchung, *in das Holz gepreßt* und dabei gleichzeitig *verdreht*.

Diesen vielfältigen Beanspruchungen [76] sind die Nägel nur bei Bahnen mit schwachem Verkehr gewachsen. Größeren Anforderungen genügt diese Befestigung nicht; sie ist daher im Laufe der Entwicklung durch zusätzliche Einrichtungen und Abänderungen verbessert worden.

Zunächst hat man durch Zwischenschalten von *Unterlagsplatten* zwischen Schienenfuß und Schwelle die druckübertragende Fläche vergrößert (Abb. 107). Dadurch wird die spezifische Pressung des Holzes geringer, die Verpressungen werden weniger ungleichmäßig, das Holz wird geschont. Gegen seitliche Verpressung

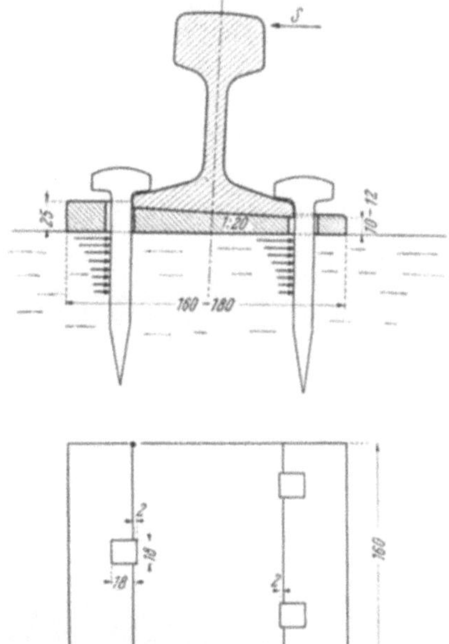

Abb. 107. Nagelbefestigung mit Unterlagsplatte, beide Nägel übernehmen die Seitenkraft

der Befestigungsmittel wird bei Verwendung von Unterlagsplatten nicht nur der äußere Nagel, sondern auch der innere Nagel herangezogen; die Spurhaltung wird daher besser sein. Da die inneren Befestigungsmittel mehr auf Zug beansprucht sind als die äußeren, setzt man in Unterlagsplatten in der Regel innen zwei Nägel (außen einen), während die Schiene ohne Unterlagsplatte besser außen mit zwei, innen mit einem Nagel befestigt wird, da die verschiebenden Kräfte nach außen, die auf Spurerweiterung hinarbeiten, wichtiger zu bekämpfen sind als das Drehmoment, das die Schiene nach außen kippen will.

Auf jeden Fall, auch wenn man aus Ersparungsgründen außen und innen nur *einen* Nagel verwendet, werden die Nägel gegeneinander versetzt, also nicht

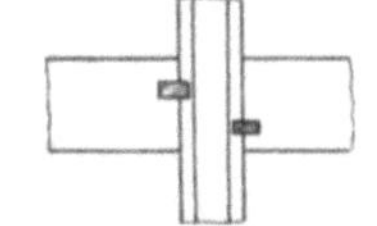

Abb. 108. Versetzen der Nägel, um die Spaltung des Holzes zu vermeiden

in der Richtung einer Holzfaser eingeschlagen, damit das Spalten des Holzes möglichst vermieden wird (Abb. 108). Aus dem gleichen Grund hat der Nagel keine Spitze, sondern eine Schneide, die beim Einschlagen senkrecht zu den Holzfasern stehen muß. Der Nagelkopf ist entweder so ausgebildet wie Abb. 109 zeigt (Hakennagel) oder nach Abb. 110 (Katzenkopfnagel). Der Haken (Abb. 109) und die beiden seitlichen Ansätze, Ohren (Abb. 110), dienen zum Ansetzen des Geißfußes (Abb. 111), mit dem die Nägel im Bedarfsfall herausgezogen werden können.

Der Hakennagel mit quadratischem Querschnitt hat den Vorteil der Einfachheit (er wird nur durch Walzen

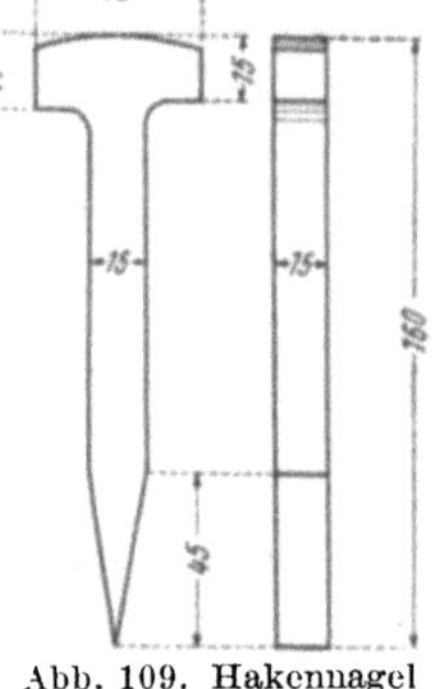

Abb. 109. Hakennagel

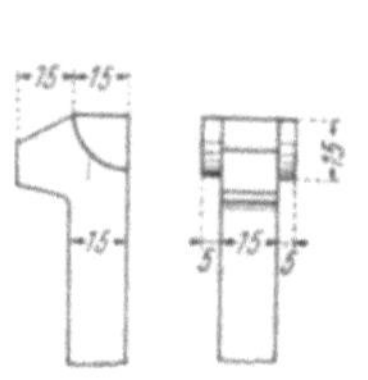

Abb. 110. Katzenkopfnagel

Abb. 111. Geißfuß zum Herausziehen der Nägel

und Abhacken hergestellt), während der Katzenkopfnagel im Gesenk geschmiedet werden muß. In der Presse bekommt der Katzenkopfnagel in der Regel achteckigen Querschnitt, um das Holz im Zusammenhang mit Vorbohren der Schwellen mehr zu schonen.

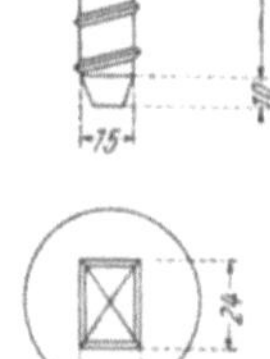

Abb. 112. Schwellenschraube

Wenn man aber schon vorbohrt, dann ist es zweckmäßig. gleich noch einen Schritt weiterzugehen, statt des *eingeschlagenen* Nagels die *eingeschraubte Schwellenschraube* (Tirefond) zu verwenden (Abb. 112), die eine weit größere Haftfestigkeit im Holz entwickelt als der Nagel. Sie besteht aus einem zylindrischen Schaft mit einem gepreßten scharfen. dreikantigen Gewinde, einer Kugelkalotte als Kopf und einem aufgesetzten Pyramidenstumpf zum Ansetzen des Schraubenschlüssels. Die rechteckige Form des Kopfes ($17 \times 24$) ist der früher verwendeten quadratischen Form vorzuziehen, weil sich der quadratische Schlüssel bei abgenützten Kanten leicht durchdreht. Die Unterseite des Kopfes der Schwellenschraube ist so geformt, daß sie sich an den Schienenfuß gut anschmiegt; Schwellenschrauben, die nicht den Schienenfuß fassen, sondern, wie später besprochen werden wird, nur die Unterlagsplatte auf die Schwelle pressen, während die eigentliche Schienenbefestigung andere Bauglieder besorgen, haben eine ebene Unterseite des Kopfes.

Das scharfe Gewinde, mit dem die Schwellenschraube in das Holz eingreift, bewirkt die große Haftkraft, mit der sich die Schwellenschraube dem Herausziehen widersetzt. Eine Übersicht über die Haftkräfte zeigt die Zusammenstellung Tab. 13.

Tabelle 13

| Haftkraft | im Weichholz kg | im Hartholz kg |
|---|---|---|
| Nagel .......................... | 1500 bis 2000 | 3400 bis 4000 |
| Schraube ...................... | 2500 bis 3000 | 4000 bis 6000 |

Die größere Haftkraft der Schwellenschraube wird aber nur dann wirksam, wenn sie in ein vorgebohrtes Loch, das etwas geringeren Durchmesser als der Schraubenschaft hat, *eingeschraubt* wird. Wird sie eingeschlagen, dann zerstört das Gewinde die Holzfasern und die Schwellenschraube hält schlechter als ein Nagel. Da das Einschlagen bequemer ist als das Einschrauben, wird es gern geübt; man versieht daher den Pyramidenstumpf mit einer Spitze, um nachträglich feststellen zu können, ob eine Schwellenschraube etwa eingeschlagen worden ist. Bei breitgeschlagener Spitze kann man die Schuldigen zur Verantwortung ziehen.

Die Schwellenschraube wird zunächst in derselben Art verwendet wie der Nagel, also in Verbindung mit Unterlagsplatten, die nur eine der Schraube angepaßte Lochung zu erhalten haben (Abb. 113). Sowohl bei der Nagel- als auch bei der Schraubenbefestigung werden heute nur mehr Keilplatten verwendet, die der Schiene eine Innenneigung von 1 : 20 geben. Die Keilplatten machen das Dexeln der Schwellen überflüssig, wodurch Arbeit erspart und das Schwellenholz vor Fäulnis bewahrt wird, weil in die beim Dexeln eingeschnittene Schwelle Wasser eindringt, während von der glatten, unverletzten Schwellenoberfläche das Wasser abgestoßen wird.

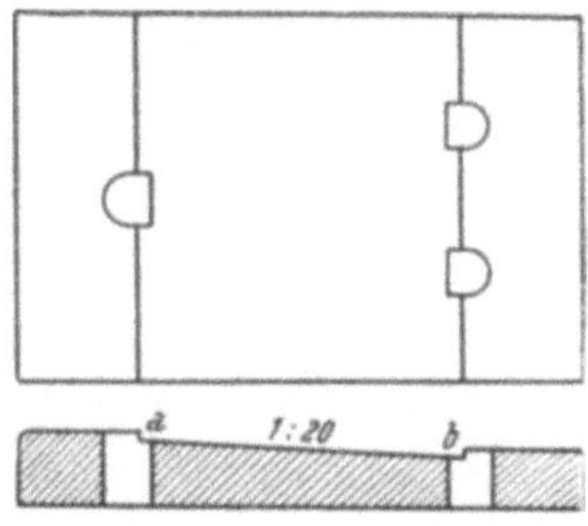

Abb. 113. Lochung der Unterlagsplatte für Schwellenschrauben

Die Befürchtung, daß die Schraube wohl größere Haftkraft, aber geringeren Widerstand gegen seitliche Verpressung habe als der quadratische Nagel, hat sich als unbegründet erwiesen. Es ist daher vorteilhaft und bedeutet einen Fortschritt, sowohl innen als auch außen Schwellenschrauben statt Nägel zu verwenden.

Wie die Erfahrung aber gezeigt hat, ist auch die Befestigung mit Schwellenschrauben und Unterlagsplatten, wobei der Schienenfuß von der Schwellenschraube unmittelbar gefaßt wird, schwerem Verkehr auf die Dauer nicht gewachsen, und zwar aus folgendem Grunde. Schiene und Unterlagsplatte sind Walzerzeugnisse, können daher nicht scharf ineinanderpassen, sondern es muß zwischen den Rippen der Unterlagsplatte und dem Schienenfuß ein Spielraum von 1 bis 2 mm vorgesehen sein. Um nun den Schienenfuß dicht fassen zu können, ragen die Lochungen der Unterlagsplatte etwas über die Rippen nach innen unter den Schienenfuß (bei *a* und *b*, Abb. 113), wodurch die Befestigungsmittel trotz der Rippen dem unmittelbaren Angriff des an ihnen pressenden und sägenden Schienenfußes ausgesetzt sind. (Abb. 115.)

Durch diese Kräftewirkungen werden auch die fester sitzenden Schwellenschrauben verdrückt, es entstehen kleine Zwischenräume zwischen Schienenfuß und Befestigungsmittel und wo sich im Oberbau Zwischenräume zwischen den Bauteilen bilden können, beginnt die Zerstörung durch Schlagwirkung bei den Stoßbeanspruchungen zufolge der großen Fahrgeschwindigkeiten.

Ein weiterer Fortschritt in der Befestigung der Schienen auf Holzschwellen wurde daher dadurch erzielt, daß man die Befestigung der Schiene auf der Unterlagsplatte von der Befestigung der Unterlagsplatte auf der Schwelle trennte. Die Befestigung der Schiene auf der Unterlagsplatte wird durch zusätzliche Bauglieder besorgt, während die Schwellenschrauben, die nunmehr nur noch die Aufgabe haben, die Unterlagsplatte auf die Schwelle zu pressen, vom Schienenfuß abgerückt, weit geringeren Beanspruchungen ausgesetzt sind und dort den schwersten Anforderungen genügen.

Die Durchführung dieses Grundsatzes hat im Laufe der Entwicklung mannigfache Abwandlungen erfahren, die zu den verschiedenen „Oberbausystemen"

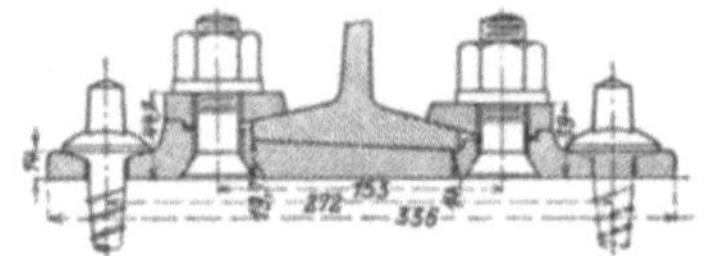

Abb. 114. Stuhlplattenoberbau der ehemaligen k. k. österreichischen Staatsbahnen

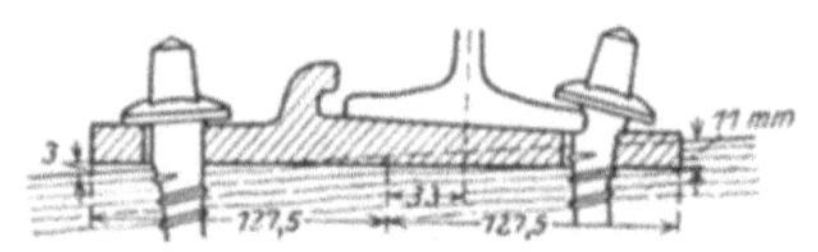

Abb. 115. Krempenplatte, preußische Bauart, älteste Form. (Aus BRÄUNING, Grundlagen des Gleisbaues)

geführt haben, eine Entwicklung, die zunächst im „Oberbau K" der deutschen Reichsbahn ihren Abschluß gefunden hat.

Die strenge Durchführung des Grundsatzes, Trennung der Befestigung Schiene—Unterlagsplatte von der Befestigung Unterlagsplatte—Schwelle wurde

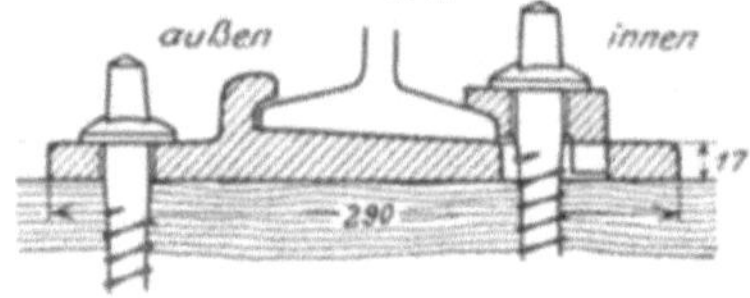

Abb. 116. Krempenplatte, preußische Bauart, neuere Form. (Aus BRÄUNING, Grundlagen des Gleisbaues)

mit gewalzten Platten zuerst in Österreich eingeführt im *Stuhlplattenoberbau* der ehemaligen k. k. österreichischen Staatsbahnen (Abb. 114).

Der Schienenfuß saß mit etwas Spiel zwischen zwei Rippen der Unterlagsplatte und wurde von zwei Klemmplatten und zwei Klemmschrauben, die mit versenktem Kopf in die Stuhlplatte eingriffen, mit *lotrechtem* Druck auf die Stuhlplatte niedergeschraubt. Die drei Schwellenschrauben waren vom Schienenfuß abgerückt, hatten also nicht mehr unter den sägenden, verdrückenden Kräfteangriffen des Schienenfußes zu leiden.

Nur zum Teil findet sich obgenannter Grundsatz durchgeführt bei den *Krempenplatten* preußischer Bauart (Abb. 115 und 116) oder sächsischer Bauart (Abb. 117). Wie Abb. 115 zeigt, wurden die am Schienenfuß

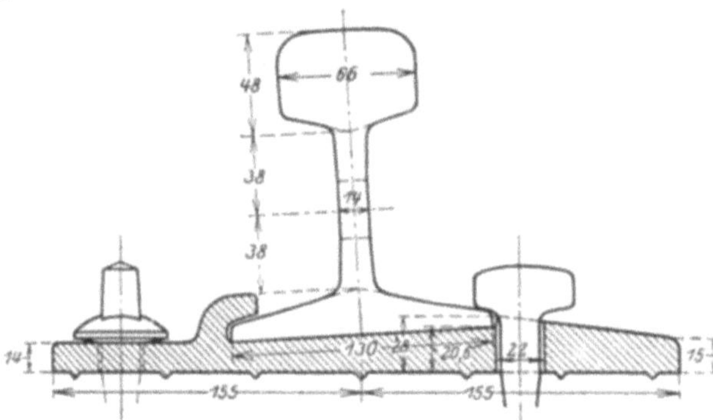

Abb. 117. Krempenplatte, sächsische Bauart

sitzenden Schwellenschrauben genau so ungünstig beansprucht wie bei der gewöhnlichen Unterlagsplatte, außerdem ist in der Krempe auf die Dauer kein fester Schluß zwischen Schienenfuß und Krempe zu erhalten, wie ebenfalls die Abb. 115 zeigt.

Verbesserungen brachten daher Formen nach Abb. 118, denn durch die Spannplatte wird der Schienenfuß in die Krempe gepreßt, also fester Sitz erzielt, und die Schwellenschraube ist etwas vom Schienenfuß abgerückt, wird also etwas mehr geschont werden. Da aber die Spannplatte die Längskräfte doch auf die Schwellenschraube überträgt, wird zufolge Verdrückung dieser Schraube kein so guter Sitz der ganzen Befestigung zu erzielen sein als bei vollkommener Trennung der Befestigungsaufgaben an Klemmschrauben und Schwellenschrauben. Die beste Ausführung der Krempenplatte zeigt Abb. 119, die von der österreichischen Südbahn entworfen und mit gutem Erfolg einige Jahrzehnte verwendet wurde. Der Schienenfuß wird ebenfalls durch eine keilförmige Spannplatte in die Krempe gepreßt. Diese Pressung besorgt hier aber, im Gegensatz zur preußischen Anordnung, eine besondere Klemmschraube mit ähnlichem Sitz in der Unterlagsplatte wie bei der Anordnung nach Abb. 114. Die Be-

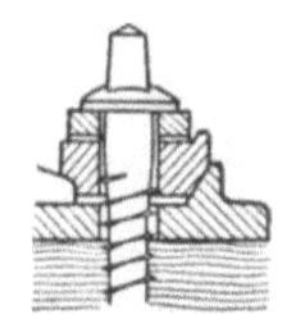

Abb. 118. Pressung des Schienenfußes in der Krempe durch Keilwirkung

festigung der Schiene auf der Unterlagsplatte ist also von der Befestigung der Unterlagsplatte auf der Schwelle, die hier mit Hakennägel durchgeführt ist, vollkommen getrennt. Das Prinzip der Krempe, obwohl bestechend einfach und schraubensparend, hat sich aber in der weiteren Entwicklung nicht durchgesetzt, und zwar wohl deshalb, weil in der Krempe auch bei Verwendung von keilförmigen Spannplatten auf die Dauer kein fester Schluß zwischen Schiene und Unterlagsplatte zu erzielen ist, mit allen Nachteilen, die sich aus der Bildung von Zwischenräumen zwischen den Bauteilen im Oberbau ergeben.

Die Entwicklung der Oberbauformen schreitet also über die Stuhlplatte gemäß Abb. 114 weiter, und zwar drängten folgende Nachteile zu dieser Weiterentwicklung:

1. Der Schienenfuß ist nur lotrecht niedergehalten und kann zwischen den Rippen der Stuhlplatte kleine Bewegungen ausführen (ungünstig wegen Abnützung und unsicherer Lagerung).

2. Die Klemmschrauben müssen von unten eingeführt werden. Wenn daher eine Klemmschraube auszuwechseln ist, müssen alle Schwellenschrauben gelüftet wer-

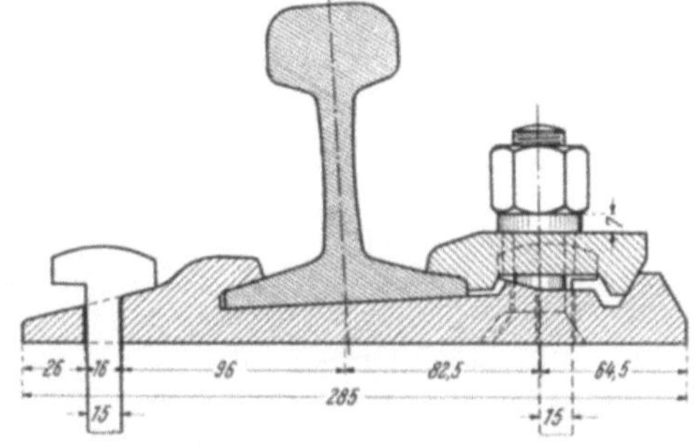

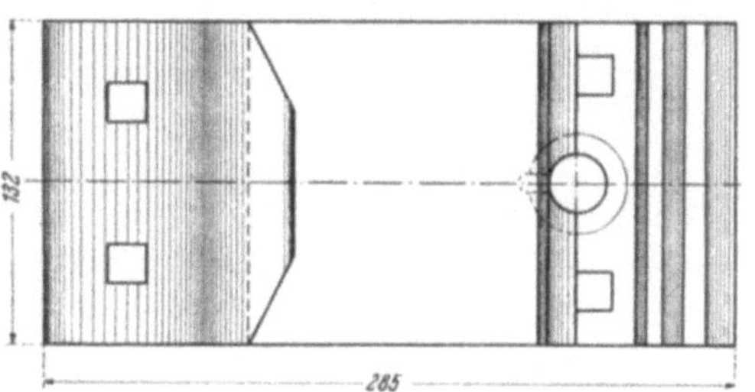

Abb. 119. Krempenplatte der österreichischen Südbahn

den. Auch ist der kegelförmige Kopf der Klemmschraube ungünstig, da die angepreßte Nase gegen das Mitdrehen der Schraube beim Anziehen der Schraubenmutter zu schwach ist, leicht abgeschert wird und dann das Festziehen und Lösen der Mutter sehr erschwert wird.

3. Spurerweiterungen müssen durch entsprechend weites Auseinanderrücken der Stuhlplatten erzielt werden. Man muß daher die Schwellen schon in der Tränkanstalt entsprechend vorbohren und dann als „Schwellen mit Spur-

erweiterung“ bezeichnen oder man befestigt an der Einbaustelle zuerst die
Unterlagsplatten an der Schiene, bohrt dann erst die Schwellen im richtigen
gewünschten Abstand und schraubt schließlich die Unterlagsplatte mit den
Schwellenschrauben auf die Schwellen nieder. Beide Methoden erschweren die
Verlegearbeit.

Die Nachteile 2 und 3 vermeidet der Stuhlplattenoberbau mit Spurerweiterungsbeilagen, die Nachteile 1 und 3 der Spannplattenoberbau von HOHENEGGER.

Der *Stuhlplattenoberbau mit Spurerweiterungsbeilagen* (Abb. 120) wurde bei
der Wiener Stadtbahn eingebaut. Er hat eine Stuhlplatte aus Gußeisen, die mit
drei Schwellenschrauben auf den Schwellen in einer für alle Spurerweiterungen
einheitlichen Entfernung bereits in der Tränkanstalt befestigt werden kann.
An der Baustelle wurden die Klemmschrauben von oben in die Lochungen der

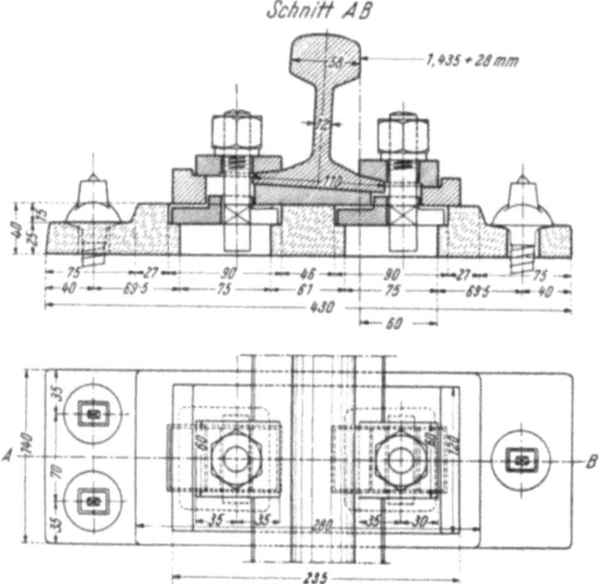


Abb. 120. Stuhlplattenoberbau mit Spurerweiterungsbeilagen

Stuhlplatte eingeführt, um 90° gedreht, die entsprechenden Spurerweiterungsbeilagen eingelegt, die Keilplatte aufgesetzt und schließlich die Schiene mit
den Klemmplatten niedergeschraubt. Die verschiedenen Abmessungen der
Spurerweiterungsbeilagen gestatten Spurerweiterungen in Abstufungen von
4 mm bis zu einer größten Spurerweiterung von 28 mm.

Der Oberbau würde schon recht weitgehend allen Anforderungen entsprechen:
er hat nur einen Nachteil: die Vielteiligkeit. Er ist also teuer und die vielen
Zwischenräume zwischen den Bauteilen bewirken unsicheren Sitz, starke Abnützungen und damit Schlotterigwerden des ganzen Gleisgefüges.

Der *Spannplattenoberbau* (Abb. 121) wurde zuerst von HOHENEGGER auf der
österreichischen Nordwestbahn eingeführt und ist mit kleinen Abänderungen
schließlich die Normalbauart der Form A und B der Österreichischen Bundesbahnen geworden. Abb. 121 zeigt die Befestigung der Schienenform B der

Österreichischen Bundesbahnen, also die oberste Entwicklungsstufe. Der Schienenfuß wird von zwei keilförmigen Klemmplatten fest eingespannt, daher der Name „Spannplattenoberbau". Die Spannplatten werden in einheitlicher Entfernung in der Tränkanstalt auf den Schwellen mit vier Schwellenschrauben befestigt.

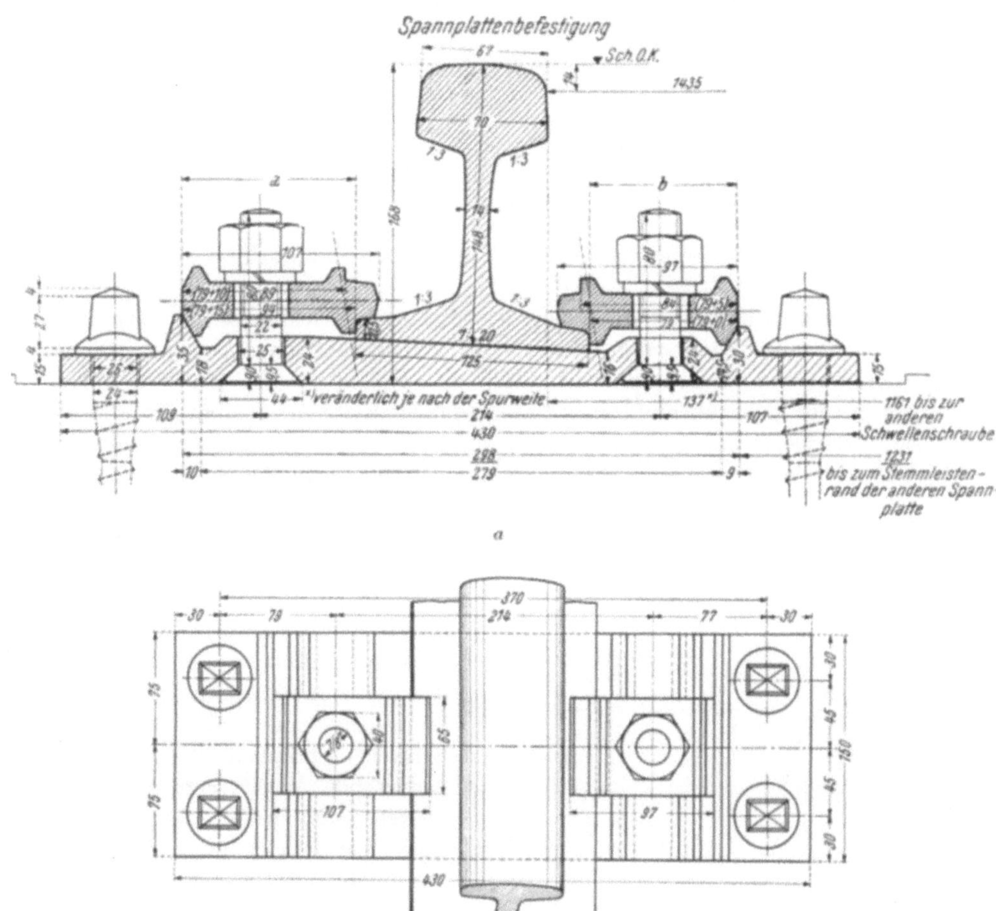


Abb. 121 *a* und *b*. Spannplattenoberbau (Hohenegger)

Die Spurerweiterung wird in einfachster Weise durch Wenden und Vertauschen der inneren mit den äußeren Klemmplättchen erreicht. Durch dieses „Wenden" und „Vertauschen" kann der Schienenfuß von der keilförmigen Einspannstelle vier verschiedene Abstände (*a* bis *d*) bekommen, und zwar

$$79 + \ 0 = 79 \text{ mm}$$
$$79 + \ 5 = 84 \ \text{ ,,}$$
$$79 + 10 = 89 \ \text{ ,,}$$
$$79 + 15 = 94 \ \text{ ,,}$$

wodurch, bei beiden Schienen angewendet, eine Spurerweiterung von 30 mm erzielt werden kann gemäß der Zusammenstellung auf Tab. 14.

*Tabelle* 14

| Spurerweiterung | Linke Schiene | | Rechte Schiene | |
|---|---|---|---|---|
| | a | b | b | a |
| | nach Abb. 121a | | | |
| 0 | 94 | 79 | 79 | 94 |
| 5 | 89 | 84 | 79 | 94 |
| 10 | 84 | 89 | 79 | 94 |
| 15 | 79 | 94 | 79 | 94 |
| 20 | 79 | 94 | 84 | 89 |
| 25 | 79 | 94 | 89 | 84 |
| 30 | 79 | 94 | 94 | 79 |

Die Klemmplättchen müssen so eingebaut werden, daß immer $a + b = 173$ mm beträgt.

Die Klemmschrauben haben bei der letzten Entwicklungsstufe den Kopf nicht mehr als Kegelstumpf, sondern als Pyramidenstumpf geformt. Dieser vierseitige Pyramidenstumpf verhindert das Mitdrehen der Schraube beim Anziehen der Schraubenmutter im Gegensatz zur ersten Ausführung absolut sicher. Es bleibt somit als größter Nachteil der Spannplattenbefestigung die Einführung der Klemmschrauben von unten. Wenn man die Spannplatten in der Tränkanstalt montiert, müssen die Klemmschrauben bereits eingebaut sein. Beim Abladen der Schwelle an der Baustelle können daher die Schraubengewinde der Klemmschrauben verschlagen werden und zum Erneuern der Klemmschrauben muß man alle vier Schwellenschrauben lösen, was eine bedeutende Arbeitsverzögerung bedeutet. Ein zweiter Nachteil der Spannplattenbefestigung ist noch das ungünstige Hebelverhältnis, mit dem die Klemmschrauben auf den Schienenfuß wirken. Da die Klemmschraube vom Schienenfuß *zu weit* absteht, ist die Kraft, mit welcher der Schienenfuß auf die Unterlagsplatte gedrückt wird, vergleichsweise klein, besonders bei den längeren Klemmplättchen.

Diese Nachteile, die Einführung der Klemmschrauben von unten und die kleine Klemmkraft, vermeidet der *Oberbau K*, der auf einen Entwurf der Reichsbahndirektion Dresden zurückgeht und schließlich der Einheitsoberbau der Deutschen Reichsbahn geworden ist (Abb. 122).

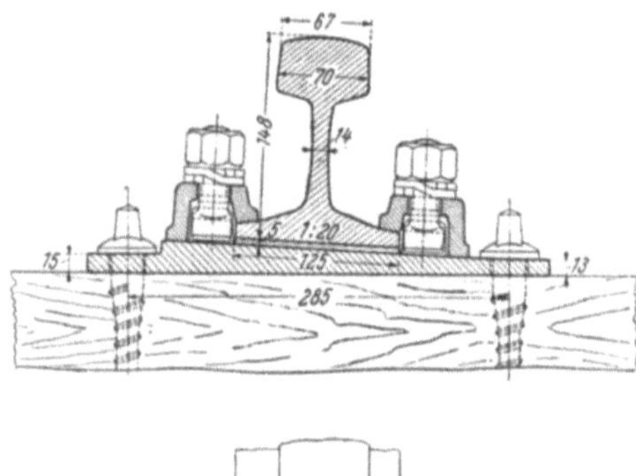

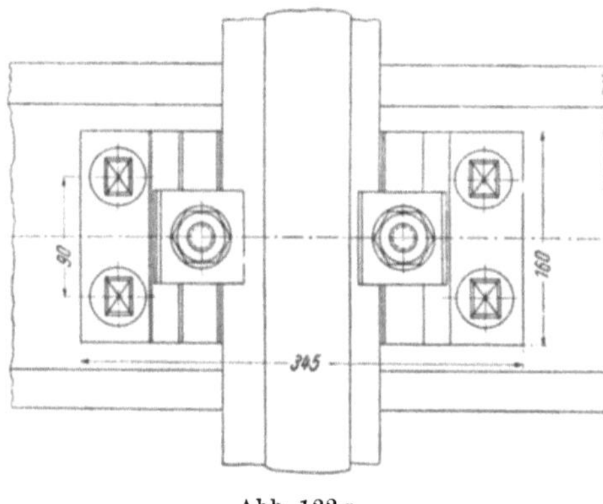

Abb. 122a

Der Reichsoberbau *K* verwendet Stuhlplatten, auf die der Schienenfuß durch Hakenschrauben und Klemmplättchen *lotrecht* niedergedrückt wird, also das gleiche Prinzip wie der Stuhlplattenoberbau gemäß Abb. 114. *Seitlich* wird die

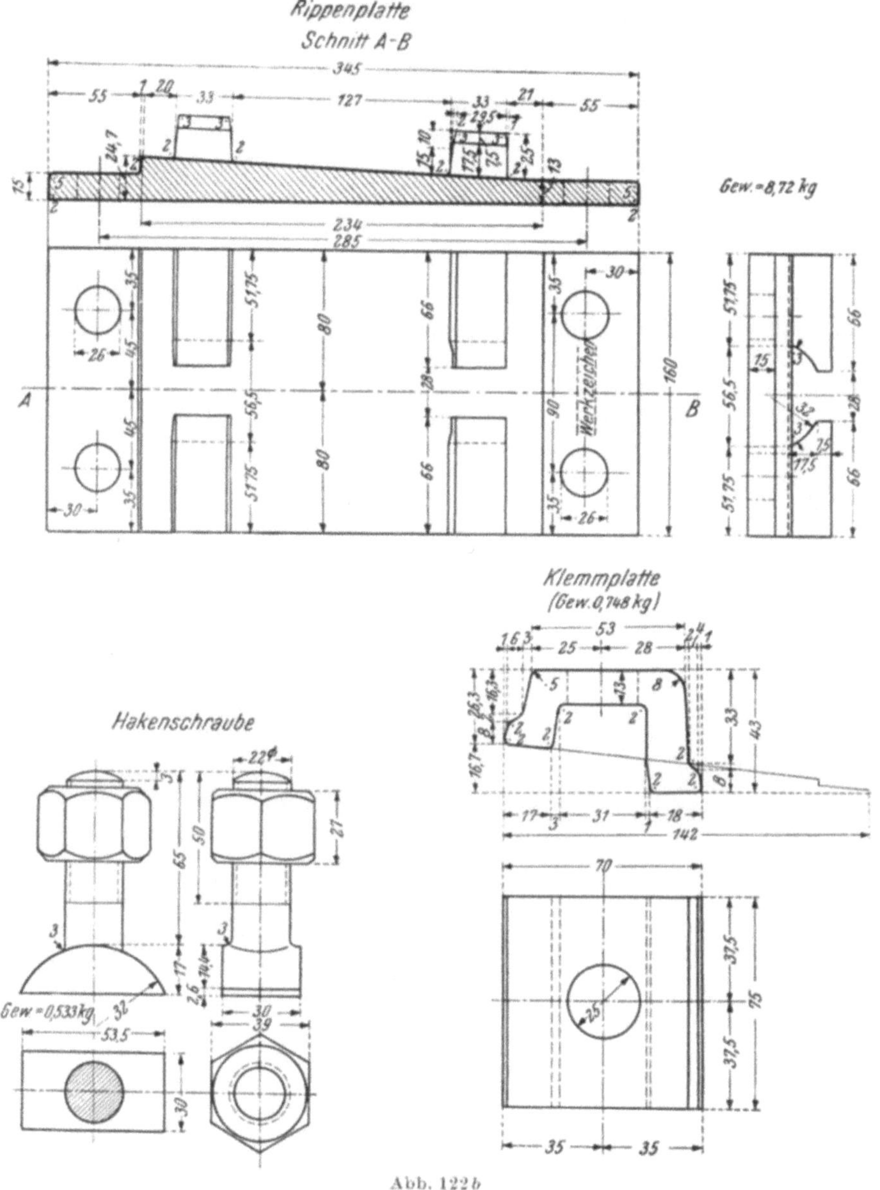



Abb. 122 *a* und *b*. Rippenplattenoberbau der Deutschen Reichsbahn

Schiene durch Rippen der Unterlagsplatte gehalten, zwischen welchen der Schienenfuß (Breite 125 mm) einen Spielraum von 2 mm hat (Entfernung der Rippen 127 mm). Die Unterlagsplatte des Oberbaues K wird daher auch Rippenplatte genannt. Die Hakenschrauben finden ihre Verankerung in Ausnehmungen der Rippen und werden bei der Montage des Oberbaues *an der Baustelle* seitlich in die Ausnehmungen der Rippen eingeschoben; dann werden die Klemmplättchen darübergestülpt, ein Federring aufgesetzt und die Schraubenmutter angezogen.

Die Rippenplatten sind in der Tränkanstalt in dem der Spurweite entsprechenden Abstand mit vier Schwellenschrauben auf den Schwellen befestigt worden. Erforderliche Spurerweiterungen werden durch maßgerechtes Aufschrauben der Rippenplatten auf den Schwellen erzielt. Um die Schwellen mit größerer Spur zu kennzeichnen, werden diese Schwellen mit Schwellenbezeichnungsnägeln (5), (10), (15) gemäß 5, 10 und 15 mm Spurerweiterung versehen.

Die Schienenneigung 1 : 20 wird durch keilförmige Gestaltung der Rippenplatte erzielt. Zwischen Schiene und Rippenplatte wird ein getränktes Pappelholzplättchen von etwa 5 mm Stärke zwecks gleichmäßiger Druckübertragung eingelegt. Das Pappelholzplättchen erhöht auch sehr die Reibung zwischen Schiene und Unterlagsplatte, so daß Verschiebungen zwischen diesen Bauteilen verhindert werden. Dadurch wird der Nachteil der beim Oberbau K fehlenden seitlichen Einspannung der Schiene ausgeglichen.

Der Nachteil, für die Herstellung von Spurerweiterungen besonders gelochte Schwellen bereitstellen zu müssen, ist nur dann nicht von ausschlaggebender Bedeutung, wenn Spurerweiterungen selten ausgeführt werden müssen, wie dies nach den Vorschriften der Deutschen Reichsbahn der Fall ist (Spurerweiterungen erst bei Halbmessern unter 300 m und nur drei Abstufungen, 5, 10 und

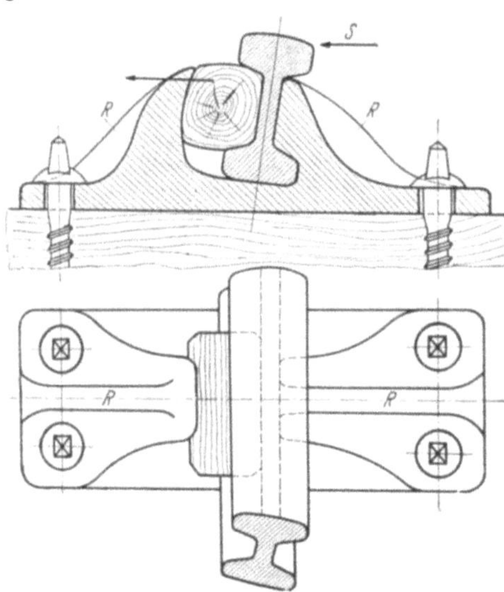



Abb. 123. Stuhlschienenoberbau

15 mm). Der Vorteil der einfachen Befestigung mit Klemmschrauben, die von oben einzuführen sind, überwiegt dann weit die Nachteile, so daß der Oberbau K wohl als eine der besten derzeit in Verwendung stehenden Oberbauarten angesprochen werden kann.

Als letztes Beispiel einer Befestigung der Schienen auf Holzschwellen sei noch der *Stuhlschienenoberbau* (Abb. 123) besprochen, dessen Formgebung auf Robert Stephenson zurückgeht und in England bis heute nahezu ausschließlich verwendet wird.

Die Stuhlschiene ist eine Doppelkopfschiene mit einem stärkeren Fahrkopf und einem schwächeren Lagerkopf. Die beiden Köpfe gleich groß auszubilden, um die Schiene nach Abnützung des einen Kopfes umzudrehen und dann den anderen Kopf befahren zu können, hat sich als untunlich herausgestellt, weil sich die Schiene an den Lagerstellen abnützt und dadurch eine unebene Fahrfläche entsteht.

Um der an sich wenig standfesten Schiene die nötige Standfestigkeit zu geben, wird sie in einen gußeisernen Stuhl eingebettet und in diesem durch einen Holzkeil festgehalten. Der Keil ist ein nahezu prismatischer Holzkörper, der von der Seite eingeschlagen wird und die denkbar einfachste Befestigung der Schiene auf dem Stuhl darstellt. Der Schienenstuhl legt sich auf der Gleisinnenseite in die Laschenkammer, auf der Gleisaußenseite öffnet er sein „Maul" so weit, daß der Lagerkopf mit reichlichem Spiel von oben eingelegt werden kann. Ein- und Ausbau der Schienen ist daher ebenfalls denkbar einfach. In der Stuhlmitte sind Verstärkungsrippen angebracht, um den Stuhl gegen die Seitenkräfte, die vom Schienenkopf über den Keil möglichst elastisch auf den Stuhl übertragen werden, ausreichend biegungssteif zu machen.

Bedingung für die Bewährung dieses Oberbausystems ist ein gleichmäßig feuchtes Klima, weil im trockenen Klima trotz Tränken der Keile und Sieden in Leinöl das Schrumpfen nicht verhindert werden kann und mit dem Lockerwerden der Keile der Bestand dieses Oberbaues in Frage gestellt ist.

England hat feuchtes ozeanisches Klima, daher hat sich der Stuhlschienenoberbau in England, durch die mehr als hundertjährige Entwicklung des Eisenbahnoberbaues nahezu unverändert geblieben, auf das beste bewährt. Gleichmäßige Feuchtigkeit herrscht auch in längeren Tunnelstrecken, weshalb in solchen Tunnelstrecken auch bei uns der Stuhlschienenoberbau mit Vorteil angewendet wird, weil das Fehlen von Kleineisenzeug, das im Tunnel stark der Verrostung ausgesetzt ist, ihn dort besonders geeignet macht.

Zusammenfassend folgen die Vor- und Nachteile des Stuhlschienenoberbaues. Vorteile:

1. Sichere Lagerung der Schienen und elastische Ableitung der Seitenkräfte über den Holzkeil auf den Schienenstuhl.

2. Große Lagerfläche des Stuhles und daher Schonung des Schwellenholzes.

3. Geringe Beanspruchung der Befestigungsmittel, die den Stuhl auf die Schwellen pressen, weil sie weit abstehend von der Schiene wirken.

4. Einfache Bauart, die insbesondere den Ein- und Ausbau der Schienen sehr erleichtert.

5. Möglichkeit der Vollschotterung des Gleises an den Außenseiten bis zur Höhe der Schienenoberkante, weil keine Klemmschrauben nachzuziehen sind, dadurch größere Seitenfestigkeit des Gleises.

6. Das große Gewicht des Oberbaues und damit verbunden die ruhige Lage in der Bettung.

Als Nachteile sind zu nennen:

1. In einem Klima mit großen Feuchtigkeitsschwankungen ist der Stuhlschienenoberbau wegen der Lockerung der Keile schlechter verwendbar.

2. Die Stuhlschienen haben eine kleine Lagerfläche und nutzen sich daher an den Auflagerstellen mehr ab als Breitfußschienen.

3. Die Anschaffungskosten sind zufolge des größeren Gewichtes hoch, werden aber durch geringere Unterhaltungskosten zum Teil ausgeglichen.

Zum Abschluß der Ausführungen über die Befestigung der Schienen auf Holzschwellen sei noch ein Blick nach Amerika getan. Dort hat sich trotz hoher Anforderungen an den Oberbau zufolge der immer höher anwachsenden Achslasten die einfache Nagel- und Schraubenbefestigung, zumeist sogar ohne Unterlagsplatten (dafür aber mit breiterem Schienenfuß), bis in die jüngste Zeit gehalten, und zwar mit der Begründung, daß eine Befestigung mit Klemmschrauben unserer Bauart sich als zu starr erwiesen hätte, während der Nagel, am Schienenfuß wirkend, eine gewisse elastische Nachgiebigkeit gewährleistet, die in der Praxis nicht entbehrt werden könne.

Dieser Grundgedanke liegt auch einer Befestigung zugrunde, die RÜPING als Federnagel (Abb. 124) herausgebracht hat. Der Federnagel wird aus einem Band von Federstahl gebogen, gehärtet und federhart angelassen. Der Federnagel wird beim Einbau nach Berührung seines Kopfes mit dem Schienenfuß noch etwa 10 mm eingetrieben, wodurch eine elastisch nachgiebige Verspannung der Gleisteile erreicht wird, die auch durch Eintrocknen oder Verpressen des Holzes nicht leidet.

Größere Verbreitung hat diese Nagelbefestigung aber nicht gefunden, wohl wegen der großen Verdrehungsbeanspruchungen, die der Nagel beim Wandern der Schienen auszuhalten hat, so daß den geringeren Anschaffungskosten gegenüber Spannplattenbefestigungen höhere Erhaltungskosten gegenüberstehen.

Damit ist gezeigt, daß das Problem der Schienenbefestigung schließlich auf ein wirtschaftliches hinausläuft und diejenige Befestigung am besten sein wird, bei welcher die Summe aus Anschaffungs- und Erhaltungskosten ein Minimum wird. Unbeschadet dessen aber ist zu sagen, daß wirtschaftliche Probleme sich letzten Endes immer wieder auf technische zurückführen lassen müssen, weil die Wirtschaftlichkeit sich von selbst einstellt, wenn eine Konstruktion oder ein Produktionsprozeß richtig und mit möglichst wenig Mängeln behaftet ist.

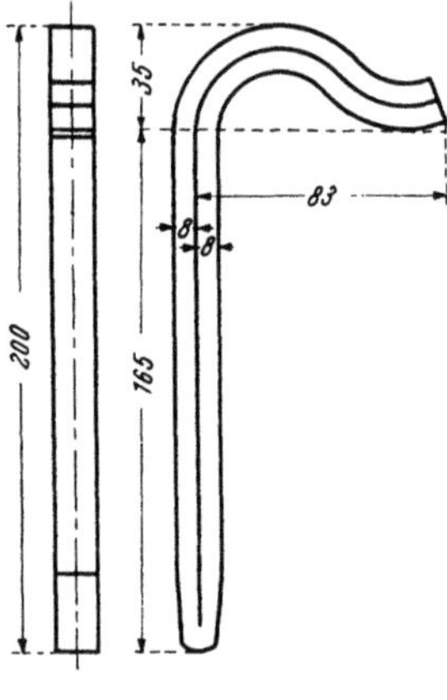
Abb. 124. Federnagel von RÜPING

## II. Die Befestigung der Schienen auf Stahlschwellen

Schon bei der Besprechung der Stahlschwellen wurde darauf hingewiesen, daß alle älteren Bauweisen, die zur Aufnahme der Befestigungsmittel die Schwellendecke lochten, von der neuen Bauweise, bei der eine Unterlagsplatte mit der ungelochten Schwellendecke verschweißt wird, überholt sind, daher alle älteren Befestigungsarten nur mehr geschichtliches Interesse haben und schon deshalb nur kurz gestreift werden sollen, weil die heutige Befestigungsart keine Fortentwicklung der älteren Bauarten darstellt, sondern mit jähem Abbruch der Entwicklung an die Befestigung der Schienen auf Holzschwellen anknüpft, die ja ausführlicher behandelt worden ist. Sämtliche älteren Bauweisen haben zur Verankerung der Klemmschrauben die Schwellendecke gelocht. Da die Schwellen am Schienenauflager hohen Biegewechselspannungen ausgesetzt sind, waren diese Lochungen der Ausgangspunkt von Rissen in der Schwellendecke, die naturgemäß um so häufiger auftraten, je schwächer die Schwellen waren. Die mehr oder weniger gute Bewährung der verschiedenen Befestigungsarten war daher oft weniger der Befestigung selbst als der Stärke der verwendeten Schwelle zuzuschreiben.

Dies gilt besonders für den Oberbau von ROTH und SCHÜLER der badischen Staatsbahnen (Abb. 125), der dann später als Reichsbahnoberbau B bei der

deutschen Reichsbahn in Verwendung stand. Nachteilig ist das Einführen der Schrauben von unten und die fehlende seitliche Einspannung des Schienenfußes.

Beim oldenburgischen Oberbau [112], der später als Reichsoberbau O von der Deutschen Reichsbahn eingebaut wurde (Abb. 126), ist die Schiene, ähnlich der Bauart HOHENEGGER, seitlich fest verspannt. Die im rotglühenden Zustand herausgepreßten Querrippen lassen aber an Genauigkeit der Herstellung zu wünschen übrig.

Die einfachste Lösung der Befestigung der Schienen auf Stahlschwellen sind die rheini-

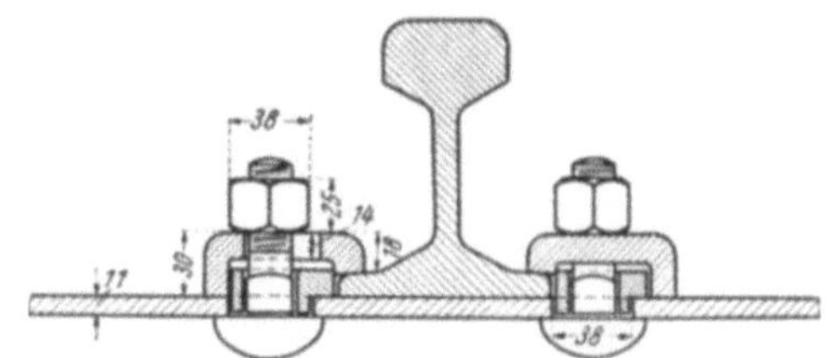

Abb. 125. Stahlschwellenoberbau ROTH und SCHÜLER

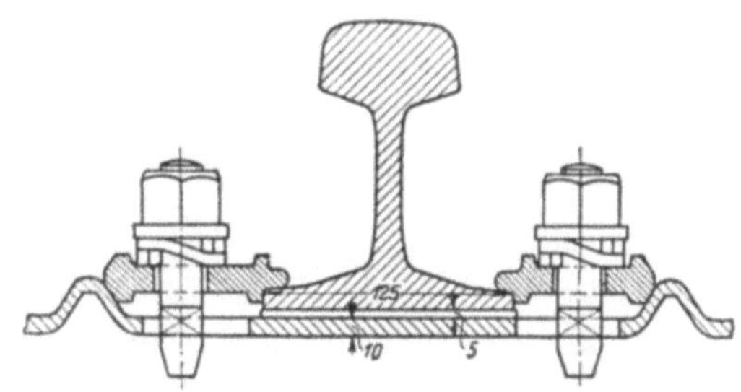

Abb. 126. Stahlschwellenoberbau Oldenburg

schen Klemmplättchen, die von der Schweizerischen Bundesbahn sehr viel verwendet wurden und 1949 auch von den österreichischen Bundesbahnen

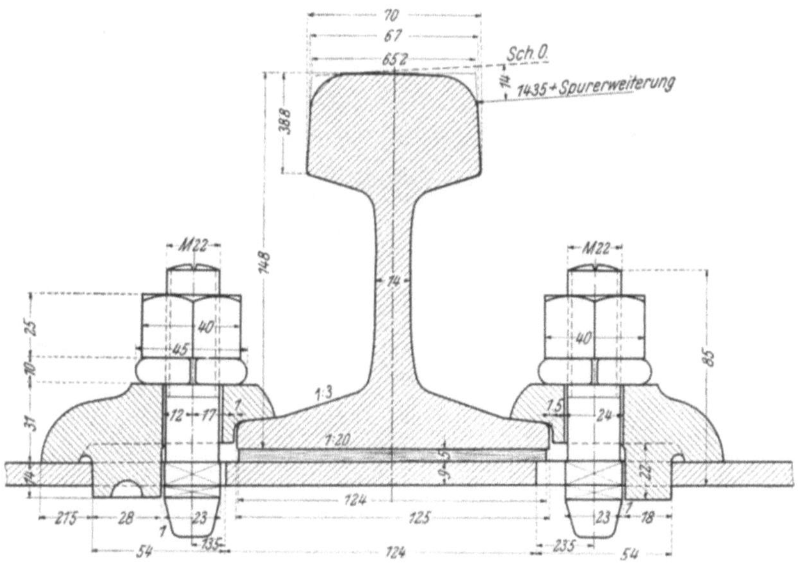

Abb. 127. Stahlschwellenoberbau Rheinische Klemmplättchen. (Österreichische Bundesbahnen 1949)

(Abb. 127) als Ersatz für den derzeit nicht zur Verfügung stehenden Oberbau K gebaut werden. Wesentlich vielteiliger ist die Befestigung HEINDL (Abb. 128), die eine Unterlagsplatte, Spurerweiterungsbeilagen und Klemmplättchen mit

8*

Hakenschrauben verwendet.  Sie stand in Österreich, Bayern und Württemberg
viel in Verwendung. Ihr Nachteil ist die Vielteiligkeit, hingegen sind die Schrauben von jeder waagrechten Kräfte-
wirkung entlastet, was bei den rheini-
schen Klemmplättchen nicht der Fall ist.

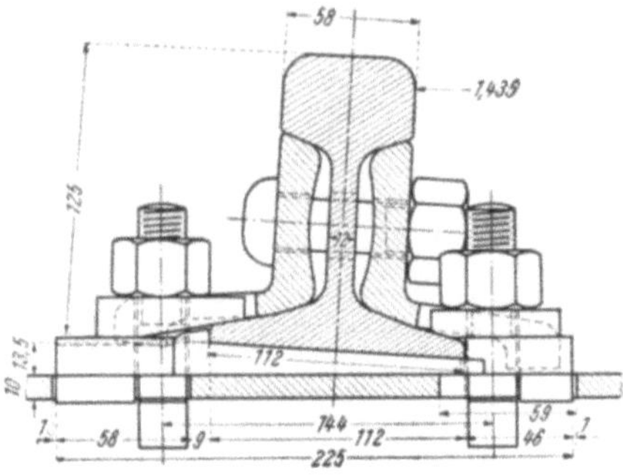

Abb. 128. Stahlschwellenoberbau HEINDL

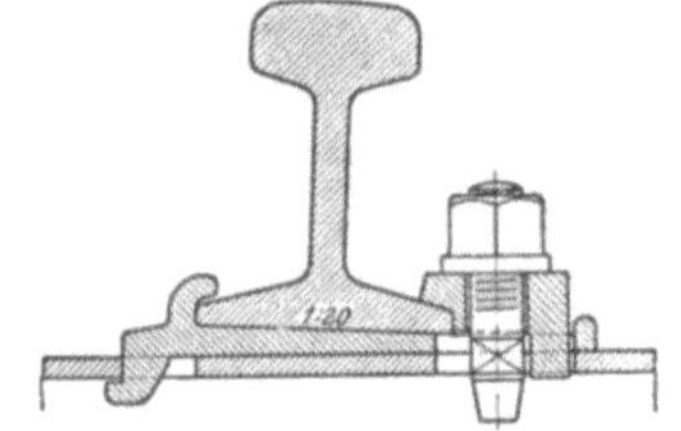

Abb. 129.   Stahlschwellenoberbau  HAARMANN,
älteste Form

In Preußen wurde von HAARMANN die Hakenplattenbefestigung entwickelt
(Abb. 129); alle Platten hatten eine Krempe, zuerst ohne seitliche Einspannung
(Abb. 129), dann mit seitlicher Einspannung (Abb. 130); bei der Ankerplatte
(Abb. 131) erfolgt die Verlegung der
Lochung für die Verankerung an eine Stelle,
wo das Biegemoment in der Schwelle schon
geringer war, und schließlich vermeidet die
Rippenleistenschwellenbefestigung auch
die Lochung für die Ankerschrauben, indem

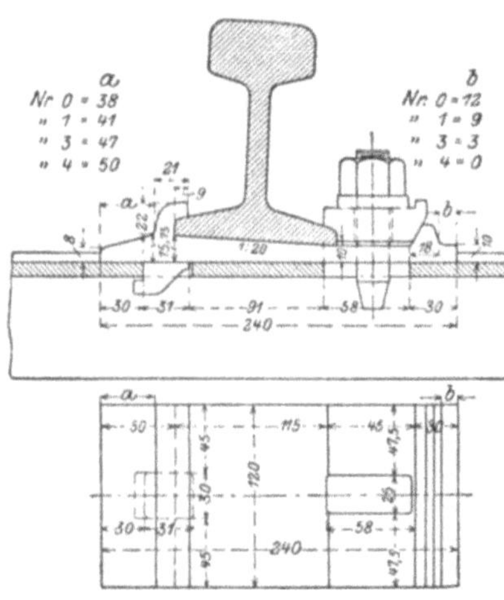

Abb. 130.  Stahlschwellenoberbau HAARMANN,
mit keilförmigen Klemmplättchen

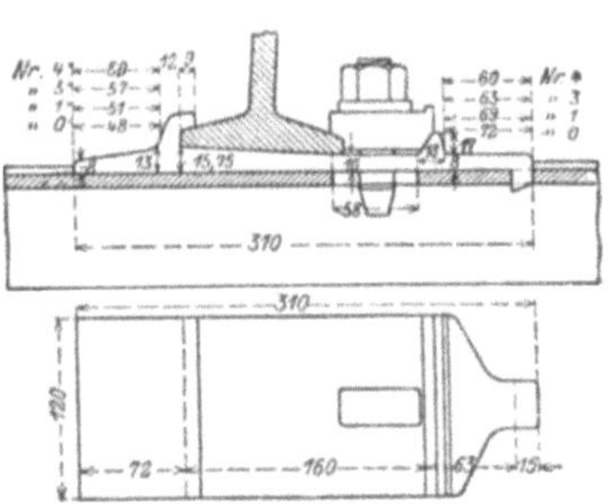

Abb. 131. Stahlschwellenoberbau HAARMANN, ohne
Lochung der Schwellendecke unter der Krempe

hier durch ein Bauelement von recht verwickeltem Aufbau die Anpressung
der Schiene an die Schwelle mit Hilfe der Rippenleisten dieser Schwelle
besorgt wird.

Da das Prinzip der Krempe aus den gleichen Gründen wie bei der Befestigung
auf Holzschwellen auch bei der Schienenbefestigung auf Stahlschwellen sich
nicht durchsetzen konnte, überdies bei dem wohl richtigen Streben, die Schwellenlochung zu vermeiden, die Bauarten immer verwickelter werden, schieden auch
die HAARMANNschen Hakenplatten als Grundlage für die weitere Entwicklung aus.

*Allen* Befestigungsarten war gemeinsam die wünschenswerte Eigenschaft,
mit nur *einer* Art der Schwellenlochung durch *verschiedene* Abmessungen der

Klemmplättchen oder besonderer Beilagestücke die notwendigen Spurerweiterungen herstellen zu können.

Bei Einführung des Reichsoberbaues K auf Stahlschwellen wurde mit der bisherigen Entwicklung vollkommen gebrochen, indem die für die Befestigung auf Holzschwellen verwendete Rippenplatte samt ihrem Zugehör einfach auf die Stahlschwelle übertragen wurde. Die Rippenplatte hat nur eine der Befestigung auf Stahlschwellen entsprechende andere Form bekommen (Abb. 132), die Dicke wurde über die ganze Platte mit 9 mm gewählt, die Schienenneigung wird somit durch Kröpfen der Schwelle erzielt, die Lochung der Schwellendecke entfällt und die Rippenplatte wird mit der Schwelle durch Lichtbogenschweißung verbunden. Die Befestigung auf Stahlschwellen ist somit der Befestigung auf Holzschwellen angeglichen worden, es kommen dieselben Hakenschrauben und Klemmplättchen zur Verwendung, was bedeutende Einsparungen für die Lagerhaltung von Einzelteilen bringt.

Da die Lochung der Schwellendecke nicht mehr nötig ist, kann angenommen werden, daß nunmehr die Stahlschwellen von Rissebildungen weitestgehend verschont bleiben und die Stahlschwellen daher künftig die Lebensdauer der Holzschwellen übertreffen werden.

Wie bei der Befestigung auf Holzschwellen wird entgegen allen vorangegangenen Bauarten der Stahlschwellenbauten auf die Herstellung der Spurerweiterung durch besondere Beilagen verzichtet, sondern die Spurerweiterung wird durch entsprechendes Verschweißen der Rippenplatten mit der Schwelle erzielt und die Schwellen mit Spurerweiterung mit „Tupfen“, ein, zwei oder drei Tupfen, entsprechend einer Spurerweiterung von 5, 10 oder 15 mm bezeichnet.

Dieses Verfahren ist aber nur dann praktisch brauchbar, wenn vergleichsweise selten Spurerweiterungen notwendig werden, wie dies bereits bei der Besprechung der Befestigung des Oberbaues K auf Holzschwellen festgehalten wurde.

Sollte die Erfahrung dazu drängen, wieder Spurerweiterungen in größerem Ausmaß zu verwenden, dann wäre es möglich, daß man auch bei der Befestigung der Schienen auf Holz- und Stahlschwellen wieder neue Wege geht oder zu früher begangenen zurückkehrt.

Über neue Wege in anderer Hinsicht (abgehen von der Schraube als Befestigungsmittel) berichtet Bäseler [107]. Er kommt in Verfolgung dieser neuen Zielrichtungen zum „Selbstspannoberbau“ [108], bei dem der Schienenfuß durch „Einklinken“ mit Selbsthemmung in der Unterlagsplatte verspannt ist. Noch einen Schritt weiter und der Schienenfuß wird mit der Stahlschwelle verschweißt [109]. Ein Zwischenglied bildet der Blattfedernoberbau von Rüping [111], bei dem der Schienenfuß durch Blattfedern, die sich gegen eine Rippe der Unterlagsplatten abstützen, auf die Schwelle niedergepreßt wird. (Die Federn dienen hier nicht zur „Stützung“ der Schiene wie bei Wirth, sondern als elastisch nachgiebiges Befestigungsmittel mit demselben Ziel wie der Federnagel bei der Befestigung der Schienen auf Holzschwellen.)

Alle diese Konstruktionen haben bis jetzt keine weitere Verbreitung gefunden und es bleibt abzuwarten, ob sich der eine oder andere Grundgedanke in Zukunft noch durchsetzen wird.

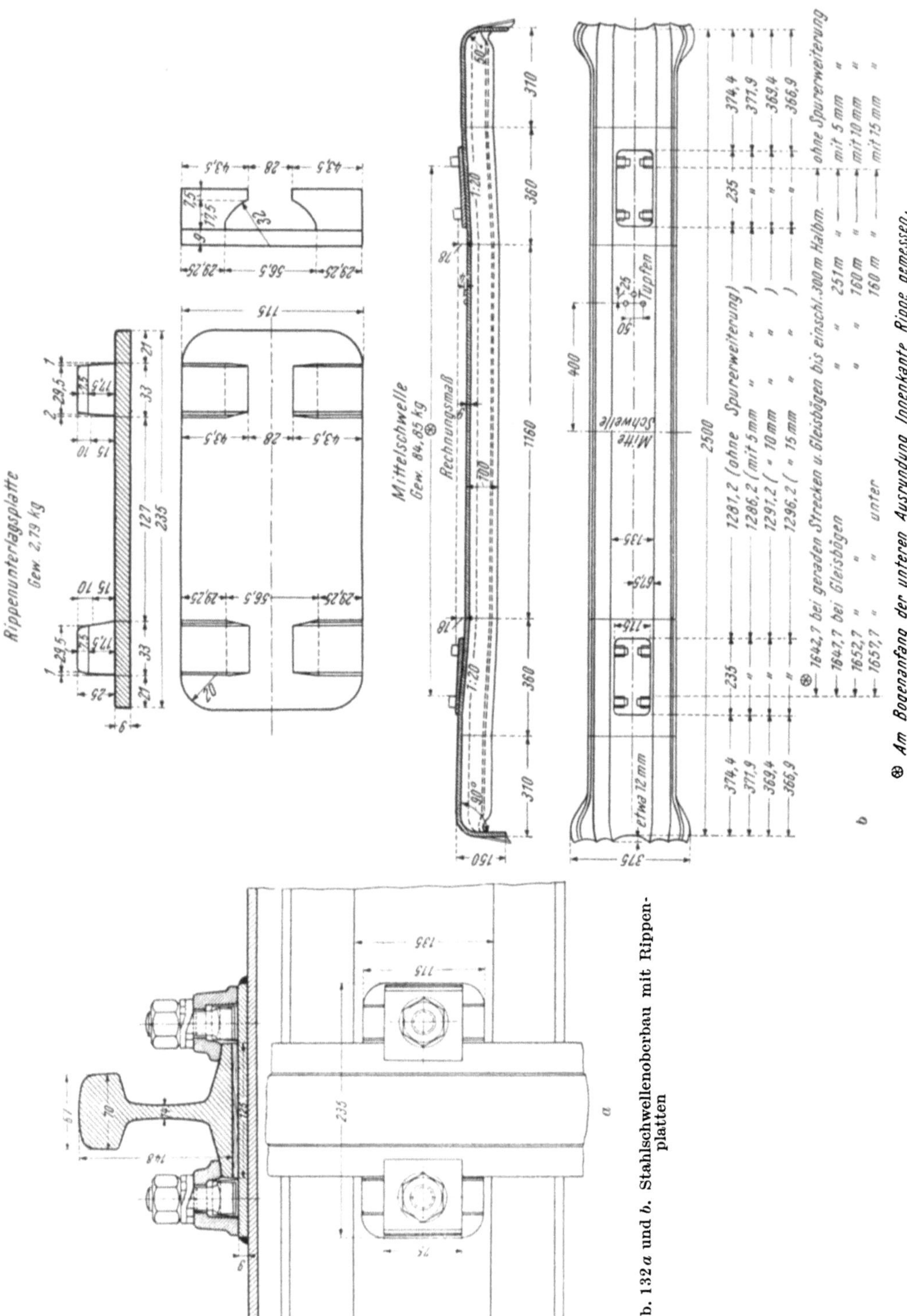

Abb. 132 *a* und *b*. Stahlschwellenoberbau mit Rippenplatten

## III. Die Befestigung der Schienen auf Stahlbetonschwellen

Über die Befestigung der Schienen auf Stahlbetonschwellen wurde bereits bei Besprechung der Stahlbetonschwellen das Wichtigste gesagt. Neben der Rißbildung ist die nicht befriedigende Schienenbefestigung bis jetzt hauptausschlaggebend für die noch geringe Verbreitung der Stahlbetonschwelle gewesen.

Einbetonierte Stahlhülsen oder Stahlbügel erwiesen sich als zu starr, der Beton bröckelte aus. Am besten scheinen noch einbetonierte Holzdübel zu sein, in die normale Schwellenschrauben in vorgebohrte Löcher eingeschraubt werden. Diese Art der Befestigung verwenden sowohl die ungarischen Staatsbahnen als auch die Großversuche der Deutschen Bundesbahnen, die schon während des Krieges von der ehemaligen Deutschen Reichsbahn, begonnen wurden.

Die Ergebnisse dieser Versuche werden erst in etlichen Jahren Schlüsse für die Weiterentwicklung der Stahlbetonschwelle zulassen.

# F. Stoßausbildung

## I. Der Laschenstoß

Das Wort Schienenstoß hat im Oberbau eine doppelte Bedeutung:

a) Es ist die Stelle, an der zwei Schienen aneinanderstoßen.

b) Zwischen Fahrzeug und Gleis tritt an diesen Stellen ein Stoß im Sinne der Mechanik auf.

Wie im Brückenbau deckt man den Stoß durch *Laschen*, um an der Stoßstelle das Biegemoment, mit dem der Langträger gebogen wird, von den Laschen aufnehmen zu lassen. Während aber im *Brückenbau* die *Kräfteübertragung* zufolge des dichten Schlusses zwischen den Blechen eine vollkommene ist, gelingt es im Oberbau nicht, der Stoßdeckung eine ähnliche Vollkommenheit zu verleihen, und die Folge davon ist das Auftreten von Stößen im Sinne b).

Der Mangel, daß die Fahrzeuge beim Übergang über die gestoßenen Schienen „stoßen", fällt jedem auf, der mit der Eisenbahn fährt; daher die Unzahl von Vorschlägen, Erfindungen und Patenten, diesem Mangel abzuhelfen.

Der Laschenstoß ist aber trotz aller Bemühungen von berufener Seite als auch durch oft ganz grotesk anmutende Erfindungen von Laien *unvollkommen* geblieben und wird es für immer bleiben, da die beiden Forderungen, freie Bewegung der Schienenenden und vollkommen dichter Schluß zwischen Schiene und Lasche, wegen der Abnützung zwischen beiden Teilen nicht gleichzeitig erfüllt werden können.

### 1. Allgemeine Stoßanordnung

Nach der Lage der Schienenstöße im Gleis unterscheidet man

a) den Gleichstoß (Abb. 133a),

b) den Wechselstoß (Abb. 133b).

In Europa wird allgemein der Gleichstoß verwendet. Amerika will auch mit dem Wechselstoß gute Erfahrungen gemacht haben, denn beim Wechselstoß ist die Senkung des Wagenkastenschwerpunktes nur halb so groß als beim Gleichstoß; der Wechselstoß hat aber den Nachteil, daß je Gleisfeld mehr Schwellen gebraucht werden, wenn, wie üblich, die Schwellen in der Umgebung des Stoßes näher aneinandergerückt werden; auch besteht die Möglichkeit des Aufschaukelns von seitlichen Schwankungen der Fahrzeuge, wenn bei einer bestimmten Fahr-

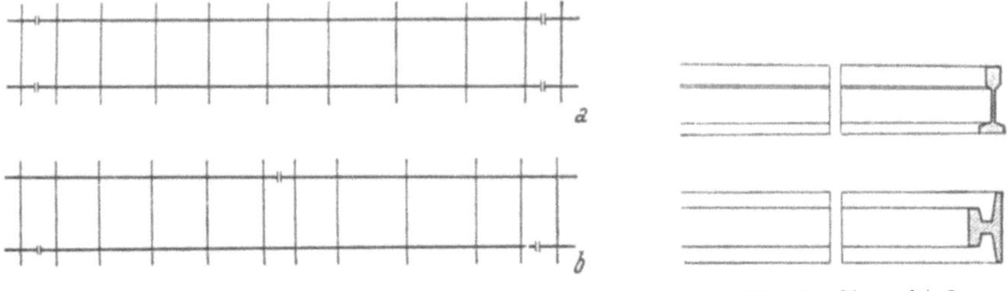

Abb. 133. Gleichstoß und Wechselstoß                    Abb. 134. Stumpfstoß

geschwindigkeit die abwechselnd links und rechts wirkenden Stöße mit der Eigenschwingung der Fahrzeuge in einem entsprechenden Verhältnis stehen.

Nach der Ausbildung der Schienenenden unterscheidet man:

a) den Stumpfstoß (Abb. 134),
b) den Schrägstoß (Abb. 135),
c) den Blattstoß (Abb. 136).

Heute wird allgemein nur der Stumpfstoß verwendet, da die anderen Ausführungen zu großen Flächenpressungen zwischen Rad und Schiene führen, die Ausbröckelungen der Schienenkopf-kanten zur Folge haben. Beim Blatt-

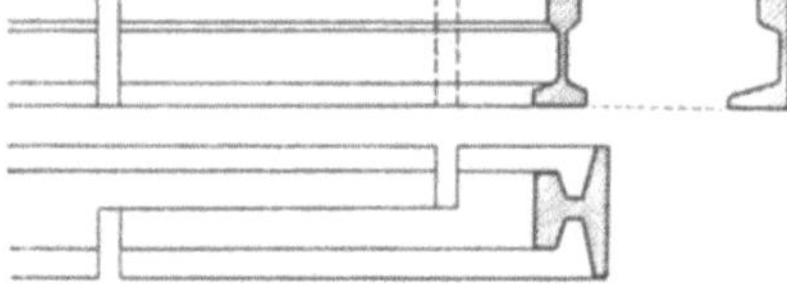

Abb. 135. Schrägstoß                        Abb. 136. Blattstoß

stoß wird überdies der gespaltene Schienensteg zu schwach, so daß es an den Stellen der plötzlichen Querschnittsänderung zu Blattbrüchen kommt.

Nach der Lage der Stoßstelle zu den anliegenden Stoßschwellen unterscheidet man:

a) den festen oder ruhenden Stoß (Abb. 137),
b) den schwebenden Stoß (Abb. 138).

Im Laufe der Entwicklung hat man zwischen diesen beiden Ausführungsarten ständig hin- und hergeschwankt, bis man heute zu einer Mittellösung gekommen

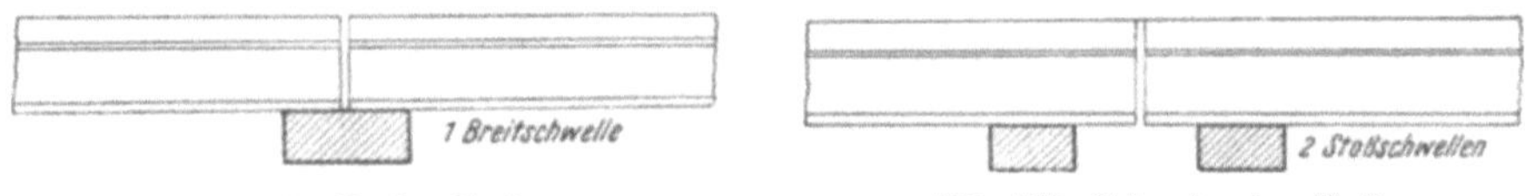


Abb. 137. Fester Stoß                       Abb. 138. Schwebender Stoß

ist, die die Vorteile beider Bauarten vereinigen soll. Über die Vor- und Nachteile der beiden Stoßarten wird im Zusammenhang mit der Wirkung der Laschen gesprochen werden.

## 2. Die Wirkung der Schienenlaschen

Die Laschen haben die Aufgabe,

a) die Schienenenden so zu verbinden, daß die Stetigkeit der Fahrkante sowohl lotrecht als auch waagrecht erhalten bleibt;

b) von der unterbrochenen Schiene das Biegemoment zu übernehmen (diese Aufgabe hat die Lasche auch beim festen Stoß, denn nur bei unnachgiebigen Stützen wäre an der Stelle des Auflagers das Moment Null, während bei nachgiebigem Untergrund das zu übernehmende Biegemoment um so größer wird, je kleiner die Unterlageziffer ist).

Diese beiden Aufgaben erfüllen die Laschen nur unvollkommen und die Folge davon sind die Stöße zwischen Fahrzeug und Gleis, die mit Zunahme der Fahrgeschwindigkeit zu großen zusätzlichen Beanspruchungen führen, so daß Schienenbrüche zum größten Teil in der Nähe der Stoßstellen entstehen. Es hat daher nicht an Vorschlägen gefehlt, die Berechnung des Oberbaues auf der Berechnung des *schwächsten* Teiles, des Schienenstoßes, aufzubauen. Diese grundsätzliche Abkehr von der bisherigen Berechnungsweise, an der auch in diesem Buch festgehalten wurde, hätte den Nachteil, daß diese Berechnung, sich auf einen *mangelhaften* Teil des Gestänges stützend, den Blick in die Zukunft verbauen würde, in der der Stoß nicht dieser mangelhafte Teil, insbesondere aber nicht der schwächste Teil bleiben muß. Das soll natürlich nicht hindern, sich von den Beanspruchungen, die in dem bis nun mangelhaftesten Teil des Oberbaues unter Umständen je nach der Größe der Mangelhaftigkeit auftreten können, Rechenschaft abzulegen.

Versuche der Berechnung des Schienenstoßes finden sich bei ZIMMERMANN [29], PÖSENTRUP [*117*], MITJUSCHIN [*116*] u. a.

Von keiner aber kann man sagen, daß sie auch nur eine angenäherte Schätzung der am Schienenstoß auftretenden Spannungen ermöglicht. Einerseits ist das Stoßproblem äußerst verwickelt, anderseits müssen Annahmen hinsichtlich der Wirkung der Laschen (Klemmkraft der Schrauben, Spielräume zwischen Lasche und Schiene u. a. m.) gemacht werden, so daß nach dem derzeitigen Stand der Wissenschaft jede Rechnung nur beschränkten Wert besitzt und daß man hinsichtlich Bewährung der Stoßverbindungen eben auf die Erfahrung angewiesen ist. Die Erfahrung lehrt nun zunächst hinsichtlich der Ursachen der Entstehung des Stoßes folgendes:

Der Stoß wird durch drei Erscheinungen verursacht:

1. *Die Stoßlücke.* Beim Stumpfstoß fällt das Rad in die Stoßlücke mit einer Fallhöhe $f$ (Abb. 139), die bei kleinen Stoß-

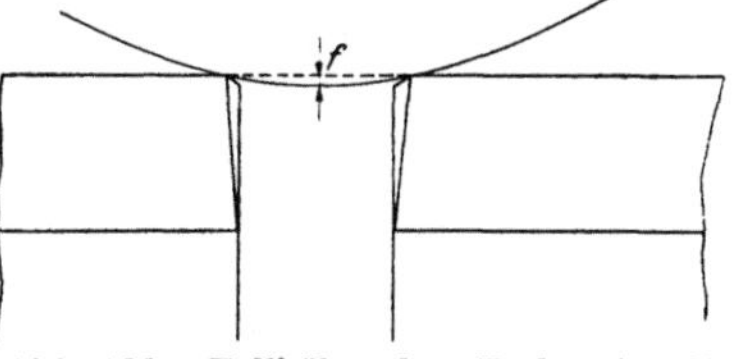

Abb. 139. Fallhöhe des Rades in die Stoßlücke

lücken (z. B. 4 mm) so gering ist (bei 1000 mm Raddurchmesser und einer Schienenabfasung von 2 mm ist diese Fallhöhe $f = 0{,}008$ mm), daß diese Stöße bei neu verlegten Gleisen mit gut passenden Laschen nur als ganz leises Ticken empfunden werden. Erst bei einer Stoßlückenweite von 15 bis 20 mm werden diese Stöße stärker fühlbar.

2. *Die Stufenbildung.* Die Ablaufschiene senkt sich bei unverlaschten Schienen oder bei schlecht passenden Laschen unter der Radlast mehr als die unbelastete

Anlaufschiene, es entsteht eine *Stufe*, an die das Rad stößt. Diese Stufe entsteht nicht nur beim schwebenden Stoß (wo sie selbstverständlich erscheint), sondern auch beim Ruhestoß durch ungleichmäßige Belastung und Verdrehung der Stoßschwelle (Abb. 140).

3. *Die Knickbildung*. Die ungestoßene Schiene verformt sich beim Übergehen der Last in einer stetig fortschreitenden Welle, wobei das Rad bei gleichbleibender Unterlageziffer seine Höhenlage nicht ändert und daher eine der Höhe nach geradlinige Bahn beschreibt. (Für die Langschwelle gilt dies theoretisch streng, für die Querschwelle zufolge der Trägheit der Massen nahezu ebenso genau.) Am Stoß sind die Laschen zufolge ihrer begrenzten Länge und der unvermeidlichen Spielräume in der Laschenkammer nicht

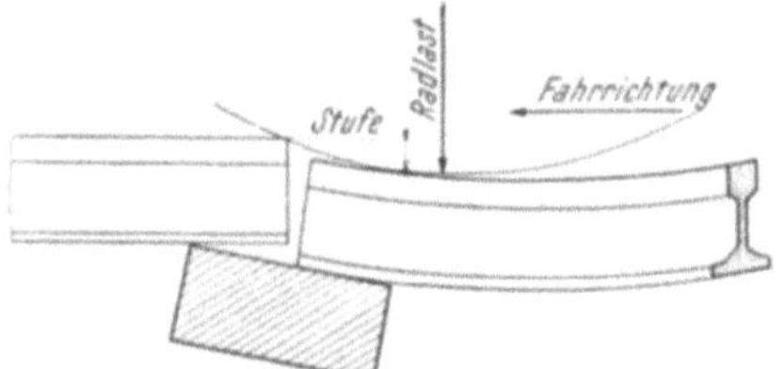
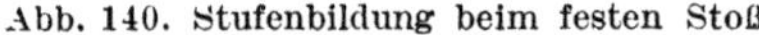


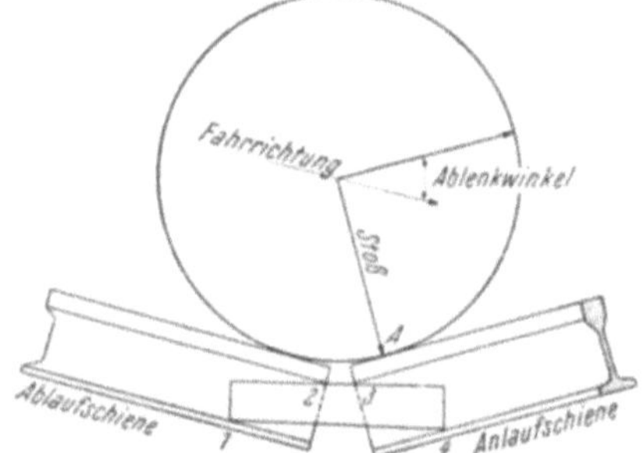


Abb. 140. Stufenbildung beim festen Stoß            Abb. 141. Knickbildung

imstande, den Schienenenden die Erhaltung dieser stetigen Welle aufzuzwingen: Die Schienen bilden an der Stoßstelle einen Knick und das Rad beschreibt keine geradlinige Bahn, sondern wird beim Auftreffen auf die Anlaufschiene plötzlich aus seiner Bewegungsrichtung abgelenkt, was einen Stoß zur Folge hat (Abb. 141).

Da es erfahrungsgemäß nicht gelingt, die Laschen so durchzubilden, daß sie das Biegemoment voll aufnehmen und dadurch eine stetige Fahrbahn sichern, ist man besonders in Frankreich versuchsweise zum anderen Extrem gelangt: zum *Gelenkstoß* [114]. Man verzichtet bei der Schienenverbindung überhaupt auf eine Übernahme des Biegungsmomentes, macht ein Gelenk und trachtet die stetige Fahrbahn dadurch zu erreichen, daß man die unbelastete Stoßstelle um so viel höher legt, daß im belasteten Zustand die beiden Schienenenden dieselbe Tangente haben. Es ist einleuchtend, daß dieser Idealzustand nie voll erreicht werden kann, weil die Lasten verschieden groß sind und nie eine ideal konstante Unterlageziffer vorhanden ist. Das wären aber die Voraussetzungen für die Bewährung dieser Stoßkonstruktionen gewesen. Größere Verbreitung hat daher der Gelenkstoß nicht gefunden.

Die oben angeführten drei Ursachen der Stoßentstehung überlagern sich nun vielfach; je nach dem Zustand der Laschen tritt die eine oder die andere Ursache in den Vordergrund. Bei neuen, gut passenden Laschen wird Ursache 1 ausschlaggebend sein, bei abgenützten, ausgeschlagenen Laschen und schlechter Bettung mit kleiner Unterlageziffer hauptsächlich Ursache 3, denn die Erfahrung hat gezeigt, daß die Anlaufschiene *neben* der eigentlichen Stoßstelle bei $A$ (Abb. 141) breitgeschlagen wird, und zwar um so mehr, je unnachgiebiger die Lagerung der Schiene ist.

Mit dieser Erscheinung erklärt sich auch das verschiedene Verhalten des festen und des schwebenden Stoßes. Während der schwebende Stoß zufolge seiner

Nachgiebigkeit diese Stöße elastisch verarbeiten kann [*118*], wirken beim festen Stoß diese Schläge so, als ob die Schiene auf einem Amboß breitgeschlagen würde.

Die Vorteile des schwebenden Stoßes sind daher größere Elastizität und bessere Verarbeitung der Stoßdrücke, somit Schonung von Fahrzeug und Gleis. Der Nachteil des schwebenden Stoßes ist die größere Biegungsbeanspruchung der Laschen, die daher beim festen Stoß leichter ausgeführt werden können. Das Hin- und Herschwanken zwischen den beiden Stoßarten in der Entwicklungszeit war somit dadurch entstanden, daß man beim Übergang vom festen zum schwebenden Stoß die Schiene vor zu starker Verformung schützen und beim Zurückgehen vom schwebenden zum festen Stoß die Laschen schonen und vor dem Bruch bewahren wollte, weil sie für den schwebenden Stoß in der Regel zu schwach waren und zu oft brachen.

## 3. Laschenformen

Die ersten Schienen (Abb. 21) der Bahn Leipzig—Dresden (1838) blieben unverlascht, die Schienenenden wurden auf einer breiten Stoßschwelle und gemeinsamer Unterlagsplatte niedergenagelt; die gedrungene Schienenform hätte auch die Anbringung von Laschen gar nicht ermöglicht. Als die Schienenquerschnitte schlanker wurden (1850), wendete man bereits *Flachlaschen* an, die aber in dem birnenförmigen Querschnitt (Abb. 22b) nur die Stetigkeit in seitlicher Richtung sichern konnten, während eine Übertragung des Biegemomentes noch nicht erfolgen konnte. Erst in der weiteren Entwicklung gelangte man zu Schienenformen, die durch ausgeprägte Laschenanlageflächen mit entsprechend geringer Neigung, an die sich die Laschen anpreßten, auch die Stetigkeit der Höhe nach sichern konnten. Zunächst blieb man bei der einfachen

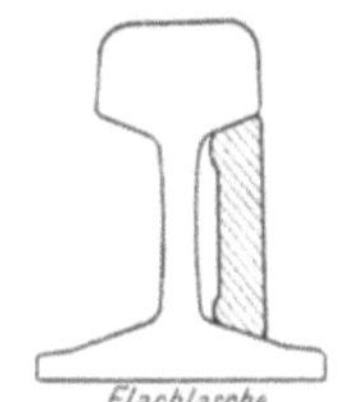


Abb. 142. Flachlasche

Flachlasche (Abb. 142), die beim festen Stoß genügende Festigkeit hatte, das vergleichsweise kleine Biegemoment zu übernehmen. Als man wegen der elastischen Mängel des festen Stoßes zum schwebenden Stoß überging, erwiesen sich die Flach-

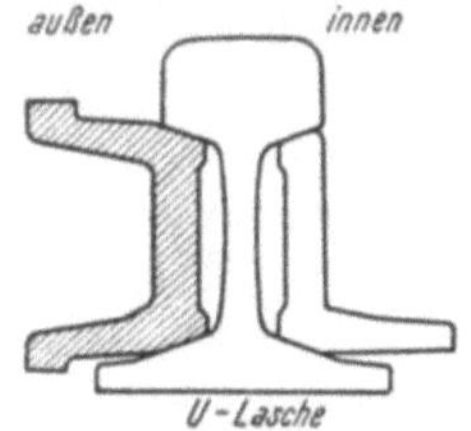


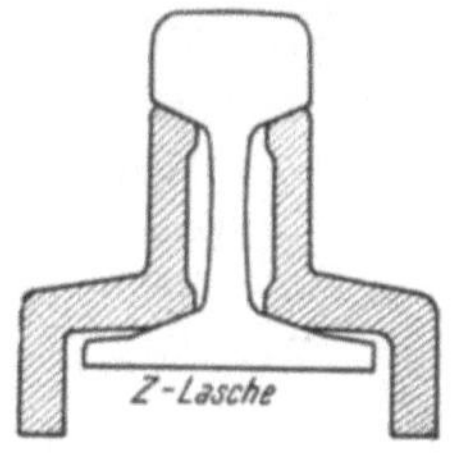


Abb. 143. Winkellasche        Abb. 144. U-Lasche außen,        Abb. 145. Z-Lasche
                               Winkellasche innen

laschen als zu schwach und man ging schrittweise, das Trägheitsmoment der Lasche verstärkend, zur *Winkellasche* (Abb. 143), zur *U-Lasche* (Abb. 144) und schließlich zur *Z-Lasche* (Abb. 145) über. Die U-Lasche läßt sich nur an der Gleisaußenseite anbringen, der U-Laschenstoß ist also unsymmetrisch (innen liegt eine Winkellasche), man braucht also mehr Laschenformen; er wurde daher von dem Z-Laschenstoß abgelöst, der wieder innen und außen gleiche Laschen verwenden kann.

Alle Laschen, gleichgültig welche Form, müssen folgenden Bedingungen entsprechen:

1. Die Anlageflächen $a\,b$ und $a'\,b'$ (Abb. 146) müssen bei Schiene und Lasche genau gleiche Neigung ($1:m$) haben und sollen möglichst groß sein, damit die Flächenpressung zwischen Schiene und Lasche klein und demgemäß auch die Abnützung in den Anlageflächen möglichst klein bleibt. Um große Anlageflächen zu erzielen, muß $r_2$ und $\varrho_2$ klein sein (2 mm). Die Ausrundung zwischen Schienenkopf und Schienensteg wäre ebenfalls mit möglichst kleinem Halbmesser $r_1$ auszuführen,

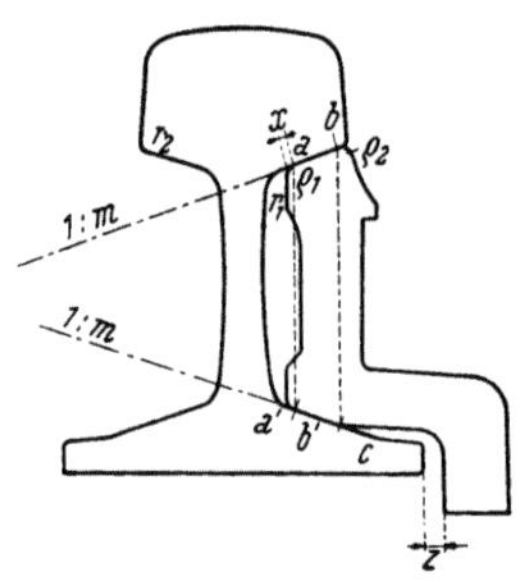

Abb. 146. Bedingungen für den richtigen Sitz einer Z-Lasche

doch kann man bei der Schiene aus spannungstechnischen Gründen den Übergang nicht zu brüsk machen und führt $r_1$ mit 7 bis 10 mm aus.

2. Wegen symmetrischer Kraftübertragung zwischen Schiene und Lasche sollen die Anlageflächen am Kopf und Fuß der Schiene gleich groß sein: $a\,b = a'\,b'$.

3. Um das Nachziehen der Laschenschrauben bei Abnützung der Anlageflächen zu ermöglichen, muß $\varrho_1 < r_1$ sein, $x$ wenigstens 2 bis 3 mm betragen und $z > x$ sein.

4. Die Lasche darf die Schiene nur in den Anlageflächen berühren, damit die einwandfreie Keilwirkung zwischen Schiene und Lasche zustande kommt. Wenn daher der Schienenfuß einen Bruchpunkt in der Neigung der Laschenkammerbegrenzung hat, dann muß dieser Punkt $C$ mehrere Millimeter außerhalb $b'$ liegen und der waagrechte Schenkel einer Winkellasche oder der waagrechte und lotrechte Schenkel einer Z-Lasche müssen entsprechenden Abstand vom Schienenfuß haben.

Wenn vorstehende Forderungen erfüllt sind, dann ist die Fahrt über einen neuen Laschenstoß mit kleiner Stoßlückenweite nahezu geräuschlos, denn kleine Stoßlücken haben auf die Stoßwirkung nur geringen Einfluß.

Im Laufe der Zeit nützen sich aber die Laschen und Schienen in den Anlageflächen ab, weil bei jedem Radübergang kleine Bewegungen zwischen Schiene und Lasche stattfinden. Wenn sich Schiene und Lasche über die ganze Länge der Anlageflächen gleichmäßig abnützen würden, könnte man durch Nachziehen der Laschenschrauben den dichten Schluß zwischen Schiene und Lasche wiederherstellen. Die Laschen nützen sich aber nicht gleichmäßig ab, sondern an den Stellen größeren Druckes, das sind die Stellen 1, 2, 3 und 4 in Abb. 141, nützen sich Schiene und Lasche mehr ab, es entstehen kleine Spielräume, die sich auch durch Nachziehen der Laschen nicht schließen lassen, und nun beginnen die stoßenden Räder ihr Zerstörungswerk: die vieltausendfach wiederholten Schläge verdichten und zermalmen die Bettung unter den Stoßstellen, sie sinken tiefer ein als die anschließenden Mittelschwellen, wodurch der Knick zwischen Ablauf- und Anlaufschiene vergrößert und die Stöße immer heftiger werden. Die Abnützungen zwischen Schiene und Lasche nehmen nun rasch zu, das ganze Gefüge des Stoßes wird gelockert und die Schläge auf die Anlaufschiene werden so groß, daß beim Befahren des Stoßes mit großer Fahrgeschwindigkeit die Gefahr eines Schienenbruches naherückt. Die zulässige Fahrgeschwindigkeit auf einer Strecke wird also wesentlich vom Zustand der Schienenstöße abhängig sein und weniger theoretische Erwägungen als praktische Erfahrungen werden für die Entscheidungen im Betrieb maßgebend sein.

Der Schienenstoß ist somit das Sorgenkind der Gleiserhaltung und, wie schon eingangs erwähnt, ist eine Unzahl von Konstruktionen ersonnen worden [*115*], den Mängeln des Laschenstoßes abzuhelfen, ohne aber einen *bleibenden* Erfolg von solchem Ausmaß zu erzielen, daß das Erreichte die aufgewendeten Mittel rechtfertigen würde.

Es sollen daher die verschiedenen eingeschlagenen Wege nur kurz besprochen werden.

Sie teilen sich in solche, die

1. die Stufen- und Knickbildung verhindern,
2. die Stoßlücke unschädlich machen sollen.

Aus der Fülle der erprobten und verlassenen Konstruktionen seien herausgegriffen:

zur Gruppe 1 gehörend: Fußlaschen, Keillaschen und Stoßbrücken;

zur Gruppe 2 gehörend: Auflauflaschen, Stoßfangschienen und der Blattstoß.

### a) Fußlaschen

Die Laschen werden so angebracht, daß sie den Schienenfuß umgreifen (Abb. 147). Sie sollen eine zusätzliche Stütze für den Schienenfuß bilden und dadurch die Bildung einer Stufe verhindern. Sie entsprechen aber nicht der eingangs gestellten Bedingung, daß die Laschen mit der Schiene nur in den Anlageflächen in Berührung stehen sollen. Es ist unmöglich, durch den Walzvorgang Laschen herzustellen, die an mehr als zwei Keilflächen gleich gut an der Schiene anliegen. In den Anlageflächen der Laschenkammer und am Schienenfuß gleichzeitig einen Paßsitz zu erzielen, würde Präzisionsarbeit verlangen, die im Oberbau aber wegen der Kosten nicht geleistet werden kann. Die Fußlaschen liegen entweder in der Laschenkammer oder am Fuß nicht satt an und konnten sich daher wegen der unvermeidlichen Spielräume und der damit verbundenen Abnützung nicht bewähren.

### b) Keillaschen

Zwei kräftige Z-Laschen werden unmittelbar neben der Stoßstelle (Zweikeilstoß) oder unter der Stoßstelle (Einkeilstoß), Abb. 148, im lotrechten Schenkel so ausgeschnitten, daß die Schienenenden durch die zwei Keile oder durch den einen

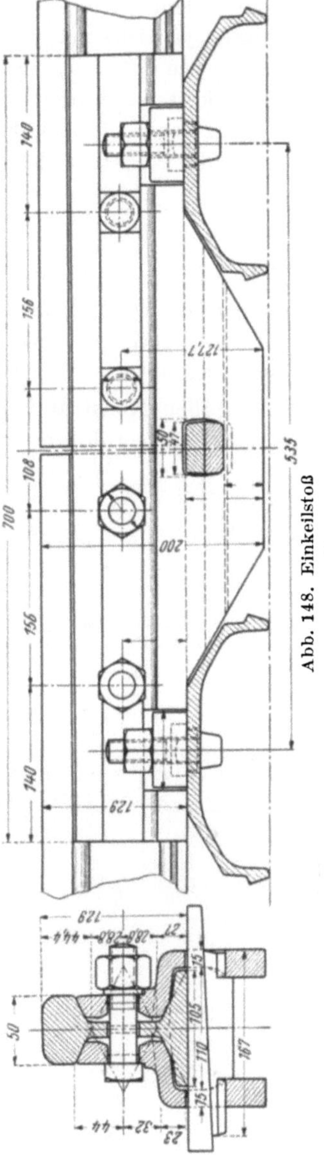

Abb. 148. Einkeilstoß

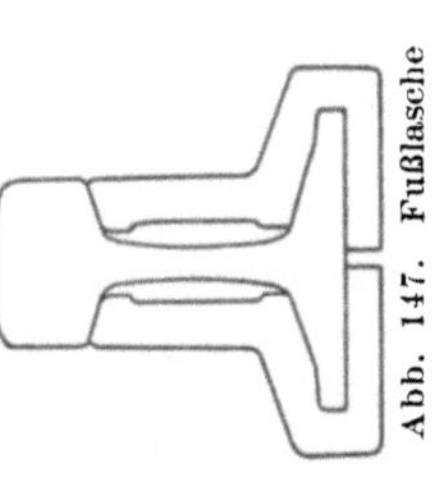

Abb. 147. Fußlasche

Keil unterstützt werden. Durch die Keile wird wohl die Stufenbildung vermieden, wenn aber zufolge Abnützung der Laschen Knickbildung eintritt, was
die Keile ja nicht verhindern können, dann schlägt der Stoß mit Keillaschen
genau so wie ein nicht verkeilter Stoß, so daß der höhere Aufwand für die Herstellungskosten verloren ist. Zudem wird insbesondere beim Einkeilstoß die
Lagerung der Schienenenden zu unelastisch, so daß der Schwebestoß mehr oder
weniger die Nachteile des festen Stoßes bekommt.

### c) Stoßbrücken

Die einfachste Art der Durchbildung von Stoßbrücken ist die Ausführung
einer großen Unterlagsplatte, die von einer Stoßschwelle des „schwebenden"
Stoßes zur anderen reicht (Abb. 149) und auf die der Schienenfuß mehrmals
niedergeschraubt wird.

Von allen Konstruktionen, die eine Verbesserung der Laschenwirkung zum
Ziele hatten, bewährten sich solche Stoßbrücken, die keine zu große Steifigkeit

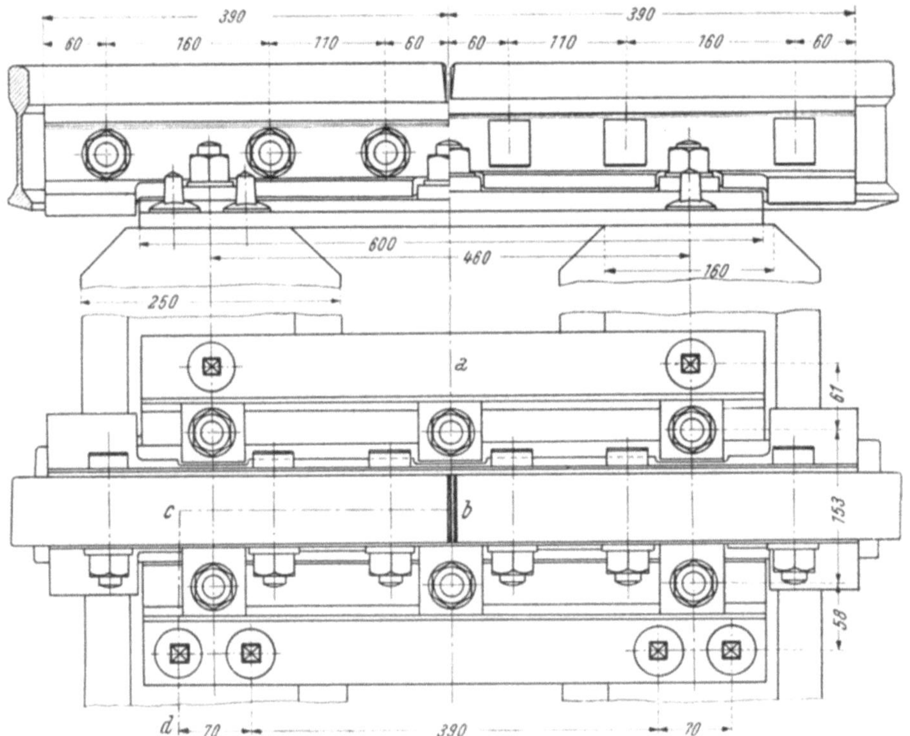

Abb. 149. Stoßbrücke des Stuhlplattenoberbaues der ehemaligen k. k. österreichischen Staatsbahnen

hatten, vergleichsweise am besten, so daß besonders bei den bayrischen Staatsbahnen lange an dieser Bauart festgehalten wurde. Auch die tschechoslowakischen
Staatsbahnen und Bahnen in Amerika [113] verwenden diese Art von Stoßbrücken. Die vergleichsweise gute Bewährung hängt wohl damit zusammen.
daß der Schienenfuß sozusagen als zusätzliche Anlagefläche herangezogen wird.

so daß die eigentlichen Laschenanlageflächen geringerer Abnützung unterworfen sind und die Laschen daher länger die von ihnen zu fordernde Wirkung behalten, die Knickbildung also erst nach längerer Liegedauer eintritt. Der neue Oberbau K der deutschen Reichsbahn ist aber von der Stoßbrücke, obwohl in Bayern auch Versuche mit Stoßbrücken für den Oberbau K gelaufen sind, wieder abgegangen, und zwar wohl deshalb, weil nach einer Reihe von Jahren auch die Stoßbrücke die Knickbildung nicht verhindern kann und dann die Stoßdrücke wegen der größeren Starrheit der Lagerung schlechter verarbeitet werden können als beim normalen schwebenden Laschenstoß.

Zur Gruppe 2 gehörend seien angeführt:

### d) Auflauflaschen

Den Auflauflaschen liegt der Gedanke zugrunde, das Rad nicht in die Stoßlücke hineinfallen zu lassen, indem man das Rad durch den Kopf einer hochgeführten Lasche unterstützt, das Rad also auf der Lasche „auflaufen" läßt (Abb. 150).

Wenn die Lasche diese ihr zugedachte Aufgabe erfüllen soll, müßte der Kopf der Lasche im Längenschnitt sanft ansteigen, bis die Lasche den Radkranz noch vor der Stoßlücke in einer solchen Höhe erreicht, daß die Lasche das Rad über die Stoßlücke trägt und dabei das Rad eine geradlinige Bahn beschreibt. Dieser Idealzustand ist aber wegen der verschiedenen Abnützungsformen der Radreifen nicht zu erreichen. Macht man die Lasche so hoch, daß neue Reifen richtig gestützt werden (in Abb. 150 überhöht gezeichnet), dann werden

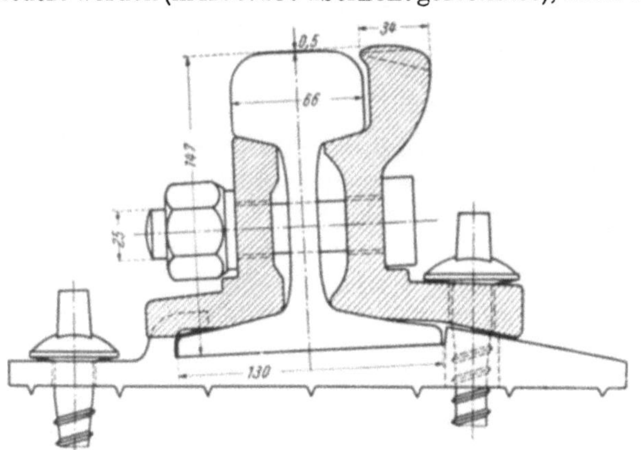

Abb. 150. Auflauflasche

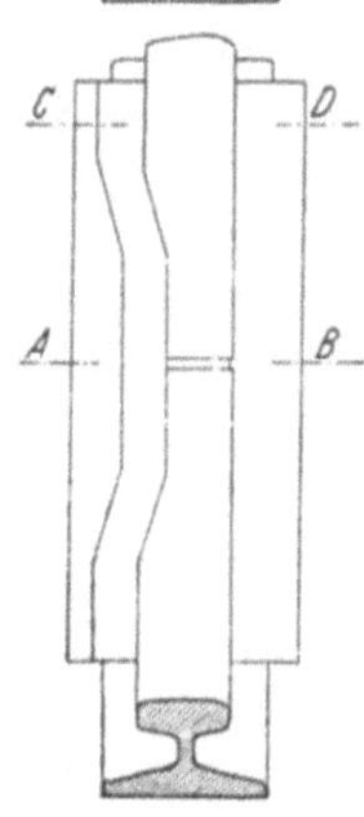


Abb. 151. Auflauflasche mit in den Schienenkopf greifenden Laschenkopf

abgenützte Radreifen mit hohl gelaufener Lauffläche beim Überfahren des Stoßes plötzlich hochgeworfen und fallen mit einem Schlag auf die Anlaufschiene nieder. Macht man die Laschen nur so hoch, daß sie für die ausgelaufenen Räder passen, dann fallen neue Räder in die Stoßlücke hinein. Überdies erreichen bei großer Spurerweiterung schmale und enggekeilte Radsätze, die im Bogen an der Außenschiene anliegen, an der Bogeninnenseite nicht die rädertragende Lasche, so daß auch diese Räder selbst bei vollkommenem Zusammenpassen von Lasche und Radreifenform einen Stoß erleiden.

NEUMANN hat daher versucht, den Laschenkopf in den Schienenkopf eingreifen zu lassen, das Rad also im Bereich des Laufkreises zu stützen, wodurch alle vorangeführten Mängel wegfallen müßten (Abb. 151).

Bei dieser Ausführung der Auflauflaschen ist aber die Anarbeitung so schwierig, daß bei Massenherstellung ein guter Schluß zwischen Schiene und Lasche nicht zu erzielen ist. Die nicht zu vermeidenden Spielräume führen schon bei neuen Laschen zur Knickbildung, geben also von vornherein viel mehr Anlaß zu Stößen, so daß der Vorteil der Lückendeckung gar nicht zur Auswirkung kommt.

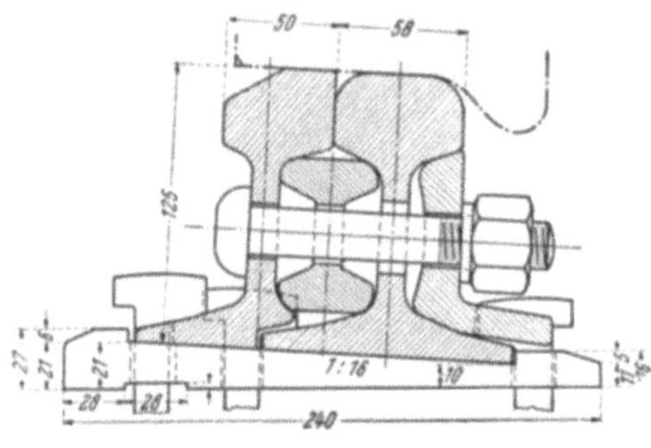
Abb. 152. Stoßfangschiene

### e) Stoßfangschiene

Statt der Laschen hat man an der Gleisaußenseite auch kurze Schienenstücke so neben die Fahrschiene gestellt, daß sich die Fahrköpfe berühren. Der Fuß der Stoßfangschiene wurde so viel abgenommen, daß er sich der Fahrschiene anpaßte (Abb. 152). Die Nachteile sind die gleichen wie bei der Auflauflasche, nur daß die Stoßfangschiene zufolge der notwendigen Füllstücke, der größeren Vielteiligkeit und der damit verbundenen Vermehrung der Spielräume noch früher schlotterig wird als die Auflauflasche.

Stoßfangschienen wurden bei der Wiener Stadtbahn verwendet, sind heute aber längst wieder ausgebaut worden.

### f) Blattstoß

Über den Blattstoß wurde bei Besprechung der Ausbildung der Schienenenden schon das Wichtigste gesagt. Ergänzend sei noch hinzugefügt: Um die Schwächung des Schienensteges bei der Blattbildung zu vermeiden, hat man besondere Schienenformen, *Wechselstegschienen*, mit unsymmetrischem Querschnitt gewalzt, so daß die Stege zweier gewendeter Schienen im Blatt nebeneinander Platz fanden, also nicht gespalten werden mußten. Dieser Stoß hat den Nachteil, daß die gewendeten Schienen mit ihren Laschenkammern nicht so genau zusammenpassen können wie die gewöhnlichen Schienen, die man alle in der Walzrichtung einbauen kann und auch so einbauen soll. Durch das schlechte Zusammenpassen der Wechselstegschienen in den Laschenkammern wird sofort Knickbildung eingeleitet und der dem Blattstoß anhaftende Nachteil der großen Kantenpressungen im Blatt wirkt sich noch stärker aus.

Eine zweite Abänderung der Schienenform, der Stoßausbildung zuliebe, war der Blattstoß von BECHERER und KNÜTTEL, die eine *Dickstegschiene* mit 18 mm Stegdicke einführten, um bei der Spaltung des Schienensteges eine genügende Stegdicke (9 mm) zu bekommen und auf diese Weise Blattbrüche zu vermeiden. Bei dieser Anordnung ist aber der Schienenbaustoff schlecht ausgenützt, so daß der Aufwand wegen der sonstigen Mängel des Blattstoßes sich nicht lohnt.

Alle sonstigen vielteiligen Laschenformen, die ersonnen wurden, sind wegen der Vielteiligkeit und der damit verbundenen größeren Abnützungen wieder verschwunden.

Zusammenfassend ist zu sagen, daß keine von den vielen erprobten Sonderkonstruktionen *auf die Dauer* sich so bewährt hat, daß der Erfolg den erhöhten Aufwand gerechtfertigt hätte.

Beim Oberbau K der deutschen Reichsbahn ist man daher wieder auf den einfachen *Stumpfstoß* mit kräftigen *Flachlaschen* zurückgegangen, womit gezeigt

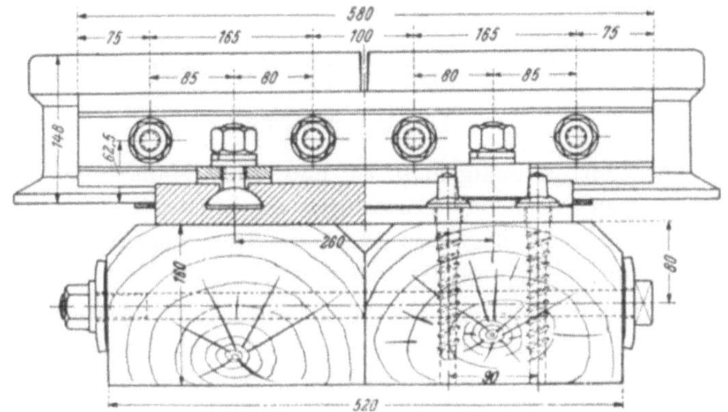

Abb. 153. Doppelschwellenstoß mit Flachlaschen (Oberbau *K* der Deutschen Reichsbahn)

ist, daß sich im Oberbau nur das Einfache durchzusetzen vermochte und alle Künsteleien, mögen sie an sich noch so sehr theoretisch unterbaut werden können, zum Scheitern verurteilt sind.

Der Oberbau K auf Holzschwellen verwendet am Stoß eine gekuppelte Doppelschwelle mit einer über beide Schwellen reichenden Unterlagsplatte, die im Bereich der Stoßstelle auf 120 mm ausgenommen ist, so daß die Schienenenden etwas durchfedern können (Abb. 153).

Beim K-Oberbau auf Stahlquerschwellen liegt an der Stoßstelle eine Breitschwelle (Abb. 154), deren Formgebung das gleiche Ziel verfolgt: „fester Stoß"

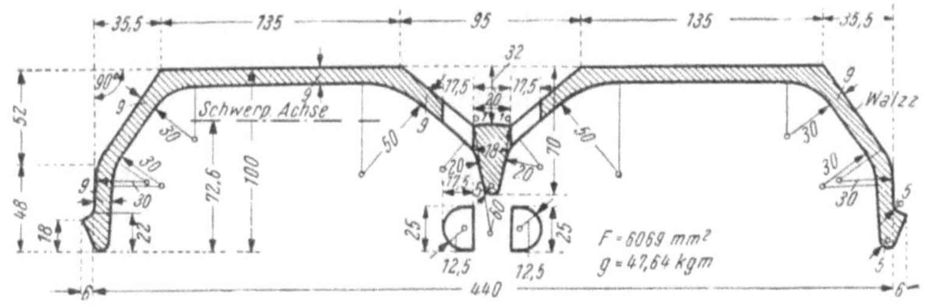


Abb. 154. Breitschwelle

mit federnden Schienenenden. Die kurzen Kragarme, mit der die Schienenenden über ihr Auflager überstehen, ermöglichen die Verwendung von Flachlaschen, die sich genauer walzen lassen und daher besser passen als Winkel- und Z-Laschen.

Der Stoß hat sich im allgemeinen gut bewährt; er ist natürlich nicht frei von dem grundsätzlichen Mangel, daß sich auch die gut sitzenden Flachlaschen abnützen werden und dann Knickbildung eintritt; außerdem haben Flachlaschen nicht nur geringes lotrechtes Trägheitsmoment, sondern auch ein besonders kleines seitliches Trägheitsmoment, demzufolge der Stoß in Gleisen mit starken Krümmungen zum „Ecken" neigt [227], so daß man in schweren Gebirgsstrecken gezwungen war, mehrere Schwellen in der Umgebung des Stoßes durch aufgeschraubte Winkelprofile miteinander zu verbinden, um dadurch die Rahmensteifigkeit des Gleises zu erhöhen.

# II. Das geschweißte Gleis

## 1. Allgemeines

Da der Laschenstoß mangelhaft ist und seine Mängel nie ganz beseitigt werden können, liegt es nahe, die Fortschritte der Schweißtechnik für die Vervollkommnung des Schienenstoßes auszunützen, die Schienenenden durch Schweißung miteinander zu verbinden und dadurch den Stoß überhaupt zu beseitigen.

Wenn es gelingt, der Schweißstelle die gleichen technologischen Eigenschaften zu geben wie dem Walzstahl, aus dem die Schiene selbst besteht, dann läuft die Biegungswelle bei der Verformung des Oberbaues durch die Belastung auch an der Stoßstelle stetig durch, es kann keine Stufenbildung und keine Knickbildung auftreten und da auch die Stoßlücke verschwunden ist, kann kein Stoß entstehen, der seine Ursache im Zustand des Gleises hätte. Mängel im Zustand der Fahrzeuge (z. B. unrunde Räder, Flachläufer, die durch unsachgemäße Bremsung entstehen) geben auch zu Stößen Anlaß, die natürlich durch die Schienenschweißung nicht beseitigt werden. Von den Schweißstellen muß daher verlangt werden, daß sie nicht nur statische Biegemomente übernehmen, sondern auch Schlagwirkungen aushalten können, ohne zu brechen [144].

Als man im Jahre 1900 anfing Schienen zu verschweißen, waren die hohen Anforderungen in technologischer Hinsicht noch nicht zu erreichen. Es ist daher begreiflich, daß man bei der Verschweißung von Vollbahngleisen nur zögernd vorging [153] und zunächst die Erfahrung abwartete, die mit verschweißten Straßenbahnschienen gemacht wurden. Die ersten Versuche mit Schienenschweißungen sind nämlich von der Th. Goldschmidt A.-G. in Essen a. d. Ruhr gemacht worden, und zwar wurden Straßenbahnschienen in Berlin und Dresden nach dem von dieser Firma entwickelten aluminothermischen Verfahren verschweißt. Bei der eingebetteten Straßenbahnschiene ist ein Schienenbruch nahezu ungefährlich, es machte also zunächst nichts aus, daß die Schweißstelle erheblich spröder war als die laufende Schiene und bei der Schlagprobe wesentlich schlechtere Eigenschaften zeigte. Für die Erhaltung der Straßenbahngleise bedeutete die Schienenschweißung einen solchen Fortschritt, daß heute keine Zweifel mehr bestehen, ob für Straßenbahngleise das Verfahren der Schienenschweißung technisch und wirtschaftlich der Laschenverbindung überlegen ist. Durch die immer weitergehende Verwendung der Schienenschweißung in Straßenbahngleisen lernte man im Laufe der Entwicklung den Schweißvorgang so zu beeinflussen [154], daß heute keine Bedenken mehr bestehen, die Schweißung wegen der technologischen Eigenschaften der Schweißstelle auch in Gleisen der Hauptbahnen zu verwenden [*128*].

Der durchgehenden Schweißung [*119, 162*] von Hauptbahngleisen setzen sich aber noch andere Hindernisse entgegen:

1. Die beim lückenlos verlegten Gleis auftretenden Wärmespannungen.

2. Die durch diese Spannungen bedingten Schwierigkeiten beim Ein- und Umbau.

Zu 1. Nimmt man für unser Klima in Mitteleuropa als äußerste Schienentemperatur $-30^0$ und $+60^0$ C an und verlegt ein Gleis bei der mittleren Temperatur von $+15^0$ C lücken- und spannungslos (die dem spannungslosen Zustand entsprechende Temperatur wird auch *neutrale Temperatur* genannt), dann werden bei höheren und tieferen Temperaturen Druck- und Zugspannungen im Gleis auftreten, da sich die verhinderte Längenänderung in Spannung umsetzt [*142, 158*]. Diese Zug- und Druckspannungen werden äußerstenfalls gleich groß sein, wenn die neutrale Temperatur genau in der Mitte zwischen den äußersten Temperaturwerten liegt. Die größte Temperaturdifferenz beträgt $\pm45^0$ C und da sich die Schiene bei einer Temperaturänderung von $1^0$ C um 0,0000115 ihrer Länge ausdehnt oder verkürzt, ist die Längendehnung

$$\lambda_{45} = 0,0000115 \cdot 45 = 0,00052.$$

Die durch die verhinderte Längendehnung entstehende Spannung ist $\sigma = \lambda\,E = $
$= 0,00052 \cdot 2200000 = 1140 \text{ kg/cm}^2$.

Beim Oberbau K mit einem Schienenquerschnitt $F = 62,3$ cm$^2$ entsteht mithin eine Spannkraft im Gleis von $S = 2\,F \cdot \sigma = 2 \cdot 62,3 \cdot 1140 = 142\,000$ kg, die bei $60^0$ C Schienentemperatur als Druckkraft bei $-30^0$ C als Zugkraft die sonstigen Beanspruchungen der Schiene überlagert.

Ein Gleis mit Stoßlücken kann sich zwar auch nicht spannungslos ausdehnen und zusammenziehen [*155*], weil die Reibung der Schienen auf den Schwellen und längs der Laschen die freie Längenänderung verhindert [*160*]. Immerhin werden aber die Spannkräfte im Gleis weit unter dem oben errechneten Grenzwert bleiben, wenn nicht etwa durch Schienenwanderung die Stoßlücken schon bei tiefen Temperaturen geschlossen wurden.

Die Folgen dieser zusätzlichen Beanspruchungen für das Gleis sind:

*a) Die Zugkräfte.* Bezüglich der Erhaltung der Form des Gleises sind Zugkräfte ohne nachteiligen Einfluß. In der Geraden wird bei der Streckung des Gleises die Form überhaupt nicht geändert und im Bogengleis wird das Gleis durch die Zugkräfte nach der Bogeninnenseite gezogen, wobei es sich nach Maßgabe der Nachgiebigkeit der Bettung entspannt und die Krümmung etwas kleiner wird, also keine betriebsgefährlichen Formänderungen entstehen können.

Hingegen können die Zugkräfte, die in strengen Wintern die Schienen zusätzlich beanspruchen, die Bruchgefahr erhöhen, denn Untersuchungen über Eigenspannungen [*138*], die bei der Erzeugung durch den Richtvorgang entstehen, haben gezeigt, daß im Schienenfuß Spannungen in der Größenordnung von 2000 kg/cm$^2$ vorhanden sein können, die überlagert mit den Wechselbeanspruchungen durch die Biegung von den Verkehrslasten nahe an die Fließgrenze (4000 bis 5000 kg/cm$^2$) heranreichen können. Kommt noch eine Querbiegung des Schienenfußes zufolge unebener Unterlagsplatte hinzu oder ist der Schienenfuß bei der Oberbauarbeit verletzt worden, so daß schädliche Kerbwirkungen die Wechselfestigkeit heruntersetzen, dann ist die Gefahr eines Schienenbruches nahe gerückt [127].

Die größten Druckkräfte im Sommer erzeugen hingegen in der Schiene nur Gesamtbeanspruchungen in der Größenordnung von 3000 kg/cm² und sind somit weniger gefährlich.

Gestützt wird diese Anschauung durch die Schienenbruchstatistik, die folgendes festgestellt hat: Im Gebiet der deutschen Reichsbahn werden durchschnittlich jährlich 2000 bis 3000 Schienenbrüche gezählt. In extrem kalten Wintern steigt diese Zahl auf 8000 bis 9000 Brüche. Dies läßt darauf schließen, daß der Schienenstahl bei niedrigen Temperaturen bruchempfindlicher wird, ob nun dadurch, daß der Baustoff an sich spröder wird oder zufolge der größeren zusätzlichen Zugspannungen, sei zunächst dahingestellt. Es ist deshalb schon vorgeschlagen worden, die neutrale Temperatur nicht in das Mittel der Grenzwerte zu legen, sondern etwas tiefer, so zwar, daß die Zugspannungen im Winter kleiner bleiben als die Druckspannungen im Sommer. Diese Maßnahme wäre bestimmt zu empfehlen, wenn man schon die Gewißheit hätte, daß unser heutiges Gleis bei den höchsten Druckkräften auch verwerfungssicher ist, worüber im folgenden zu sprechen sein wird.

*b) Die Druckkräfte.* Die von Druckkräften erzeugten Druckspannungen sind, wie schon gesagt, weniger gefährlich, da eine Häufung von Schienenbrüchen bei hohen Sommertemperaturen nicht beobachtet werden konnte, was im übrigen ohne weiteres einleuchtend ist, da die höchsten Druckspannungen in der Berührungszone von Rad und Schiene entstehen, wo der über die Fließgrenze beanspruchte Stahl nicht ausweichen kann.

Hingegen ist die Erhaltung der Form des Gleises bei hohen Druckkräften eine Angelegenheit, die schon zu vielen theoretischen Abhandlungen [*125, 123, 149, 137, 135, 140, 146, 147, 130, 148, 131, 132, 141*] (aufgezählt in der Reihenfolge des Erscheinens) Anlaß gegeben hat und Gegenstand zahlreicher Versuche gewesen ist, um die Bedingungen zu ergründen, unter welchen gefährliche Formänderungen auftreten könnten. Eine volle Klarstellung der Verhältnisse ist indes derzeit

Abb. 155. Entspannung eines gedrückten Gleises durch Hinausschieben der Bogen

noch nicht gelungen und weitere Versuche werden erst Klarheit bringen müssen.

Um sich ein Bild von den Kräftewirkungen und Vorgängen in einem lückenlosen Gleis bei hohen Temperaturen machen zu können, seien folgende Überlegungen angestellt:

Wenn in einem Gleis Bogen und Gegenbogen mit entsprechend großen Richtungsänderungen aufeinanderfolgen und das Gleis reibungsfrei (ohne Bettung) auf dem Unterbau gelagert wäre, dann entspannt sich ein solches Gleis bei Temperatursteigerungen selbsttätig durch entsprechendes Hinausschieben der Bogen gemäß Abb. 155. Durchlaufend verschweißte Straßenbahngleise, solange sie noch uneingebettet auf der Betonunterlage sich verschieben können, entspannen sich so, sie wandern in der Mittagshitze gegen die Bogenaußenseite und rücken am Abend wieder nach innen, ohne daß hiebei unzulässige Formänderungen auftreten würden. Bei diesem „Nachaußenschieben" wird der Halbmesser $R$ auf $R_1$ verkleinert werden und das Verschiebungsmaß $f_0$ auftreten, gemäß Abb. 156. Unter der Voraussetzung der Festhaltung der Richtung der Zwischengeraden (rechnungsmäßig mit der Länge Null angenommen) ergibt sich der kleinere Halbmesser $R_1$ nach der Gleichung

$$R \cdot \alpha + R\alpha \cdot \lambda = R_1 \alpha + 2\left(R \operatorname{tg} \frac{\alpha}{2} - R_1 \operatorname{tg} \frac{\alpha}{2}\right).$$

Durch Umformung erhält man

$$R_1 = R\left(1 - \frac{\lambda \cdot \alpha}{2 \operatorname{tg} \dfrac{\alpha}{2} - \alpha}\right). \tag{79}$$

Die Verschiebung $f$ ergibt sich aus dem Ansatz

$$f = R\left(\sec \frac{\alpha}{2} - 1\right) - R_1 \cdot \left(\sec \frac{\alpha}{2} - 1\right)$$

oder nach Einsetzen von $R_1$ aus der obigen Gleichung

$$f = R\frac{\lambda \alpha}{2 \operatorname{tg} \dfrac{\alpha}{2} - \alpha}\left(\sec \frac{\alpha}{2} - 1\right). \tag{80}$$

$f$ ist danach proportional $R$ und $\lambda$; von $\alpha$ ist $f$, wie Rechnungen zeigen, nahezu unabhängig; für $\lambda = 0{,}00052$ ist $f$ von $\alpha = 4^0\,31'$ bis $\alpha = 90^0$ nahezu konstant: $f = 0{,}00077\,R$ und steigt bis $\alpha = 180^0$ auf $f = 0{,}00081\,R$. (Für $R = 200$ genügt also eine Verschiebung der Bogenmitte um rund 15 cm, um ihn vollkommen zu entspannen [126].

Bezüglich des Bogenhalbmessers $R$ ist folgendes zu sagen: In Abb. 157 sind die zu verschiedenen Ablenkwinkeln gehörenden Abminderungen des Halbmessers in Prozent aufgetragen. Man sieht, daß bei größeren Richtungsänderungen der Halbmesser sich praktisch kaum ändert und erst bei Ablenkungen unter $10^0$

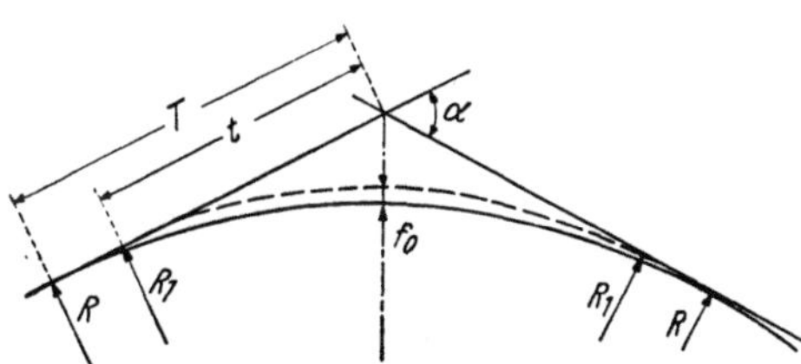

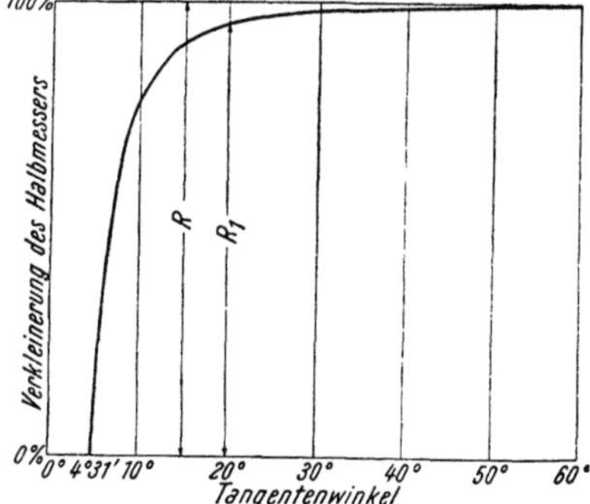


Abb. 156. Verkleinerung des Bogenhalbmessers beim Hinausschieben des Gleises

Abb. 157. Verkleinerung des Bogenhalbmessers in Abhängigkeit vom Tangentenwinkel

rasch abnimmt. Unter Zugrundelegung einer Längendehnungsziffer $\lambda = 0{,}00052$ wird bei einer Ablenkung von $4^0\,31'$ $R_1 = 0$, das heißt, das ausgedehnte Gleis müßte die Form des Tangentenvieleckes annehmen. Eine solche Formänderung ist selbstredend unmöglich und daher ist im Bereich kleiner Richtungsänderungen oder großer Bogenhalbmesser bis schließlich zur Geraden ein Entspannen des Gleises durch Hinausschieben der Bogen nicht mehr möglich, die verhinderte

Abb. 158. Verwerfung, waagrecht, gerades Gleis     Abb. 159. Einleitung der Verwerfung, lotrecht

Längendehnung setzt sich in Spannung um und bedingt bei der großen Länge des nunmehr durch Reibung seitlich gestützt angenommenen Gleises die Ent-

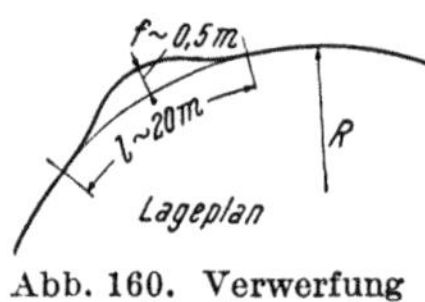


Abb. 160. Verwerfung waagrecht, Bogengleis

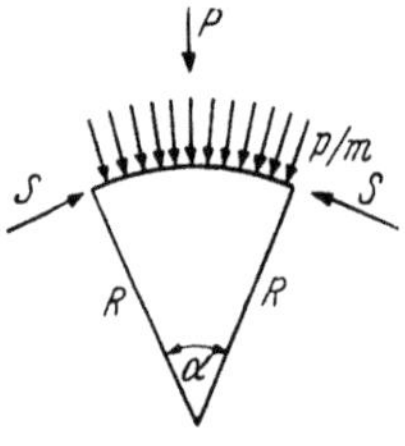

stehung einer Art labilen („labil" nicht im Sinne der reinen Mechanik) Gleichgewichtszustandes. Wie die Erfahrung gezeigt hat, kann dieser „labile" Gleichgewichtszustand unter gewissen Voraussetzungen derart in einen „stabilen" Gleichgewichtszustand übergehen, daß das Gleis in kurzen, scharf gekrümmten Wellen explosionsartig aus seinem Bett hinausgeworfen wird und sich dabei entspannt: die gefürchtete Gleisverwerfung, die unbedingt zu Entgleisungen führen muß.



Abb. 161. Seitenkräfte eines unter Druck stehenden Bogengleises

Wie die Erfahrung weiter lehrt, verformt sich das gerade und schwach gekrümmte Gleis in der Regel nach Abb. 158, wobei der seitlichen Verwerfung gewöhnlich ein Herausheben des Gleises in lotrechter Richtung vorangeht (Abb. 159).

Das stärker gekrümmte Gleis verformt sich nach Abb. 160, wenn Ungenauigkeiten der Gleislage stellenweise eine stärkere Krümmung bedingen, die eine so große seitliche Schubwirkung zur Folge hat, daß der Seitenwiderstand der Bettung nicht mehr ausreicht, die örtliche große Formänderung zu verhindern.

Ein unter Druck stehendes Bogengleis übt nämlich Seitenkräfte nach außen aus, gemäß Abb. 161.

$$P = S \cdot \alpha \quad \text{und} \quad p = \frac{P}{R \cdot \alpha} \quad \text{oder} \quad p = \frac{S}{R}. \tag{81}$$

Für eine Spannkraft $S = 142\,000$ kg, die oben für den Oberbau K errechnet wurde, würde sich in einem Bogen von $R = 200$ m eine nach außen drückende gleichmäßig verteilte Belastung von $p = 710$ kg/m ergeben.

Versuche, die den Verschiebewiderstand $W$ eines Gleises in der Bettung ermitteln sollten [*157*, *122*], haben folgende mittlere Werte ergeben:

Oberbau K auf Holzschwellen .......... $W = \ 800$ kg/m
Oberbau K auf Stahltrogschwellen ...... $W = 1200$ kg/m.

Man sieht, die Sicherheiten sind nicht sehr groß, die Vorsicht, mit der man an das durchlaufend geschweißte Gleis herangeht, ist daher wohl berechtigt.

Dabei ist noch zu berücksichtigen, daß die Erfahrung weiter gezeigt hat, daß Gleisverwerfungen unter der Einwirkung des fahrenden Zuges leichter vorkommen als im unbelasteten Gleis. Diese Tatsache deutet darauf hin, daß Erschütterungen und Seitenkräfte trotz des durch die Belastung sicherlich vergrößerten Verschiebewiderstandes die „Labilität" erhöhen können.

Das Ziel der wissenschaftlichen Durchforschung des Verwerfungsproblems wäre nun, eine Gleichung zu finden, die angibt, welche höchste Druckspannung ein gegebener Oberbau aushält, ehe er sich so gewaltsam verformt. Bleiben die durch Temperaturschwankungen hervorgerufenen Druckkräfte in entsprechendem Abstand von diesem Grenzwert, dann hätte man die zu fordernde Sicherheit, daß es zu keiner Gleisverwerfung kommen kann.

Wie schon erwähnt, ist man zur Bestimmung dieses Grenzwertes den Weg der Rechnung und den des Versuches gegangen. Über beide Wege soll das Wichtigste gesagt und insbesondere gezeigt werden, wie weit man dem angestrebten Ziel näher gekommen ist.

Zunächst die Grundlagen für die theoretischen Untersuchungen. Es ist naheliegend, die Verwerfung als einen Knickvorgang anzusehen, wobei die Ausknickung im elastischen oder aber erst im plastischen Bereich der Stahlbeanspruchung eintreten kann. Ein Teil der Forscher hat sich bemüht, die Bedingungen für die elastische Knickung des seitlich elastisch gestützten Stabes

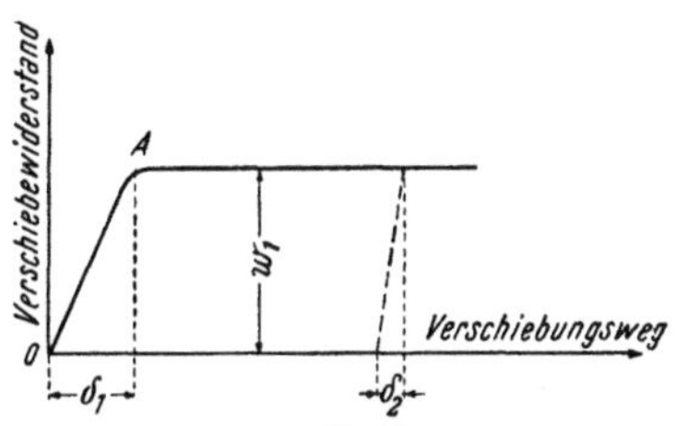


Abb. 162. Verschiebewiderstand und Verschiebungsweg

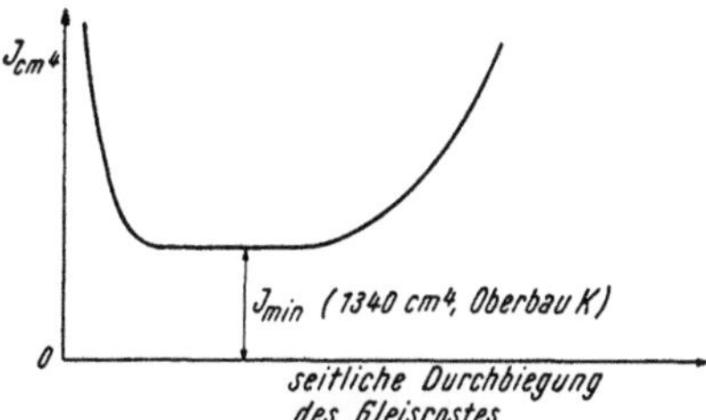


Abb. 163. Seitliches Trägheitsmoment in Abhängigkeit von der seitlichen Verformung des Gleisrostes

zu ergründen, wobei sie das theoretisch genau gerade Gleis im Auge hatten. Solchen Untersuchungen müssen Annahmen über die seitliche elastische Verschieblichkeit des Gleises in der Bettung und über das seitliche Trägheitsmoment des ausknickenden Körpers zugrunde liegen. Nun ist die elastische Verschieblichkeit des Gleises in der Bettung sehr gering, denn schon nach einigen Millimetern Verschiebungsweg reißt die Haftreibung ab, es tritt Gleitreibung auf, das heißt, der Verschiebewiderstand $W_1$ bleibt auch bei weiterer Steigerung des Verschiebeweges konstant, so daß sich der Zusammenhang von Verschiebewiderstand $W$ und Verschiebungsweg $\delta$ etwa nach Abb. 162 darstellt. Hört die verschiebende Kraft zu wirken auf, dann federt das Gleis nur ganz wenig zurück ($\delta_2$ beträgt nur Bruchteile von Millimeter); der Verlauf des Anstieges der Verschiebung, wie also die Kurve von 0 nach $A$ verläuft, ist noch nicht erforscht und wurde in Abb. 162 zunächst geradlinig angenommen.

Das seitliche Trägheitsmoment des Gleisrostes ist nun ebenfalls von der seitlichen Verformung (Verbiegung) abhängig, weil der Vierendelträger, den Schienen und Schwellen bilden, nicht vollkommen rahmensteif ist, sondern Schiene und Schwelle sich gegenseitig verdrehen können, wenn die Verbiegung einen gewissen Wert überschreitet.

Wäre Schiene und Schwelle reibungsfrei gegeneinander verdrehbar (gelockerte Klemmplatten), dann hätte das Gleis nur ein seitliches Trägheitsmoment von $2\,J_y$ ($J_y =$ Trägheitsmoment einer Schiene um die lotrechte Schwerachse). Für K-Oberbau wäre dies $2\,J_y = 2 \cdot 319 = 638$ cm⁴. Sind aber Schiene und Schwelle verspannt, dann ist, wie Verbiegungsversuche [141] gezeigt haben, anfänglich der Verbiegungswiderstand sehr groß. Das Trägheitsmoment beginnt etwa mit 17 000 cm⁴ und fällt in dem Maß, als sich eine immer größere Anzahl von Schwellen gegen die Schiene zu verdrehen beginnt, beim Oberbau K auf Holzschwellen bis 1340 cm⁴, um dann, wenn die Verdrehungsmöglichkeit der Schiene zwischen den Rippen der Unterlagsplatte erschöpft ist, wieder anzusteigen gemäß Abb. 163.

Aus den Abb. 162 und 163 erkennt man, daß theoretische Untersuchungen, die das mathematisch genau gerade Gleis als Ausgangspunkt ihrer Untersuchungen gewählt haben, kaum ans Ziel gelangen können, weil die Voraussetzungen, die sie für ihre Rechnung machen müssen, entweder in Wirklichkeit nicht annähernd zutreffen oder weil für den Fall, daß es doch gelänge, die Unterlagen richtiger zu erfassen, größte mathematische Schwierigkeiten bei der Behandlung des Verwerfungsproblems entstehen würden.

Andere Forscher gehen daher bei ihren Untersuchungen von der Annahme eines bereits gestörten Gleises aus, nehmen also bereits eine Abweichung der Gleisachse von der geometrisch richtigen Ausgangslage an, wie sie im Betrieb auftreten kann, und fragen, wie groß dann der Seitenverschiebewiderstand sein muß, damit das Gleis lagebeständig bleibt. Bei den angestellten Näherungsrechnungen werden die früher dargelegten Grundlagen berücksichtigt. Nach diesen Rechnungen würde sich ergeben, daß der Oberbau K auf Stahlschwellen bis zu einem Halbmesser $R = 300$ m vollkommen lagebeständig ist. Voll befriedigend sind aber auch diese Untersuchungen nicht, weil die Auswirkung von Seitenkräften, die mit Erschütterungen des Gleises zusammenfallen, nicht berücksichtigt ist; gerade diese Einwirkungen könnten aber auf die Auslösung der Gleisverwerfung von großem Einfluß sein.

Diese Tatsache drängt geradezu, auch den anderen Weg zu gehen, den des wissenschaftlichen Versuches.

Solche Versuche sind schon ausgeführt worden, und zwar sowohl in Betriebsgleisen [121] als auch auf einem besonders eingerichteten Versuchsstand der Technischen Hochschule in Karlsruhe [120]. Die ersten Versuche wurden sowohl in den Betriebsgleisen als auch am Versuchsstand so durchgeführt, daß die Druckkräfte im Gleis durch Pressen erzeugt wurden. Erst bei den jüngsten Versuchen in Karlsruhe [150, 151, 152] wurde die Druckkraft durch Erwärmung der Schienen erzeugt. Es ist klar, daß die erste Art der Versuche der Wirklichkeit weniger gerecht wird als die zweite Art, denn in der unmittelbaren Umgebung der Pressen wird das Gleis merklich verschoben, wodurch das ganze Gefüge des Schotterbettes gestört wird. Außerdem entsteht in der Nähe der arbeitenden Pressen eine Aufwölbung des Gleises, so daß auch in der Regel an dieser Stelle die Verwerfung eintritt.

Als Beispiel sei ein Versuch der ungarischen Staatsbahnen [143] angeführt: ein 60 m langes Gleisstück mit Schienen von 42,8 kg/m Gewicht, 12 m lang,

K-Befestigung, 14 Holzquerschwellen je Gleisfeld, volle Bettung, mäßig gestampft, zeigte beim Drücken folgendes Verhalten:

Bei der Steigerung des Druckes in den aktiven Pressen (Abb. 164) auf 27, 48, 64, 75 und 85 t je Schiene an der Stelle 0,0 m, wölbte sich das Gleis nach oben wie in der Abb. 164 angegeben. Am anderen Ende (60 m) wurde am Manometer der „passiven Pressen" der Druck abgelesen, die entsprechenden Werte waren 2 t, 15 t, 33 t 38 t und 47 t. Die Differenz wurde vom Längsverschiebewiderstand des Gleises aufgezehrt. (Die Messungen betrafen den linken Schienenstrang; am rechten Schienenstrang konnten bei kleinen Drücken Unterschiede gegen links von mehr als 50% festgestellt werden; erst bei den größeren Drücken war die Druckabnahme gleichmäßiger.)

Die Seitenverschiebungen waren gering; die größten Seitenverschiebungen blieben unter 5 mm in einer Entfernung bis 17 m von den aktiven Pressen; über 17 m zeigten sich auch bei den größten Drücken, 85 t, keine Verschiebungen.

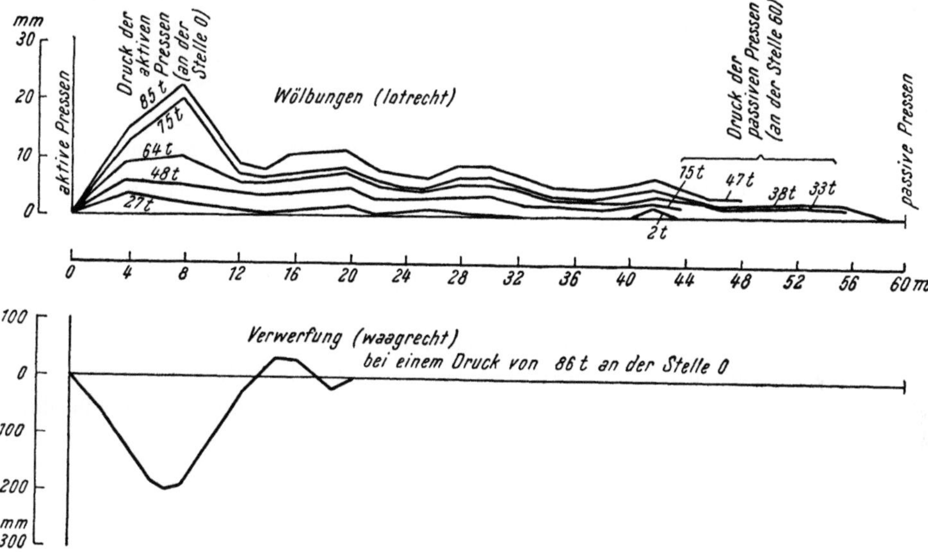


Abb. 164. Verwerfungsversuch der ungarischen Staatsbahnen

Bei 86 t Pressendruck begann sich das Gleis stärker zu wölben und es entstand in etwa 15 bis 20 Minuten eine größte Aufwölbung von 40 mm, die sich dann plötzlich noch um etwa 20 bis 30 mm steigerte, wobei gleichzeitig das Gleis seitlich verworfen wurde und die Lage einnahm, die in der Abb. 164 im Grundriß eingezeichnet ist. (Die Seitenverschiebungen während der Drucksteigerungen sind wegen der Kleinheit nicht eingezeichnet.)

Der Ablauf des beschriebenen Versuches ist typisch für alle Verwerfungsuntersuchungen, die bis jetzt durchgeführt wurden. Durch die Lockerung des Gefüges der Bettung und die Hebung des Gleisrostes in der Nähe der aktiven Pressen wurde die Einleitung der Verwerfung begünstigt und es ist anzunehmen, daß bei Entfall dieser Umstände das Gleis noch größere Drücke ausgehalten hätte.

Für die Versuche in Karlsruhe, die zuerst auch mit Pressen vorgenommen
wurden, gilt das gleiche. Als später die Druckkraft durch Erwärmung erzeugt
wurde, blieb wohl während der Drucksteigerung das Gefüge der Bettung ungestört, weil keine Relativbewegungen zwischen Gleis und Bettung der Länge nach
stattfanden; da sich aber die Widerlager bei den großen Druckkräften etwas
verdrehten, kam es auch hier zu kleinen Gleishebungen, die natürlich die Auslösung der Verwerfung förderten. Nach den bisherigen Versuchen steht also
noch immer nicht fest, welche Ursache die Verwerfung eingeleitet hat, ob schon
die Überschreitung der Quetschgrenze mitgewirkt hat oder andere Gründe, die
noch zu erforschen sind. Es ist anzunehmen, daß das gut verlegte und erhaltene
Gleis im unbefahrenen Zustand noch größere Druckkräfte aufnehmen kann,
als bisher beobachtet wurden. Umgekehrt aber wird noch zu erforschen sein,
ob nicht Erschütterungen, die man künstlich durch Schwingungsmaschinen
erzeugen könnte, mit gleichzeitiger Einwirkung von Seitenkräften die Verwerfung bei viel kleineren Druckspannungen einleiten können. Erst wenn man
im Versuch Verhältnisse schafft, die im Betrieb vorkommen, wird man beurteilen
können, ob unser heutiges Gleis wirklich verwerfungssicher liegt und welche Maßnahmen (Herabsetzung der Eigenspannungen, Erhöhung der Fließgrenze des
Stahles, Vergrößerung des Seitenwiderstandes in der Bettung, Wahl der neutralen
Temperatur oder schließlich Übergang zu einem grundsätzlich neuen Oberbau-
system) getroffen werden müssen, die absolute Verwerfungssicherheit zu schaffen.

Zu 2: Der durchgehenden Schweißung in Hauptbahngleisen stehen noch die
durch die Wärmespannungen bedingten Schwierigkeiten beim Einbau und
Umbau entgegen [*139*]. Vorstehend wurde auf die Wichtigkeit der Einhaltung
der neutralen Temperatur bei der Verlegung des Gleises hingewiesen, damit
die Zugspannungen im Winter und die Druckspannungen im Sommer die als
gefährlich angesehene Grenze nicht überschreiten. Da man beim Verlegen des
Oberbaues natürlich nicht immer abwarten kann, bis die Schienen die neutrale
Temperatur angenommen haben, sind Spanneinrichtungen erforderlich, die das
Verlegen erschweren und verteuern. Wollte man die Verwendung von Spanneinrichtungen vermeiden, müßten Grenzen festgelegt werden, bis zu welchen von
der neutralen Temperatur abgewichen werden kann, ohne befürchten zu müssen,
daß unzulässige Spannungen in das Gleis kommen. Auch in dieser Hinsicht wird
noch Forschungsarbeit zu leisten sein.

Ein weiterer Umstand der Erschwerung, den die durchgehende Schweißung
bringt, ist der, daß der Ausbau von unter Druck stehenden Schienen sogar
gefährlich werden kann; es ist vorgekommen, daß dabei zwei Arbeiter in Schweden
erheblich verletzt wurden.

Außerdem besteht beim Eintritt eines Schienenbruches [*163*] die Gefahr,
daß sich bei tiefen Gleistemperaturen große Lücken im Gleis bilden und das
Gleis durch das einseitige Aufhören der Zugwirkung verzogen wird, wodurch
die Möglichkeit einer Entgleisung näher gerückt wird.

Nichtsdestoweniger liegt auf der Linie des stoßlosen Gleises der Fortschritt,
und es sollte getrachtet werden, diesem Idealzustand näher zu kommen. Die
wissenschaftlichen Versuche zur Klärung der noch offenstehenden Fragen wären
daher zu fördern.

## 2. Die Ausführung der Schweißung

### a) Das aluminothermische Verfahren (Thermitschweißung)

Die Thermitschweißung beruht auf der Neigung des Aluminiums, bei Temperaturen von etwa 1100⁰ C sich mit Sauerstoff zu verbinden, ihn dabei aus anderen Verbindungen zu trennen und bei der chemischen Umwandlung hohe Temperaturen (bis 3000⁰) zu entwickeln. Erhitzt man ein aluminothermisches Gemisch, bestehend aus rund einem Teil gekörnten Aluminiums und drei Teilen Eisenoxyd (Thermit), an einer Stelle bis auf 1100⁰ C, so vollzieht sich unter starker Wärmeentwicklung der Übergang des Sauerstoffes vom Eisenoxyd zum Aluminium, es entsteht reines Eisen und Aluminiumoxyd (Tonerde), beide im flüssigen Zustand, wobei infolge des Unterschiedes der spezifischen Gewichte sich das Eisen als untere Schichte von dem als Schlacke darauf schwimmenden Aluminiumoxyd abscheidet.

Die Reaktion vollzieht sich in einem Spitztiegel (Abb. 165) aus Eisenblech, der innen eine Auskleidung aus Teermagnesit hat.

Die Ausnutzung der aluminothermischen Reaktion für Zwecke der Schienenschweißung geschieht in folgender Art:

Die Schienenstirnflächen werden zunächst genau ebenflächig und senkrecht zur Schienenlängsachse bearbeitet [*126*]. Hierauf wird zwischen die Schienenköpfe ein etwa 3 mm starkes Schweißblech eingelegt, so daß beim Aneinander-

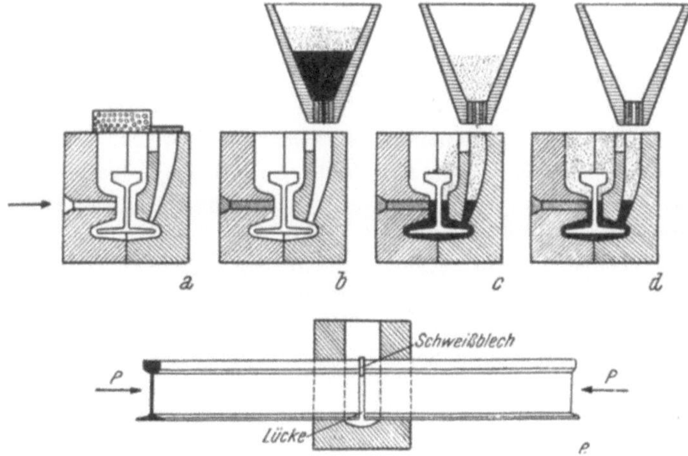



Abb. 165. Ausführung der aluminothermischen Schweißung nach dem „kombinierten Verfahren"

stoßen der Schienen im unteren Teil des Querschnittes zwischen den Schienen eine entsprechend breite Lücke bleibt (Abb. 165e). Dann werden die Schienenenden mit einer Gußform umgeben, die eine obere und eine seitliche Öffnung hat. Über der oberen Öffnung wird der Spitztiegel aufgestellt und die Thermitreaktion vorbereitet. Durch die seitliche Öffnung wird ein Benzin-Luft-Gemisch eingeblasen (Abb. 165a), zur Entzündung gebracht und dadurch die Schienenenden vorgewärmt. Nach Auslösung der Thermitreaktion (Abb. 165b) läßt man durch eine untere Abstichöffnung des Spitztiegels zuerst das flüssige Eisen, dann die darüber lagernde Schlacke in die Gußform abfließen (Abb. 165 c). Die Schweißportion muß so bemessen werden, daß das Eisen nur die untere Hälfte der Form füllt und hier eine Schmelzschweißung herbeiführt (Abb. 165 d). Die obere Hälfte der Form wird durch die heiße Schlacke gefüllt und dadurch der Schienenkopf bis auf Schweißglut erhitzt, so daß beim folgenden Stauchen der Schienen mittels eines Schraubenspindelapparates, der den Stauchdruck $P$ liefert (Abb. 165 e), hier eine Druckschweißung zustande kommt. Die Druckschweißung im Kopf und die Schmelzschweißung im Steg und Fuß der Schiene hat diesem Schweißvorgang den Namen *kombiniertes Verfahren* eingetragen. Nach Entfernen der Gußform wird die Schienenkopffahrfläche glattgehobelt, womit eine durchlaufende Unterstützung für das Rad geschaffen ist, die nach dem derzeitigen Stand der Schweißtechnik als vollwertig bezeichnet werden kann [*156, 119*].

Das kombinierte Verfahren wird zum Verschweißen der Breitfußschienen in der Regel verwendet. Nur beim Herstellen von Übergangsstößen, wenn Schienen verschiedener Formen miteinander zu verschweißen sind oder wenn man Schweißungen in verlegten Gleisen ausführen will, wendet man das *Schmelzgußverfahren* an. Bei diesem Verfahren wird der *ganze* Schienenquerschnitt von Thermiteisen umgeben, von diesem aufgelöst und verschmolzen. Die Schwierigkeit der Anwendung dieses Verfahrens liegt darin, daß es nicht leicht gelingt, der Fahrfläche der Schiene im Bereich der Auflösungszone die gleiche Festigkeit und Güteeigenschaften zu geben wie der laufenden Schiene. Man muß der Thermitmasse stahlbildende Zusätze (besondere Eisenlegierungen) geben, deren richtige Dosierung erst mit zunehmender Erfahrung gelungen ist.

In jüngster Zeit ist für Rillenschienen eine Thermitschweißung nach dem *Einsatzverfahren* entwickelt worden. Nach diesem Verfahren werden neue Rillenschienen vor dem Einbau in das Gleis verschweißt. Vom Schmelzgußverfahren unterscheidet es sich nur dadurch, daß der Schienenbaustoff in der Schienenkopffahrfläche durch eine besondere Formgebung des einen Schienenendes ununterbrochen durchläuft und dadurch der Nachteil der reinen Schmelzschweißung vermieden wird. Man braucht bei diesem Verfahren ebenso wie bei der Schmelzgußschweißung keine Druckpressen und es genügt der Schrumpfdruck, um einen dichten fugenlosen Schluß der beiden Schienen in der Fahrfläche zu erzielen. (Wird bei der Wiener Straßenbahn verwendet.)

## b) Die autogene Schweißung und die elektrische Lichtbogenschweißung

Mit Vervollkommnung der Schweißverfahren im Brückenbau, Wagenbau u. a. lag der Gedanke nahe, diese Verfahren auch im Oberbau anzuwenden, indem man zunächst Laschen oder Stoßbrücken mit der Schiene durch Kehlnähte autogen oder mittels Lichtbogen verschweißte. Die mannigfaltigsten Formen sind ersonnen worden, da anfänglich die Versuche zu keinem brauchbaren Ergebnis führten; es traten in den Kehlnähten vielfach Risse auf, die Konstruktionen waren den großen Wechselbeanspruchungen nicht gewachsen.

Nunmehr scheinen aber die Schwierigkeiten überwunden zu sein und so seien als Beispiele vieler Möglichkeiten zwei Ausführungen grundsätzlich verschiedener Bauart besprochen.

1. *Der Schweißstoß der Brünner und Grazer Straßenbahn* (Abb. 166). Die Schienen liegen auf einer langen Unterlagsplatte *P* und sind mit ihr durch zwei Schweißraupen *R* verschweißt. Die Schweißraupen haben reichliche Länge, damit die im Schienenfuß wirkenden Zugkräfte sicher übertragen werden. Der Schienenkopf wird mit dem autogenen Schneidbrenner schräg abgenommen und die entstehende große Lücke durch eine Auftragsschweißung *F* gefüllt. Zur elastischen Abstützung der Schiene wird zwischen Beton *B* und Schienenfuß bzw. Unterlagsplatte eine Asphaltschicht *A* zwischengeschaltet.

Die Grazer Straßenbahn verwendet beim Verschweißen eingebetteter Schienen eine ähnliche Konstruktion wie die vorbeschriebene. Sind in Graz aber Schienen zu verschweißen, ehe sie eingebaut werden, dann wird der

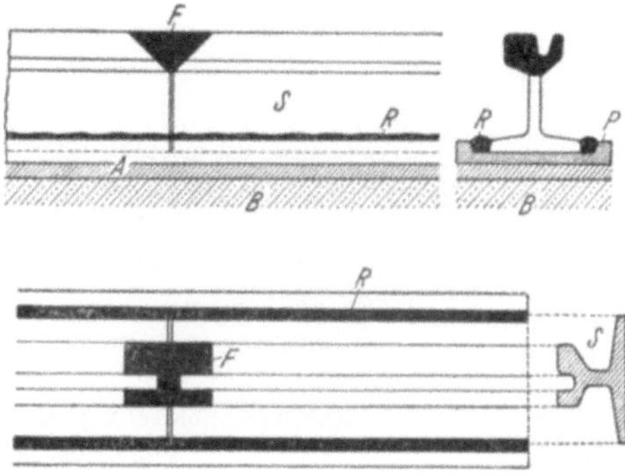

Abb. 166. Lichtbogenschweißung der Brünner Straßenbahn

*Querplattenstoß* angewendet: Er besteht aus einer 8 bis 10 mm starken Querplatte, die zwischen Steg und Fuß eingelegt und mit den beiden anstoßenden Schienenenden verschweißt wird. Der Schienenkopf wird, wie vorher, schräg abgenommen und mit Auftragschweißung gefüllt. Trotz Fehlen der Fußplatte soll sich der Stoß bewährt haben, was wohl den geringeren Beanspruchungen durch die leichten Fahrbetriebsmittel der Straßenbahnen zuzuschreiben sein wird. (Beim Verschweißen eingebetteter Schienen läßt sich der Querplattenstoß nicht anwenden, weil beim Verschweißen die Schienen umgekantet werden müssen.)

2. *Der Böhler-X-Stoß* (Abb. 167) vermeidet bewußt plötzliche Querschnittsänderungen, indem er auf Laschen und Unterzüge (Stoßbrücken) verzichtet,

Abb. 167. Böhler X-Stoß, Ansicht und Grundriß

beschränkt sich auf reine Stumpfnähte, wobei diese im hochbeanspruchten Fuß als *Schrägnähte* [128] ausgebildet sind, da sich diese bei dynamischen Beanspruchungen den quer zur Kraftrichtung angeordneten Nähten als überlegen erwiesen haben.

Die Herstellung des Stoßes erfolgt nun so, daß zunächst mit dem Schneidbrenner der Kopf zur *V*-Fuge abgeschrägt und der Schienenfuß zur Aufnahme von rautenförmigen Blechen schräg ausgeschnitten wird. Abb. 168 zeigt die vorbereiteten Schienenenden. Dann wird Steg und Kopf von unten nach oben von zwei Schweißern gleichzeitig mittels stehender Doppelraupenschweißung ausgefüllt und die obersten Schichten durch Warmhämmern vergütet (Abb. 169).

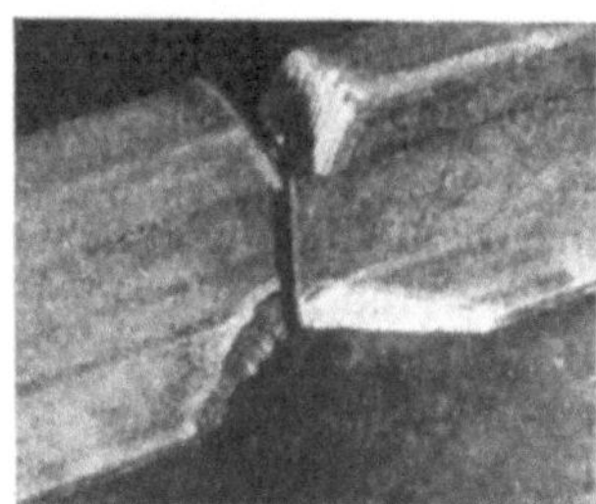

Abb. 168. Böhler X-Stoß, Vorbereitung zur Schweißung

Schließlich werden die Rautenbleche eingeheftet, verschweißt und mit dem Schneidbrenner die überstehenden Kanten abgeschnitten. Der Werkstoff der Rautenbleche hat etwas geringere Festigkeit, aber größere Dehnung als der Schienenwerkstoff. Die geringere Festigkeit wird durch den größeren Querschnitt des Rautenbleches (die Breite nimmt gegen die Stoßmitte allmählich zu) ausgeglichen.

Bei Dauerbiegeversuchen zeigte der Stoß sehr gute Eigenschaften, mit dem vorher besprochenen geschweißten Laschenstoß und dem Querplattenstoß hat

Abb. 169. Böhler X-Stoß, Steg und Kopf bereits gefüllt

er nur gemeinsam den Nachteil, daß im Kopfteil auf eine große Breite fremdes Eisen liegt, das nie ganz genau die gleichen Eigenschaften haben wird als der anschließende Schienenstahl, was zu ungleichmäßigen Abnützungen an der Schienenkopffahrfläche Anlaß geben kann. Im allgemeinen ist aber zu sagen, daß dieser Nachteil nicht ausschlaggebend ist, da sich solche Stöße in mehr als zehnjähriger Betriebsdauer bewährt haben.

### c) Die elektrische Stumpfschweißung (Widerstandsschweißung)

Bei diesem Verfahren werden die beiden Schienenenden in die zwei Elektroden einer Schweißmaschine eingespannt und dann wird durch die Stoßstelle ein Strom geringer Spannung (2 bis 10 Volt), aber großer Stromstärke (bis 50 000 Ampere) geschickt. Durch den großen Leitungswiderstand an der Stoßstelle (daher der Name Widerstandsschweißung) erhitzt sich der Baustoff, bis er teigig wird. Ist die Schweißtemperatur erreicht, dann werden die Schienen mit starkem Druck gegeneinandergepreßt und die Verbindung ist vollzogen. Der Schweißvorgang dauert etwa 3 bis 5 Minuten.

Dieses Verfahren hat gegenüber den vorherbesprochenen den Vorteil, daß die Baustoffbeschaffenheit an der Schweißstelle ganz die gleiche bleibt wie in der laufenden Schiene. Technologisch ist die Widerstandsschweißung jedenfalls die beste Schweißung, hat aber den Nachteil, daß die große Schweißmaschine (die großen Stromstärken brauchen sehr große Kupferquerschnitte) samt Zugehör nicht oder nur schwer transportabel ist, das Verfahren daher hauptsächlich in der Werkstätte angewendet wird, um abgefahrene Schienen, deren Laschenkammern abgenützt sind, dadurch wieder brauchbar zu machen, daß man die abgenützten Schienenenden, je nach Bedarf, mehr oder weniger abschneidet und die verbleibenden Reststücke zu Langschienen verschweißt. Nach dem Verschweißen werden diese Langschienen möglichst nicht in der Nähe der Schweißstellen so durchschnitten, daß Normalschienen von etwa 15 m Länge entstehen.

# G. Die Führung der Fahrzeuge

## I. Allgemeines

Alle bisherigen Betrachtungen waren darauf gerichtet, die Bedingungen festzulegen, daß den Fahrzeugen ein festgefügtes, ausreichend *tragfähiges* Gleis zur Verfügung gestellt wird. Baukonstruktionen haben mit einer entsprechenden Standfestigkeit, wenn sie also ausreichend tragfähig sind, in der Regel allen Anforderungen Genüge geleistet.

Beim Eisenbahnoberbau ist es aber nicht so. Der Eisenbahnoberbau hat noch eine zweite, nicht minder wichtige Aufgabe zu erfüllen: er soll den mit großer Geschwindigkeit bewegten Fahrzeugen eine sichere *Führung* geben; denn versagt die Führung, dann nützt die ausreichende Tragfähigkeit nichts, das Fahrzeug entgleist und die dadurch verursachten Zerstörungen wachsen mit zunehmender Fahrgeschwindigkeit.

Für die sichere Führung ist jedoch der Oberbau nicht allein verantwortlich, sondern er teilt diese Verantwortung mit der Gestaltung des Laufwerkes der Fahrzeuge. Die sichere Führung hängt also von der guten Abstimmung von *Rad und Schiene*, im weiteren Sinn vom befriedigenden Zusammenwirken von *Fahrzeug und Gleis* und schließlich von der „richtigen" *Lage des Gleises* ab. Will man den Oberbaukonstruktionen mit tieferem Verständnis gegenüberstehen, dann ist die Beherrschung der Grundregeln des Zusammenwirkens von Fahrzeug und Gleis unerläßlich; der Oberbau ist eben nicht nur Baukonstruktion, sondern gleichzeitig ein Maschinenteil des großen Mechanismus „Eisenbahn". Er liegt also in einem „Grenzgebiet" und viel ist noch aus der Verbesserung des Zusammenwirkens von Fahrzeugbau und Gleisbau für den Fortschritt zu erhoffen.

Auf der ganzen Welt werden die Eisenbahnfahrzeuge durch innenliegende Spurkränze der Räder geführt, die, im großen gesehen, einander recht ähnlich sind. Daß ein im Vergleich zu den Fahrzeugabmessungen so winziger Konstruktionsteil mit einem Eingriff von 20 bis 30 mm bei der Wucht, mit der die Fahrzeuge oft von einer Schiene zur anderen hin- und hergeworfen werden, die nötige Sicherheit gegen Entgleisen bieten soll, ist nur auf Grund der vieltausendfältigen Bewährung in der Praxis zu glauben. Würde heute die Eisenbahn neu erfunden, so ist mit Bestimmtheit anzunehmen, daß keine Behörde die Verantwortung dafür würde übernehmen wollen, daß die Spurkranzführung ausreichend sicher ist. Bei der rechnungsmäßigen Festlegung dieser Sicherheit kommt es auf die Größe der zwischen Rad und Schiene wirkenden waagrechten Kräfte, auf den Angriffspunkt und die Zeitdauer der Wirkung dieser Kräfte an, eine Menge unbekannter Größen, so daß eben, wie später gezeigt werden wird, die Erfahrung für die Beurteilung dieser grundlegenden Entscheidung maßgebend ist und auch bleiben wird.

Bezüglich der „Lage des Gleises" geht die Entwicklung darauf hinaus, mit zunehmender Fahrgeschwindigkeit die Fahrbahn immer mehr ausgeglichen, also möglichst „stetig" zu gestalten, weil jede Unstetigkeit um so größere schädliche Kräftewirkungen auslöst, je größer die Fahrgeschwindigkeit ist. Eine Anordnung, die für kleine Fahrgeschwindigkeiten vollkommen entspricht, kann bei Überschreitung einer gewissen Grenzgeschwindigkeit zu ganz unhaltbaren Verhältnissen führen.

Es sollen daher in folgendem die grundlegenden Bedingungen besprochen werden, die Fahrzeug und Gleis erfüllen müssen, damit eine sichere Führung und eine ruhige Fahrt gewährleistet ist, soweit der derzeitige Stand der Wissenschaft dies gestattet.

Dabei soll das Hauptgewicht auf möglichst anschauliche Darstellung der oft recht verwickelten Zusammenhänge gelegt werden, um den Bauingenieur zu befähigen, sich mit dem Fahrzeugbauer fruchtbringend zu verständigen.

## II. Rad und Schiene

Für Haupt- und Nebenbahnen der Normalspur gelten die in den TV festgelegten Abmessungen von Radreifen und Schienenkopf, die bereits in den Grundlagen besprochen wurden.

Nunmehr soll zunächst die Zweckmäßigkeit der Formgebung des deutschen Reifens im Zusammenwirken mit dem Schienenkopf untersucht werden. Zu diesem Zwecke wird der Radreifen in Wirkungszonen mit entsprechender Bezeichnung zerlegt gemäß Abb. 170. Diese Zonen sind:

1. Die Lauffläche.
2. Die Hohlkehle.
3. Die Spurkranzflanke.
4. Der Spurkranzrand.
5. Die seitlichen Begrenzungsflächen (innen und außen).

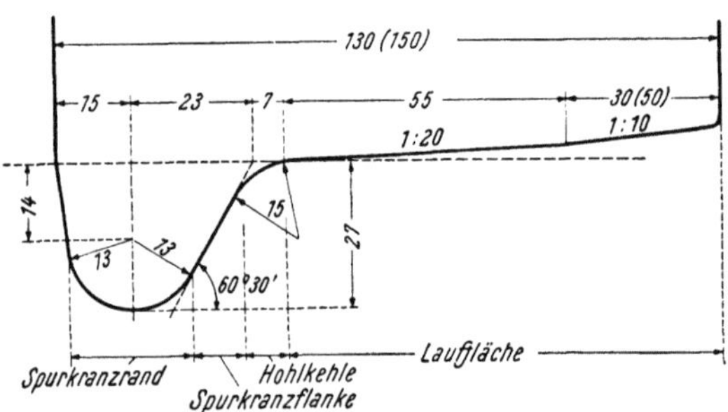


Abb. 170. Radreifenquerschnitt der Regelspurbahnen

# 1. Die Lauffläche

Die Lauffläche ist beim Normalreifen eine Kegelfläche mit einer Neigung 1 : 20, die nach außen in einen Kegel mit der Neigung 1 : 10 übergeht. In anderen Ländern (Amerika) hat man flachere Neigungen 1 : 40 bis zur Walzenform $1 : \infty$.

Auf der Lauffläche wird der lotrechte Raddruck übertragen. Wie schon früher ausgeführt, treten an der Berührungsstelle große Flächenpressungen (4000 kg/cm²) auf, die zusammen mit gleitenden Bewegungen zu unerwünschter Abnützung führen. Man muß also trachten, durch Anpassung der Berührungsflächen möglichst kleine Flächenpressungen und durch entsprechende Ausbildung des Laufwerkes möglichst kleine Gleitbewegungen zwischen Rad und Schiene zu erzielen. Bei gegebener Schienenkopfbreite hätte der *ebene* Schienenkopf im Zusammenwirken mit dem Walzenreifen die größte Berührungsfläche, aber nur dann, wenn die Schiene genau lotrecht steht. Bei Abweichungen von der lotrechten Lage würden aber sofort große Kantenpressungen eintreten; es ist daher vorteilhafter, den Schienenkopf leicht zu wölben. Die Flächenpressungen werden dadurch etwas größer, aber die hoch beanspruchten Stellen liegen dann nicht am Rand, wo der Baustoff ausweichen kann, so daß dadurch die Abnützung günstig beeinflußt wird.

Was nun die Größe der Kegelneigung anlangt, ist folgendes festzuhalten: In der Geraden bewirkt die Kegelneigung ein Hin- und Herpendeln des Radsatzes von einer Schiene zur anderen, denn beim Abweichen des Radsatzes aus der Gleismitte läuft das eine Rad auf einem größeren Laufkreis, wodurch der Radsatz geschwenkt wird; er läuft dann über die Mittellage hinaus, bis er zufolge der geänderten Laufkreisunterschiede wieder zurückgeschwenkt wird, so daß er eine sinusförmige Wellenlinie beschreibt (Abb. 171). Die Wellenlänge hängt von der Größe der Kegelneigung ab: je flacher die Kegelneigung, desto größer die Wellenlänge. Da bei gegebener Kegelneigung und Wellenlänge mit zunehmender Fahrgeschwindigkeit die Schwingungszeit immer kürzer wird, kommt es beim Erreichen einer bestimmten Grenzgeschwindigkeit zu Resonanzerscheinungen zwischen diesen Pendelschwingungen und der Eigenschwingung der Fahrzeuge, wodurch so große Rüttelerscheinungen auftreten, daß das Gefüge der Wagen zerstört und die Entgleisungsgefahr nähergerückt wird. Man hat daher Schnellfahrzeuge nach den ersten Versuchen, bei welchen so große Rüttelerscheinungen auftraten, mit Radreifen geringerer Kegelneigung (1 : 40) ausgestattet,

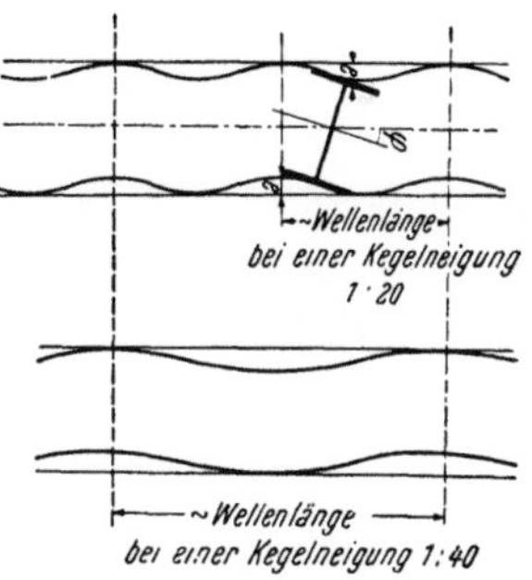


Abb. 171. Überschlägiger Vergleich der Wellenlängen bei verschiedenen Kegelneigungen der Radlauffläche

wodurch die Rüttelschwingungen sofort verschwunden sind. Amerika hatte schon immer flachere Kegelneigungen, was wohl damit zusammenhängt, daß dort ausschließlich Drehgestellwagen laufen, die für den Bogenlauf keine größere Kegelneigung brauchen, worauf später noch näher eingegangen werden wird.

Damit kommen wir zur Begründung der größeren Kegelneigung (1 : 20 bis 1 : 10) beim deutschen Reifen. Zweiachsige Wagen mit großem Radstand, die in Mitteleuropa vorherrschend sind, laufen im Bogengleis dann mit geringerem

Widerstand und kleinerer Abnützung von Rad und Schiene, wenn die Einstellung der freien Lenkachsen in die Richtung des Bogenhalbmessers durch die Größe des Laufkreisunterschiedes innen und außen gefördert wird. Die Versteilung der Kegelneigung auf 1 : 10 wirkt in dieser Hinsicht also günstig, wenn noch durch entsprechende *Spurerweiterung* dafür gesorgt wird, daß diese große Kegelneigung auch tatsächlich zur Wirkung kommt. Auch darüber wird im Kapitel „Fahrzeug und Gleis" noch zu sprechen sein. Die große Neigung 1 : 10 der ganzen Lauffläche zu geben, was für den besseren Bogenlauf vorteilhaft wäre, ist untunlich wegen des zu unruhigen Laufes der Fahrzeuge in der Geraden, da die oben erwähnten Rüttelschwingungen schon bei kleinen Fahrgeschwindigkeiten eintreten würden.

## 2. Die Hohlkehle

Die Ausrundung der Hohlkehle soll den gleichen oder einen nur wenig größeren Halbmesser haben als die Abrundung des Schienenkopfes, damit möglichst innige Berührung zwischen Rad und Schiene die Flächenpressung verringert.

Ist nämlich der Abrundungshalbmesser des Radreifens wesentlich größer als der der Schiene, dann tritt „Einpunktberührung" (Abb. 172) beim Bogenlauf ein: Das führende Vorderrad läuft solange geradeaus und steigt dabei in der Hohlkehle auf, bis die Neigung am Berührungspunkt in der Hohlkehle so groß wird, daß es nach innen seitlich abrutscht. Da dann der gesamte Raddruck von der Lauffläche verschwunden ist und auf die Hohlkehle sich verlagert hat, sind dort die Flächenpressungen und die Abnützungen sehr groß, so daß die Radreifenform mit Einpunktberührung, die für den Bogenlauf aus den gleichen Gründen wie die größere Kegelneigung der Lauffläche von Vorteil wäre [*169*], nicht lange erhalten bleibt.

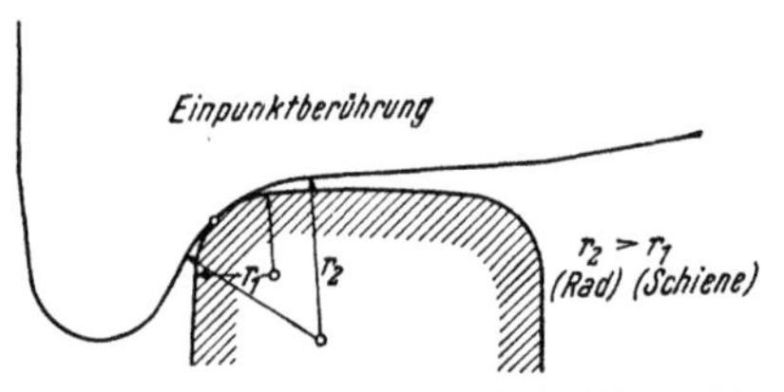


Abb. 172. Rad und Schiene bei „Einpunktberührung"

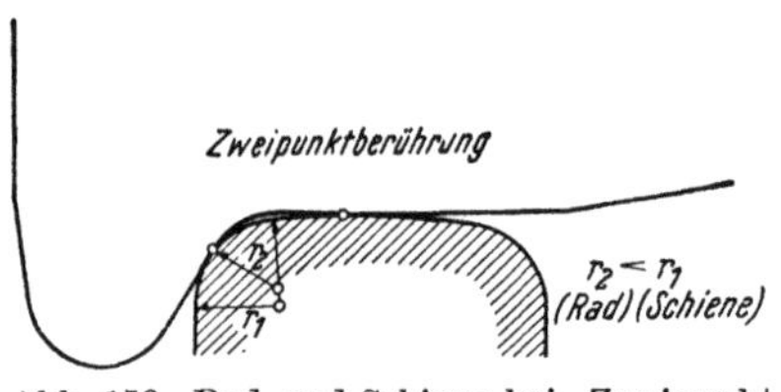


Abb. 173. Rad und Schiene bei „Zweipunktberührung"

Ist der Ausrundungshalbmesser des Radreifens kleiner als der des Schienenkopfes, dann entsteht „Zweipunktberührung" (Abb. 173). Sie ist deshalb ungünstig, weil sie unabhängig vom Anschneidewinkel (siehe unten) immer den der Flankenneigung entsprechenden großen Spurkranzreibungsweg zur Folge hat (was später noch bewiesen wird), so daß es am günstigsten ist, die beiden Ausrundungen einander möglichst anzugleichen, wodurch eine Art „Linienberührung" entsteht, die für die Abnützung den günstigsten Ausgleich schafft.

## 3. Die Spurkranzflanke

Die Neigung der Spurkranzflanke beeinflußt:
a) die Entgleisungssicherheit, [*170, 171, 172*],
b) die Spurkranzreibung [*165*].

## a) Entgleisungssicherheit

Wenn ein Rad unter einem Winkel (Anschneidewinkel) gegen die Schiene läuft, dann liegt der Anschneidepunkt $A$ um ein Maß $t$ vor dem Radstütz-

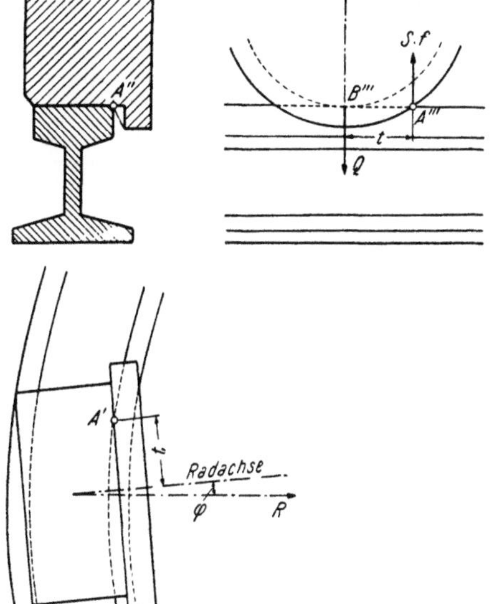

punkt $B$; besonders deutlich wird dies, wenn man lotrechte Spurkranzflanken annimmt und die Hohlkehle wegläßt (Abb. 174). Am Anschneidepunkt wird die Seitenkraft $S$ übertragen. Aufsteigen des Rades tritt ein, wenn

$$S \cdot f > Q, \qquad (82)$$

wobei $f$ der Reibwert, $Q$ die Radlast ist, denn wenn diese Ungleichung besteht, kippt das Rad bei der Drehbewegung nicht um den Aufstandpunkt $B$, sondern findet eine Stütze am Anschneide-

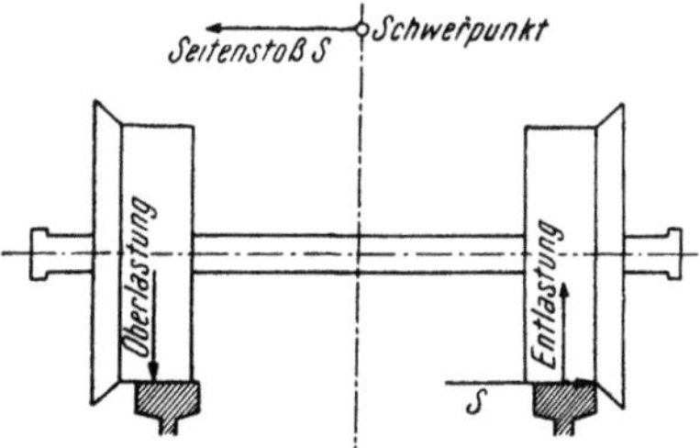


Abb. 174. Aufschneiden eines Rades mit lotrechter Spurkranzflanke

Abb. 175. Entlastung des führenden Rades bei außen liegenden Spurkränzen, Entgleisungsgefahr

punkt $A$, kippt um diesen, erklettert dabei die Schienenoberkante und entgleist.

Die Entgleisungsgefahr wächst also mit der Größe der Seitenkraft $S$ und des Reibwertes $f$ und wächst mit Kleinerwerden des Raddruckes $Q$ [172]. Besonders gefährlich ist daher das Auftreten von Seitenstößen, die mit Radentlastungen zusammenfallen. Da die größten, plötzlich auftretenden Seitenkräfte aus Drehbeschleunigungen entstehen, die als Massenkräfte in der Höhe des Fahrzeugschwerpunktes wirken, sind außenliegende Spurkränze neben anderen Gründen deshalb ungeeignet, da bei dieser Anordnung das Auftreten einer Seitenkraft mit einer Radentlastung zusammenfallen würde (Abb. 175).

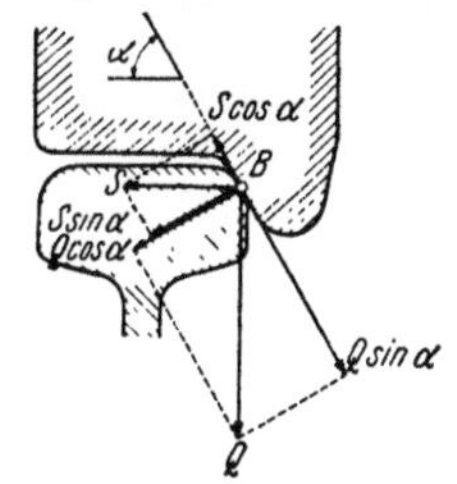


Abb. 176. Kräftewirkungen zwischen Rad und Schiene, Kräfteübertragung im Punkt $B$, Rad von der Lauffläche abgehoben

Haben die Räder geneigte Spurkranzflanken, dann bestehen folgende Gleichgewichtsbedingungen am Anschneidepunkt $A$, wenn Aufsteigen des Rades bereits eingeleitet ist, das gesamte Radgewicht also am Anschneidepunkt übertragen wird (Abb. 176).

Fall 1. Abrutschen des rollenden Rades tritt ein, wenn

$$Q \cdot \sin \alpha \gtrless S \cos \alpha + f \, (S \sin \alpha + Q \cos \alpha),$$

daraus

$$\frac{S}{Q} \lessgtr \frac{\sin a - f \cos a}{\cos a + f \sin a}. \tag{83}$$

Aufsteigen des rollenden Rades tritt ein, wenn

$$\frac{S}{Q} > \frac{\sin a - f \cos a}{\cos a + f \sin a}. \tag{84}$$

Fall 2. Soll ein *festgebremstes* Rad durch eine Seitenkraft $S$ längs der Spurkranzflanke über die Schienenoberkante geschoben werden, dann muß sein:

$$S \cos \alpha \gtrless Q \sin \alpha + f\,(S \sin \alpha + Q \cos \alpha),$$

daraus

$$\frac{S}{Q} > \frac{\sin a + f \cos a}{\cos a - f \sin a}. \tag{85}$$

Für verschiedene Reibwerte

$$\begin{aligned}
&\text{trockene Schienen} \ldots \ldots \quad f = 0{,}25\\
&\text{feuchte Schienen} \ldots \ldots \quad f = 0{,}15\\
&\text{geschmierte Flanken} \ldots \quad f = 0{,}05
\end{aligned}$$

gibt die Zusammenstellung auf Tab. 15 die gerechneten Werte der Gl. (84) und (85). Abb. 177 bringt die gleichen Werte übersichtlich dargestellt.

Tabelle 15

| $a^0$ | Werte von $\frac{S}{Q}$ nach Gleichung | | | | | |
| | (84) Fall 1 | | | (85) Fall 2 | | |
| | $f = 0{,}25$ | $f = 0{,}15$ | $f = 0{,}05$ | $f = 0{,}25$ | $f = 0{,}15$ | $f = 0{,}05$ |
|---|---|---|---|---|---|---|
| 90 | 4,00 | 6,66 | 20,00 | $\infty$ | $\infty$ | $\infty$ |
| 80 | 2,24 | 2,98 | 4,38 | $\infty$ | 39,80 | 4,01 |
| 70 | 1,48 | 1,84 | 2,37 | 9,58 | 4,94 | 3,24 |
| 60 | 1,04 | 1,26 | 1,56 | 3,50 | 2,54 | 1,90 |
| 50 | 0,73 | 0,88 | 1,08 | 2,04 | 1,63 | 1,32 |
| 40 | 0,51 | 0,61 | 0,76 | 1,38 | 1,13 | 0,93 |
| 30 | 0,28 | 0,38 | 0,51 | 0,96 | 0,80 | 0,64 |
| 20 | 0,10 | 0,20 | 0,30 | 0,68 | 0,54 | 0,42 |
| 10 | 0,00 | 0,03 | 0,12 | 0,45 | 0,33 | 0,23 |
| 0 | 0,00 | 0,00 | 0,00 | 0,25 | 0,15 | 0,05 |

Aus der Zusammenstellung ergibt sich, daß im Fall 2 größere Seitenkräfte nötig sind, um das Rad zum Entgleisen zu bringen, daher Fall 1, das *rollende* Rad, maßgebend für die Sicherheit der Führung ist [*166*].

Im Fall 2 ist das Hinaufschieben des Rades bei sehr steilen Spurkranzflanken unmöglich (für $a = 80$ bis $90^0$ wird $\frac{S}{Q} = \infty$); bei $a = 0^0$ muß $\frac{S}{Q} = f$ werden, das heißt eine Seitenkraft von $S = Q \cdot f$ ist erforderlich, das Rad ohne Spurkranz ($a = 0$) seitlich zu verschieben. Im Fall 1 wird für $a = 90^0$ $\frac{S}{Q} = \frac{1}{f}$ gleich dem Wert nach Gl. (82); bei $a = 0^0$ oder nahezu Null wird $\frac{S}{Q}$ negativ, das heißt, die geringste

Seitenkraft würde genügen, das Rad seitlich über die Schienenoberkante hinaus-
zurollen; es wurden daher für diese Fälle $\frac{S}{Q} = 0{,}00$ eingetragen.

Der für die Entgleisungssicherheit des deutschen Reifens maßgebende Wert
ist der nach Fall 1, $f = 0{,}25$ und $\alpha = 60^0$:

$$\frac{S}{Q} = 1{,}04 \text{ (Tab. 15), das heißt,}$$

für den deutschen Normalreifen tritt Aufsteigen des Rades ein, wenn die Seitenkraft etwa dem Raddruck gleich wird. Die Sicherheit steigt, wenn der Reibwert
sinkt, denn bei $f = 0{,}05$ wird $\frac{S}{Q} = 1{,}56$, das heißt, es ist der eineinhalbfache Raddruck als Seitendruck notwendig, das Rad zum Entgleisen zu bringen. Es ist

daher nicht nur wegen Herunterdrückung
der Abnützung, sondern auch aus Sicher-
heitsgründen vorteilhaft, die Flanken von
führenden Lokomotivrädern zu schmieren.

Im Fall 2 (festgebremste Räder) wird zwar
durch das Schmieren der Flanken die Sicherheit kleiner; $\frac{S}{Q}$ geht von 3,50 auf 1,90 herunter, bleibt aber immer noch, trotz der
Schmierung, größer als im Fall 1.

Jedenfalls zeigen diese Überlegungen, daß
die Sicherheit gegen Entgleisen nicht sehr
hoch sein kann, wenn eine Seitenkraft von
der Höhe des Raddruckes das Rad zum
Entgleisen bringt. Es ist daher verständlich,
wenn andere Länder (England, Amerika)
steilere Spurkranzflanken verwenden [*167*]:

zum Beispiel:

    englische Wagenreifen $\alpha = 69^0 40'$,
    englische Lokreifen    $\alpha = 77^0 00'$,
    amerikanische Reifen  $\alpha = 76$ bis $90^0$.

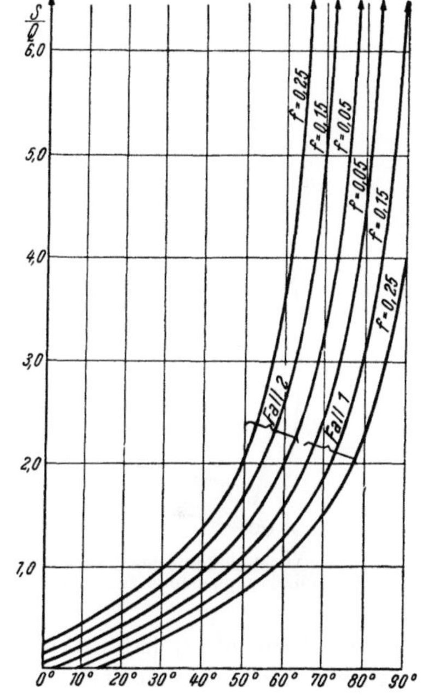


Abb. 177. Abhängigkeit der Entgleisungssicherheit vom Flankenwinkel des Spurkranzes

Damit drängt sich die Frage auf, warum
man nicht allgemein die die größte Sicherheit
bietende steilste Flankenneigung von $\alpha = 90^0$ verwendet. Für die Fahrt in der
Geraden wäre die Wahl von $\alpha = 90^0$ zweifellos das Richtige. Für die Bogenfahrt
aber wächst der Widerstand der Bewegung mit der Größe der Flankenneigung,
was im folgenden nachgewiesen werden soll.

## b) Spurkranzreibung

Um diesen Nachweis zu führen, vereinfachen wir den Radreifen auf eine
walzenförmige Lauffläche, an die unmittelbar (ohne Hohlkehle) die kegelförmige
Spurkranzflanke von der Neigung $\alpha$ angesetzt ist (Abb. 178) und bringen die
eben gedachte Schienenkopffahrfläche mit dem Kegel zum Schnitt. Die Schnitt-

linie ist eine Hyperbel mit dem Scheitelkreis $r_0$. Einzelne Punkte $N$ der Schnitt-
linie erhält man, indem man eine Ebene senkrecht zur Radachse zum Schnitt
mit dem Kegel und der Schienenkopffahrfläche bringt. Die Koordinaten des
Punktes $N$ in bezug auf $B$ als Ursprung sind $x$ und $y$; aus Dreieck $B''' N''' M$ ergibt sich die Gleichung des Hyperbelschnittes mit

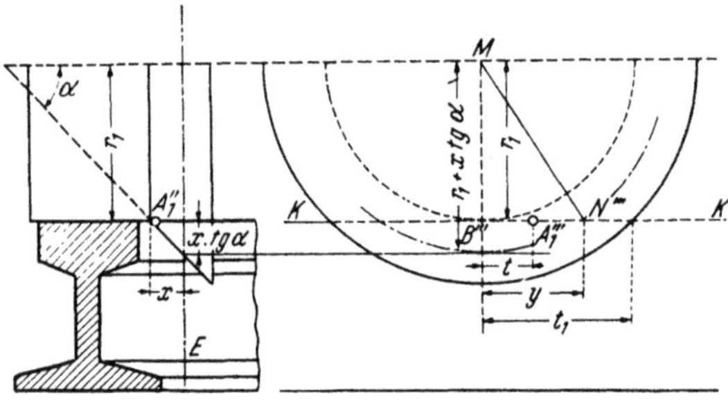

$$y^2 = (r_1 + x\,\mathrm{tg}\,\alpha)^2 - r_1{}^2 \quad \text{oder}$$

$$y^2 = 2\,r_1\,x\,\mathrm{tg}\,\alpha + x^2\,\mathrm{tg}^2\,\alpha.$$

Ein Kreis, der durch den Scheitel $B$ und durch den Hyperbelpunkt $N$ geht, hat den Halbmesser

$$r = \frac{y^2}{2\,x} = r_1\,\mathrm{tg}\,\alpha + \frac{x}{2}\,\mathrm{tg}^2\,\alpha.$$

Der Scheitelkreis $r_0$ ist mithin

$$r_0 = \lim_{x=0} r = r_1\,\mathrm{tg}\,\alpha.$$

Der Anlaufpunkt $A$ liegt im Berührungspunkt vom Scheitelkreis und dem Kreis der Schienenfahrkante. Er liegt um das Maß $t$ *vor* dem Aufstandspunkt $B$. Aus Abb. 178 ergibt sich

$$t = r_0 \sin \varphi = r_1 \cdot \mathrm{tg}\,\alpha \sin \varphi. \quad (86)$$

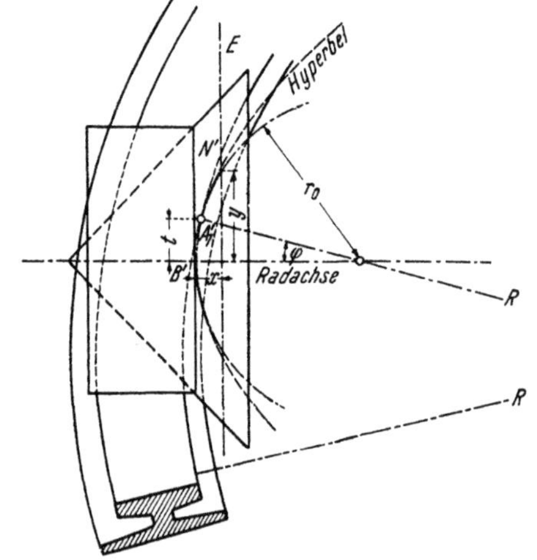

Abb. 178. Anschneiden eines Rades mit kegelförmigen Spurkranzflanken (siehe zum Vergleich Abb. 174)

Gl. (86) gilt mit der Einschränkung, daß $t$ nie größer werden kann als $t_1$ (Abb. 178), was bei regelspurigen Bahnen und den üblichen Fahrzeugabmessungen etwa bei $\alpha = 85^0$ eintritt.

Bei der Drehung des Rades um den Aufstandspunkt $B$ beschreiben alle Punkte des Spurkranzes verlängerte Zykloiden (Abb. 179).

Bei der Drehung um $d\varepsilon$ legt das Rad den Weg $ds = r_1 \cdot d\varepsilon$ und der Spurkranz am Anschneidepunkt den Weg $d\sigma = t \cdot d\varepsilon$ zurück.

Die Reibungsarbeit auf dem Weg $ds$ ist

$$d\,A = f \cdot S \cdot d\sigma$$

wenn $f$ der Reibwert und $S$ die Seitenkraft ist.

Aus $d\varepsilon = \dfrac{d\sigma}{t} = \dfrac{ds}{r_1}$ ergibt, sich

$$dA = f \cdot S\,\frac{t}{r_1} \cdot ds$$

$$\frac{dA}{ds} = \frac{f \cdot S \cdot t}{r_1} \text{ und aus Gl. (86)}$$

$$\frac{dA}{ds} = f \cdot S \cdot \operatorname{tg} \alpha \cdot \sin \varphi \tag{87}$$

folgt die Regel:

Die von der Spurkranzreibung herrührende Erhöhung der Zugkraft $\frac{dA}{ds}$, die die Lokomotive aufbringen muß, wächst mit dem Reibwert $f$ (Flankenschmierung

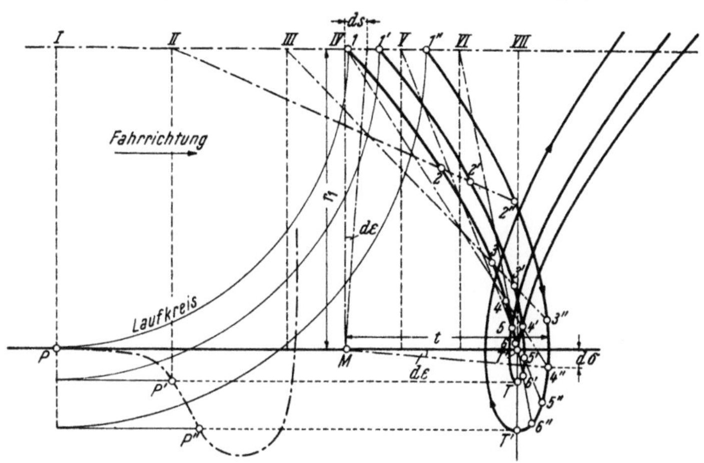


Abb. 179. Verlängerte Zykloiden als Bahnen der Punkte des Spurkranzes

daher vorteilhaft) mit der Seitenkraft $S$ (hängt mit der Laufwerksgestaltung zusammen) mit $\operatorname{tg} \alpha$ (steile Spurkranzflanken erhöhen die Spurkranzreibung) und mit $\sin \varphi$ (großer Anschneidewinkel, lange Fahrzeuge, kleiner Bogenhalbmesser ergeben große Spurkranzreibung).

Damit $\frac{dA}{ds}$ nach Gl. (87) keine zu großen Werte annimmt, muß $\alpha$ und $\varphi$ aufeinander abgestimmt sein. Amerika mit beinahe ausschließlich Drehgestellwagen verträgt größere Neigungen $\alpha$ der Spurkranzflanke, weil zufolge des kleinen Achsstandes der Drehgestelle $\varphi$ klein bleibt. In Mitteleuropa, wo viele zweiachsige Wagen mit großem Achsstand laufen, muß $\alpha$ kleiner gewählt werden, trotz der im allgemeinen dadurch bedingten geringeren Entgleisungssicherheit. Die abgeleiteten Gleichungen geben zufolge der angewendeten Vereinfachungen keine strengen Zahlenwerte [165], aber führen anschaulich in das Wesen der verwickelten Verhältnisse um die Spurkranzreibung ein.

## 4. Der Spurkranzrand

Der untere Abschluß des Spurkranzes ist beim deutschen Reifen im Querschnitt ein Kreis. Englische und amerikanische Radreifen lassen den Rand in eine scharfe Kante auslaufen (Abb. 180).

Über die Zweckmäßigkeit der verschiedenen Formen kann man geteilter Meinung sein. Jedenfalls kann folgendes festgestellt werden: Im Betrieb schneidet der Schienenkopf in den Spurkranz ein, der Spurkranz „läuft sich scharf". Gleichzeitig wird im Bogengleis die Schiene schräg abgenützt. Die größte zulässige Abnützung des Spurkranzes ist in den T. V. vorgeschrieben: Der Spurkranz muß,

10 mm unterhalb des Laufkreises, wenigstens eine Stärke von 20 mm haben. Da
über die zulässige Neigung der abgenützten Spurkranzflanke nichts ausgesagt ist,
kann sie jedenfalls so sein, daß der tiefste Punkt des Spurkranzrandes erreicht
wird, wo die Flächenneigung Null ist. Es ist sogar wahrscheinlich, daß die Abnützung schon bis zu diesem Punkt fortgeschritten sein wird, ehe die Minimalstärke

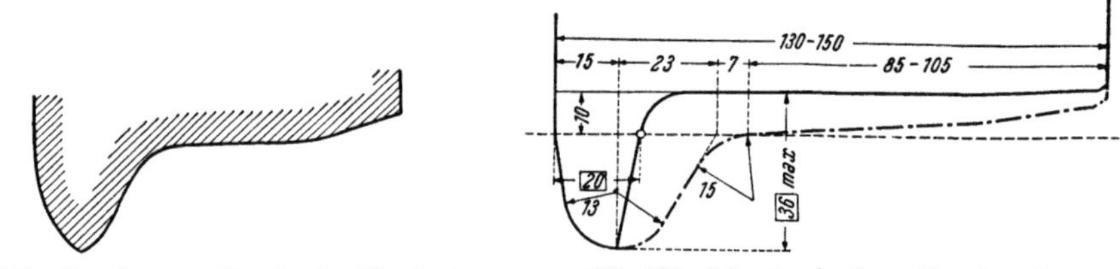

Abb. 180. Spurkranz mit scharfer Kante (eng-            Abb. 181. Scharf gelaufener Regelspurkranz
lische Radreifen)

des Spurkranzes von 20 mm erreicht ist, weil, wie schon erwähnt, auch die Schienen
schräg abgefahren werden und daher bei Schienen und Rädern sich eine „mittlere
Neigung" einfahren wird (Abb. 181).

Die Abnützung des Spurkranzes bis an den untersten Rand kann wegen der
geringen Flächenneigung gefährlich werden, weil das Rad an Unregelmäßigkeiten
der Fahrbahn, insbesondere an Schienenstößen oder nicht ganz anliegenden
Weichenzungen ein Stütze finden kann und aufklettert.

Das Scharflaufen bis an den untersten Rand sollte daher nicht zulässig sein
und durch eine diesbezügliche Vorschrift eingegrenzt werden. Da das Scharflaufen auch den Krümmungswiderstand erhöht, wäre also aus zwei Gründen
darauf zu sehen, daß das Normalprofil des Radreifens durch öfteres Nachdrehen
wieder hergestellt wird.

## 5. Die seitlichen Begrenzungsflächen

a) *Innen.* Die innere Begrenzungsfläche ist entweder eine lotrechte Ebene
oder ein ganz steiler Kegel. Die innere Begrenzungsfläche führt das Rad an
Leitschienen. Kommt Leitschienenführung nur *selten* vor (an Herzstücken,
besonders scharfen Bogen usw.), dann ist die steile
Kegelfläche oder schließlich die lotrechte Begrenzung trotz des dadurch bedingten größeren Krümmungswiderstandes begründet, weil in diesem
Fall die erhöhte Sicherheit der Führung entscheidend ist.

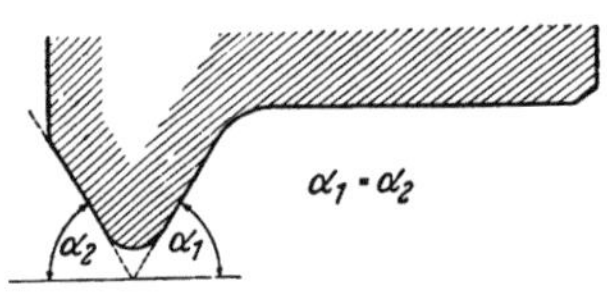

Abb. 182. Spurkranz von Straßenbahnen

Bei Straßenbahnreifen hingegen, die *ständig*
auch an Leitschienen geführt werden, hat die
innere Begrenzungsfläche des Spurkranzes dieselben Aufgaben wie die Spurkranzflanke; man gibt daher zweckmäßig beiden Flächen die gleiche Neigung,
Abb. 182.

b) *Außen.* Außen steht das Rad mit keinem Bauteil in Berührung, daher
wird stets eine lotrechte Ebene als Begrenzung gewählt.

Abschließend kann gesagt werden, daß der deutsche Reifen für unsere Verhältnisse im allgemeinen entspricht, wie ja die langjährige Erfahrung gezeigt hat.

Ob es nicht angezeigt wäre, auch für unsere Bahnen die Spurkranzflanke etwas steiler zu halten, sei dahingestellt [*169*]. Jedenfalls wäre im Zusammenhang mit der Neigung der Spurkranzflanke auch die Seitenfläche des Schienenkopfes mit einer Neigung zu versehen, um von vornherein das schädliche „Scharflaufen" der Radreifen zu verhindern.

# III. Fahrzeug und Gleis

Für die sichere Führung der Fahrzeuge im Gleis sind aber nicht nur die Abmessungen von Radreifen und Schienenkopf maßgebend, sondern das Verhalten des ganzen Fahrzeuges zum Gleis, weil davon hauptsächlich die Seitenkräfte abhängen, mit welchen der führende Radsatz oder die führenden Radsätze bei der Fahrt im Bogen an den Schienen anschneiden.

Um möglichst klare Vorstellungen von diesem Verhalten zu vermitteln, sei zunächst das Bogenfahren eines Straßenfahrzeuges mit dem eines Eisenbahnfahrzeuges verglichen und die Begriffe Richtkraft, Führungsdruck und Reibungsmittelpunkt im Zusammenhang mit den möglichen Stellungen eines zweiachsigen Fahrzeuges im Gleis (Anschneidewinkel) behandelt [*166*].

## 1. Das zweiachsige Fahrzeug mit festen Achsen

### a) Die Richtkraft

Bei Straßenfahrzeugen wird das Fahren im Bogen durch Schwenken der Vorderachse (Gespannfuhrwerk) oder der Vorderräder (Kraftwagen) bewirkt. Alle Räder rollen dabei frei ab, ohne zu gleiten (Abb. 183). Die Vorderräder sind um den Winkel $\omega$ „eingeschlagen". Auf dem Weg $ds$ hat sich das Fahrzeug um den Winkel $d\varphi$ gedreht und dabei einen Kreis vom Halbmesser $R$ beschrieben.

Aus $\Delta A A'O$ ergibt sich

$$ds = R \cdot d\varphi.$$

Aus $\Delta A C C'$ ergibt sich

$$\frac{\sin d\varphi}{\sin \omega} = \frac{ds}{a}.$$

wenn mit $a$ der Achsstand bezeichnet wird. Wird $\sin d\varphi = d\varphi$ gesetzt, so ergibt sich

$$\frac{a\,d\varphi}{\sin \omega} = R\,d\varphi$$

oder

$$R = \frac{a}{\sin \omega}. \tag{88}$$

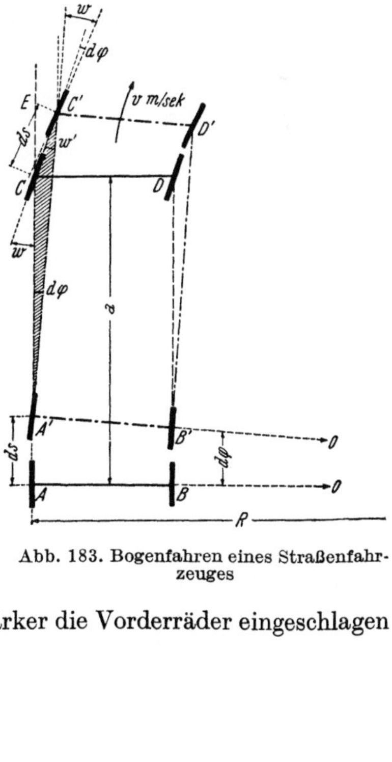

Abb. 183. Bogenfahren eines Straßenfahrzeuges

Ein Kraftwagen kann also um so schärfere Bogen fahren, je kürzer er ist und je stärker die Vorderräder eingeschlagen werden können.

Bei einem Gleisfahrzeug mit festen Achsen ist $\omega = 0$ (die Achsen bleiben immer parallel — oder nahezu parallel — zueinander). Das Bogenfahren der Gleisfahrzeuge wlrd *durch seitliche Verschiebung der Vorderachse bewirkt.* Dabei wird

der Weg *CE rollend* und

der Weg *EC' gleitend*

zurückgelegt.

Der Gleitweg ist $EC' = ds \sin \omega$; die dabei geleistete Reibungsarbeit ist

$$dA = 2\,Qf \cdot ds \sin \omega,$$

wenn $Q$ die Radlast und $f$ der Reibwert ist. Damit die seitliche Verschiebung der Vorderachse zustande kommt, muß auf sie eine Kraft $P$ wirken, die mit *Richtkraft* bezeichnet wird.

Für das zweiachsige Fahrzeug mit festen Achsen und frei auf den Achsen drehbaren Rädern [*173*] ist diese Richtkraft

$$P = \frac{dA}{ds \sin \omega} = 2\,Qf, \tag{89}$$

somit unabhängig von $a$ und $R$. Dieses theoretische Ergebnis scheint mit der Erfahrung in Widerspruch zu stehen, daß in einem scharfen Bogen doch größere Richtkräfte wirken müssen als in einem flachen. Darauf wird später bei Behand-

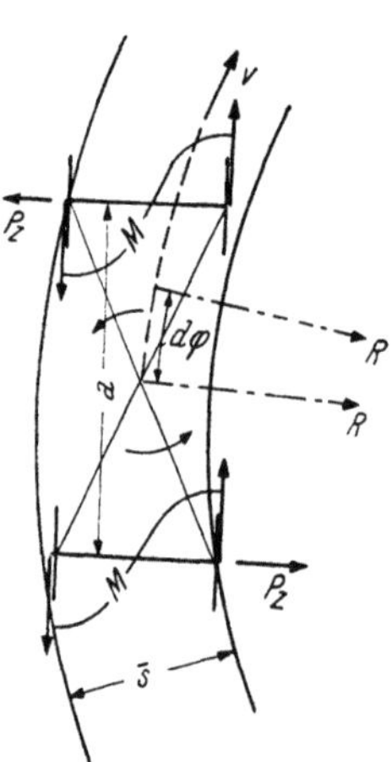

Abb. 184. Kräftewirkungen zufolge Festaufkeilens der Räder auf der Achse

lung der Wirkungen des *rollenden* und gleichzeitig *quergleitenden* Rades noch zurückgekommen.

Die Arbeit zur Querverschiebung der Vorderachse hat die Lokomotive auf dem Weg $ds$ zu leisten, daher ist die aufzuwendende Zugkraft

$$\frac{dA}{ds} = 2\,Qf \sin \omega = \frac{2\,Qf \cdot a}{R}. \tag{90}$$

Diese Zugkraft, ein Teil des Krümmungswiderstandes, und zwar der Hauptanteil, wie Zahlenbeispiele zeigen, wächst also mit dem Achsstand $a$ und der Krümmung $\frac{1}{R}$.

Dieser Widerstand tritt immer auf, wenn die beiden Achsen gleichgerichtet sind und bleiben, ganz unabhängig davon, ob die Räder sich auf den Achsen drehen [*173*] können oder ob sie fest aufgekeilt sind. Weiter tritt dieser Widerstand ganz unabhängig von der früher abgeleiteten Spurkranzreibung auf, also wäre er auch da, wenn die Fahrzeuge etwa durch eine Rollenführung am Rahmen gezwungen würden, den Bogen zu beschreiben. Desgleichen hat dieser Widerstand mit der Fliehkraft nichts zu tun und er tritt auch auf, wenn die Wirkung der Fliehkraft durch die Schienenüberhöhung vollkommen aufgehoben ist. Darauf muß besonders hingewiesen werden, weil man immer wieder die Ansicht hören kann, daß sich das Fahrzeug von selbst „in den Bogen hineinlege", wenn die richtige Überhöhung vorhanden sei, und daß dann gar keine Seitenkräfte mehr auf die Schienen zu übertragen wären, wenn sich nur „die Räder frei auf den Achsen drehen könnten".

Gl. (89) für die Richtkraft und

Gl. (90) für den Widerstand

gelten dann, wenn die Räder nicht gegenseitig unter einem Rollzwang stehen. Wenn die Räder fest auf der Achse aufgekeilt sind, erhöhen sich Richtkraft und Widerstand, weil zu den Quergleitungen noch Längsgleitungen hinzukommen.

Gemäß Abb. 184 legt beim Fortschreiten eines zweiachsigen Fahrzeuges um den Weg $ds$ ein Außenrad den Weg $\left(R + \dfrac{\bar{s}}{2}\right) d\varphi$, ein Innenrad den Weg $\left(R - \dfrac{\bar{s}}{2}\right) d\varphi$ zurück (jetzt, so wie bisher immer, walzenförmige Reifen vorausgesetzt). Dabei bedeutet $\bar{s}$ die Entfernung der Rollkreise, die näherungsweise auch gleich der Spurweite zu setzen ist.

Der Wegunterschied der Räder beträgt somit $\bar{s}\,d\varphi$, der gleitend zurückgelegt werden muß.

Die Reibungsarbeit auf dem Weg $ds$ ist für jeden der beiden Radsätze

$$dA = Q \cdot f \cdot \bar{s}\,d\varphi.$$

Mit $ds = R \cdot d\varphi$ ergibt sich für jeden Radsatz die auf dem Weg $ds$ aufzuwendende Zugkraft

$$\frac{dA}{ds} = \frac{Qf \cdot \bar{s} \cdot d\varphi}{R \cdot d\varphi} = \frac{Qf\bar{s}}{R}$$

oder für das ganze Fahrzeug

$$\frac{dA}{ds} = \frac{2\,Qf\bar{s}}{R}. \tag{91}$$

Durch die Längsgleitungen entstehen Drehmomente $M$, auf die Radsätze wirkend, welche durch den Rahmen auf die Schienen übertragen werden und ein Gegenmoment auslösen, wodurch die Richtkraft um $P_z$ erhöht wird. Wie Zahlenbeispiele zeigen, ist die Erhöhung der Richtkraft durch die Festaufkeilung der Räder nur unbedeutend und kann in der Folge vernachlässigt werden.

Gegen die gesonderte Behandlung der Längs- und Quergleitung könnte eingewendet werden, daß der Reibwert $f$ nur für die resultierende Gleitung $R$ (Abb. 185) Geltung haben kann. Da aber die Quergleitung zufolge des Abrollens

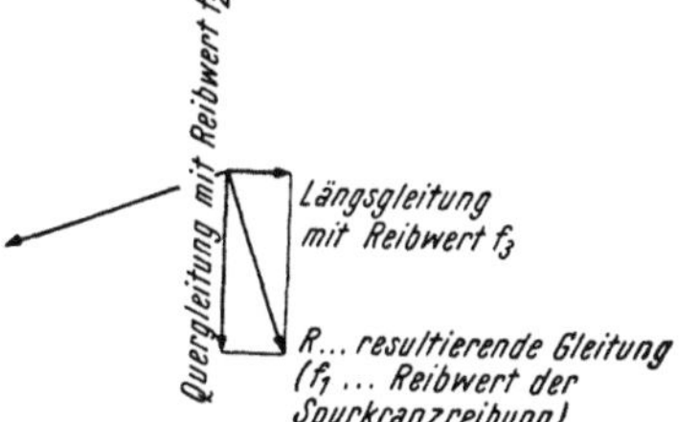


Abb. 185. Resultierende Gleitung aus Längs- und Quergleitung

der Räder keine reine Gleitung, sondern ein recht verwickelter Vorgang ist, der durch Hinzutreten der Spurkranzreibung noch mehr undurchsichtig wird, $f_2$ *also nicht gleich $f_3$ ist,* kann man die angewendete Trennung in Längs- und Quergleitung als eine *Näherung* [198], die sehr durchsichtige und diskutierbare Teilresultate gibt, wohl gelten lassen. Darauf wird später noch zurückgekommen und das Verhältnis der Reibwerte $f$, $f_1$, $f_2$ und $f_3$ zueinander geklärt werden.

### b) Der Anschneidewinkel

Jedes Fahrzeug kann, je nach der Größe des Spielraumes $e$ zwischen Achssatz und Gleis, verschiedene Stellungen im Gleis einnehmen (Abb. 186, 187 und 188).

Wenn $e < \dfrac{a^2}{2R}$ (Abb. 186), dann läuft das Fahrzeug im „Spießgang" durch das Gleis, das heißt, die Vorderachse wird von der Außenschiene, die Hinterachse von der Innenschiene geführt, denn stellt man das Fahrzeug in irgendeiner Lage in das Bogen-

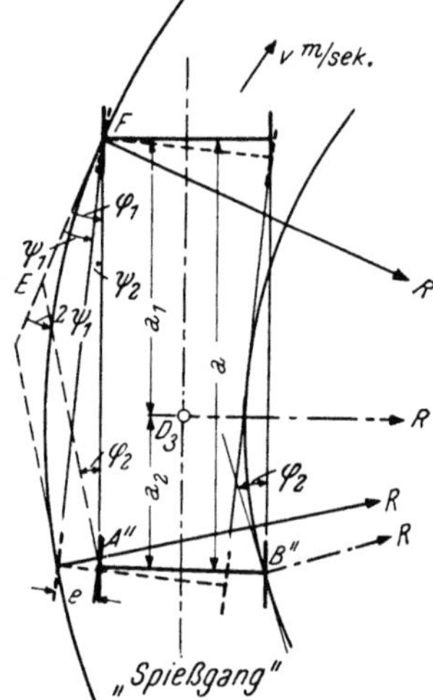


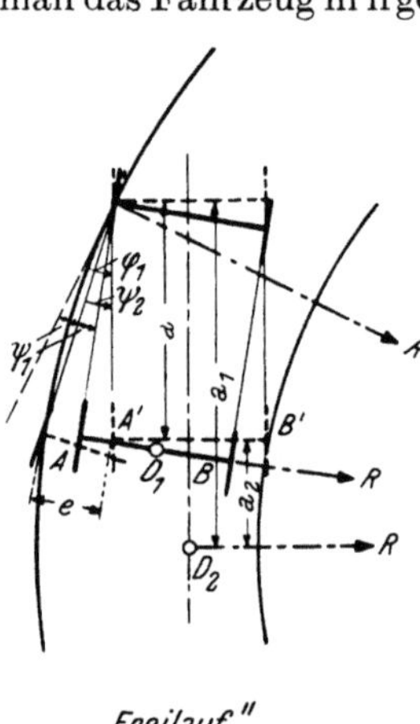


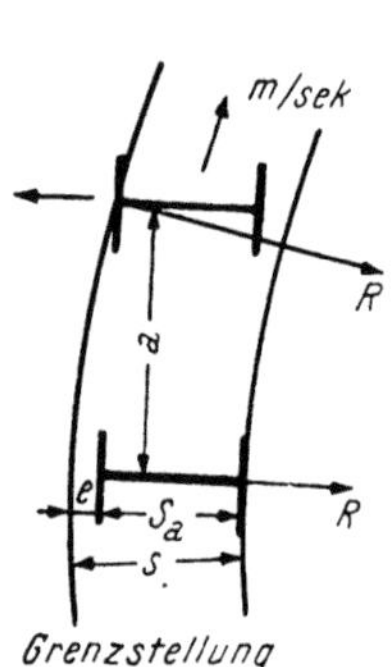


Abb. 186. „Spießgang"stellung eines langen Fahrzeuges im Gleis

Abb. 187. „Freier Lauf" eines kurzen Fahrzeuges im Gleis

Abb. 188. Grenzstellung zwischen „Spießgang" und „freiem Lauf"

gleis und bewegt es in der Pfeilrichtung, dann strebt die Vorderachse, bei dem Bestreben, geradeaus zu laufen, zur Außenschiene, während die Hinterachse zur Innenschiene läuft.

Ist $e > \dfrac{a^2}{2R}$, dann läuft die Hinterachse, wenn sie etwa durch einen Seitenstoß Anlehnung an die Innenschiene gefunden hat (Lage $A'B'$ in Abb. 187), von dieser weg, wie aus der Abbildung deutlich zu erkennen ist. Da sie aber auch von der Außenschiene wegläuft, geht sie in einer Mittelstellung durch den Bogen, sie „läuft frei".

Während also im ersten Fall die Lage des Fahrzeuges geometrisch bestimmt ist, muß im zweiten Fall die Lage des Fahrzeuges durch Aufstellung eines Reibungsgleichgewichtes erst bestimmt werden. Näherungsweise läuft das Fahrzeug so, daß sich die Hinterachse in die Richtung des Bogenhalbmessers einzustellen sucht (Stellung $AB$ in Abb. 187). Abb. 188 zeigt die Grenzstellung, wenn die zweite Achse berührend an der Innenschiene läuft. $\left(e = \dfrac{a^2}{2R}\right.$ ist aus der Abb. 188 abzulesen, weil $a^2 = e \cdot (2R - e)$ und $2R - e \sim 2R$ gesetzt werden kann).

Der *Anschneidewinkel* oder Anlaufwinkel ist nun jener Winkel, unter dem eine Achse gegen die führende Schiene läuft, also der Winkel, den die Radebene mit der Tangente an den Bogen im Anschneidepunkt einschließt.

*Spießgang* (Abb. 186).

Anlaufwinkel der Vorderachse $\varphi_1$:

$$\varphi_1 = \psi_1 + \psi_2 = \frac{a}{2R} + \frac{e}{a} \cdot \tag{92}$$

Anlaufwinkel der Hinterachse $\varphi_2$:

$$\varphi_2 = 2\,\psi_1 - (\psi_1 + \psi_2) = \frac{a}{2R} - \frac{e}{a} \cdot \tag{93}$$

*Freier Lauf* (Abb. 187).

$$\varphi_1 = 2\,\psi_1 = \frac{a}{R} \tag{94}$$

$\varphi_2$ ist ohne Bedeutung.

*Grenzstellung* (Abb. 188).

$\varphi_1 = \frac{a}{2R} + \frac{e}{a}$ ; für $e = \frac{a^2}{2R}$ wird $\varphi_1 = \frac{a}{R}$ , derselbe Wert wie beim freien Lauf; $\varphi_2 = 0$.

Folgerungen aus der Größe des Anlaufwinkels in bezug auf die Spurkranzreibung:

Da die Spurkranzreibung gleich $f \cdot S \cdot \operatorname{tg} \alpha \sin \varphi$ ist (Gl. 87), also mit dem Anlaufwinkel wächst und der Anlaufwinkel mit dem Achsstand $a$ zunimmt, wächst mit dem Achsstand auch die Spurkranzreibung. Wagen mit großem Achstand, die in Mitteleuropa vorherrschend sind, verlangen daher eine flachere Spurkranzflanke als Drehgestellwagen [189], um die Spurkranzreibung nicht über ein gewisses Maß ansteigen zu lassen. In Amerika hat man daher steilere Spurkranzflanken, weil dort nahezu ausschließlich Drehgestellwagen (kleines $a$) laufen.

Weiters entnimmt man aus den Gleichungen für die Anlaufwinkel, daß sich die Spurkranzreibung, abgesehen vom Einfluß der sich ändernden Seitenkraft $S$, nicht ändert, wenn der Spielraum $e$ größer oder kleiner wird, denn immer ist $\varphi_1 + \varphi_2 = \frac{a}{R}$, also konstant; es wäre also gleichgültig, ob man Spurerweiterung gibt oder nicht. Bei größerem Spielraum wird die Spurkranzreibung an der Vorderachse und Außenschiene groß und bleibt an der Hinterachse und Innenschiene klein, die Abnützung wird sich daher sehr ungleichmäßig auf Außenschiene und Innenschiene verteilen. In dieser Hinsicht wäre also ein kleiner Spielraum vorteilhafter. Dies gilt für Wagen mit großem Achsstand und festen Achsen, die in scharfen Bogen im Spießgang laufen.

Für Wagen mit kleinem Achsstand (Drehgestellwagen), die immer frei laufen, sind Spurerweiterungen auf jeden Fall schlecht, weil bei den Schlingerbewegungen [180, 185] an der Vorderachse zu große Anschneidewinkel entstehen können (Abb. 187). Bahnen, in welchen nur Drehgestellwagen oder kurze Zweiachser laufen (Straßenbahnen), sollen daher auch in den schärfsten Bogen möglichst kleinen Spielraum, also keine Spurerweiterung verwenden.

### c) Der Reibungsmittelpunkt

Wenn das Fahrzeug „frei" durch den Bogen läuft, also nur am Außenrad der führenden Vorderachse geführt wird, dann ist die Lage des Fahrzeuges zunächst unbestimmt, ebenso der Ort des Drehpunktes, um den sich das Fahrzeug in jedem Augenblick dreht. Die Lage dieses Drehpunktes hängt vom

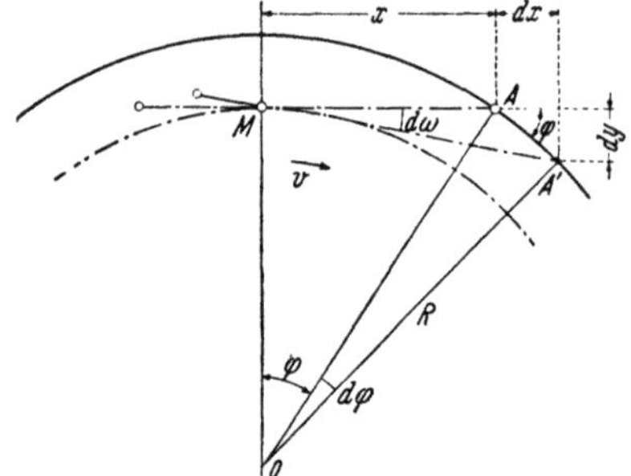

Abb. 189. Lage des Reibungsmittelpunktes zur Fahrzeugachse

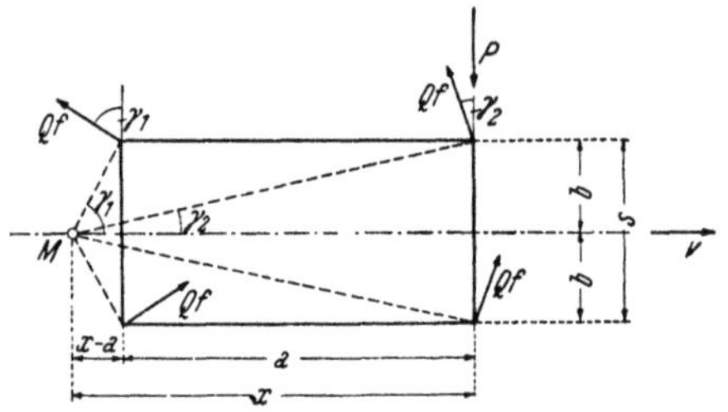

Abb. 190. Drehmomente der Reibungskräfte

Gleichgewicht der Reibungskräfte ab. ÜBELACKER [202], der sich zuerst mit der Ermittlung dieses Punktes beschäftigt hat, nannte ihn *Reibungsmittelpunkt*.

Um ihn zu bestimmen, sind zwei Fragen zu beantworten:

1. Welche Lage hat das Fahrzeug im Gleis?

2. Wie groß ist der Abstand des Reibungsmittelpunktes von der führenden Achse?

Zu 1. In Abb. 189 ist $A$ der Anlaufpunkt des auf die Breite Null zusammengeschrumpft gedachten Fahrzeuges. Bei der Bewegung des Anlaufpunktes von $A$ nach $A'$ soll der Anlaufwinkel $\varphi$ konstant bleiben (Gleichgewichtszustand), dann muß $d\omega = d\varphi$ sein.

$$dy = x \cdot d\omega = dx \, \operatorname{tg} \varphi;$$

mit $d\varphi = \dfrac{dx}{\cos \varphi} \cdot \dfrac{1}{R}$ gehen die beiden ersten Gleichungen über in $\dfrac{x \, dx}{R \cos \varphi} = \dfrac{dx \sin \varphi}{\cos \varphi}$
oder

$$x = R \cdot \sin \varphi \tag{95}$$

das heißt, der Reibungsmittelpunkt $M$ liegt so, daß die Verbindungslinie $OM$ senkrecht zur Fahrzeuglängsachse steht.

Zu 2. „$x$" findet man durch Aufstellen einer Momentengleichung um $M$ und einer Gleichgewichtsbedingung senkrecht zur Fahrzeuglängsachse gemäß Abb. 190 (die Lage von $M$ bereits als gefunden angenommen):
Momentengleichung

$$P \cdot x - 2\,Qf \sqrt{x^2 + b^2} - 2\,Qf \sqrt{(x-a)^2 + b^2} = 0. \tag{96}$$

Gleichgewicht senkrecht zur Fahrzeuglängsachse

$$P - 2\,Qf \cos \gamma_1 - 2\,Qf \cos \gamma_2 = 0 \quad \text{oder}$$

$$P - 2\,Qf\,\frac{x}{\sqrt{x^2 + b^2}} - 2\,Qf \cdot \frac{x - a}{\sqrt{(x-a)^2 + b^2}} = 0\,. \tag{97}$$

$\dfrac{\text{Gl. (96)}}{x}$ — Gl. (97) ergibt

$$\frac{x}{\sqrt{x^2 + b^2}} - \frac{\sqrt{x^2 + b^2}}{x} + \frac{x - a}{\sqrt{(x-a)^2 + b^2}} - \frac{\sqrt{(x-a)^2 + b^2}}{x} = 0\,. \tag{98}$$

Aus dieser Gleichung ist $x$ nur durch Probieren zu finden.

Bildet man aus Gl. (96) $\dfrac{dP}{dx}$, so kommt man für $\dfrac{dP}{dx} = 0$ durch Umformung auch auf Gl. (98), das heißt:

*Der Reibungsmittelpunkt liegt so, daß die Richtkraft $P$ ein Minimum wird.* (HEUMANNscher Satz.)

Für ein zweiachsiges Fahrzeug liegt der Reibungsmittelpunkt knapp hinter der Hinterachse. (Bei den früher angestellten Betrachtungen, dem Vergleich zwischen Straßen- und Schienenfahrzeug, wurde der Drehpunkt stillschweigend in der Hinterachse angenommen, eine Annahme, die sich aus der Anschauung ergibt und nun ihre Bestätigung gefunden hat.)

### d) Der Führungsdruck

Für den Oberbau sind die Seitenkräfte von Bedeutung, mit welchen die Schienen in waagrechter Richtung beansprucht werden. Diese waagrechten Seitenkräfte, die von den Reibungskräften bei der Bogenbewegung herrühren, hängen wohl mit den Richtkräften $P$ zusammen, sind aber im allgemeinen nicht ihnen gleichzusetzen.

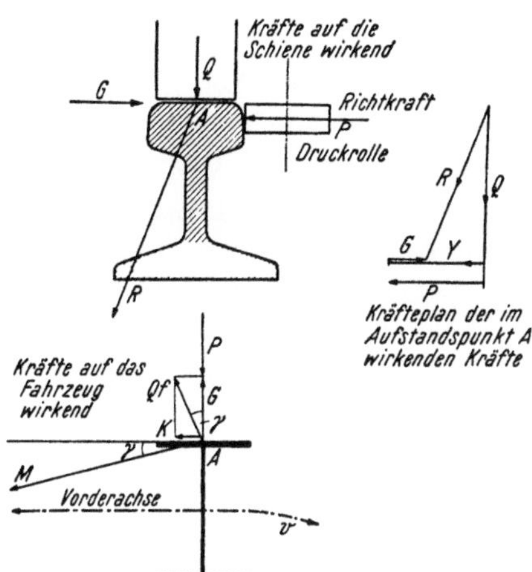


Abb. 191. Kräfteplan zur Ermittlung des Führungsdruckes

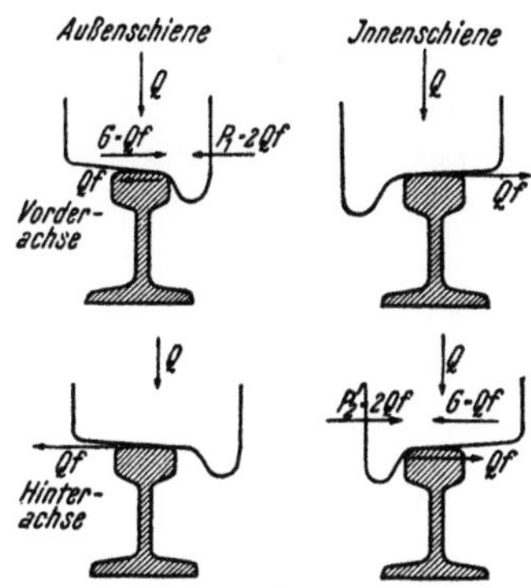


Abb. 192. Beanspruchung der beiden Schienen eines Bogengleises durch ein zweiachsiges Fahrzeug in Spießgangstellung

Nach Abb. 191 lastet die Vorderachse eines zweiachsigen Wagens mit dem führenden Außenrad im Punkt $A$ auf der Schiene.

Zur Klarstellung der Kräftewirkungen sei vereinfachend angenommen, daß die Richtkraft $P$ durch eine Druckrolle von der Schiene auf das Fahrzeug übertragen wird. Die Quer- und Längsgleitung zusammen wirkt in der Richtung $Qf$ und gibt in der Richtung der Vorderachse eine Komponente $G = Qf \cdot \cos \gamma$.

Auf die Schiene wirkt also am Radaufstandspunkt nach außen die Richtkraft $P$, nach innen die Reibungskomponente $G = Qf \cdot \cos \gamma$. Die verbleibende Restkraft $Y$ gibt, mit dem Radgewicht zusammengesetzt, eine Resultierende $R$, mit der die Schiene schließlich beansprucht wird, gemäß dem in der Abb. 191 gezeichneten Kräfteplan. Die Kraft

$$Y = P - Qf \cos \gamma \qquad (99)$$

wird nun *Führungsdruck* genannt.

Es ist üblich, den Führungsdruck an Außenrädern mit $Y$, an Innenrädern mit $Y'$ zu bezeichnen.

Der Führungsdruck ist also in der Regel kleiner als die Richtkraft und wird nur dann ausnahmsweise der Richtkraft gleich, wenn das Rad lediglich längsgleitet, die Quergleitung also Null ist. Der Führungsdruck kann sogar größer werden als die Richtkraft, wenn das führende Rad in der Richtung der Richtkraft gleitet. (Innen anlaufende Räder mehrachsiger Fahrzeuge, die *vor* dem Reibungsmittelpunkt liegen — in einem solchen Fall spricht man von einer „unechten" Richtkraft.)

Ein langes, zweiachsiges Fahrzeug, das in starker Spießgangstellung einen Bogen durchläuft, wirkt somit gemäß Abb. 192 auf die Schienen. Danach drücken, ganz grob gerechnet, *alle vier Räder* mit $Qf$ von Gleismitte *nach außen*, arbeiten also (auch ohne zu zwängen!) an *beiden* Schienen, die Befestigungsmittel anspannend, auf Erweiterung der Spur hin.

## 2. Mehrachsige Fahrzeuge mit festen Achsen

Werden mehrachsige Fahrzeuge nach den in Punkt 1c gegebenen Richtlinien untersucht, dann ergeben sich nach Bäseler die in Abb. 193 übersichtlich zusammengestellten Kräftewirkungen zwischen Fahrzeug und Gleis [*174*].

Das *dreiachsige* Fahrzeug hat bei einem Spielraum $e = 14$ mm in einem Bogen $R = 180$ m Paßsitz, das heißt, bei Unterschreitung dieses Spielraumes würde es bereits zwängen (Abb. 194). Geführt wird es von der ersten und zweiten Achse, es treten also die Richtkräfte $P_1$ und $P_2'$ auf, der Reibungsmittelpunkt $M_0$ liegt in der Mittelachse $A_2 A_2'$. Die Richtkräfte $P_1 = P_2' = 4{,}88\, Qf$ sind sehr groß (sie sind *gleich groß*, weil alle Reibungskräfte wegen der Symmetrie zur Summe Null haben müssen, daher auch $P_1 - P_2' = 0$ sein muß) und nehmen, wenn der Spielraum $e$ größer wird und der Reibungsmittelpunkt nach links wandert, langsam ab, bis bei einem Spielraum von 29 mm die Grenzstellung erreicht ist (Abb. 195). Bei weiterer Vergrößerung des Spielraumes geht die Führung von der Mittelachse auf die Hinterachse über, es wirken dann $P_1$ und $P_3'$.

Beim Übergang der Führung von $A_2'$ nach $A_3'$ fallen die Richtkräfte sprunghaft stark ab, weil der Hebelarm der Kräfte, die das Fahrzeug drehen, plötzlich doppelt so groß wird. $P_1$ bleibt bei weiterer Vergrößerung von $e$ dann nahezu konstant, während $P_3'$ schließlich Null wird, wenn mit dem Reibungsmittelpunkt $M_1$ der freie Lauf erreicht ist, wozu ein Spielraum von $e = 52$ mm erforderlich wäre.

Richtkräfte von 4,5 bis 4,88 $Qf$, die bei $A_1$ auftreten, solange die Mittelachse an der Innenschiene anläuft, bedingen den Lauf an der Entgleisungsgrenze, denn für $f = 0,25$ übersteigt die Richtkraft bereits den Raddruck, womit Entgleisungsgefahr gegeben ist. Das wußten die alten Praktiker bald aus Erfahrung, als sie begannen, dreiachsige Lokomotiven mit festen Achsen zu bauen, und haben daher den Innenanlauf mittlerer Achsen ängstlich vermieden: durch aus-

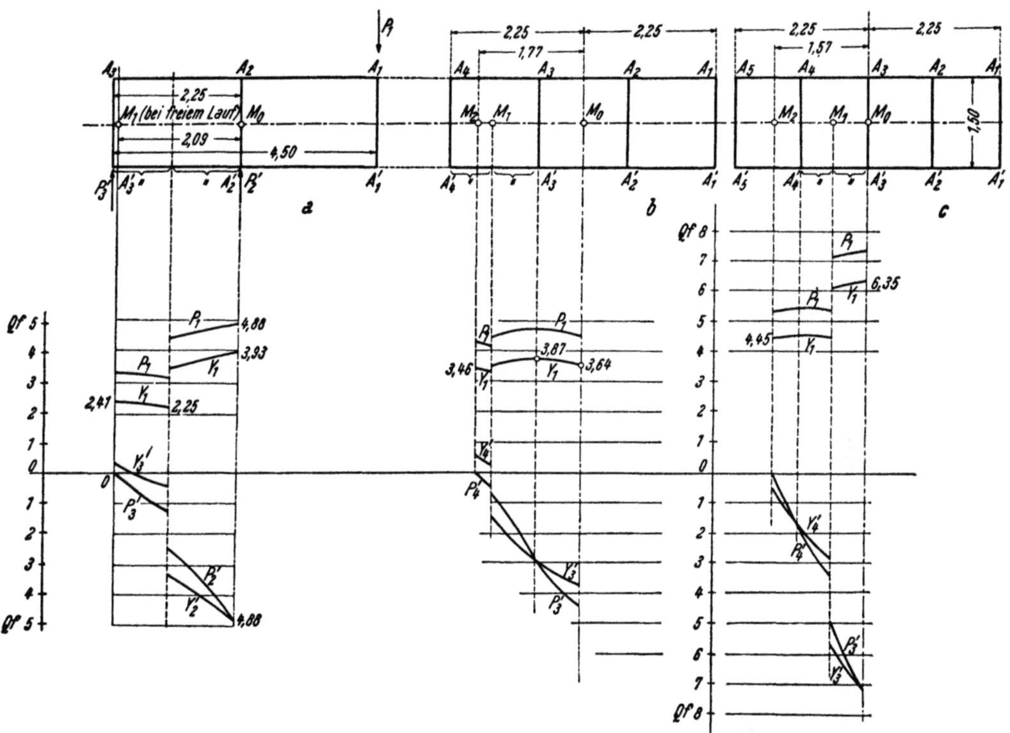

Abb. 193. Das dreiachsige, vierachsige und fünfachsige Fahrzeug von 4,50 m Achsstand in einem Bogen $R = 180$ m. Nach BAESELER (Zeitung des Vereines deutscher Eisenbahnverwaltungen 1926)

giebige *Spurerweiterung*! (In einem Bogen von $R = 180$ m mit einer Spurerweiterung von 30 mm, die früher auszuführen üblich war, haben die Fahrzeuge mindestens 40 mm Spiel, während nur 29 mm gebraucht werden, um die Führung von $A_2'$ nach $A_3'$ zu bringen.)

Das *vierachsige* Fahrzeug (Abb. 193b) ist bei Paßsitz dem dreiachsigen etwa gleichwertig, weil die besonders ungünstige Wirkung der Mittelachse wegfällt.

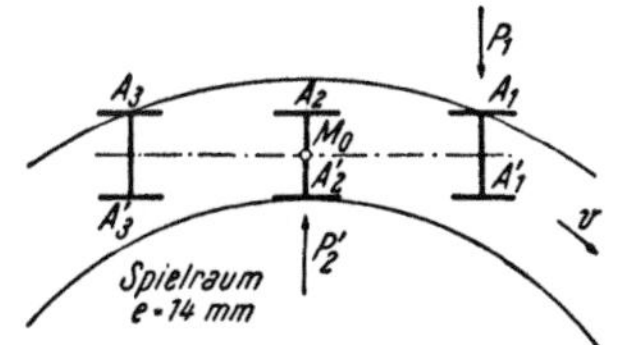

Abb. 194. Dreiachsiges Fahrzeug „Paßsitz"

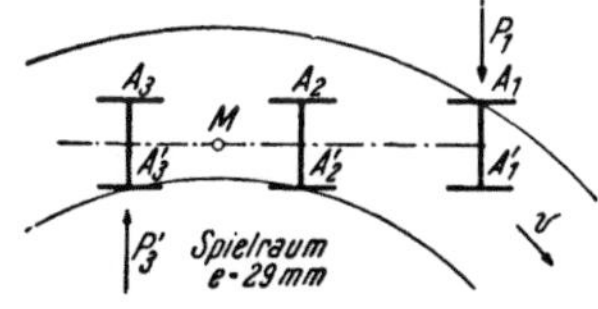

Abb. 195. Dreiachsiges Fahrzeug, Übergang der Führung von der zweiten Achse auf die dritte

Wenn der Reibungsmittelpunkt in $M_0$ liegt (Abb. 196), wird das Fahrzeug bei $A_1$ und $A_3'$ geführt, es treten die Richtkräfte $P_1$ und $P_3'$ auf, die mit derselben Begründung wie beim dreiachsigen Fahrzeug gleich groß sind ($4,59\,Qf$).

Bei Vergrößerung des Spielraumes, wenn $M_0$ gegen $M_1$ rückt, ändert sich $P_1$ nur wenig; $P_3'$ nimmt stark ab. Wenn $M$ in die Achse $A_3 A_3'$ zu liegen kommt, wird $P_3'$ gleich $Y_3'$, um beim Weiterwandern von $M$ größer als $P_3'$ zu werden, weil der Drehpunkt hinter dem Führungspunkt $A_3'$ liegt.

In der Grenzstellung ($M$ liegt in $M_1$) springt die Führung von $A_3'$ nach $A_4'$ (Abb. 197), wobei die Richtkräfte sprunghaft kleiner werden, allerdings nicht sehr wesentlich, weil auch die Änderung der Hebelarme der Reibungskräfte nicht

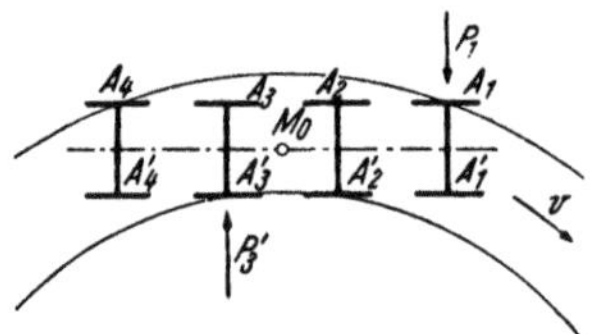

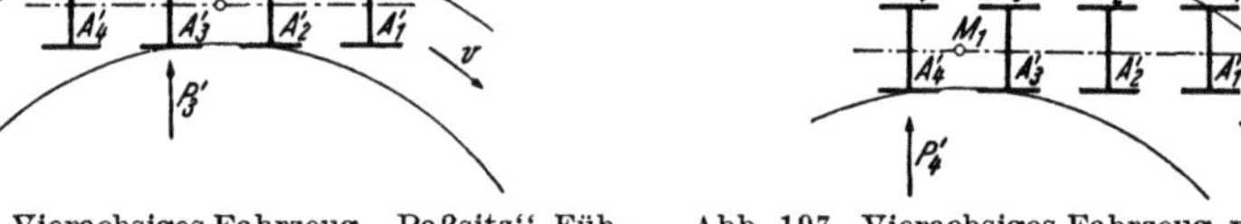

Abb. 196. Vierachsiges Fahrzeug, „Paßsitz", Führung an der ersten und dritten Achse　　　Abb. 197. Vierachsiges Fahrzeug von erster und vierter Achse geführt

sehr groß ist. Mit Übergang von $M$ nach $M_2$ wird freier Lauf erreicht; $P_4'$ wird Null, $P_1$ an der führenden Vorderachse aber bleibt über $4\,Qf$, so daß bei *hohen* Reibwerten die Entgleisungsgrenze erreicht wäre.

Das *fünfachsige* Fahrzeug ist besonders ungünstig, wenn es bei $A$ und $A_3'$ geführt wird: $P_1 = P_3' = 7{,}3\,Qf$. Wenn $M$ von $M_0$ nach $M_1$ rückt und die Führung von $A_3'$ auf $A_4'$ übergeht, sinken alle Richtkräfte plötzlich stark ab, $P_1$ bleibt aber auf rund $5{,}5\,Qf$, selbst bei Freilauf des Fahrzeuges (Drehpunkt in $M_2$). Da $M_2$ vor dem Halbierungspunkt von $A_4 A_5$ liegt, kommt die fünfte Achse $A_5 A_5'$ nicht zur Führung, das Fahrzeug läuft bereits frei, ehe die letzte Achse zum Anlaufen kommt.

Aus vorstehenden Ermittlungen der Kräftewirkungen zwischen Fahrzeug und Gleis können folgende Schlußfolgerungen gezogen werden:

Da bei wachsender Anzahl der Achsen eines Fahrzeuges, die fest in einem gemeinsamen Rahmen gelagert sind, die führende Achse immer eine größere Zahl von Mittelachsen mitdrehen muß, wächst Richtkraft und Führungsdruck an der führenden Vorderachse so stark an, daß auch trotz erweiterter Spur solche Fahrzeuge nahe der Entgleisungsgrenze laufen, die Außenschienen stark abnützen und daher als schlecht „kurvenläufig" zu bezeichnen sind.

Eine wesentliche Verbesserung der Kurvenläufigkeit ist durch seitliche Verschiebbarkeit der Mittelachsen zu erzielen, die dann außen anlaufen können und sich selbst verschieben, wodurch die führende Vorderachse seitlich entlastet wird [*179*].

### 3. Fahrzeuge mit seitlich verschiebbaren Achsen

*Das dreiachsige Fahrzeug.* Wenn die Mittelachse verschiebbar ist, wird der Rahmen durch die Richtkraft $P_1$ an der Vorderachse über die Mittelachse, die geradeaus weiterläuft, weggedreht, bis die Mittelachse an der Außenschiene anläuft (Abb. 198) und nun von dieser seitlich verschoben wird.

Bei strenger Führung (Paßsitz) $e = o$ ($M$ in $A_2 A_2'$) liegen alle Reibungskräfte symmetrisch zur Fahrzeugmitte, ihr Moment ist (dieselben Abmessungen des Fahrzeuges wie in Abb. 193 vorausgesetzt) $M_0 = 10{,}98\,Qf$; $P_1 = P_3' = \dfrac{M_0}{4{,}5} = 2{,}44\,Qf$. Beim zweiachsigen Fahrzeug wäre das Moment der Reibungskräfte um das Reibungsmoment der Mittelachse kleiner

$$M_0 = (10{,}98 - 1{,}5)\,Qf = 9{,}48\,Qf$$

und $P_1 = P_3' = \dfrac{9{,}48}{4{,}5} = 2{,}11\,Qf$, wenn der Gesamtachsstand in beiden Fällen 4,5 m beträgt.

Während also beim Dreiachser mit verschieblicher Mittelachse die Richtkraft an der Vorderachse gegenüber dem Zweiachser nur von 2,11 auf 2,44 $Qf$ steigt, erhöht sie sich bei fester Mittelachse auf 4,88 $Qf$.

Bei freiem Lauf wird $P_3' = 0$; $P_1$ rechnet sich nach Abb. 199:

a) Gleichgewicht $\perp$ zur Gleisachse

$$P_1 - 2\left(\frac{x_1}{a} + \frac{x_5}{e}\right)Qf = 0\,. \tag{100}$$

(Die mittlere Achse liefert keinen Beitrag, weil die G-Komponente der Reibungskraft unmittelbar von der Schiene aufgenommen wird.)

b) Momentengleichung um $M$

$$P_1 \cdot x_1 - 2\left(a + \frac{s}{2c} \cdot \frac{s}{2} + e\right)Q \cdot f = 0\,. \tag{101}$$

(Die mittlere Achse liefert nur durch die $K$-Komponente $\dfrac{s}{2c} \cdot Qf$ mit dem Hebelarm $\dfrac{s}{2}$ einen Beitrag zur Richtkraft.)

Die Rechnung ergibt $P_1 = 2{,}45\,Qf$, ist also nahezu unverändert gegenüber strenger Führung und immer noch um rund 1 $Qf$ kleiner als beim freilaufenden Dreiachser mit unverschieblichen Achsen.

*Das vier- und fünfachsige Fahrzeug.* Die Kräftewirkungen bei vier- und fünfachsigen Fahrzeugen mit verschiebbaren Mittelachsen weichen, im Gegensatz

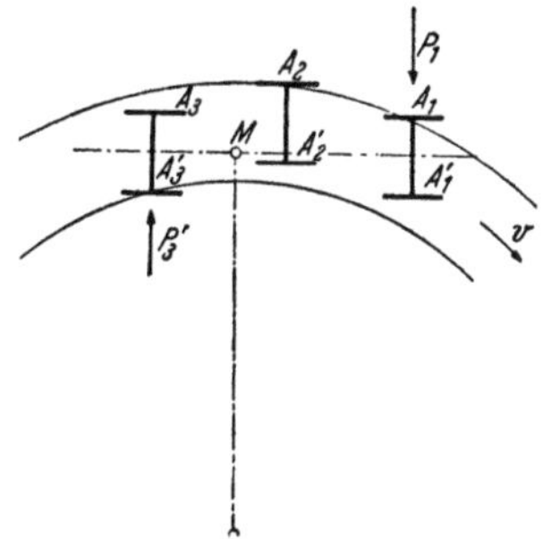

Abb. 198. Dreiachsiges Fahrzeug mit seitlich verschiebbarer Mittelachse

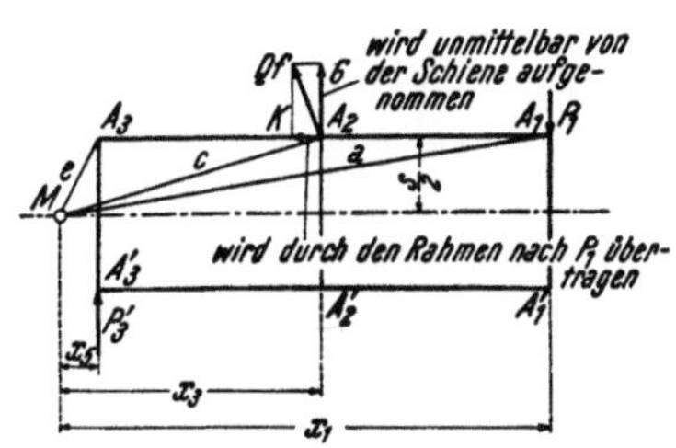


Abb. 199. Kräftewirkungen an der Mittelachse eines dreiachsigen Fahrzeuges mit seitlich verschiebbarer Mittelachse

zu den Fahrzeugen mit unverschieblichen Achsen, von den Kräftewirkungen beim Dreiachser nicht viel ab, weil immer nur die kleinen $K$-Komponenten mit kleinem Hebelarm zur Erhöhung der Richtkraft beitragen [*174*].

Zusammenfassend ist zu sagen, daß mehrachsige Fahrzeuge immer seitlich verschiebbare Mittelachsen haben sollen, auch dreiachsige Drehgestelle mit kleinem Achsstand, bei welchem ein Anlaufen der Mittelachse an der Innenschiene nicht zu befürchten wäre, damit alle Mittelachsen an der Außenschiene Anlehnung nehmen können; sie sollen „kurvenfühlig" sein. Dann bleiben die Führungskräfte an der Vorderachse in mäßigen Grenzen, die Entgleisungssicherheit wird erhöht und Rad und Außenschiene werden geringeren Abnützungen ausgesetzt.

Damit alle Mittelachsen außen anlaufen können, ist zunächst unbegrenzte Verschiebemöglichkeit angenommen worden, denn wenn eine Achse am Rahmen anläuft, ehe sie die Anlehnung an die Außenschiene findet, dann hat sie die gleiche Wirkung wie eine unverschiebliche Achse, da sie dann genau so wie eine solche von der ersten Achse mitgedreht werden muß und daher große Richtkräfte auslöst.

Da man bei Lokomotiven wegen des Platzes für das Gestänge an bestimmte Grenzen hinsichtlich der Querverschieblichkeit der Achsen gebunden ist, muß die Möglichkeit des Anlaufens nach einem besonderen Verfahren untersucht werden, das später noch erläutert werden wird.

## 4. Fahrzeuge mit Lenkachsen

Es ist gezeigt worden, daß die *Quergleitung* der führenden Achse und die *Spurkranzreibung* am führenden Außenrad dieser Achse (und das sind die beiden Hauptanteile des Krümmungswiderstandes) mit der Größe des Anschneidewinkels wachsen. Der Bogenlauf eines Fahrzeuges muß also besser werden, wenn man den Anschneidewinkel verkleinern oder, noch besser, auf Null herunterbringen kann.

Diesem Ziel trachtet man dadurch näherzukommen, daß die Achsen nicht fest in den Achsgabeln gelagert werden, sondern etwas verdrehbar, wodurch die Möglichkeit geschaffen wird, daß sich die Achse mehr oder weniger in die Richtung des Bogenhalbmessers einstellt, der Anschneidewinkel also kleiner oder schließlich Null wird. Solche Achsen werden *Lenkachsen* genannt, und zwar

a) gesteuerte Lenkachsen [*182, 194, 196, 200, 201*], wenn sie durch ein Gestänge zwangsläufig, zumeist durch die seitliche Verschiebung einer Mittelachse, gesteuert werden,

b) freie Lenkachsen [*175, 176, 190, 191*], die sich frei durch die Wirkung der Reibungskräfte an den beiden fest auf die Achse gekeilten Rädern mehr oder weniger gut einstellen *können*.

Gesteuerte Lenkachsen hätten den Vorteil, daß sie, abgesehen von dem Spielraum der Mittelachse, die führende Achse genau in die richtige Lage (Anschneidewinkel Null oder nahezu Null) bringen. Sie haben sich aber bis jetzt trotz ihrer theoretischen Vorzüge nicht in größerem Umfang durchsetzen können.

Die meisten Wagen im Verein mitteleuropäischer Eisenbahnverwaltungen haben *freie Lenkachsen*; sie lenken bei nicht zu kleinen Bogenhalbmessern auch ausreichend und das hat im Zusammenhang mit der einfachen Bauart wohl für ihre weite Verbreitung den Ausschlag gegeben.

Wenn eine Achse mit *kegelförmigen Radreifen* in der *Hohlkehle* des Außenrades, also mit *Einpunktberührung*, geführt wird, dann treten durch den in diesem

Fall vergleichsweise großen Laufkreisunterschied am Außen- und Innenrad Verdrehkräfte auf, die den Anschneidewinkel verkleinern (Abb. 200) $\varphi < \omega$; und zwar werden diese Verdrehkräfte um so größer, $\varphi$ wird also um so kleiner als $\omega$, je größer der Laufkreisunterschied ist. Große Kegelneigung (Versteilung der Laufflächenneigung von 1 : 20 auf 1 : 10 und ausgiebige Spurerweiterung, damit die Neigung 1 : 10 zur Wirkung kommt, fördern somit die richtige Einstellung der freien Lenkachsen.

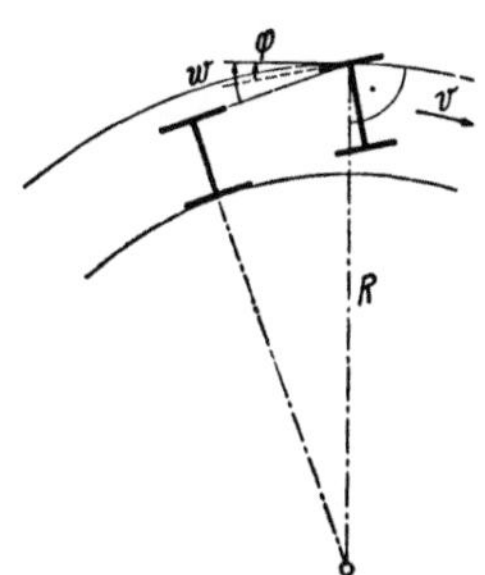

Während also für Fahrzeuge mit festen Achsen und kleinem Achsstand möglichst straffe Führung (kleiner Spielraum, keine Spurerweiterung) von Vorteil ist, verlangen Fahrzeuge mit freien Lenkachsen größeren Spielraum, also entsprechend große Spurerweiterung.

Ob mit der Einschränkung der Spurerweiterung, die die Deutsche Reichsbahn vor etlichen Jahren verfügt hat, schon das Richtige getroffen worden ist, sei daher dahingestellt und offengelassen, ob man nicht *in scharfen Bogen* zu den größeren Spurerweiterungen, die z. B. auch

Abb. 200. Zweiachsiges Fahrzeug mit Lenkachsen

bei den österreichischen Bundesbahnen üblich waren, trotz der Erkenntnis, daß Spurerweiterung in mancher Hinsicht unerwünscht und schädlich ist, mehr oder weniger zurückkehren sollte, weil *derzeit* noch so viele Wagen mit freien Lenkachsen laufen.

## 5. Der Reibwert $f$ und der Bogenwiderstand

Alle Ergebnisse über Berechnungen der Richtkräfte, Führungskräfte und die verschiedenen Anteile am Bogenwiderstand sind in Einheiten von $Qf$ angegeben.

Die Radlasten $Q$ ändern sich zwar bei der Bewegung der Fahrzeuge [*181, 187, 192, 193, 199*] (durch Schwingungen in den Federn unter der Wirkung von Massenkräften, die im Schwerpunkt angreifen); für den Bogenwiderstand werden diese Änderungen aber nicht von Bedeutung sein, weil die Summe aller Radlasten gleich bleibt und bei den auftretenden Schwingungen immer wieder neben Raddruckermäßigungen auch Raddruckerhöhungen vorkommen, so daß für die Bestimmung des Bogenwiderstandes der normale Raddruck $Q$ einzusetzen sein wird.

Bei der Bestimmung der Richtkräfte und der Führungskräfte, von deren Größe die Entgleisungssicherheit abhängt, spielen dagegen Radentlastungen eine große Rolle, so daß, wie schon früher ausgeführt, alles getan werden muß, daß große Seitenkräfte mit Radentlastungen nicht zusammenfallen. Nur wenn diese Vorsorgen getroffen sind, kann auch bei Ermittlung der Entgleisungssicherheit *zunächst* mit dem normalen Raddruck gerechnet werden [*197*].

Der zweite Faktor, der allen Berechnungen zugrunde liegt, ist nun der *Reibwert f.*

Zunächst ist festzustellen, daß dieser Reibwert in weiten Grenzen schwankt und von den verschiedensten Umständen beeinflußt wird. So ist er abhängig vom Material der sich reibenden Körper, von der Art der berührenden Flächen, rauh und glatt, trocken oder geschmiert (Spuren von Schmiermitteln können den Reibwert wesentlich verkleinern), von der Luftfeuchtigkeit, vom spezifischen

Flächendruck, von der Gleitgeschwindigkeit und, was beim rollenden Eisenbahnrad insbesondere für die Quergleitung von besonderer Bedeutung ist, vom Verhältnis der Rollgeschwindigkeit zur Gleitgeschwindigkeit.

Mit der Bestimmung von $f$ befaßten sich schon eine Reihe theoretischer Abhandlungen und Modellversuche, die aber unbeschadet ihres wissenschaftlichen Wertes an sich gegenüber den Versuchen am Eisenbahnrad im Vollbahngleis zurückstehen müssen, weil eben wegen der vielen obgenannten Einflüsse Modellversuche zwar wohl imstande sind, grundsätzliche Fragen zu klären, aber nicht die tatsächlichen Verhältnisse richtig zu erfassen.

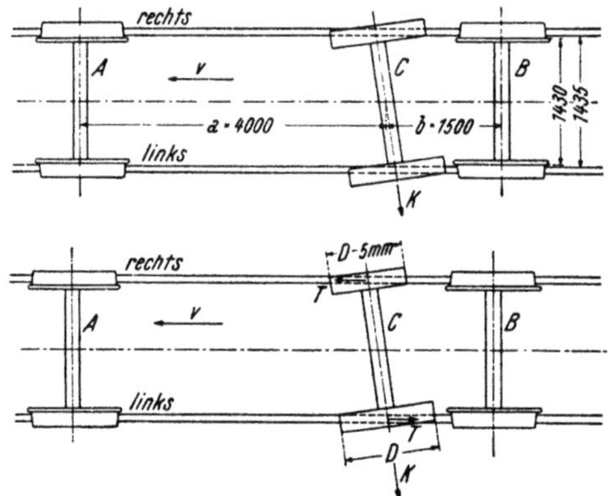


Abb. 201. Versuchsfahrzeug zur Bestimmung des Reibwertes der quergleitenden Bewegung rollender Räder

Die größte Bedeutung muß daher den Versuchen beigemessen werden, die im Auftrage des Vereines deutscher Eisenbahnverwaltungen in den Jahren 1928 bis 1930 bei den Niederländischen Eisenbahnen von LABRIJN durchgeführt wurden und unter dem Titel „Die Reibungszahl $\mu'$ der quergleitenden Bewegung rollender Räder von Eisenbahnfahrzeugen" im Heft 19 des Organs für die Fortschritte des Eisenbahnwesens 1931, S. 391, veröffentlicht worden sind [178] (s. auch die „Betrachtungen zu den Versuchen des VDEV über die Reibung" von Prof. HEUMANN [188]).

Die Versuche wurden mit einem Wagen durchgeführt, der in Abb. 201 im Grundriß schematisch dargestellt ist.

Die eine Endachse $A$ liegt fest im Rahmen und wird normal durch Blattfedern mit dem anteilmäßigen Gewicht des Wagens belastet. Die andere Endachse $B$ ist ebenfalls eine feste Achse, überträgt aber nichts vom Wagengewicht, sondern dient nur der Führung. Die Achsen $A$ und $B$ haben daher Spurkränze und liefen bei den Vorversuchen mit normalem Spiel im Gleis. Bei den Hauptversuchen wurden Achsen mit besonders weit gekeilten Rädern verwendet, die Achsen hatten nahezu Paßsitz, so daß sich der Wagen nicht schräg zum Gleis stellen konnte. Die Meßergebnisse wurden dadurch unabhängig von der Lage des Wagens zum Gleis.

Als Meßachse ist im Wagen eine dritte Achse $C$ gelaufen, deren Laufflächen zylindrisch abgedreht sind und die keine Spurkränze besitzt. Sie übernimmt anteilmäßig den zweiten Teil des Wagengewichtes (statisch bestimmt auf die Achsen $A$ und $C$ verteilt), ist seitlich verschiebbar und kann um ein bestimmtes Maß schräg gestellt werden. Die von den Schienen auf die Achse übertragenen Seitenkräfte $K$ werden durch ein Gestänge auf eine Federwaage übertragen.

Um den Einfluß kegelförmiger Radreifen, also die Wirkung des Laufes auf verschieden großen Rollkreisen festzustellen, wurde unter Beibehaltung der Zylinderform der Radreifen das eine Rad nach und nach auf einen um 1, 3 und 5 mm kleineren Durchmesser gedreht und mit jedem dieser Durchmesser bei verschiedenen Schrägstellungen die Fahrversuche wiederholt (Abb. 201).

Die Ergebnisse der Messungen bei Rädern gleich großen Durchmessers zeigt Tab. 16 und bei einem Durchmesserunterschied der beiden Räder von 5 mm gibt Tab. 17.

Tabelle 16. *Reibungszahlen einer schräg zur Schiene laufenden Achse (beide Räder dieser Achse haben gleichen Durchmesser)*

| Schrägstellung der Achse $C$ | Belastung der Achse $C$ | | | | | | | | | | | |
|---|---|---|---|---|---|---|---|---|---|---|---|---|
| | 6 t | | 8 t | | 10 t | | 12 t | | 14 t | | 16 t | |
| | $K$ | $\mu'$ | $K$ | $\mu'$ | $K$ | $\mu'$ | $K$ | $\mu'$ | $K$ | $\mu'$ | $K$ | $\mu'$ |
| | kg | | kg | | kg | | kg | | kg | | kg | |
| 3′ | 200 | 0,03 | 400 | 0,05 | 600 | 0,06 | 850 | 0,07 | 1100 | 0,08 | 1450 | 0,09 |
| 6′ | 500 | 0,08 | 700 | 0,09 | 900 | 0,09 | 1150 | 0,10 | 1350 | 0,09 | 1800 | 0,11 |
| 9′ | 750 | 0,13 | 950 | 0,12 | 1200 | 0,12 | 1500 | 0,13 | 1750 | 0,13 | 2100 | 0,13 |
| 12′ | 950 | 0,16 | 1200 | 0,15 | 1450 | 0,15 | 1650 | 0,14 | 2000 | 0,14 | 2500 | 0,16 |
| 15′ | 1120 | 0,19 | 1400 | 0,18 | 1700 | 0,17 | 1850 | 0,16 | 2200 | 0,16 | 2650 | 0,17 |
| 30′ | 1350 | 0,23 | 1700 | 0,22 | 2100 | 0,21 | 2400 | 0,20 | 2700 | 0,19 | 3000 | 0,19 |
| 1° | 1400 | 0,23 | 1850 | 0,23 | 2250 | 0,23 | 2600 | 0,22 | 2900 | 0,22 | 3250 | 0,20 |
| 1° 30′ | 1400 | 0,23 | 1850 | 0,23 | 2250 | 0,23 | 2600 | 0,22 | 2900 | 0,22 | 3250 | 0,20 |
| 2° | 1400 | 0,23 | 1850 | 0,23 | 2250 | 0,23 | 2600 | 0,22 | 2900 | 0,22 | 3250 | 0,20 |
| 2° 15′ | 1400 | 0,23 | 1850 | 0,23 | 2250 | 0,23 | 2600 | 0,22 | 2900 | 0,22 | 3250 | 0,20 |

Tabelle 17. *Reibungszahlen einer schräg zur Schiene laufenden Achse (Unterschied im Durchmesser der beiden Räder 5 mm)*

| Schrägstellung der Achse $C$ | Belastung der Achse $C$ | | | | | | | | | | | |
|---|---|---|---|---|---|---|---|---|---|---|---|---|
| | 6 t | | 8 t | | 10 t | | 12 t | | 14 t | | 16 t | |
| | $K$ | $\mu'$ | $K$ | $\mu'$ | $K$ | $\mu'$ | $K$ | $\mu'$ | $K$ | $\mu'$ | $K$ | $\mu'$ |
| | kg | | kg | | kg | | kg | | kg | | kg | |
| 3′ | | | | | | | | | | | | |
| 6′ | | | | | | | | | | | | |
| 9′ | | | | | | | | | | | | |
| 12′ | | | | | | | 200 | 0,02 | 500 | 0,04 | 800 | 0,05 |
| 15′ | | | 200 | 0,03 | 400 | 0,04 | 700 | 0,06 | 1000 | 0,07 | 1300 | 0,08 |
| 18′ | 350 | 0,06 | 550 | 0,07 | 800 | 0,08 | 1100 | 0,09 | 1400 | 0,10 | 1700 | 0,11 |
| 30′ | 700 | 0,12 | 1000 | 0,13 | 1300 | 0,13 | 1600 | 0,14 | 1800 | 0,13 | 2100 | 0,13 |
| 1° | 1100 | 0,18 | 1400 | 0,18 | 1650 | 0,17 | 1900 | 0,16 | 2150 | 0,16 | 2500 | 0,16 |
| 1° 30′ | 1100 | 0,18 | 1400 | 0,18 | 1650 | 0,17 | 1900 | 0,16 | 2150 | 0,16 | 2500 | 0,16 |
| 2° | 1100 | 0,18 | 1400 | 0,18 | 1650 | 0,17 | 1900 | 0,16 | 2150 | 0,16 | 2500 | 0,16 |
| 2° 15′ | 1100 | 0,18 | 1400 | 0,18 | 1650 | 0,17 | 1900 | 0,16 | 2150 | 0,16 | 2500 | 0,16 |

In Abb. 202 ist für eine *mittlere* Belastung der *Charakter des Verlaufes der Reibwerte* in Abhängigkeit von der Schränkung der Achse $C$ bei den Durchmesserunterschieden 0, 1, 3 und 5 mm dargestellt.

Die Versuche haben folgendes gezeigt:

Als wichtigstes Ergebnis konnte festgestellt werden, daß ein *rollendes* Rad seiner Querverschiebung einen *geringeren Widerstand* entgegensetzt als ein nur gleitendes und daß dieser Widerstand mit der Größe des Anschneidewinkels abnimmt.

Die im Abschnitt III 1 a abgeleitete Gl. (89), wonach die Richtkraft $P = 2\,Qf$ unabhängig vom Bogenhalbmesser sei, ist nun insoferne zu korrigieren, als bei großen Bogenhalbmessern nur kleine Anschneidewinkel auftreten, bei welchen der Seitenverschiebewiderstand kleiner ist. Rechnungsmäßig läßt sich dies dadurch berücksichtigen, daß man bei kleinen Anschneidewinkeln mit einem scheinbar *kleineren Reibwert* $f_2$ rechnet, wie dies in den Tabellen ersichtlich wird, in welchen aus der verschiebenden Kraft $K$ und der Achsbelastung der scheinbare

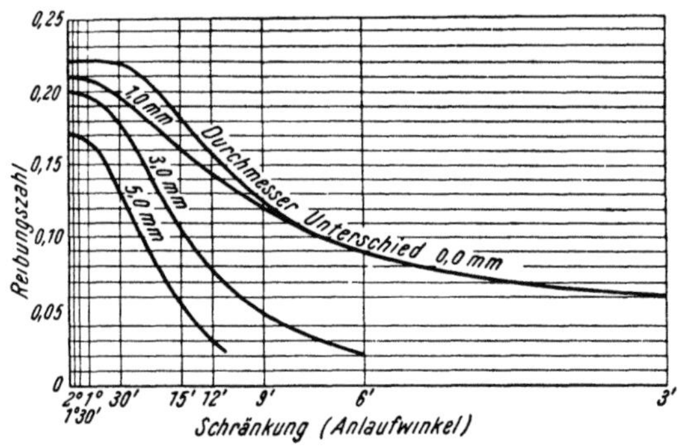


Abb. 202. Abnahme des „scheinbaren" Reibwertes mit Kleinerwerden des Anlaufwinkels

Reibwert $f_2$ der Quergleitung zurückgerechnet wurde. (Die Bezeichnung $f_2$ ist in Übereinstimmung mit der Bezeichnung der verschiedenen Reibwerte in Abschnitt III 1 a, gewählt worden; $f_2$ ist mithin gleich $\mu'$ in der Abhandlung des Organes 1931, S. 391.)

Die scheinbare Verkleinerung des Reibwertes $f_2 < f$ hat nichts mit sonstigen Schwankungen des Reibwertes zu tun, $f_2$ ist immer kleiner als $f$, auch wenn alle anderen Umstände einen bestimmten, sich gleichbleibenden Reibwert $f$ zwischen Rad und Schiene verbürgen würden.

Die Erklärung für die Erscheinung eines scheinbar kleineren Reibwertes $f_2$ der quergleitenden Bewegung *rollender* Räder gibt folgende Überlegung:

Wenn ein Rad quergleiten soll und dabei aber rollt, geht die Verschiebung nicht allein durch echte Gleitung, sondern auch durch elastische Verformung von Rad und Schiene in den Berührungszonen vor sich. Diese elastische

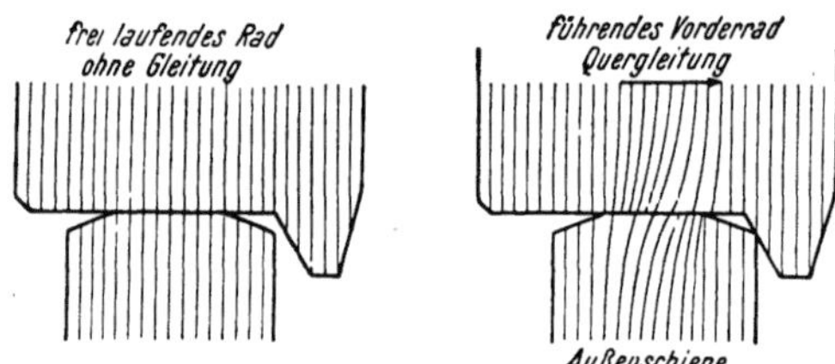


Abb. 203. Elastische Verformung eines rollenden und seitlich gleitenden Rades

Verformung ist weniger kraftverzehrend als die echte Gleitung, wodurch die kleinere verschiebende Kraft und damit der scheinbar kleinere Reibwert entsteht. Besonders deutlich wird diese Erscheinung beim Verhalten von gummibereiften Eisenbahnrädern (Micheline in Frankreich), die bei der Fahrt durch Kreisbogen viel öfter hätten entgleisen müssen, wenn nicht die weitgehende elastische Verformbarkeit des Gummis auch bei großen Anschneidewinkeln trotz des hohen Reibwertes zwischen Gummi und trockener Schiene nur kleine Richtkräfte (also scheinbar kleineren Reibwert) geben würde. (Abb. 203.)

So wie beim gummibereiften Rad werden bei kleinen Anschneidewinkeln die Radfasern aber auch eines Stahlrades beim Auftreffen auf den Schienenkopf von der Schiene erfaßt und elastisch seitlich verbogen; wenn diese verbogenen Fasern beim Weiterrollen des Rades die Schiene verlassen, schnellen sie in ihre ursprüngliche Lage wieder zurück, die geleistete Verbiegearbeit nahezu voll zurückgebend. Bei der Verbiegung der Fasern hat sich aber das Rad seitlich verschoben, ohne wirklich zu gleiten, mit der Wirkung, daß ein rollendes Rad der Quergleitung einen geringeren Widerstand entgegensetzt als ein nur gleitender

Körper. Bei größeren Anschneidewinkeln genügt die elastische Verbiegung der Fasern nicht mehr, es tritt neben der Verbiegung auch mehr oder weniger echte Gleitung auf, wodurch $f_2$ den Reibwert $f$ nahezu erreicht. Wie Abb. 202 zeigt, ist bei Rädern gleichen Durchmessers (Durchmesserunterschied 0,0 mm) mit einem Anschneidewinkel von 30' jene Grenze erreicht, bei der die echte Gleitung vorherrschend wirkt, weil von hier ab der Reibwert trotz Vergrößerung des Anschneidewinkels nicht mehr ansteigt. Er beträgt hier im Mittel $f_2 = 0,22$, während er bei einem Anschneidewinkel von 3' auf $f_2 = 0,06$ (im Mittel) abfällt.

Gemäß Tab. 16 schwankt er auch, je nach der Belastung der Achse, beim Anschneidewinkel von 3' zwischen $f_2 = 0,03$ bei 6,0 t Achsdruck und $f_2 = 0,09$ bei 16 t Achsdruck, aber schon beim Anschneidewinkel von 9' und darüber ist er nahezu unabhängig von der Achsbelastung, so daß man von der Berücksichtigung des Einflusses der spezifischen Pressung auf die Höhe des Reibwertes wohl absehen kann.

Abb. 202 und Tab. 17 zeigen noch den Einfluß kegelförmiger Radreifen auf den scheinbaren Reibwert der Quergleitung: schon bei einem Anschneidewinkel von $1^0$ sinkt der scheinbare Reibwert ab, und zwar viel steiler als bei zylindrischen Reifen, so daß ein Reibwert $f_2 = 0,02$ schon bei einem Anschneidewinkel von 12' beobachtet wurde. Überdies erreicht er auch bei großen Anschneidewinkeln bei weitem nicht den vollen Wert $f$, sondern wird für normale kegelförmige Radreifen im Mittel etwa bei 0,17 liegen.

Die *scheinbare* Veränderlichkeit des Reibwertes der Quergleitung hat zur Folge, daß nicht nur die Größe der Richtkraft, sondern auch die Lage des Reibungsmittelpunktes und der Bogenwiderstand, insbesondere bei mehrachsigen Fahrzeugen, bei welchen immer einzelne Achsen mit kleinen Anschneidewinkeln laufen, durch den veränderlichen Reibwert beeinflußt werden, und zwar so, daß die Richtkräfte und Führungskräfte sowie der Bogenwiderstand im allgemeinen kleiner sein werden, als die Rechnung mit konstantem $f$ ergibt.

Anderseits haben die Versuche aber gezeigt, daß bei größeren Anschneidewinkeln und zylindrischen Rädern, die durch Abnützung ja entstehen können, doch nahezu der volle Reibwert auch bei der Quergleitung *rollender* Räder zur Wirkung kommt und daher die Untersuchungen der mehrachsigen Fahrzeuge nach Abb. 193 schon das Wesentliche der Kräftewirkungen zwischen Fahrzeug und Gleis erfassen, so daß alle gezogenen Schlußfolgerungen ihre Geltung behalten, wenn auch zahlenmäßig nicht alles genau stimmen mag.

Mit Auswertung der nunmehr gewonnenen Erkenntnisse kann jetzt auch eine übersichtliche Formel für den Bogenwiderstand zweiachsiger Fahrzeuge aufgestellt werden.

Der Bogenwiderstand setzt sich aus drei Teilen zusammen, wie bereits abgeleitet wurde. Es sind dies:

1. Die Spurkranzreibung.
2. Der Quergleitungswiderstand.
3. Der Längsgleitungswiderstand.

Dabei ist angenommen, daß die Wirkung der Fliehkraft durch entsprechende Überhöhung der Außenschiene gerade aufgehoben wird.

Auch an dieser Stelle sei nochmals ausdrücklich darauf hingewiesen, daß die getrennte Behandlung und Summierung der Widerstände eine mehr oder weniger grobe Näherung darstellt, aber einfache Formeln ergibt, die klar den Einfluß der verschiedenen veränderlichen Größen zeigen. (Die Formel von Röckl enthält als einzige Veränderliche nur den Bogenhalbmesser.)

Soll der Bogenwiderstand, wie üblich, in kg/t Wagengewicht ausgedrückt werden, dann sind die Teilwerte nach Gl. (87), (90) und (91) noch mit 1000 zu vervielfachen, zusammenzufassen und durch das Wagengewicht $4\,Q$ zu teilen:

$$w_\varrho = \frac{1000}{4\,Q} \cdot \left[ f_1 \cdot S \cdot \operatorname{tg} \alpha \sin \varphi + \frac{2\,Q f_2\,a}{R} + \frac{2\,Q f_3 \cdot s}{R} \right].$$

Wird näherungsweise für die Seitenkraft $S$ die Richtkraft $P = 2\,Q f_2$ und für den Anschneidewinkel $\varphi = \dfrac{a}{R}$ eingesetzt, dann bleibt

$$w_\varrho = \frac{1000}{4\,Q} \cdot \left[ \frac{2\,Q f_2 \cdot f_1 \cdot a \operatorname{tg} a}{R} + \frac{2\,Q f_2\,a}{R} + \frac{2\,Q f_3 \cdot s}{R} \right] = \frac{500}{R} \cdot [a f_2\,(f_1 \operatorname{tg} a + 1) + s f_3]. \quad (102)$$

Nimmt man zur weiteren Vereinfachung für die verschiedenen Reibwerte $f_1$, $f_2$ und $f_3$ einen mittleren Reibwert $f$, dann wird

$$w_\varrho = \frac{500 \cdot a \cdot f}{R} \left( f \cdot \operatorname{tg} a + 1 + \frac{s}{a} \right). \quad (103)$$

Aus Gl. (103) erkennt man, daß den Hauptanteil des Bogenwiderstandes in der Regel die Quergleitung liefert, denn sowohl das erste Glied im Klammerausdruck $f \cdot \operatorname{tg} a$ (Spurkranzreibung) als auch das letzte Glied $\dfrac{s}{a}$ (Längsgleitung) werden in der Regel kleiner als Eins (das mittlere Glied, der Beitrag der Quergleitung) sein; denn $f \cdot \operatorname{tg} a$ wird gleich Eins, wenn $\operatorname{tg} a = 4$ wird (bei der schon ungünstigsten Annahme von $f = 0{,}25$), also erst bei einer Spurkranzflankenneigung von etwa $a = 76°$, und $\dfrac{s}{a}$ wird Eins, wenn der Achsstand gleich der Spurweite wird, was praktisch nur bei den kleinen Bahnmeisterwagen vorkommt.

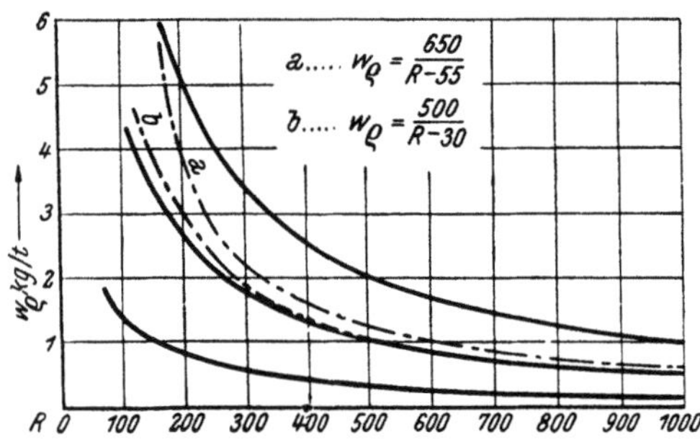



Abb. 204. Laufwiderstand zweiachsiger Fahrzeuge nach Gl. (103) zum Vergleich mit der Formel von Röckl (a und b)

Vergleicht man die Werte von $w_\varrho$, die aus Gl. (103) zu errechnen sind, mit den Ergebnissen von Ablaufversuchen, z. B. mit der Formel von Röckl, dann sieht man, daß für große Halbmesser die gerechneten mit den gemessenen Werten für $f = 0{,}15$ bis $0{,}17$ nahezu vollkommen übereinstimmen (Abb. 204).

Dabei gibt die Linie „$a$" die Werte nach Röckl für Hauptbahnen, die Linie „$b$" die Werte für Nebenbahnen.

Die Werte nach Gl. (103) für die drei Reibwerte $f = 0{,}25$, $0{,}15$ und $0{,}05$ sind durch die voll ausgezogenen Linien gegeben, wobei ein mittlerer Achsstand $a = 4{,}0$ m und eine mittlere Flankenabnützung $a = 70°$ angenommen wurde.

Für kleine Halbmesser nähern sich die Versuchswerte nach Röckl mehr der Linie mit $f = 0{,}25$, was mit der Erkenntnis gut übereinstimmt, daß bei großen Anschneidewinkeln, also kleinen Bogenhalbmessern, der scheinbare Reibwert der Quergleitung höher liegt als bei großen Bogenhalbmessern.

Um zu zeigen, wie groß die Abhängigkeit des Bogenwiderstandes von dem Achsstand $a$ und vom Neigungswinkel $\alpha$ der Spurkranzflanke ist, sind in Abb. 205 für die Reibwerte $f = 0{,}25$ und $0{,}15$ die Bogenwiderstandswerte in einem Bogen von $R = 180$ m für eine Flankenneigung von $\alpha = 60^0$, $70^0$ und $80^0$ ausgewiesen. Man ersieht aus der Abb. 205 den großen, ungünstigen Einfluß scharf gelaufener Räder auf den Bogenwiderstand, besonders im Bogen mit kleinem Halbmesser und bei Fahrzeugen mit großem Achsstand.

Die Gl. (102), in der die drei Reibwerte getrennt erscheinen, läßt auch in einfachster Weise den Einfluß verschiedener Anlageverhältnisse, die verschiedene Reibwerte bedingen, z. B. von Leitschienen, auf den Bogenwiderstand erkennen.

Beim Befahren eines Bogens mit Leitschiene schneidet das führende Rad an dieser Leitschiene mit dem steilen Innenkegel von $\alpha = 81^0$ an. Liegen die Verhältnisse so, daß nur das Innenrad der Vorderachse an der Leitschiene geführt wird, wie z. B. bei einem Drehgestell mit $a = 2{,}5$ m in einem Bogen von $R = 150$ m mit 30 mm Spurerweiterung, dann ist, wenn bei zylindrischen Reifen $f_2 = f_3 = {} = 0{,}22$ gesetzt wird (gemäß einem Anschneide-

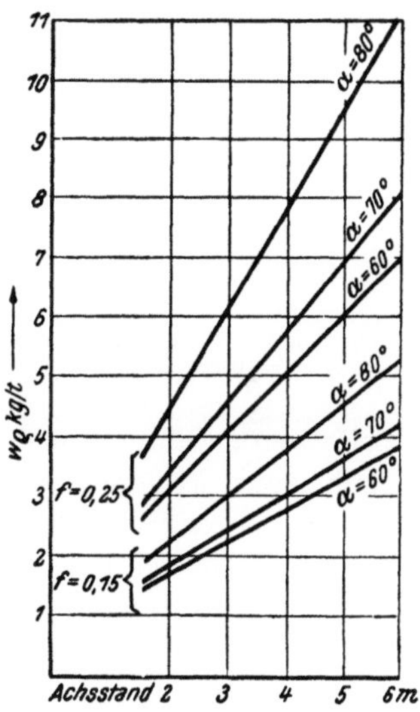


Abb. 205. Laufwiderstand in Abhängigkeit vom Achsstand und der Flankenneigung $\alpha$ des Spurkranzes

winkel von $\dfrac{a}{R} = 0{,}0167$ oder $\varphi = 58'$, s. Abb. 202),

$$w_\varrho = \frac{500}{R} \cdot [2{,}5 \cdot 0{,}22\,(0{,}22 \cdot 6{,}31 + 1) + 0{,}22 \cdot 1{,}5] =$$
$$= \frac{500 \cdot 1{,}65}{150} = 5{,}5 \text{ kg/t}.$$

Dabei ist angenommen, daß die Leitschiene trocken ist, also auch $f_1 = 0{,}22$ (ungünstigst) zur Wirkung kommt. Wird die Leitschiene geschmiert ($f_1 = 0{,}05$), dann ermäßigt sich

$$w_\varrho = \frac{500}{150}\,[2{,}5 \cdot 0{,}22\,(0{,}05 \cdot 6{,}31 + 1) + 0{,}22 \cdot 1{,}5] =$$
$$= \frac{500 \cdot 1{,}06}{150} = 3{,}54 \text{ kg/t}.$$

Wird dasselbe Fahrzeug ohne Leitschiene vom äußeren Vorderrad mit normaler Flankenneigung von $\alpha = 60^0$ durch den Bogen von $R = 150$ m geführt, ergäbe sich

$$w_\varrho = \frac{500}{150}\,[2{,}5 \cdot 0{,}22\,(0{,}22 \cdot 1{,}73 + 1) + 0{,}22 \cdot 1{,}5] =$$
$$\frac{500 \cdot 1{,}09}{150} = 3{,}62 \text{ kg/t}.$$

Man sieht, die Leitschiene hat ungeschmiert eine Steigerung des Bogenwiderstandes um $\dfrac{5{,}5 - 3{,}54}{3{,}54} \cdot 100 = 55\%$ zur Folge, während eine geschmierte Leitschiene den Widerstand gegenüber normaler Führung sogar etwas herabsetzt.

Bei Fahrzeugen mit größeren Achsständen wäre der Unterschied im Bogenwiderstand noch größer, weil dann die Längsgleitung gegenüber der Quergleitung und der Spurkranzreibung mehr zurücktritt.

## 6. Die Einstellung der Fahrzeuge im Bogengleis nach den Verfahren von Roy und Vogel

Es wurde bereits früher darauf hingewiesen, daß bei Fahrzeugen mit seitlich verschiebbaren Achsen untersucht werden muß, ob die Seitenverschieblichkeit genügt, um das Anlaufen der Achsen an der Außenschiene sicherzustellen. Diese Untersuchung wird nach dem Verfahren von ROY oder VOGEL geführt; beide Verfahren eignen sich, sinngemäß angewendet, auch dazu, beim Entwurf abnormaler Gleisverbindungen zu prüfen, ob bestimmte Fahrzeuge die geplante Verbindung anstandslos (zunächst rein geometrisch) befahren können oder nicht.

Beide Verfahren beruhen auf einer Verzerrung der Breitenmaße der Fahrzeuge gegenüber den Längenmaßen, wobei auch der Gleisbogen eine entsprechende Verzerrung mitmachen muß. Gleichzeitig wird, um Platz zu sparen, die Fahrzeugbreite so verkleinert, daß sie auf Null zusammenschrumpft, das heißt, die Führungspunkte zweier gegenüberliegender Spurkränze zur Deckung kommen; den gleichen Schrumpfungsprozeß macht das Gleis mit, so daß zwischen den beiden Fahrkanten nur der Spielraum $e$ übrigbleibt.

Bei der Verzerrung der Längen gegenüber den Breiten entsteht aus dem Kreis eine Ellipse gemäß Abb. 206. Der Unterschied der beiden Verfahren besteht nun lediglich darin, daß VOGEL [203] die Ellipse punktweise konstruiert (genaues

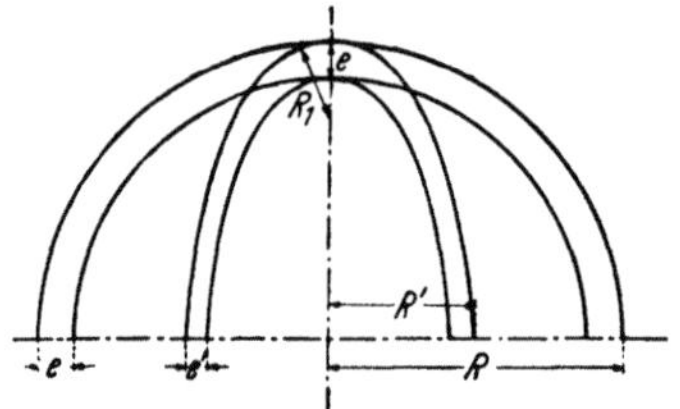

Abb. 206. Elliptische Verzerrung der Kreisbogen nach ROY und VOGEL

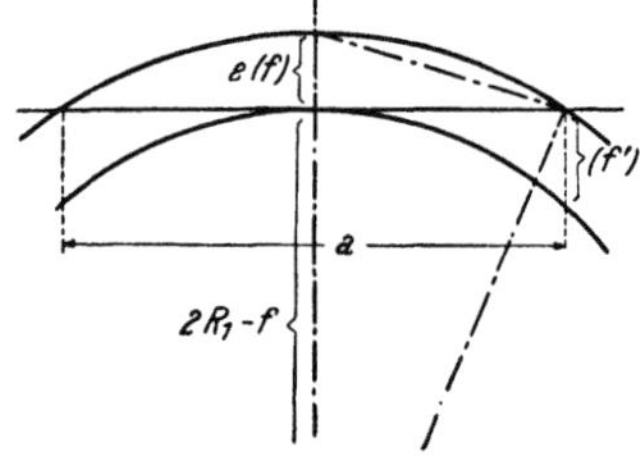

Abb. 207. Anwendung des ROYschen Verfahrens, solange $f \doteq f'$ bleibt

Verfahren), während nach ROY [25] statt der Ellipse der Scheitelkreis mit dem Halbmesser $R_1$ gezeichnet wird. Das ROYsche Verfahren als das bequemere ist solange anwendbar, als gemäß Abb. 207 $f$ von $f'$ nicht meßbar abweicht, also bei nicht zu langen Fahrzeugen und bei zweckentsprechender Wahl der Maßstäbe.

Werden die *Längen* $a$ im Maßstab $1 : n$,

der *Spielraum* $e$ und

die *Pfeilhöhen* $f$ im Maßstab $1 : m$

aufgetragen, dann ist für den *Halbmesser* $R_1$ der Maßstab $1 : \dfrac{n^2}{m}$ anzuwenden, denn nach Abb. 207 ist

$$\left(\frac{a}{2}\right)^2 = f\,(2\,R_1 - f) \quad \text{oder}$$

$$R_1 = \frac{a^2}{8\,f} = \frac{1}{8} \cdot \frac{a^2}{n^2} \cdot \frac{m}{f} = \frac{a^2}{8\,f} \cdot \frac{m}{n^2}\,.$$

Dementsprechend sind mit Vorteil, je nach der Größe der zur Verfügung stehenden Zeichenflächen und der beanspruchten Genauigkeit, folgende Maßstäbe zu verwenden:

| Breitenmaße (Spielraum $e$, Pfeilhöhen $f$, Querverschiebungen der Achsen, Schwächerdrehung der Spurkränze) $1:m$ | 1 : 1 | 1 : 1 | 1 : 2 | 1 : 2 | 1 : 4 | 1 : 4 |
|---|---|---|---|---|---|---|
| Längenmaße $a$ (Achsabstände, Drehzapfenabstände, Deichsellängen u. a.) $1:n$ | 1 : 10 | 1 : 20 | 1 : 20 | 1 : 40 | 1 : 40 | 1 : 80 |
| Scheitelhalbmesser $R_1$ | 1 : 100 | 1 : 400 | 1 : 200 | 1 : 800 | 1 : 400 | 1 : 1600 |

Als Beispiel sei die Stellung einer elektrischen Lokomotive der Österreichischen Bundesbahnen, Reihe 1280, mit folgenden Laufwerksabmessungen in Gleisbogen verschiedener Halbmesser untersucht.

Die Lokomotive hat fünf gekuppelte Achsen; die beiden Endachsen haben $\pm$ 26 mm Seitenspiel, die Spurkränze der Mittelachse sind 7 mm schwächer gedreht gemäß Abb. 208.

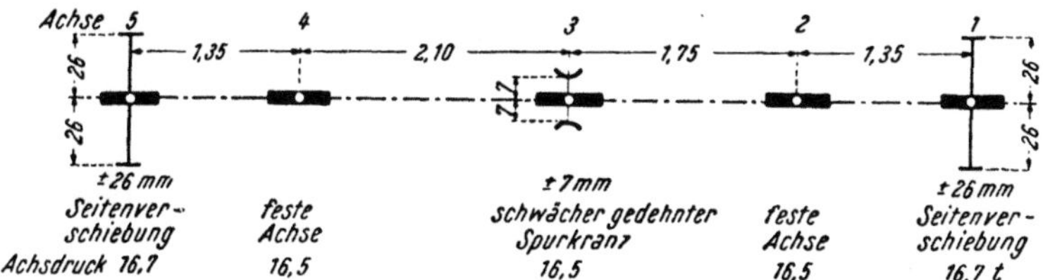


Abb. 208. Achsfolge der Lokreihe 1280 der Österreichischen Bundesbahnen.

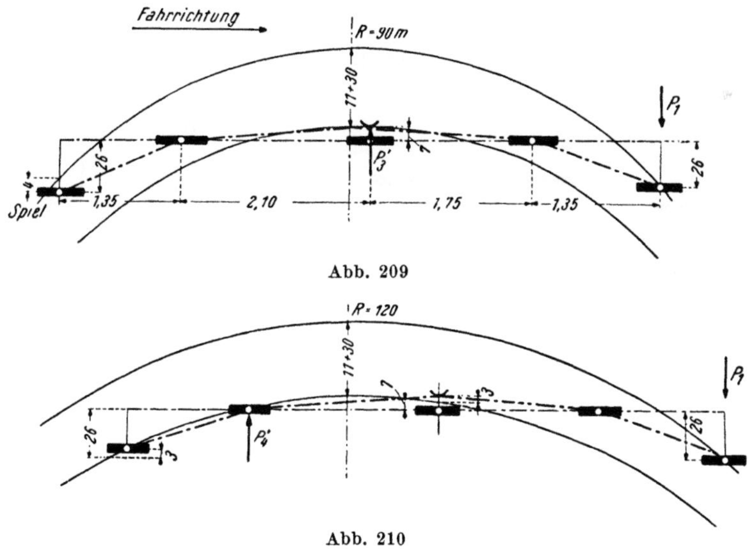


Gleisbogen und Fahrzeug wurden in den Maßstäben:
die Längen 1 : 40,
die Breiten 1 : 2,
die Halbmesser 1 : 800 aufgetragen und auf $^1/_2$ verkleinert.

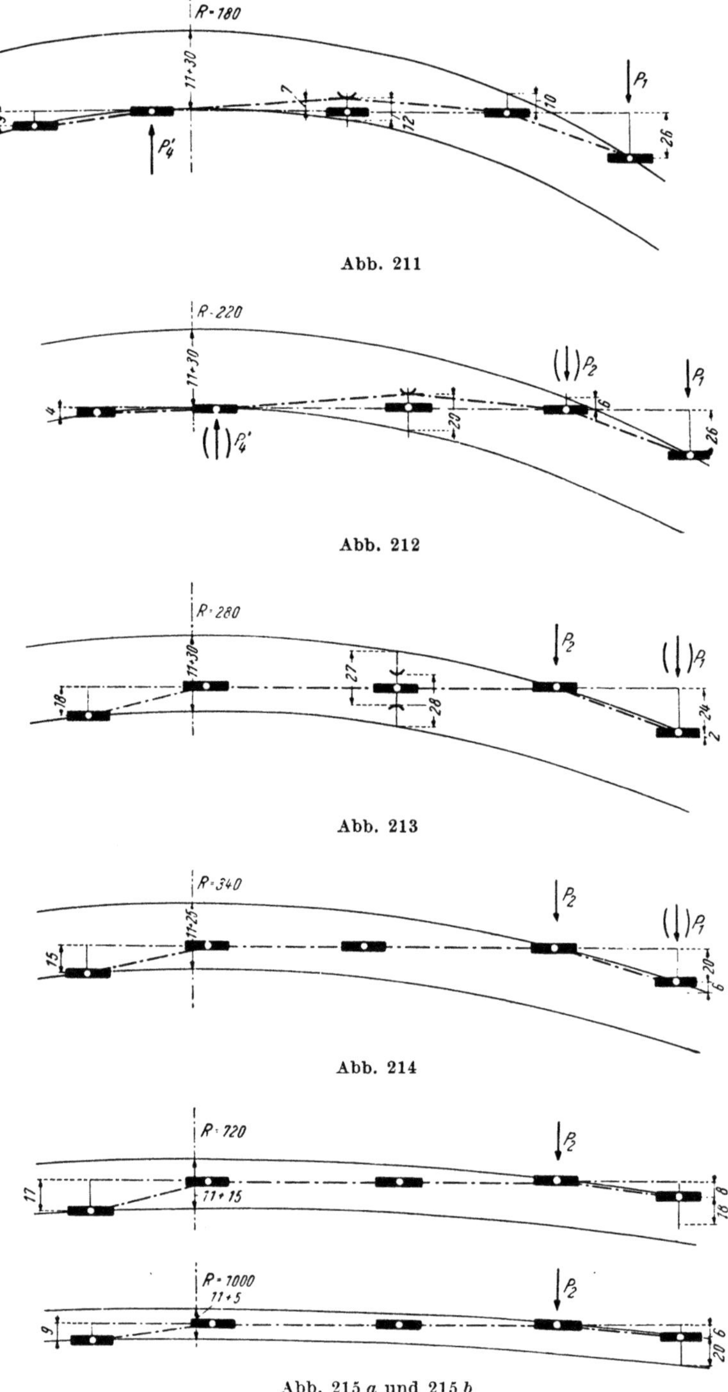



Abb. 215 a und 215 b

Abb. 207 bis 215. Stellung der Lokomotive 1280, aufeinanderfolgend in Bogen vom Halbmesser $R = 90$ bis $R = 1000$

Spurerweiterungen sind angenommen nach den ehemaligen Vorschriften der Österreichischen Bundesbahnen.

Nach den Abb. 209 bis 215 nimmt die Lokomotive in den verschiedenen Gleisbogen folgende Stellungen ein:

$$R = 90 \text{ m} \quad (\text{Abb. 209}).$$

Die erste Achse der Lokomotive wird bei der Fahrt von links nach rechts um das volle Seitenspiel nach rechts gedrängt und übernimmt die Führung vorne außen. Die Führung hinten innen hat die dritte Achse; da sie 7 mm schwächer gedrehte Spurkränze hat, rückt der Anlagepunkt 7 mm von der Fahrzeugachse nach links. Zweite und vierte Achse liegen fest im Rahmen, bleiben daher auf der Fahrzeugachse. Die fünfte Achse wandert bei ihrem Bestreben, geradeaus zu laufen, nach rechts, bis sie nach Ausnützung des vollen Seitenspieles am Rahmen anliegt, ohne die Innenschiene zu erreichen.

Von der Außenschiene hat sie noch 4 mm Abstand (die Lokomotive klemmt also in einem Bogen von $R = 90$ m noch nicht!), trotzdem wird aber eine Entgleisung kaum zu vermeiden sein, weil die Führungskräfte an der ersten und dritten Achse zu groß werden (s. Abb. 193 c).

$$R = 120 \text{ m} \quad (\text{Abb. 210}).$$

Die Führung innen ist von der dritten Achse auf die vierte übergegangen, es treten die Richtkräfte $P_1$ und $P_4'$ auf, die fünfte Achse hat bereits Anlehnung an die Innenschiene gefunden (die Seitenverschieblichkeit von 26 mm wird nicht mehr voll in Anspruch genommen (3 mm „Luft" bis zur Anlage am Rahmen). Dadurch, daß bei der Drehung des Fahrzeuges die Richtkräfte nunmehr an einem großen Hebelarm wirken und die fünfte Achse nicht mehr von der ersten mittels des Rahmens gedreht werden muß, wie bei $R = 90$ m, sinken die Richtkräfte so stark ab, daß eine Fahrt in $R = 120$ m schon möglich wäre. Da aber die dritte Achse nur 3 mm Abstand von der Innenschiene hat, könnte bei ungenauer Gleislage die dritte Achse doch unter Umständen zur Anlage kommen, wodurch sofort wieder die Entgleisungsgefahr nahegerückt wäre. Es ist also nicht ratsam, die Lokomotive in einem Bogen von $R = 120$ m fahren zu lassen.

$$R = 180 \text{ m} \quad (\text{Abb. 211}).$$

Die Lokomotive wird wieder von der ersten und vierten Achse ($P_1$ und $P_4'$) geführt, sie könnte einen solchen Bogen auch ohne schwächer gedrehte Spurkränze an der dritten Achse durchfahren. Mit der Schwächerdrehung aber ist der Abstand der dritten Achse von der Innenschiene auf 12 mm gestiegen, es ist also bei einigermaßen guter Gleislage ausreichende Sicherheit vorhanden, daß diese Achse nicht anläuft; von der fünften Achse, die an der Innenschiene Anlehnung hat, wird nur 9 mm Seitenverschiebung ausgenützt. Es ist somit anstandsloses Befahren eines solchen Bogens gewährleistet. Für die Gleiserhaltung wichtig ist aber zu wissen, daß grobe Unstetigkeiten der Krümmung auch rein statisch die Entgleisungsgefahr naherücken können.

Die zweite Achse hat noch 10 mm Abstand von der Außenschiene, muß daher bei der Drehung der Lokomotive von der ersten Achse verschoben werden und wird somit hohen Anlaufdruck bei $P_1$ erzeugen, Rad- und Schienenabnützung werden groß sein.

Es ist leicht einzusehen, daß durch Verminderung der Spurerweiterung die Laufverhältnisse besser werden, denn wenn man im äußersten Fall die Spurerweiterung ganz wegließe, hätte das Fahrzeug noch das volle Spiel von 11 mm und die dritte Achse würde noch nicht innen anlaufen; entscheidend für die bessere Führung wäre aber, daß nun auch die zweite Achse an der Außenschiene laufen würde und der Führungsdruck vorne sich statisch unbestimmt, je nach der seitlichen Verbiegemöglichkeit von Gleis und Fahrzeugrahmen, auf die erste und zweite Achse verteilen würde. Rad- und Schienenabnützung würden kleiner, die Entgleisungssicherheit größer werden.

Man sieht also, eine gut kurvenfühlig gebaute Lokomotive kann, selbst wenn sie fünfachsig ist, auch ohne Spurerweiterung auskommen. Die dem Gleisbauer so unerwünschte Spurerweiterung wird durch andere Umstände erzwungen, worauf schon früher hingewiesen wurde.

$$R = 220 \text{ m} \quad \text{(Abb. 212).}$$

Die Lokomotive läuft schon nahezu frei; sie wird noch von der ersten Achse geführt ($P_1$), die zweite Achse ist der Außenschiene auf 6 mm Abstand nahe gekommen. Durch die seitliche Rahmenverbiegung und die Nachgiebigkeit des Gleises wird die zweite Achse beginnen mitzuführen, der Führungsdruck verteilt sich, so wie oben ausgeführt, statisch unbestimmt auf die erste und zweite Achse, $P_1$ wird in dem Maße kleiner als ($P_2$) zunimmt, bis schließlich bei

$$R = 280 \text{ m} \quad \text{(Abb. 213)}$$

die Führung theoretisch von der ersten auf die zweite Achse übergeht, $P_2$, weil die Seitenverschieblichkeit der ersten Achse nicht mehr voll ausgenützt wird. Solange aber zwischen seitlich verschobener Achse und Rahmen nur einige Millimeter „Luft" vorhanden sind, wird auch jetzt die Lokomotive statisch unbestimmt von $P_2$ und ($P_1$) geführt und läuft frei sowohl bei diesem als auch allen größeren Bogenhalbmessern.

Die Mittelachse hat zufolge der schwächeren Spurkränze reichlich Spiel (27 und 28 mm) und braucht jetzt und in der Folge nicht mehr beachtet zu werden. (In der Abbildung wurde daher die Kennzeichnung der schwächer gedrehten Spurkränze weggelassen.)

$$R = 340 \text{ m} \quad \text{(Abb. 214).}$$

Die zweite Achse übernimmt immer mehr die alleinige Führung, ($P_1$) an der ersten Achse wird kleiner, bis schließlich nur mehr die Richtkraft zur Verschiebung der ersten Achse selbst übrig bleibt.

Das fünfachsige Fahrzeug verhält sich dann hinsichtlich der Führungskräfte nahezu wie ein dreiachsiges, da sich ja die erste und fünfte Achse selbst führen.

$$R = 720 \text{ m} \quad \text{und} \quad R = 1000 \text{ m} \quad \text{(Abb. 215).}$$

Die zweite Achse führt allein mit der Richtkraft $P_2$, die zufolge der immer kleiner werdenden Anschneidewinkel stark abnimmt, da besonders die dritte und vierte Achse mit so kleinen Anschneidewinkeln laufen, daß ihre Wirkung auf $P_2$ nahezu verschwindet.

Zusammenfassend ist zu sagen, daß die Lokomotive bei den gegebenen Spurerweiterungen besonders in Bogen zwischen $R = 250$ und $R = 350$ m gut geführt sein wird, weil sich da der Führungsdruck statisch unbestimmt auf die erste und zweite Achse verteilt. Unter 200 m Halbmesser werden die Führungskräfte auf die erste Achse groß, über 350 m Halbmesser wird die Lokomotive wegen der kurzen Führung mehr zum Schlingern neigen, so daß sie nur für kleine und mittlere Fahrgeschwindigkeiten geeignet sein wird.

Zur Verbesserung der Führung ist das Seitenspiel der Endachsen später von 26 mm auf 18 mm verkleinert worden. Dadurch soll erreicht werden, daß bei den derzeit vorgeschriebenen Spurerweiterungen in Bogen mit Halbmessern zwischen $R = 250$ und 300 (Spurerweiterung 5 mm) die erste und zweite Achse gemeinsam mit statisch unbestimmt verteiltem Druck führen, wodurch die Abnützungen zwischen Rad und Schiene kleiner werden. Bei $R = 180$ ist die Führung trotz des geringen Seitenspieles noch sicher; für kleinere Halbmesser (150 m) wäre aber das größere Seitenspiel zur Erhöhung der Entgleisungssicherheit vorzuziehen. Aus allen Abbildungen ist noch zu entnehmen, daß die große Spurerweiterung nicht gebraucht wird, im Gegenteil, die Führung der Lokomotive wird besser bei kleinen Spurerweiterungen, weil die Anschneidewinkel kleiner werden.

Es wurde schon bei der Berechnung des Eisenbahnoberbaues darauf hingewiesen, daß große Randlasten den Oberbau stark beanspruchen. Wenn nun große lotrechte Beanspruchungen mit großen Seitenkräften zusammenfallen, so ist dies für die Erhaltung des Gefüges des Oberbaues nicht förderlich, mag auch die Entgleisungssicherheit mit der Größe des Achsdruckes der Randlasten wachsen.

Für die Beanspruchung des Oberbaues vorteilhaft werden daher immer Lokomotiven sein, die führende Drehgestelle besitzen, deren Achsen kleinere Belastungen erhalten können, so daß sowohl die Führung der Lokomotiven (große geführte Länge und daher ruhiger Lauf) als auch die Anstrengung der Schienen günstig beeinflußt wird.

## IV. Die Gleislage und das Verlegen des Oberbaues

Wenn sowohl Rad und Schiene als auch Fahrzeug und Gleis gut aufeinander abgestimmt sind, dann ist schließlich zur sicheren Führung der Fahrzeuge noch eine *richtige Gleislage* erforderlich.

Da das Gleis nur von der mehr oder weniger beweglichen Bettung in seiner Lage gehalten wird, weicht die wirkliche Gleislage von der theoretisch „richtigen" Gleislage immer mehr oder weniger ab, so daß bei allen Erwägungen theoretischer Natur nie übersehen werden darf, wie weit sich theoretische Forderungen auch in die Praxis umsetzen lassen. Die Herstellung einer richtigen Gleislage wird daher wesentlich von der Praxis des Gleisbaues beeinflußt, hängt also mit dem Verlegen des Oberbaues innig zusammen und es sollen daher Gleislage und Verlegen des Oberbaues gemeinsam besprochen werden.

## 1. Das gerade Gleis

Zunächst erscheint es das Natürlichste, so lange als möglich in der Geraden zu fahren und von der Geraden nur abzuweichen, wenn man durch örtliche Geländeverhältnisse dazu gezwungen wird. Später soll gezeigt werden, daß von diesem Grundsatz besonders bei Bahnen mit großer Fahrgeschwindigkeit abgegangen werden sollte, um den Fahrzeugen eine bessere und stetigere Führung zu geben [209]. Aber selbst wenn man die Trassierungsgrundsätze in diesem Sinne einmal ändern sollte, würde das gerade Gleis aber doch nicht ganz verschwinden, denn die bestehenden Bahnen werden ihre Linienführung mit Geraden und Bogen behalten und auch in Bahnhöfen wird das gerade Gleis aus betriebstechnischen Gründen immer anzustreben sein.

Vom Standpunkt der Verlegungspraxis ist das gerade Gleis natürlich das einfachere und bequemere, denn die Schienen liegen im geraden Gleis in gleicher Höhe und die gerade Richtung ist in einfachster Weise nach dem Augenmaß herzustellen, weil das Auge die kleinste Abweichung von der Geraden empfindet; daher genügen wenige Richtpunkte in großer Entfernung (100 m etwa), um die Gerade festzulegen, wodurch die Absteckarbeiten sehr erleichtert werden.

Beim Verlegen des Oberbaues, insbesondere beim Bahnneubau, geht man in der Regel (Abweichungen von der Regel bei Anwendung von gestampfter oder gewalzter Bettung s. Kapitel D III 2) so vor: Auf dem ordentlich vorgerichteten Unterbau werden nach einer Schwelleneinteilungslatte die Querschwellen ausgelegt und roh gerichtet. Dann werden auf die Schwellen die Schienen mit den der Verlegetemperatur entsprechenden Stoßlücken aufgebracht und leicht verlascht. Hierauf wird mit kleinen einschienigen Wägelchen das Kleineisenzeug verteilt und dann die Schienen auf den Schwellen befestigt. Beim Oberbau K z. B. geschieht dies in einfachster Weise durch Anbringen der Hakenschrauben, Aufsetzen der Klemmplättchen und Federringe sowie Anziehen der Schraubenmuttern. Bei einem Oberbau, der nur einfache Nagel- oder Schwellenschraubenbefestigung hat, wird zuerst ein Schienenstrang genagelt oder geschraubt, dann der zweite Strang etwa auf jeder vierten Schwelle mit einer Spurlehre in den richtigen Abstand gebracht, „in die Spur genagelt". Eine zweite Nagelpartie, die hinter der ersten nacharbeitet, befestigt die Schiene auf den restlichen Schwellen: „vollnageln".

Nach diesen Arbeiten liegt das Gleis in einer recht unregelmäßigen Schlangenlinie auf dem Unterbau, ist aber bereits mit Arbeitswagen langsam befahrbar. Mit diesen Arbeitswagen wird der Schotter verteilt und das Gleis durch stufenweises Anheben und Unterkrampen, wie im Kapitel D besprochen, nach und nach auf die richtige Höhe gebracht. Bei diesen Arbeiten verschiebt sich das Gleis auch seitlich (es ist nur sehr wenig seitensteif) und liegt noch immer in einer recht unregelmäßigen Schlangenlinie auf der Bettung. Jetzt wird es nach vorbereiteten Festpunkten in die Gerade gerückt: es wird „gerichtet". Liegt es schließlich auf der vorgeschriebenen Höhe richtig in der Geraden, dann werden die restlichen Laschenschrauben eingebracht und sämtliche Schrauben fest angezogen. Das Gleis wird nun bis zur Schwellenoberkante mit Schotter verfüllt, so daß sich ein Querschnitt gemäß Abb. 1 ergibt.

## 2. Das Bogengleis

In der Geraden liegen die beiden Schienen naturgemäß in gleicher Höhe. Im Bogengleis bekommt in der Regel die Außenschiene eine höhere Lage, „eine Überhöhung" $h$ (Abb. 2). Das Verlegen des Oberbaues im Bogen spielt sich im übrigen in der gleichen Weise ab wie in der Geraden [7, *10, 14, 16, 17*]. Zweigleisige Bahnen erhalten im Bogen einen Querschnitt nach Abb. 4. Im Bereich von Wegübersetzungen sollen wenigstens die Schienen II und III in gleicher Höhe liegen. Anzustreben ist aber, alle Schienen I bis IV in dieselbe Ebene zu legen, um eine möglichst stetige Fahrbahngestaltung der Straße zu erzielen, wenn diese Lösung auch zusätzliche Kosten verursacht.

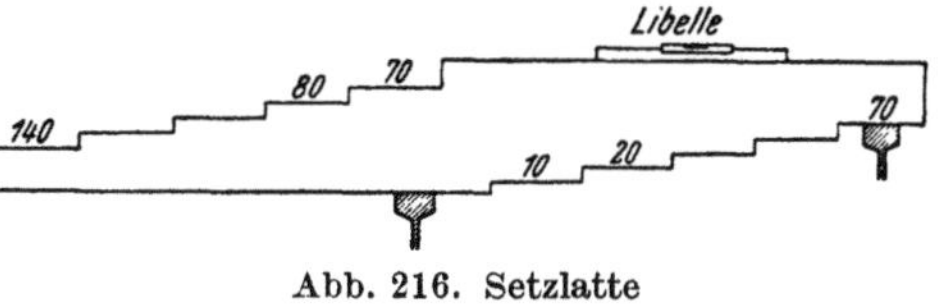

Abb. 216. Setzlatte

Die Überhöhung $h$ (in der Geraden $h = 0$) wird mittels Setzlatten von den Festpunkten auf die Schienen übertragen, wie Abb. 216 zeigt. Bei neuen Bahnen dienen kräftige Holzpfähle als Festpunkte. Nach Beendigung der größeren Setzungen ist es zweckmäßig, Festpunkte aus Stein oder einbetonierte Winkelprofile (auch Altschienenstücke) zu setzen.

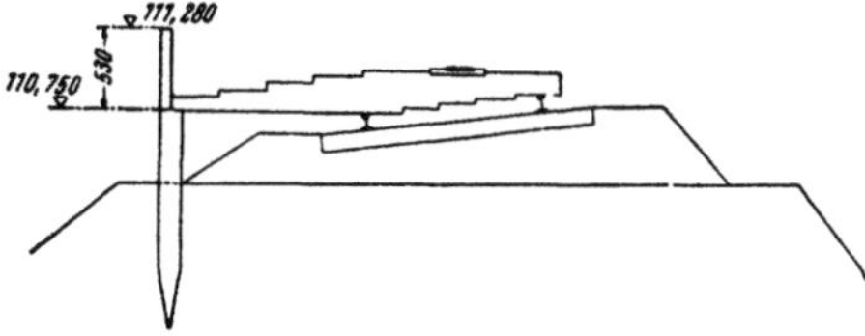

Abb. 217. Übertragung der Festpunkthöhe auf das Gleis

Die Festpunkte werden in der Geraden in Abständen von 50 bis 100 m, im Bogengleis in Abständen von 10 bis 20 m gesetzt, bei zweigleisigen Bahnen in der Bahnachse, bei eingleisigen Bahnen an der Bogeninnenseite 2,0 m von der Gleisachse entfernt.

Die Festpunktoberkanten werden abnivelliert und bekommen eine Höhenkote. Aus dem Längenschnitt entnimmt man die zu jedem Festpunkt gehörende Höhe der Schienenoberkante und bestimmt durch Rechnung, wo der Pflock einzukerben ist, um die Setzlatte anlegen zu können, wie die Abb. 217 zeigt.

Beispiel:

Höhenkote der Pflockoberkante . . . . . 111,280 m,
Schienenhöhe aus dem Längenschnitt. . . 110,750 m,

daher vom Pflock abzuschneiden (einzukerben):

$$111,280 - 110,750 = 0,530 \text{ m.}$$

Die Ansichten, welche Größe der Überhöhung die zweckmäßigste ist, sind geteilt. Es finden sich daher bei den Bahnverwaltungen Mitteleuropas ziemliche Abweichungen bei der Festsetzung der Überhöhung.

Jedenfalls wird die Überhöhung aus mehreren Gründen ausgeführt:

1. Zur besseren Verteilung des Druckes auf Innen- und Außenschiene, um möglichst gleiche Abnützung beider Schienen zu erzielen.

2. Zur Erhöhung der Kippsicherheit der schnellfahrenden Züge.

3. Zur Begrenzung der Seitenbeschleunigung auf Reisende und Güter [*23*].

Wenn verlangt wird, daß der Druck der Räder bei einer bestimmten Fahrgeschwindigkeit $V$ in km/h bzw. $v$ in m/sek und einem gegebenen Bogenhalbmesser $R$ auf beide Schienen gleich sein soll, dann ergibt sich eine „theoretische Überhöhung" von

$$h = \frac{s \cdot v^2}{g \cdot R} \tag{103}$$

für $v = \dfrac{V}{3,6}$, Regelspur $s = 1,5$ m, $g = 9,8$ m/sek$^2$ und einem Halbmesser $R$ in m wird die Überhöhung $h$ in mm

$$h = 11{,}8 \frac{V^2}{R} \quad \text{für Regelspur,} \tag{104}$$

$$h = 8{,}3 \frac{V^2}{R} \quad \text{für 1-m-Spur,} \tag{105}$$

$$h = 6{,}3 \frac{V^2}{R} \quad \text{für 0,75-m-Spur.} \tag{106}$$

Diesen theoretischen Wert kann man aber aus zwei Gründen nicht immer ausführen:

1. Die Züge haben zumeist nicht die gleiche Fahrgeschwindigkeit.

2. Auch beim Stillstand der Züge ($V = 0$) müssen die Fahrzeuge noch genügende Standsicherheit haben, damit sie bei Seitenwind nicht umgeworfen werden.

Gemäß Punkt 1 wird die Überhöhung daher für eine mittlere Fahrgeschwindigkeit bemessen und nach Punkt 2 wird ein Größtwert für die Überhöhung festgesetzt:

$h = 150$ mm für Hauptbahnen,

$h = 130$ mm für Nebenbahnen (weil sie leichtere Fahrbetriebsmittel haben, die weniger standfest sind),

$h = 100$ mm für 1,0-m-Spur,

$h = 50$ mm für 0,75-m-Spur.

Bei Stadtschnellbahnen, bei welchen die Züge alle gleiche Geschwindigkeit haben, führt man größere Überhöhungen aus (näher bis gleich dem theoretischen Wert) und auch der Größtwert kann hinaufgesetzt werden (bis $h = 200$ mm), weil im Tunnel die Wirkung des Seitenwindes auf stehengebliebene Züge entfällt.

Da man also bei der Größe der ausführbaren Überhöhungen gebunden ist, muß man je nach Bedarf im Bogengleis die Geschwindigkeit begrenzen [223].

Diese Notwendigkeit ist das größte Hindernis für geplante Fahrgeschwindigkeitserhöhungen bei Bahnen mit bogenreichen Strecken, denn wenn man wegen der vorkommenden Bogen kleinen Halbmessers zu oft die Fahrgeschwindigkeit heruntersetzen muß, wirkt sich auch eine große Erhöhung der Grundgeschwindigkeit auf eine Verkleinerung der Reisezeit nur wenig aus, so daß der Aufwand in keinem annehmbarem Verhältnis zum erzielten Erfolg steht. Der Umbau der Strecken auf größere Bogenhalbmesser wäre oft mit großen Kosten verbunden, wenn nicht gar unmöglich. Man hat daher schon Fahrzeuge ersonnen, die im Bogen höhere Fahrgeschwindigkeiten zulassen als die normalen Eisenbahnfahrzeuge [183].

Langjährige Erfahrungen haben ergeben, daß für normale Eisenbahnfahrzeuge eine Abweichung der Mittelkraft aus Eigengewicht und Fliehkraft um

3 bis 4% (ausnahmsweise 6%) von der Fahrzeugmittellinie noch zulässig ist, um einwandfreien Bogenlauf zu sichern [*222, 223, 225*].

Aus dieser Bedingung ergibt sich eine größtzulässige Fahrgeschwindigkeit in km/h im Bogen vom Halbmesser $R$ mit

$$V = 4{,}0 \; \sqrt{R}. \tag{107}$$

Aus der „theoretischen" Formel für die Überhöhung erhält man für $h = 150$ mm

$$V = \sqrt{\frac{150}{11{,}8}} \cdot \sqrt{R} = 3{,}6 \; \sqrt{R}. \tag{108}$$

Der Beiwert nach Gl. (108) steigt also von 3,6 auf 4,0, weil eine begrenzte Abweichung der Mittelkraft nach außen als zulässig erkannt wurde.

Bei Fahrzeugen mit niedrigem Schwerpunkt (Triebwagen und Triebwagenzügen) kann man noch etwas höher gehen,

$$V = 4{,}5 \; \sqrt{R}. \tag{109}$$

Und schließlich bei dem oben erwähnten Sonderfahrzeug (Kreiselwagen) kommt man auf zulässige Fahrgeschwindigkeiten von

$$V = 6{,}5 \; \sqrt{R}. \tag{110}$$

Tab. 18 zeigt die Abhängigkeit der Fahrgeschwindigkeit vom Bogenhalbmesser bei Ausführung der Maximalüberhöhung von 150 mm für verschiedene Fahrzeuge.

Tabelle 18. *Zulässige Fahrgeschwindigkeiten in km/h*

| $R$ | 1600 | 1200 | 1000 | 800 | 600 | 400 | 200 |
|---|---|---|---|---|---|---|---|
| Normale Fahrzeuge | 160 | 140 | 120 | 110 | 100 | 80 | 57 |
| Triebwagen | 180 | 156 | 142 | 127 | 110 | 90 | 64 |
| Kreiselwagen | 260 | 225 | 205 | 184 | 159 | 130 | 92 |

Die Größe der Überhöhungen wird nun von den Bahnverwaltungen nach ihren Erfahrungen so bemessen, daß die Abnützung von Innen- und Außenschiene möglichst gleich ausfällt, daher wurde z. B. bei der Deutschen Reichsbahn die Überhöhung nach der Gleichung

$$h = 8 \, \frac{V^2}{R} \tag{111}$$

ausgeführt, wobei $V$ die Höchstgeschwindigkeit bedeutet. Die mit der Höchstgeschwindigkeit fahrenden Züge überlasten daher die Außenschiene, da die Überhöhung nach Gl. (111) kleiner ausgeführt wird, als die „theoretische" Gl. (104) ergibt, die langsam fahrenden Züge werden die Innenschiene überlasten und damit den Ausgleich herbeiführen.

Läßt man als höchstzulässige Abweichung der Mittelkraft aus Eigengewicht und Fliehkraft von der Fahrzeugmittellinie die früher erwähnten 6% zu, dann kommt man zu einer Gleichung für die zulässige Mindestüberhöhung,

$$h = 11{,}8 \frac{V^2}{R} - 90, \qquad (112)$$

denn es sind $\dfrac{90}{1500} \cdot 100 = 6\%$.

Ist aus örtlichen Gründen auch die Mindestüberhöhung nicht ausführbar, dann muß die zulässige Höchstgeschwindigkeit heruntergesetzt werden.

In Bahnhöfen wird die Überhöhung um 20 bis 50% gegenüber der Normalausführung heruntergesetzt. Sie soll womöglich nicht mehr als 60 mm betragen.

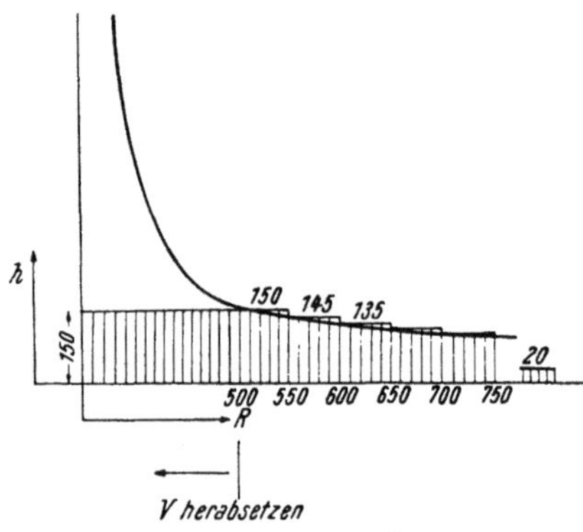

Abb. 218. Ausführung der Überhöhung

Aus den vorstehenden Überlegungen ergibt sich, daß die Ausführung eines bestimmten Wertes der Überhöhung, den die verschiedenen Gleichungen ergeben, nicht erforderlich ist, hingegen ist die genaue Einhaltung einer einmal gewählten Überhöhung durch den ganzen Bogen — wie spätere Betrachtungen ergeben werden — für die ruhige Fahrt von größter Wichtigkeit.

Man führt daher praktisch die Überhöhung in Abstufungen von 5 zu 5 oder sogar von 10 zu 10 mm aus, gemäß Abb. 218. Aus dem gleichen Grund werden Überhöhungen unter 20 mm nicht mehr ausgeführt, sondern in solchen Bogen die Schienen der Einfachheit halber in gleiche Höhe gelegt.

## 3. Krümmungsübergänge

### a) Allgemeines

In der Geraden und im Bogen *konstanter Krümmung* ändern sich bei theoretisch richtiger Gleislage die Kräftewirkungen zwischen Fahrzeug und Gleis (abgesehen von den Schlingererscheinungen) nicht. *Ändert* sich die *Krümmung*, dann treten *zusätzliche Kräftewirkungen* zwischen Fahrzeug und Gleis auf, die je nach der Form des Überganges mehr oder weniger stoßartig einsetzen und mit der Fahrgeschwindigkeit wachsen. Die Gestaltung der Krümmungsübergänge hat daher mit der ständigen Steigerung der Fahrgeschwindigkeit eine Entwicklung hinter sich, die auch heute noch nicht abgeschlossen ist.

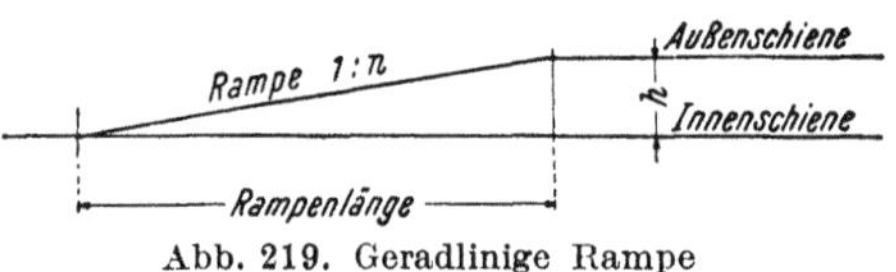

Abb. 219. Geradlinige Rampe

Bei den ersten Eisenbahnen hat man *Gerade und Kreisbogen unmittelbar aneinandergeschlossen*. Dies ist jedenfalls die einfachste Lösung; sie kann auch heute noch angewendet werden, wenn bei einem gegebenen Halbmesser eine gewisse Fahrgeschwindigkeit nicht überschritten wird.

Für ein Verhältnis $\dfrac{V^2}{R} = 6$ bis 8 oder weniger kann man noch recht gute Fahrt im Krümmungsübergang erzielen, auch ohne jeden „Übergangsbogen".

Mit der Ausbildung des Krümmungsüberganges hängt innig die *Rampengestaltung* zusammen, wie man nämlich aus der Überhöhung $h_1$ in die Überhöhung $h_2$ übergehen soll. Die einfachste und naheliegendste Lösung ist die Ausführung einer *geradlinigen Rampe* mit der Neigung $1:n$ (Abb. 219). In der Rampe liegen die Achsen eines mehrachsigen Fahrzeuges windschief zueinander. Durch die Wirkung der Federn, mittels welcher der Fahrzeugkasten die Achsen belastet, wird wohl ein Abheben einzelner Räder vermieden, man kann aber nicht verhindern, daß eine Gruppe von Rädern überlastet und eine andere entlastet werden. Schon früher wurde darauf hingewiesen, daß Radentlastungen bei gleichzeitigem Auftreten von Seitenkräften zu Entgleisungen führen können. Die Radentlastungen müssen daher in engen Grenzen gehalten werden, was durch Festlegung der größten Neigung der Rampe mit

$$\boxed{1:300}$$

erfolgt. Dieser Wert hat sich bei den österreichischen Bahnen in langjähriger Erprobung bewährt. Die Vorschriften der Deutschen Reichsbahn setzten als größte Neigung $1:400$ fest. Es ist klar, daß eine Heruntersetzung der Neigung im Sinne einer Erhöhung der Entgleisungssicherheit liegt, umgekehrt aber jede Verflachung der Neigung eine Verlängerung der Rampe bedingt und dadurch auf die Freiheit der Linienführung drückt. Wenn örtliche Verhältnisse (insbesondere bei Gebirgsbahnen) nicht dazu zwingen, soll man natürlich die Rampen nicht mit der größten Neigung $1:300$,

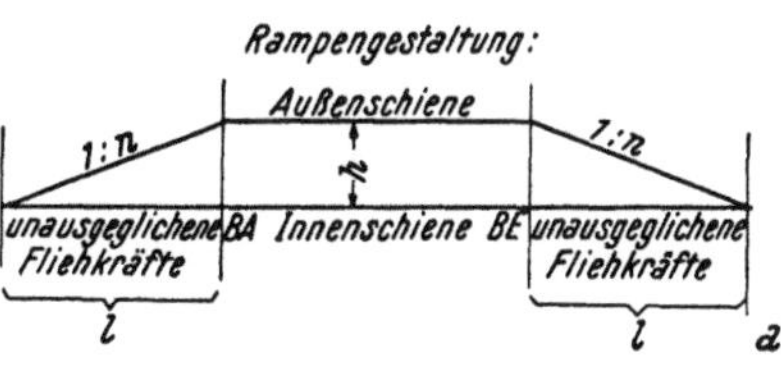


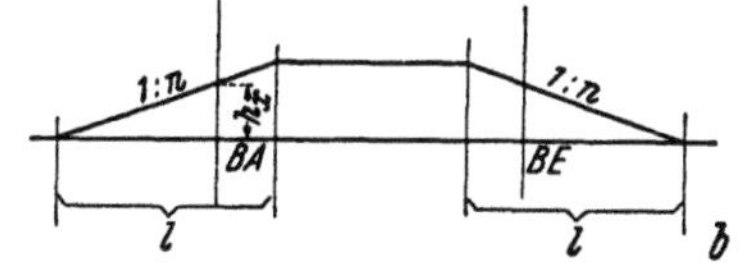


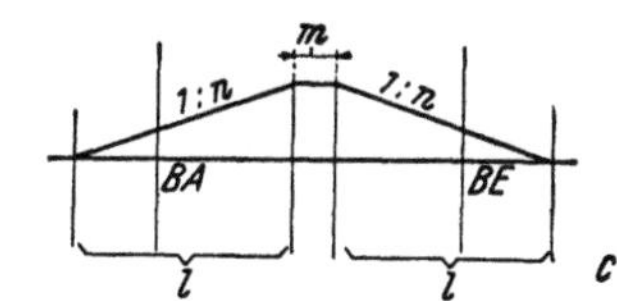


Abb. 220. Lage der Rampe zum Kreis bei Bogen *ohne* Übergang

sondern flacher, am besten $1:500$, ausführen, wenn nicht wegen großer Fahrgeschwindigkeiten noch flachere Neigungen notwendig werden, worüber später noch zu sprechen sein wird.

Über die Lage der Rampe zum Bogen ist folgendes zu sagen: Am besten dreht sich das Fahrzeug in den Bogen hinein, wenn die ganze Rampe in die Gerade gelegt wird, also am Bogenanfang bereits die volle Überhöhung vorhanden ist (Abb. 220 a). Wenn man aus Platzmangel gezwungen ist, die Rampe teilweise in den Bogen hineinreichen zu lassen (Abb. 220 b), dann muß am Bogenanfang jedenfalls die Mindestüberhöhung vorhanden sein, $h_x = h_{\min}$. Auf keinen Fall aber darf die Rampe so weit in den Bogen hineinreichen, daß schließlich nur ein kurzes, voll überhöhtes Gleisstück übrigbleibt (Abb. 220c). Eine solche Anordnung könnte gefährlich werden, weil die Entlastung des führenden Außenrades aus statischen *und* dynamischen Ursachen so groß werden kann, daß Entgleisung erfolgt [*210*].

Die vorbeschriebene Gestaltung der Krümmungsübergänge, auch die günstigste gemäß Abb. 220a, hat aber jedenfalls theoretische Mängel, die bei Vergrößerung der Fahrgeschwindigkeit sich auch praktisch auswirken und nach Abhilfe verlangen.

Diese Mängel sind:

1. Im Verlauf der Anrampung entspricht die Überhöhung nicht der Fliehkraft.

2. Im Bogenanfang setzt die Fliehkraft stoßartig ein.

3. Dem Fahrzeug muß am Bogenanfang eine Drehbeschleunigung um die lotrechte Achse in der kurzen Zeitspanne erteilt werden, die zum Durchfahren des Achsstandes erforderlich ist.

Die vorangeführten Mängel werden vermindert oder zumindest abgeschwächt, wenn man zwischen Gerade und Kreisbogen einen Bogen mit allmählich zunehmender Krümmung einschaltet, so daß in jedem Punkt des „Übergangsbogens" die Krümmung der Überhöhung entspricht (Abb. 221). Die Mängel gemäß

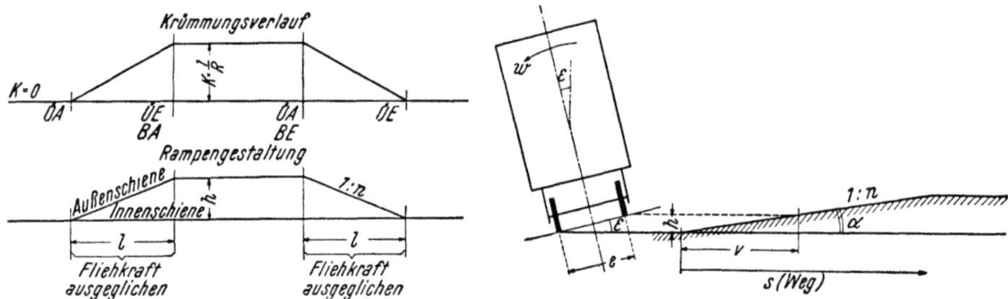



Abb. 221. Lage der Rampe bei Verwendung von Übergangsbogen

Abb. 222. Drehung des Fahrzeuges um eine Längsachse beim Befahren einer Überhöhungsrampe

Punkt 1 und 2 sind verschwunden; der „Eindrehstoß" gemäß Punkt 3 ist wesentlich gemildert, denn wenn z. B. bei einem Achsstand von $a = 5$ m und einer Fahrgeschwindigkeit von 36 km/h ($v = 10$ m/sek) zum Eindrehen des Fahrzeuges ohne Übergangsbogen $(l = 0)$ $\frac{a}{v} = \frac{5}{10} = 0{,}5$ sek zur Verfügung steht, dauert die Eindrehung bei einer Rampenlänge entsprechend einer Übergangsbogenlänge $l = 40$ (also $l + a = 45$ m) und einer Geschwindigkeit 80 km/h ($v = 22$ m/sek) 2 sek, ist also viermal so lang, so daß trotz Erhöhung der Fahrgeschwindigkeit die Drehbeschleunigungskräfte kleiner werden und daher die Einfahrt in den Bogen sanfter erfolgt.

Der geradlinigen Anrampung entspricht im Grundriß näherungsweise eine kubische Parabel (genau eine Klothoide), die später zu behandeln sein wird.

Bei Fahrgeschwindigkeiten über 100 km/h machen sich aber weitere Unstetigkeiten der Ausbildung der Krümmungsübergänge fühlbar: die Knickpunkte am Anfang und Ende der Überhöhungsrampen.

Wenn ein Fahrzeug die Überhöhungsrampe befährt, muß es sich auch um eine Längsachse drehen, und zwar bei zunehmender Krümmung und Überhöhung in der Pfeilrichtung $\omega$ (Abb. 222). Bei geradliniger Anrampung ($\alpha = $ konstant) ist auch die Drehbewegung eine gleichförmige, Kräftewirkungen treten nicht auf. Die Winkelgeschwindigkeit $\omega$ ergibt sich aus der Zunahme des Drehwinkels $\varepsilon$ in der Zeiteinheit:

$$\omega = \varepsilon/\text{sek} = \frac{h}{e} = \frac{v \cdot a}{e} \, . \tag{113}$$

Dabei bedeutet

$h$ ... die in der Zeiteinheit überwundene Höhe,
$v$ ... die Fahrgeschwindigkeit in m/sek,
$e$ ... die Entfernung der Schienenkopfmitten (vorübergehend mit $e$ — statt $s$ — bezeichnet, weil in der folgenden Ableitung $s$ für die Bezeichnung des Weges gebraucht wird),
$a$ ... die Neigung der Rampe.

Ist die Anrampung nicht geradlinig, ändert sich also $a$ und damit $\omega$, dann ist zur Änderung der Winkelgeschwindigkeit die Winkelbeschleunigung $\gamma$ notwendig:

$$\gamma = \frac{d\omega}{dt} = \frac{v \cdot da}{e \, dt}$$

oder auf den Weg $s$ bezogen gemäß

$$v = \frac{ds}{dt}$$

$$\gamma = \frac{v^2}{e} \cdot \frac{da}{ds} \, . \tag{114}$$

Führt man die Überhöhung so aus, daß

$$h = \frac{e \, v^2}{g \cdot R} = \frac{e \cdot v^2 \cdot K}{g} \ \text{(theoretische Überhöhung),}$$

wobei $K$ die Krümmung $\frac{1}{R}$ bedeutet und mit $g$ die Erdbeschleunigung bezeichnet wird, so ist bei veränderlicher Krümmung

$$\frac{dh}{ds} = \frac{e \, v^2}{g} \cdot \frac{dK}{ds} = a$$

und daher

$$\frac{da}{ds} = \frac{e \, v^2}{g} \cdot \frac{d^2 K}{ds^2}$$

und mit Verwendung von (114)

$$\gamma = \frac{v^4}{g} \cdot \frac{d^2 K}{ds^2} \, . \tag{115}$$

Die Beschleunigungen wachsen also mit der vierten Potenz der Geschwindigkeit, woraus sich die Wichtigkeit der stetigen Rampengestaltung bei großer Fahrgeschwindigkeit ergibt [210].

Bei gegebenem Achsstand wird $\frac{da}{ds}$ kleiner, wenn man $a$ verkleinert, also flachere Rampen macht. Bei gegebener Rampenneigung werden die Beschleunigungen kleiner, die Fahrt sanfter, wenn man längere Fahrzeuge verwendet.

Die Entwicklung der Krümmungsübergänge führte also bei Erhöhung der Fahrgeschwindigkeit zunächst zu einer Verflachung der Rampen $\alpha_2 < \alpha_1$ (Abb. 223); man setzte sie mit

$$n = 10\,V \tag{116}$$

fest (also z. B. für $V = 100$ km/h mit 1 : 1000). In Zwangslagen will man auch noch $n = 8\,V$ zulassen, wodurch aber die Fahrt, besonders bei sehr hohen Geschwindigkeiten, schon recht unruhig sein wird. Der Zwang zu steileren

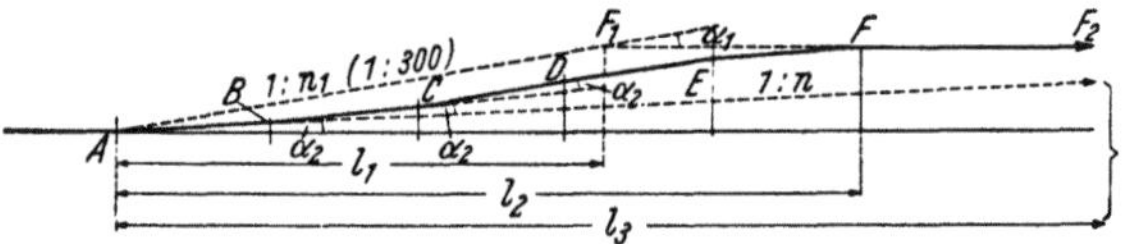

Abb. 223. Entstehung der geschwungenen Überhöhungsrampe

Neigungen wird hervorgerufen durch die großen Längen, die so flache Rampen haben müßten ($l_3$ in Abb. 223 ist viel größer als $l_1$), für die nur selten der Platz vorhanden ist.

Man hat aber ein einfaches Mittel, die Drehbeschleunigungen nicht zu groß werden zu lassen und doch steilere Rampen verwenden zu können. Wenn das Fahrzeug im Raum $AB$ (Abb. 224) vollkommen auf die Rampe mit der Neigung $\alpha_2$ aufgefahren ist, bleibt die Drehgeschwindigkeit konstant, Kräftewirkungen treten zufolge der Drehung um die Längsachse nicht mehr auf. Es besteht daher kein Hindernis, im Punkt $B$, der weiter als der größte Achsstand von $A$ entfernt liegen muß, einen zweiten Knickpunkt einzuschalten und so fort bis zur Übergangsbogenmitte, worauf man rückläufig mit der Rampenneigung heruntergeht bis zum Rampenende $F$ (Abb. 223). Diese Rampe ist der langen Rampe $AF_2$

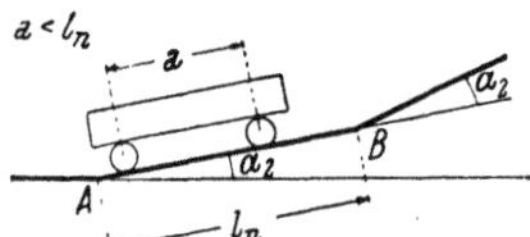

Abb. 224. Zweiachsiges Fahrzeug hat den Knickpunkt bei $A$ überschritten, den bei $B$ noch nicht erreicht

fahrtechnisch gleichwertig, wenn sie in ihrem steilsten Stück $CD$ die Neigung $AF_1$, die für geringe Geschwindigkeiten als zulässig erkannt worden ist (also 1 : 300), nicht überschreitet. Da sich die Knickpunkte in der Praxis von selbst etwas ausrunden, entsteht aus dieser Überlegung zwangläufig die *„geschwungene Rampe"*, die also die nächste Entwicklungsstufe darstellt [*206, 212, 219, 220*]. Setzt man die geschwungene Rampe statt der mehrmals geknickten Linie von vornherein aus zwei Parabelästen zusammen, dann ergibt sich als zugehöriger Übergangsbogen eine Parabel 4. Ordnung, die später noch besprochen werden soll [*216*].

Damit wäre der derzeitige Stand der Entwicklung der Krümmungsübergänge erreicht. Ehe auf die mathematische Behandlung der Übergangsbogen eingegangen wird, soll noch der Standpunkt der Praxis zur Frage der Gestaltung der Krümmungsübergänge aufgezeigt werden.

Wie schon erwähnt, wurden die ersten Übergänge ohne „Übergangsbogen" ausgeführt. Als um das Jahr 1870 von Nördling die kubische Parabel als Übergangsbogen eingeführt wurde, war die Meinung der Praktiker über ihre Zweckmäßigkeit zumindest sehr geteilt. Die alten Praktiker hielten nicht viel von Übergangsbogen, sondern legten größten Wert auf eine möglichst sanft ansteigende, ganz in der Geraden liegende Überhöhungsrampe. Wenn die ganze Überhöhung die Außenschiene bekommt, bewegt sich der Schwerpunkt des

Fahrzeuges auf der Anrampung schon im geraden Gleis in einem flachen Bogen [207], wobei das Fahrzeug durch das Beharrungsvermögen gegen die Außenschiene gedrängt wird und im Bogenanfang bereits Anlehnung an die Außenschiene hat, wodurch der sanfte Einlauf in den Bogen gefördert wird. So kann es sein, daß in einem kurzen Übergang mit vergleichsweise größerer Rampenneigung der Einlauf trotz Übergangsbogen unsanfter deshalb erfolgt, weil das durch die Gerade schlingernde Fahrzeug bei der Einfahrt in den Übergangsbogen mit einem größeren Anschneidewinkel die erste Ablenkung erfährt als das Fahrzeug im Einlauf ohne Übergangsbogen, das an der Außenschiene bereits Anlehnung hat, womit der Standpunkt der alten Praktiker erklärt und begründet wäre [209]. Trotzdem liegt aber im Sinne der Ausführung entsprechend langer Übergangsbogen der Fortschritt und heute werden Schnellzugstrecken wohl kaum mehr ohne Übergangsbogen gebaut.

Einen ähnlichen Standpunkt wie die alten Praktiker gegenüber den Übergangsbogen überhaupt nimmt nun die heutige Praxis der geschwungenen Rampe gegenüber ein: sie lehnt sie vielfach ab [224], mit der Begründung, daß die geschwungene Rampe schwer auszuführen und nicht zu erhalten, außerdem ihr Wert hinsichtlich Verbesserung der Fahrt anzuzweifeln sei, weil die größte Abweichung von der geradlinigen Rampe in der Größenordnung von 10 bis 20 mm, also im Bereich ungleichmäßiger Setzungen liege. Dagegen ist zu sagen, daß die geschwungene Rampe, bei der die Außenschiene in einer verwickelten Raumkurve liegt, nur dann schwer auszuführen ist, wenn man das Gleis nach dem Auge richten soll. Sind Höhenfestpunkte in etwa 10 m Abstand vorhanden, dann stellt sich die Raumkurve nach Anheben des Gleises auf diese Festpunkte von selbst ein. Da heute alle wichtigen Strecken bereits mit Festpunkten versehen sind, ist auf diesen Strecken also die geschwungene Rampe nicht schwieriger herzustellen und zu erhalten als die gerade Rampe. Auf Strecken, wo solche Festpunkte noch fehlen, wird mit geringeren Geschwindigkeiten gefahren; da genügen, wie schon früher festgestellt, Krümmungsübergänge sogar ohne Übergangsbogen. Für große Fahrgeschwindigkeiten (über 100 km/h) wird es sich aber doch erweisen, daß auch in der Praxis die geschwungene Rampe den Fortschritt bedeutet, besonders dann, wenn die Ausführung ganz flacher Rampen aus Platzmangel nicht möglich ist. Abweichungen von 10 bis 20 mm von der geraden Rampe sind dann doch von Bedeutung, weil das schnelle Fahrzeug jede Abweichung von der „theoretisch" richtigen Gleislage um ein Vielfaches mehr „empfindet" als das langsame. Die geschwungene Rampe gibt dann eben die Möglichkeit, auch kürzere und durchschnittlich steilere Rampen noch mit hohen Geschwindigkeiten befahren zu können, und dies wird für ihre Verwendung in der Praxis schließlich den Ausschlag geben.

### b) Die kubische Parabel und die Klothoide

Wenn im Krümmungsübergang die Überhöhung $h_x$ an der Stelle $x$ der geradlinigen Rampe der Krümmung $\dfrac{1}{\varrho}$ des Übergangsbogens entsprechen soll (Abb. 225), dann muß die Überhöhung an der Stelle $x$

$$h_x = k \cdot \frac{1}{\varrho}$$

sein, wobei die Konstante $k$ sich aus der theoretischen Formel für die Überhöhung

$$h = \frac{s \cdot v^2}{g \cdot \varrho} \tag{103}$$

mit

$$k = \frac{s \cdot v^2}{g} \tag{117}$$

ergibt. Da $h_x$ der geradlinigen Rampe

$$h_x = \frac{x}{n}$$

ist, erhält man

$$\frac{k}{\varrho} = \frac{x}{n}$$

oder die Krümmung

$$\frac{1}{\varrho} = \frac{x}{nk}; \tag{118}$$

für $nk = C$ wird

$$\frac{1}{\varrho} = \frac{x}{C}. \tag{119}$$

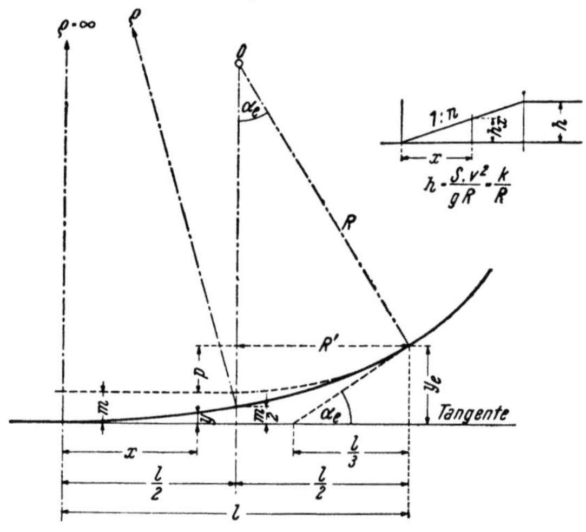


Abb. 225. Kubische Parabel

Vernachlässigt man für flache Übergangsbogen das Quadrat der ersten Ableitung gegenüber der Einheit in dem Ausdruck

$$\frac{1}{\varrho} = \frac{y''}{(1 + y'^2)^{3/2}},$$

dann ergibt sich als Differenzialgleichung des Übergangsbogens

$$y'' = \frac{1}{\varrho} = \frac{x}{C}.$$

Die zweimalige Integration ergibt

$$y' = \frac{x^2}{2\,C},$$

$$y = \frac{x^3}{6\,C}, \tag{120}$$

also eine Parabel dritten Grades, eine *kubische Parabel* als Übergangsbogen. (Die beiden Integrationskonstanten sind Null, denn für $x = 0$ sind sowohl $y' = 0$ als auch $y = 0$.)

Eigenschaften der kubischen Parabel (Abb. 225):

Für den Endpunkt des Übergangsbogens von der Länge $l$ wird $\varrho = R$, daher $\frac{1}{R} = \frac{l}{C}$, somit

$$l = \frac{C}{R}. \tag{121}$$

$R' = R \sin \alpha_l$ bei flachen Bogen und kleinen Winkeln, für welche die eingangs eingeführte Näherung gilt, ist auch $R' = R \cdot \operatorname{tg} \alpha_l$ zu setzen und damit die Neigung des Bogens im Endpunkt

$$y_l' = \frac{x^2}{2\,C} = \frac{l^2}{2\,C} \quad \text{und mit} \quad C = R \cdot l$$

$$y'_l = \operatorname{tg} \alpha_l = \frac{l^2}{2\,Rl} = \frac{l}{2\,R} \quad \text{und daher}$$

$$R' = R \cdot \frac{l}{2\,R} = \frac{l}{2}, \tag{122}$$

das heißt, die „ideale Tangente" berührt den Kreis im Halbierungspunkt des Übergangsbogens oder der Übergangsbogen liegt zur Hälfte vor, zur Hälfte hinter der Senkrechten vom Bogenmittelpunkt auf die Tangente.

Die Ordinaten des Übergangsbogens ergeben sich mit: die Ordinate im Übergangsbogenende $ÜE$

$$y_l = \frac{x^3}{6\,C} = \frac{l^3}{6\,C} = \frac{l^3}{6\,Rl} = \frac{l^2}{6\,R}; \tag{123}$$

die Ordinate in Übergangsbogenmitte

$$y_{\text{mitte}} = \frac{l^3}{8 \cdot 6\,C} = \frac{l^2}{48\,R} = \frac{y_l}{8}. \tag{124}$$

Das Maß der „Tangenteneinrückung" $m$ (Abstand der wirklichen Tangente von der „idealen Tangente") ist

$$m = y_l - p$$

$$p = \frac{l^2}{8\,R} \left[ \text{aus } p\,(2\,R - p) = \left(\frac{l}{2}\right)^2,\ p \text{ gegen } 2\,R \text{ vernachlässigt} \right]$$

$$m = \frac{l^2}{6\,R} - \frac{l^2}{8\,R} = \frac{l^2}{24\,R}. \tag{125}$$

Da $y_{\text{mitte}} = \dfrac{l^2}{48\,R}$, heißt dies, daß der Übergangsbogen in $\dfrac{l}{2}$ das Maß der Tangentenabrückung halbiert:

$$y_{\text{mitte}} = \frac{m}{2}\,. \tag{126}$$

Zur Absteckung der Tangente im Übergangsbogenende $\ddot{U}E$ dient das Maß $t$

$$t = \frac{y_l}{\operatorname{tg} a_l} = \frac{l^3\,2\,C}{6\,C\cdot l^2} = \frac{l}{3}\,. \tag{127}$$

Über die Wahl von $C$ ist folgendes zu sagen:

Der theoretische Wert nach Gl. (117) und (118) ergibt sich mit

$$C = n\cdot k = \frac{ns\cdot v^2}{g}\,. \tag{128}$$

Die Dimension von $C$ ist

$$[C] = \left[\frac{ns\cdot v^2}{g}\right] = \frac{m\cdot m^2\cdot sek^2}{sek^2\cdot m} = m^2\,.$$

Da nach Gl. (116) auch $n$ mit der Geschwindigkeit wächst, nimmt $C$ nach Gl. (128) mit der dritten Potenz der Geschwindigkeit und mit der Spurweite zu.

Formt man Gl. (128) so um, daß an Stelle von $v^2$ und $s$ die Überhöhung $h$ erscheint, so ergeben sich für Normalspurbahnen die von der Deutschen Reichsbahn verwendeten Gleichungen

$$l = \frac{10\cdot h}{1000}\cdot V \tag{129}$$

oder

$$C = 10\,\frac{h}{1000}\,R\cdot V, \tag{130}$$

wenn $h$ in mm und $V$ in km/h gemessen werden, denn für $k = h\cdot R$ und für $n = 10\,V$ entsteht aus Gl. (128) die Gl. (130).

Die Werte von $C$, die sich nach Gl. (128) und nach Gl. (130) ergeben, stimmen mit den in der Praxis *bisher* verwendeten Werten

| | | | |
|---|---|---|---|
| Hauptbahnen | $C = 10\,000$ bis | $24\,000$ m² | ($12\,000$ m²) |
| Nebenbahnen | $C = 5\,000$ bis | $8\,000$ m² | ($6\,000$ m²) |
| 1-m-Spurbahnen | $C = 1\,500$ bis | $4\,500$ m² | |
| 0,75-m-Spurbahnen | $C = 750$ bis | $3\,000$ m² | |

insofern überein, als für Nebenbahnen und Schmalspurbahnen, also Bahnen mit kleinen Geschwindigkeiten, die Werte sich ungefähr decken. Für Hauptbahnen mit großen Geschwindigkeiten (100 km/h und mehr) ergibt Gl. (130)] weit größere $C$-Werte ($80\,000$ bis $250\,000$), was begreiflich ist, da, wie früher ausgeführt, $C$ mit der dritten Potenz der Geschwindigkeit wächst.

Bei der Wahl von $C$ ist aber auch noch zu berücksichtigen, daß die Übergangsbogen so gestaltet werden sollen, daß zum Übergang von einem Gleichgewichtszustand (Fahren in der Überhöhung $h_1$) zu einem anderen (Fahren in der Überhöhung $h_2$) eine gewisse *Zeit* nicht unterschritten wird, damit man den Übergang nicht als „zu brüsk" empfindet. PETERSEN [215] hat aus Versuchen über die

Auspendelung von Schwebebahnwagen gefunden, daß wenigstens 3,6 sek für diesen Übergang zur Verfügung stehen sollen. Aus dieser Bedingung ergibt sich die Forderung, daß die Übergangsbogenlänge

$$l^m = V^{km}/h \tag{131}$$

sein sollte.

Stellt man diese Forderung auf, dann erscheinen die nach Gl. (129) ermittelten Übergangsbogenlängen bei $h > 100$ mm zu lang, solche mit $h < 100$ mm zu kurz. „Zu lange" Übergangsbogen sind fahrtechnisch ja sehr wünschenswert, sie haben nur den Nachteil, daß sie, wie schon früher erwähnt, auf die Freiheit der Linienführung drücken. Auf einen zweiten Nachteil in absteckungstechnischer Hinsicht (bei der bisher üblichen Absteckung der kubischen Parabel) wird an einem Beispiel später hingewiesen werden.

Welchen Nachteil „zu kurze" Übergangsbogen haben, soll nun gezeigt werden.

Nach den Oberbauvorschriften der Deutschen Reichsbahn 1939 ist für $V = 75$ km/h bei einem Bogen $R = 600$ m eine Mindestüberhöhung von 20 mm und eine Übergangsbogenlänge von $l = 15$ m, also $l = \frac{1}{5}\,V$, zugelassen. Bei $l = 15$ m ist die Zeit, die zum Durchfahren des Überganges zur Verfügung steht, nur ein Fünftel von 3,6 Sekunden, also rund 0,7 Sekunden. In der Hälfte dieser Zeit, also in 0,35 Sekunden, muß dem Fahrzeug die Drehbewegung um die Längsachse erteilt und in der zweiten Hälfte wieder vernichtet werden. Zufolge dieser kurzen Zeit wird die obwohl nur geringe Überhöhung von 20 mm wie eine Stufe auf das Fahrzeug wirken und alle Bewegungen werden stoßartig einsetzen. Es wäre also zu empfehlen, so geringe Überhöhungen mit längeren Rampen und etwas längeren Übergangsbogen zu überwinden, wenn auch die Forderung von $l = V$ vielleicht etwas zu weitgehend sein mag und bei kleinen Überhöhungen etwa $l = \frac{1}{2}\,V$ auch noch genügen dürfte.

Ehe Beispiele über die Ausführung der Übergangsbogen mit kubischen Parabeln gebracht werden, sollen noch über die Verwendung der *Klothoide* als Übergangsbogen im Eisenbahngleis einige Worte gesagt werden. In jüngster Zeit ist die Klothoide im Straßenbau als Übergangsbogen empfohlen und ihre Überlegenheit anderen Übergangsbogen gegenüber wissenschaftlich dargelegt worden. Die Klothoide hat mathematisch genau ohne jede Vernachlässigung geradlinige Krümmungszunahme mit fortschreitender Länge, wäre daher der kubischen Parabel theoretisch überlegen. Sie hat nur den Nachteil schwierigerer Handhabung. Da dieser Nachteil zufolge bereits vorhandener Tafelwerke, die für die bequeme Handhabung ausgearbeitet worden sind, derzeit nicht mehr besteht, wäre gegen die Verwendung der Klothoide auch im Eisenbahnbau grundsätzlich nichts einzuwenden.

Bei Besprechung der Entwicklung der Übergangsbogen wurde aber gezeigt, daß im Eisenbahnoberbau der Rampengestaltung besondere Bedeutung zukommt und daß die Entwicklung dahin drängt, wegen der Unstetigkeiten zu Beginn und am Ende des geradlinigen Rampenanstieges (einen theoretischen Mangel, den auch die Klothoide hat) zur geschwungenen Rampe überzugehen. Da zur geschwungenen Rampe, also nicht geradlinigem Krümmungsanstieg, auch theoretisch keine Klothoide, sondern eine andere Kurve gehört, scheinen für die Klothoide im Eisenbahnbau keine Entwicklungsmöglichkeiten gegeben. Man wird bei „kürzeren" und flach verlaufenden Übergangsbogen mit geradliniger Rampe ebensogut bei der einfachen und eingebürgerten kubischen Parabel bleiben können, die für solche Übergänge praktisch vollkommen entspricht und für deren Absteckung man in den Absteckbüchern einige Seiten widmen muß, während man für die Handhabung der Klothoide ein besonderes und umfangreiches Tafelwerk [24] braucht. Für „lange" Übergangsbogen gibt, bei Beibehaltung der *geraden Rampe*, die Verwendung der kubischen Parabel wohl fühlbar praktische Mängel, die aber durch ein besonderes Absteckverfahren gemäß Abschnitt c) beseitigt werden können. Oder aber es werden *geschwungene Rampen* eingelegt, dann ist die Verwendung der Klothoide auch theoretisch nicht begründet.

*Beispiele*

1. Es ist ein Übergangsbogen aus der Geraden in einen Bogen von $R = 300$ m einer normalspurigen Nebenbahn für eine Fahrgeschwindigkeit von 40 km/h auszubilden.

Nimmt man für den Rampenanstieg

$$n = 10 \cdot V = 400$$

wird $C = \dfrac{1{,}5 \cdot 11{,}1^2}{9{,}8} \cdot 400 = 7540 \sim 7500$ m$^2$ (theoretischer Wert gemäß Gl. (128).

Die Gleichung des Übergangsbogens lautet dann

$$y = \frac{x^3}{6 \cdot 7500} = \frac{x^3}{45\,000}$$

$$l = \frac{C}{R} = \frac{7500}{300} = 25 \text{ m} \quad (l < V).$$

Die Ordinaten des Übergangsbogens in den Viertelpunkten für $x = 6{,}25$, 12,5, 18,75 und 25 m sind 0,005, 0,044, 0,145 und 0,347 m (die Kreisordinate am Übergangsbogenende ist $m + R - \sqrt{R^2 - \left(\dfrac{l}{2}\right)^2} = 0{,}348$, also praktisch dieselbe; der Übergangsbogen geht somit glatt in den Kreis über, die Näherungsrechnung ist daher zulässig)

$$m = \frac{l^2}{24\,R} = \frac{25 \cdot 25}{24 \cdot 300} = 0{,}087 \text{ m}.$$

Die in den Viertelpunkten bestehenden Krümmungshalbmesser sind

$$\varrho = \frac{C}{x} = 1200, \ 600, \ 400, \ 300 \text{ m}.$$

Die Neigung am Endpunkt des Übergangsbogens

$$\text{tg } \alpha_l = \frac{l}{2\,R} = \frac{25}{600} = 0{,}0416.$$

Damit die Näherungsrechnung zulässig bleibt, darf tg $\alpha_l$ etwa den Wert 0,1 nicht überschreiten, welche Bedingung bei diesem Übergang erfüllt ist.

Die Überhöhung ergibt sich mit

$$h = \frac{25}{400} = 0,062 \text{ m.}$$

Führt man die Überhöhung nach der Gleichung $h = 8\,\dfrac{V^2}{R}$ aus, dann ergibt sich $h = 45$ mm, also eine etwas flachere Rampe, was nur wünschenswert ist.

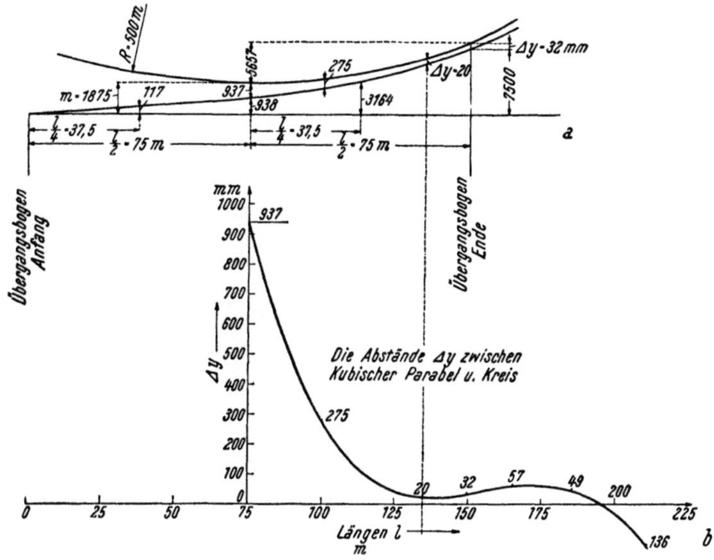


Abb. 226. Lage der kubischen Parabel zum Kreis, bei steileren Winkeln der Endtangente

2. Es ist ein Übergangsbogen aus der Geraden in einem Bogen von $R = 500$ m einer Hauptbahn mit $V = 100$ km/h auszubilden.

$$n = 10\,V = 1000, \quad h = 8\,\frac{V^2}{R} = 150 \text{ mm}$$

$$C = 10\,\frac{h}{1000} \cdot R \cdot V = \frac{150}{100} \cdot 500 \cdot 100 = 75000 \text{ m}^2 \quad \text{[praktischer Wert gemäß Gl. (130)]}$$

$$l = h \cdot n = 0{,}150 \cdot 1000 = 150 \text{ m}; \quad 1 = \frac{C}{R} = \frac{75000}{500} = 150 \text{ m} \quad (l > V).$$

Die Gleichung des Übergangsbogens:

$$y = \frac{x^3}{6 \cdot 75000} = \frac{x^3}{450000}.$$

Die Ordinaten in den Viertelpunkten $x = 37{,}5,\ 75{,}0,\ 112{,}50$ und $150$ m sind

$$y = 0{,}117,\ 0{,}938,\ 3{,}164 \text{ und } 7{,}500 \text{ m}$$

$$m = \frac{l^2}{24\,R} = \frac{150 \cdot 150}{24 \cdot 500} = 1{,}875 \text{ m.}$$

Die in den Viertelpunkten bestehenden Krümmungshalbmesser sind

$$\varrho = \frac{C}{x} = 2000,\ 1000,\ 666{,}6 \text{ und } 500 \text{ m.}$$

Die Neigung im Übergangsende ist

$$\operatorname{tg} \alpha_l = \frac{l}{2\,R} = \frac{150}{1000} = 0{,}15.$$

Gemäß Abb. 226a hat die kubische Parabel am Übergangsbogenende 32 mm Abstand vom Kreisbogen, geht also dort am Kreisbogen vorbei. In Abb. 226b sind die Abstände $\varDelta y$ zwischen Kreis und Übergangsbogen in größerem Maßstab aufgetragen, woraus ersichtlich ist, daß die kubische Parabel etwa in $x = 138$ die gleiche Richtung wie der Kreis hat und in $x = 197$ Kreis und kubische Parabel sich schneiden.

Damit ist nachgewiesen, daß bei steileren Winkeln der Endtangente (tg $\alpha =$ $= 0{,}15 > 0{,}10$) die für die Ableitung der kubischen Parabel angenommene Näherung nicht mehr zulässig ist. Im Zusammenhang mit dem in der Folge zu besprechenden Winkelbildverfahren soll gezeigt werden, wie der eben aufgezeigte Mangel der kubischen Parabel zu beseitigen ist.

### c) Die Parabel vierten Grades und das Winkelbildverfahren

Es wurde früher ausgeführt, daß der Fortschritt von der geraden zur geschwungenen Rampe führt und daß zur geschwungenen Rampe die Parabel vierten Grades gehört. Die mathematische Behandlung des Falles „geschwungene Rampe — Parabel vierten Grades" begegnet aber Schwierigkeiten, die in einfachster Weise durch das Winkelbildverfahren überwunden werden.

Das Wesen des Winkelbildverfahrens [22, 217] besteht im folgenden: Ein Bogen $B_2\,B_2{}'$ (Abb. 227) soll seiner Lage nach durch die Abstände „$e$" von einem

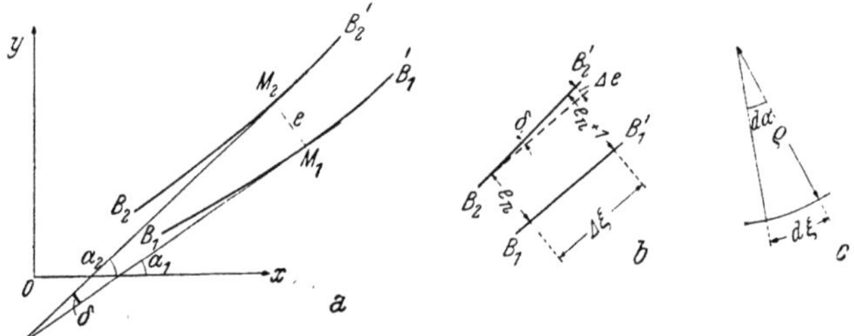

Abb. 227. Grundlage des Winkelbildverfahrens

gegebenen Bogen $B_1\,B_1{}'$ festgelegt werden. Der abgeleitete Bogen $B_2\,B_2{}'$ hat also von dem gegebenen Bogen $B_1\,B_1{}'$ aufeinanderfolgend die Abstände $e_n$, $e_{n+1}$, $e_{n+2}$ usw., die sich in folgender Weise errechnen lassen:

$$e_{n+1} = e_n + \varDelta e$$

$$\varDelta e = \varDelta\,\xi \cdot \delta. \tag{132}$$

$$e_{n+m} = e_n + \varSigma\varDelta\,\xi \cdot \delta = e_n + \int\limits_n^m \delta \cdot d\,\xi. \tag{133}$$

Dabei ist $\delta$ der Unterschied der Neigungswinkel $\alpha_1$ und $\alpha_2$ der Tangenten an die beiden Bogen gegen eine feste Richtung $OX$:

$$\delta = \alpha_2 - \alpha_1 \quad (\text{Abb. 227a}).$$

Da bei jeder Kurve $\delta\xi = \varrho\,d\,a$ ist (Abb. 227c) und daher $\dfrac{d\,a}{d\,\xi} = \dfrac{1}{\varrho}$ folgt

$$d\,a = \frac{1}{\varrho}\cdot d\,\xi \quad \text{und}$$

$$\alpha = \int\limits_{n}^{m} \frac{1}{\varrho}\cdot d\,\xi \tag{134}$$

Die Darstellung der aufeinanderfolgenden Neigungswinkel der Tangenten eines Bogens gegen eine feste Richtung wird nun als *Winkelbild* bezeichnet Gl. (134). Die beiden Gl. (133) und (134) besagen folgendes:

Das *Winkelbild* ist die Integralkurve des *Krümmungsbildes* [Gl. (134)] und das *Abstandsbild* ist die Integralkurve des *Winkelbildes* [Gl. (133)].

Als einfachstes Beispiel sei ein Kreisbogen von einer Geraden abgeleitet, die den Kreisbogen berührt.

Der gegebene Bogen $B_1\,B_1{}'$ ist die Tangente.

Der abgeleitete Bogen $B_2\,B_2{}'$ ist der Kreis (Abb. 228a). Der Kreis $B_2\,B_2{}'$ hat konstante Krümmung, das Krümmungsbild ist daher eine Gerade parallel zur $x$-Achse (Abb. 228b). Die Flächen des Krümmungsbildes als Ordinaten in Abb. 228c aufgetragen, ergeben das Winkelbild. Fläche $F_1 = a_n$ in Abb. 228b ergibt Ordinate $a_n$ in Abb. 228c.

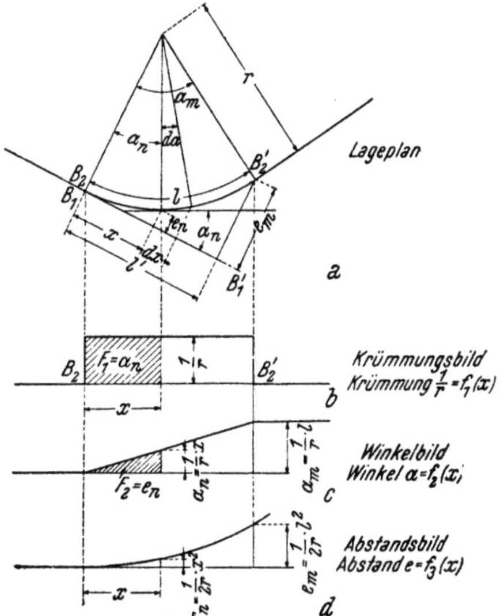


Abb. 228. Ableitung eines Kreises aus der Geraden nach dem Winkelbildverfahren

Schließlich ergeben die Flächen im Winkelbild $F_2 = e_n$ die Ordinaten des Abstandsbildes, Abb. 228d, Fläche $e_n$ in Abb. 228c $\left(\dfrac{1}{r}\cdot x\cdot\dfrac{x}{2}\right)$ ergibt Ordinate $e_n$ in Abb. 228d.

Oder:

$$a_n = \int \frac{1}{r}\cdot dx = \frac{1}{r}\cdot x\,;\quad a_m = \int\limits_{0}^{l'} \frac{1}{r}\cdot dx = \frac{1}{r}\cdot l, \tag{135}$$

$$e_n = \int \frac{x}{r}\cdot dx = \frac{x^2}{2\,r}\,;\quad e_m = \int\limits_{0}^{l'} \frac{x}{r}\cdot dx = \frac{l^2}{2\,r}. \tag{136}$$

Aus dem Lageplan der Abb. 228 ist zu entnehmen, daß $e_n\,(2\,r\text{-}e_n) = x^2$ ist, Gl. (136) daher nur gilt, wenn $e_n$ gegenüber $2\,r$ zu vernachlässigen ist, also nur wenn $l = l'$ gesetzt werden kann, somit für kleine Winkel (etwa tg $\alpha = 0,1$) bzw. kleine Winkelunterschiede $\delta = (\alpha_1 - \alpha_2)$, was auch aus Gl. (132) hervorgeht. Diese Tatsache darf bei der *Anwendung des Winkelbildverfahrens*, das, wie später gezeigt, auch für die Bogenberichtigung in der Bahnerhaltung Verwendung findet, nie übersehen werden.

Mit Hilfe des Winkelbildverfahrens soll nun zur geschwungenen Rampe der zugehörige Übergangsbogen festgelegt werden [216].

Wird die Überhöhungsrampe aus zwei zueinander symmetrisch liegenden Parabelästen ($AB$ und $BC$) gebildet, dann hat auch das Krümmungsbild

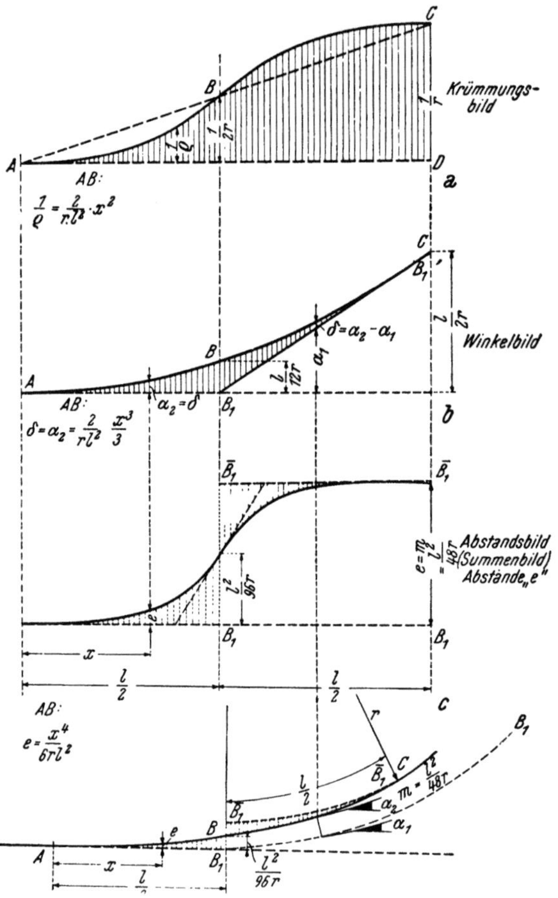

Abb. 229. Ableitung des Übergangsbogens, der zur geschwungenen Rampe gehört

(Abb. 229a) den gleichen Verlauf. Am Übergangsbogenende muß die Krümmung $\frac{1}{r}$ erreicht sein, in Übergangsbogenmitte die Hälfte $\frac{1}{2r}$. Die Gleichung des Bogens $AB$ in Abb. 229a lautet $\frac{1}{\varrho} = \frac{2}{r\,l^2} \cdot x^2$, denn für $x = \frac{l}{2}$ wird $\frac{1}{\varrho} = \frac{1}{2r}$.

Das Winkelbild des Bogens (Abb. 229b) ist

$$\delta = \alpha_2 = \int \frac{1}{\varrho}\,dx = \int \frac{2}{r\,l^2} \cdot x^2\,dx = \frac{2}{r\,l^2} \cdot \frac{x^3}{3},$$

und schließlich das Abstandsbild (Abb. 229c) ist

$$e = \int \alpha\, d\,x = \int \frac{2}{r\,l^2} \cdot \frac{x^3}{3}\, d\,x = \frac{2}{r\,l^2} \cdot \frac{x^4}{3\cdot 4} = \frac{x^4}{6\,r\,l^2}\,.$$

Von $A$ bis $B$ ist also der Übergangsbogen, der zur geschwungenen Rampe gehört, eine Parabel vierten Grades. Diese Parabel hat in Übergangsbogenmitte die Neigung $\alpha = \dfrac{l}{12\,r}$ $\left(\text{die kubische Parabel } \dfrac{l}{8\,r}\right)$ am Übergangsbogenende $\alpha = \dfrac{l}{2\,r}$ (den gleichen Wert wie die kubische Parabel), denn die schraffierte Fläche des Krümmungsbildes ist gleich der Dreiecksfläche $ACD \ldots F = \dfrac{1}{r} \cdot \dfrac{l}{2}$.

Der Abstand $e$ in Übergangsbogenmitte ist $e_{\text{mitte}} = \dfrac{l^2}{96\,r}$ gleich der Fläche $AB_1B$ in Abb. 229b.

Der Verlauf des Übergangsbogens von $B$ nach $C$ wird nun mit Hilfe des Winkelbildes, ohne die Gleichung des Übergangsbogens festlegen zu müssen, in folgender Weise bestimmt:

Von $B$ nach $C$ wird als Bezugslinie nicht mehr die Tangente, sondern der Bogen $B_1B_1'$ verwendet, dessen Winkelbild durch die Gerade $B_1C$ in Abb. 229b dargestellt wird. Fordert man nun, daß der Übergangsbogen $BC$ ebenso zum Kreis liegt wie der Übergangsbogen $AB$ zur Tangente, dann muß im Winkelbild die Fläche $B_1BC$ gleich der Fläche $B_1BA$ gemacht werden, woraus sich weiter ergibt, daß der Abstand $e$ am Übergangsbogenende $e_{\text{ende}} = m = \dfrac{l^2}{48\,r} = 2\,e_{\text{mitte}}$ sein muß.

Die Absteckung des Übergangsbogens erfolgt nun derart, daß man ihn von $A$ bis $B$ in der üblichen Weise von der Tangente absteckt, während man den Teil $BC$ vom Kreis $\overline{B}_1\,\overline{B}_1$ absteckt, und zwar von $C$ beginnend gegen $B$ mit *denselben „Ordinaten"* (Abständen $e$) wie der Teil $AB$ von $A$ beginnend gegen $B$

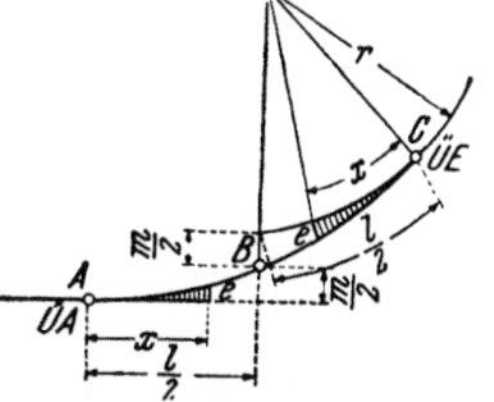

Abb. 230. Absteckung der Übergangsbogen zur Hälfte von der Geraden, zur Hälfte vom Kreis aus

(Abb. 230). Im Abstandsbild (Abb. 229c) liegt der Bogen $\overline{B}_1\,\overline{B}_1$ im Abstand $m$ vom Bogen $B_1B_1$ und die schraffierten Ordinaten (spiegelbildlich gleich zum Teil $AB_1$) stellen die Abstände des Übergangsbogens vom Kreis $\overline{B}_1\,\overline{B}_1$ dar. Macht man die Bogenlänge $BC$ (nicht ihre Projektion!) gleich $\dfrac{l}{2}$, dann müssen in Übergangsbogenmitte die beiden von $A$ und $C$ gegen $B$ vorgebauten Teiläste des Übergangsbogens genau zusammenstoßen und die gleiche Tangente haben. Da die *beiden Bezugslinien* $AB_1$ und $\overline{B}_1\,\overline{B}_1$ in Übergangsbogenmitte *gleichgerichtet* sind, müssen auch die nach dem gleichen Gesetz *abgeleiteten Bogenstücke die gleiche Richtung*, also eine gemeinsame Tangente haben. Dies gilt immer unter der Voraussetzung, daß die Winkelunterschiede zwischen gegebenem und abgeleitetem Bogen klein sind. Diese Forderung trifft aber nunmehr bei den längsten Übergangsbogen zu, weil jetzt nur die Neigung $\dfrac{l}{12\,r}$ in Übergangsbogenmitte maßgebend ist, gegenüber $\dfrac{l}{2\,r}$ am Übergangsende, wenn der *ganze* Übergangsbogen *von der Tangente* abgesteckt wird.

Dieses Absteckverfahren ist natürlich auch für die kubische Parabel [7] anwendbar, wodurch die Unstimmigkeiten am Übergangsbogenende (s. Abb. 226) wegfallen, denn in Übergangsbogenmitte ist für das gebrachte Beispiel tg $\alpha_m =$ $= \dfrac{l}{8R} = \dfrac{150}{4000} = 0,04 < 0,1$, die Anwendung des Winkelbildverfahrens also einwandfrei möglich. Dieses Verfahren ist bereits 1872 von HELMERT [12] angegeben worden, dann aber anscheinend in Vergessenheit geraten, bis SCHRAMM mit dem Winkelbildverfahren die wissenschaftliche Begründung gebracht hat. Der zweite Teil des Übergangsbogens ist dann natürlich keine kubische Parabel, sondern eine andere, zwar stetige, aber mathematisch schwer festlegbare Kurve, die in Übergangsmitte glatt an die kubische Parabel des ersten Teiles des Übergangsbogens anschließt und im Übergangsende stetig in den Kreis übergeht.

Vergleicht man die kubische Parabel mit der Parabel vierten Grades, so erkennt man, daß bei gegebener Übergangsbogenlänge das Einrückmaß „$m$" bei der kubischen Parabel $m = \dfrac{l^2}{24R}$ bei der Parabel vierten Grades $m = \dfrac{l^2}{48R}$ , also bei dieser halb so groß ist als bei der kubischen Parabel, was wegen Platzbedarf von Bedeutung sein kann. Baut man bei gegebenem „$m$" einen Übergangsbogen mit kubischer Parabel auf geschwungenen Krümmungsverlauf um, dann wird der Übergang $\sqrt{2}$mal so lang. Das kann von Vorteil sein, wenn alte Übergänge, die zumeist für heutige Verhältnisse *zu kurz* sind, verlängert werden sollen, ohne an der Kreisbogenlage etwas ändern zu müssen.

Zusammenfassend ist zu sagen, daß man für kleine und mittlere Geschwindigkeiten als Übergangsbogen die kubische Parabel mit geradlinigem Krümmungsanstieg (am besten nach dem „neuen" Absteckverfahren) weiter verwenden wird, während für große Fahrgeschwindigkeiten die geschwungene Rampe es ermöglichen soll, auch mit mäßig langen Rampen auszukommen und dieselbe Entgleisungssicherheit zu erzielen wie auf der übermäßig langen geradlinigen Rampe.

### d) Die Gestaltung der Gegenbogen — das stetig gekrümmte Gleis

Wenn die Überhöhungsrampen geradlinig ausgeführt werden und in *beiden* Bogen die *ganze Überhöhung der Außenschiene* gegeben wird, ist zur Unterbringung der Ausrundungen an den Rampenenden eine *Zwischengerade* erforderlich gemäß Abb. 231.

Werden geschwungene Überhöhungsrampen verwendet, dann könnten die beiden Gegenbogen unmittelbar aneinandergeschlossen werden gemäß Abb. 232, ohne von dem Grundsatz in beiden Bogen „ganze Überhöhung der Außenschiene" abweichen zu müssen. Augenscheinlich ist aber eine Krümmungsgestaltung nach Abb. 233 günstiger (der Krümmungsverlauf $CDEFG$, Abb. 232, entspricht dem Verlauf $C_1E_1G_1$ in Abb. 233), weil dann die Drehung der Fahrzeuge um die Längsachse aus der Überhöhung $h_1$ in die Gegenübererhöhung $h_2$ bei $E_1$ (Abb. 233) gleichmäßiger und ruhiger erfolgt. Die Drehbewegung um die Fahrzeuglängsachse läuft im Wendepunkt $E_1$ stetig weiter, während sie bei $E$ (Abb. 232) unnotwendig unterbrochen wird [210].

Wie die Anschauung zeigt und sich mathematisch nachweisen läßt [209], wäre der Übergang größter Stetigkeit beim unmittelbaren Aneinanderschließen von Bogen und Gegenbogen eine *Sinuslinie*, weil deren Ableitungen immer

wieder Sinus- und Cosinuslinien sind, also auch die Krümmung und Krümmnungs-
änderungen stetig verlaufen müssen.

Da die Sinuslinie aber bei der Absteckung Schwierigkeiten macht, liegt der
Gedanke nahe, sie durch bereits vorhandene Bogenformen (Parabeln dritten

Abb. 231. Gestaltung der Gegenbogen mit Zwischengeraden und gerader Überhöhungsrampe

und vierten Grades, für die ohnehin Abstecktafeln vorhanden sein müssen)
so zu ersetzen, daß die Absteckung bequem wird und doch ein sinusähnlicher
Verlauf der Krümmung und der Rampe gewahrt bleibt.

Um die Vorteile des Absteckverfahrens gemäß Abb. 230 ausnützen zu können,
wird folgende Ausbildung des Überganges von Gegenbogen vorgeschlagen und
an einem Beispiel gezeigt:

Es ist der Übergang von R = 800 auf einen Gegenbogen mit R = 500 m für
eine Fahrgeschwindigkeit $V = 100$ km/h auszubilden. Gemäß Abb. 234 wird
die Sinuslinie vom Wendepunkt bis Übergangsbogenmitte durch eine „Parabel
dritten Grades", von Übergangsbogenmitte bis Übergangsbogenende durch eine

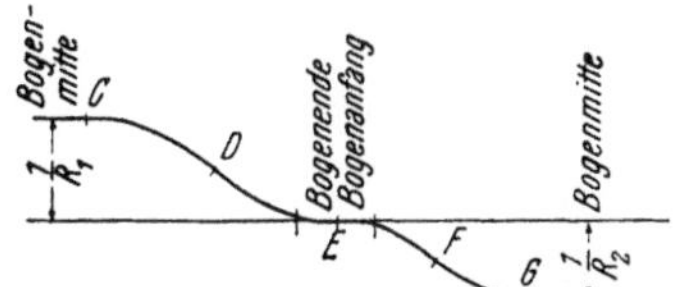

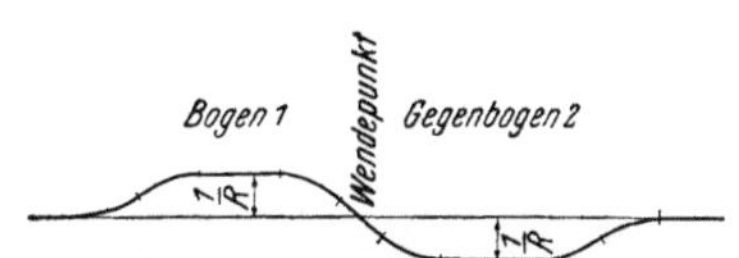


Abb. 232. Gestaltung der Gegenbogen ohne
Zwischengerade bei geschwungener Überhöhungsrampe

Abb. 233. Gestaltung der Gegenbogen ohne
Zwischengerade mit durchlaufender Drehbewegung der Fahrzeuge

„Parabel vierten Grades" ersetzt. Die Parabel dritten Grades wird dabei in
üblicher Weise von der Tangente abgesetzt, die Parabel vierten Grades in der
Gegenrichtung vom Kreis aus. In Übergangsbogenmitte müssen beide Teilbogen
mit den gleichen Tangenten und dem gleichen Krümmungshalbmesser aneinanderstoßen.

Die Forderung der gleichen Tangente bedingt:

$$\text{Parabel dritten Grades} \ldots \ldots \alpha_m' = \frac{l'}{8\,r},$$

$$\text{Parabel vierten Grades} \ldots \ldots \alpha_m = \frac{l}{12\,r};$$

aus $\alpha_m' = \alpha_m$ folgt $l' = \frac{2}{3}\,l$, das heißt, von $\ddot{U}A$ bis $\ddot{U}M$ liegt eine Parabel dritten
Grades mit $\frac{l'}{2} = \frac{l}{3}$ und von $\ddot{U}M$ bis $\ddot{U}E$ eine Parabel vierten Grades mit der

Länge $\dfrac{l}{2}$, Abb. 234. Die Übergangsbogen,,mitte" teilt daher den Übergang in zwei ungleiche Teile $\dfrac{l}{3}$ und $\dfrac{l}{2}$. Auch das Einrückmaß $m$ wird nunmehr vom Übergangsbogen nicht mehr halbiert, sondern es beträgt

$$m_1 = \frac{1}{2} \cdot \frac{(l')^2}{24\,r} = \frac{l^2}{108\,r}\,,$$

$$m_2 = \frac{l^2}{96\,r}\,,$$

$$m = m_1 + m_2 = \frac{l^2}{r}\left(\frac{1}{96} + \frac{1}{108}\right) = \frac{17\,l^2}{864\,r}\,.$$

Die Forderung gleicher Krümmung in Übergangsbogenmitte ist erfüllt, denn sie ist bei beiden Bogen $\dfrac{1}{2\,r}$. Nur der Verlauf der Krümmung weist eine kleine Unstetigkeit auf, die aber gegenüber der Unstetigkeit am Anfang und Ende einer geradlinigen Rampe verschwindend klein ist. Trotzdem wird es aber

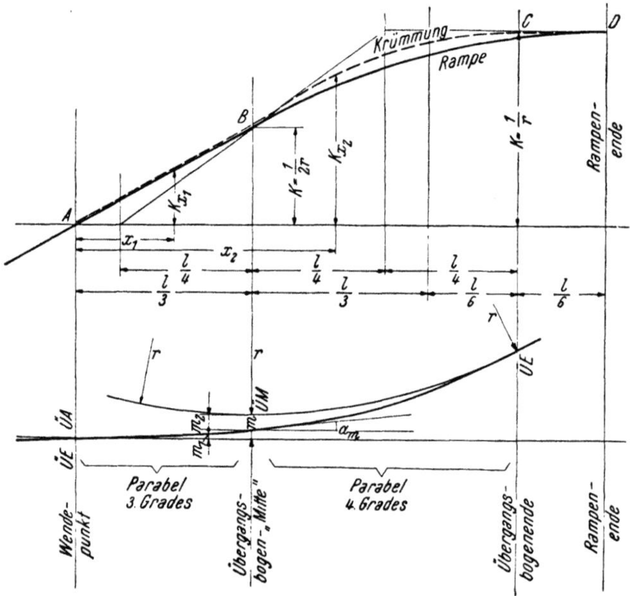


Abb. 234. Gegenbogen aus Parabeln dritten Grades und vierten Grades zusammengesetzt.

angezeigt sein, die Überhöhung so auszuführen, daß der Rampenverlauf diese Unstetigkeit nicht aufweist, also etwa so wie Abb. 234 zeigt, indem die Rampe noch um $\dfrac{l}{6}$ über Übergangsbogenende $\acute{U}E$ in den Bogen mit der Krümmung $\dfrac{1}{r}$ hineinreicht. Die Überhöhung entspricht dann im Raum $BD$ zwar nicht der Krümmung, sondern ist geringer, die Abweichung der Resultierenden aus Fliehkraft und Wagengewicht von der Gleisachse ist aber, wie Zahlenbeispiele zeigen, nur ein kleiner Bruchteil der als zulässig erkannten Abweichung von 4 bis 6°/₀. Zur Unterbringung der Rampe muß nur noch gefordert werden, daß der Bogen mit konstanter Krümmung $\dfrac{1}{r}$ wenigstens $\dfrac{2\,l}{6} = \dfrac{l}{3}$ lang sein muß, in welchem

Fall die beiden Rampen unmittelbar aneinanderschließen, was bei sinusförmiger Rampengestaltung zulässig ist.

Für das Beispiel mit besonderen Zahlen werden nun drei Anordnungen zum Vergleich nebeneinandergestellt:

1. Geschwungene Rampe, Höchstneigung 1 : 400.
2. Geschwungene Rampe, Höchstneigung 1 : 560.
3. Gerade Rampe, durchgehende Neigung 1 : 1000.

Für alle drei Anordnungen gilt Bogen 1 $R = 800$ m, $h_1 = \dfrac{8\,V^2}{R} = 100$ mm.

Bogen 2 $R = 500$ m, $h_2 = 150$ mm.

1. Rampe 1 : 400 (Abb. 235)

$$R = 800 \text{ m}$$

$$\frac{L_1}{3} = 400 \cdot \frac{h_1}{2}\,; \; L_1 = 60 \text{ m}; \; l_1 = 40 \text{ m}$$

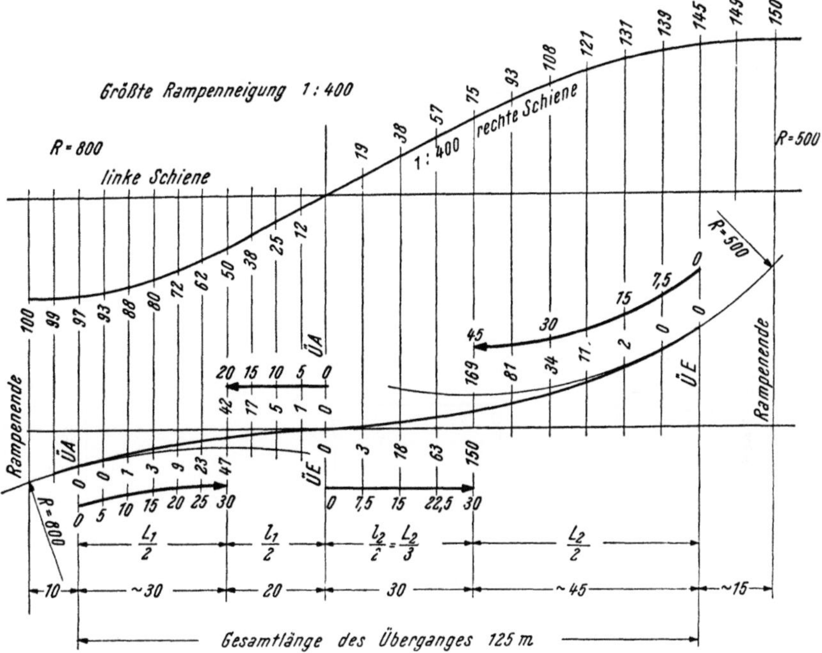


Abb. 235. Gegenbogen mit geschwungener Rampe, Höchstneigung 1 : 400

Gleichung der Parabel vierten Grades:

$$y = \frac{x^4}{6\,R L_1^2} = \frac{x^4}{6 \cdot 800 \cdot 60 \cdot 60} = \frac{x^4}{17\,280\,000}\,.$$

Gleichung der Parabel dritten Grades:

$$y = \frac{x^3}{6\,R l_1} = \frac{x^3}{6 \cdot 800 \cdot 40} = \frac{x^3}{192\,000}\,.$$

Parabel vierten Grades: $y'$ in $\dfrac{L_1}{2} \ldots y' = \dfrac{4\,x^3}{6 \cdot R L_1^2} = \dfrac{4 \cdot 30 \cdot 30 \cdot 30}{17\,280\,000} = \dfrac{1}{160}\,.$

Parabel dritten Grades: $y'$ in $\dfrac{l_1}{2}\ldots y' = \dfrac{3\,x^2}{6\,R\,l_1} = \dfrac{3\cdot 20\cdot 20}{192\,000} = \dfrac{1}{160}$ .

$$R = 500$$

$$\frac{L_2}{3} = 400\,\frac{h_2}{2}\,;\ \ L_2 = 90\ \text{m};\ l_2 = 60\ \text{m}.$$

Gleichung der Parabel vierten Grades: $y = \dfrac{x^4}{6\cdot 500\cdot 90\cdot 90} = \dfrac{x^4}{24\,300\,000}$ .

Gleichung der Parabel dritten Grades: $y = \dfrac{x^3}{6\cdot 500\cdot 60} = \dfrac{x^3}{180\,000}$ .

$$y'\ \text{in}\ \frac{L_1}{2}\ldots y' = \frac{4\,x^3}{6\,R\,L_2^{\,2}} = \frac{4\cdot 45\cdot 45\cdot 45}{24\,300\,000} = \frac{1}{66{,}6}\ .$$

$$y'\ \text{in}\ \frac{l_2}{2}\ldots y' = \frac{3\,x^2}{6\,R\,l_2} = \frac{3\cdot 30\cdot 30}{180\,000} = \frac{1}{66{,}6}\ .$$

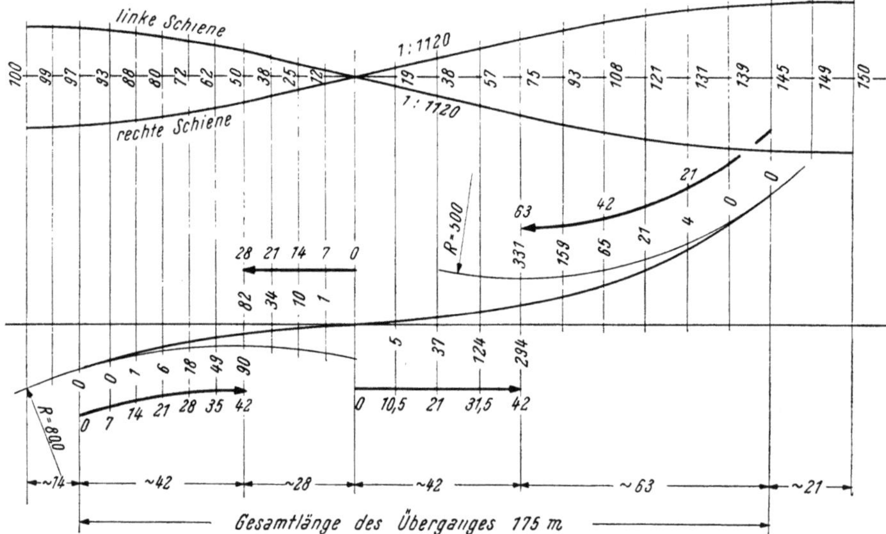


Abb. 236. Gegenbogen mit geschwungener Rampe, Höchstneigung 1:560

Die beiden Teilstücke der Übergangsbogen schließen also wie gefordert mit derselben Tangente aneinander. Die Neigungen der Tangente in Übergangsbogenmitte sind in beiden Bogen $\left(\dfrac{1}{160}\ \text{und}\ \dfrac{1}{66{,}6}\right)$ kleiner als $\dfrac{1}{10}$ , so daß die Absteckung auf Grund des Winkelbildverfahrens praktisch einwandfreie Lösungen ergibt.

Die Rampengestaltung und den Lageplan zeigt Abb. 235.

2. Rampe 1:560 (Abb. 236).

$$R = 800$$

$$\frac{L_1}{3} = 560\,\frac{h_1}{2}\,;\ \ L_1 = 84\ \text{m},\ l_1 = 56\ \text{m}.$$

$$y = \frac{x^4}{6\,R_1\,L_1^2} = \frac{x^4}{33\,868\,800}\,.$$

$$y = \frac{x^3}{6\,R_1\,l_1} = \frac{x^3}{268\,800}\,.$$

$$R = 500.$$

$$\frac{L_2}{3} = 560\,\frac{h_2}{2}\,;\quad L_2 = 126;\quad l_2 = 84.$$

$$y = \frac{x^4}{6\,R\,L_2^2} = \frac{x^4}{47\,628\,000}\,.$$

$$y = \frac{x^3}{6\,Rl_2} = \frac{x^3}{252\,000}\,.$$

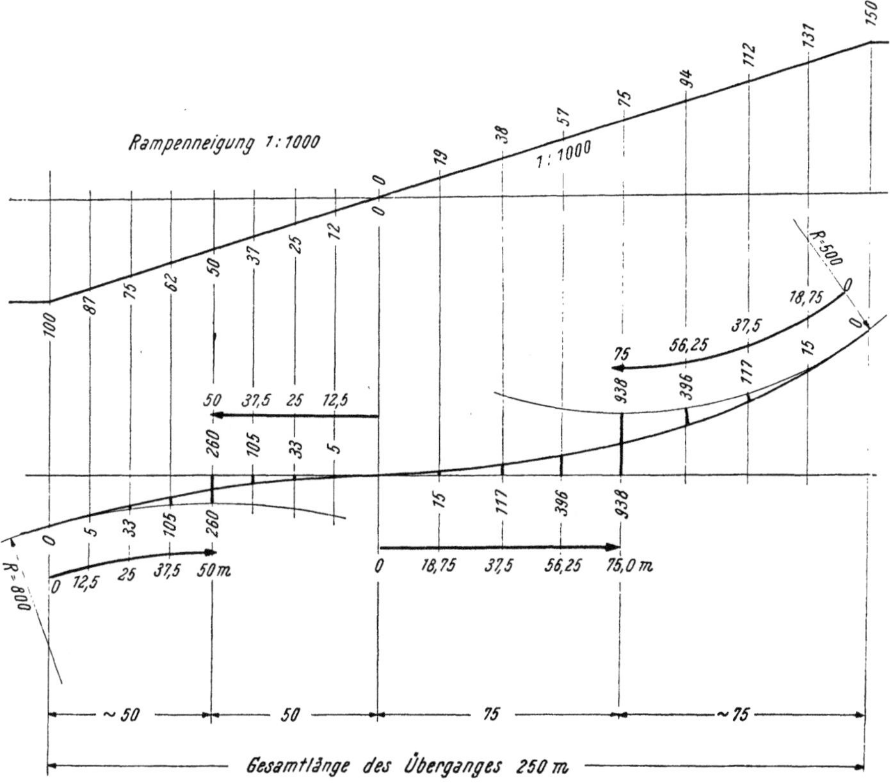


Abb. 237. Gegenbogen mit gerader Rampe, durchgehende Neigung 1 : 1000

Die Rampengestaltung und den Lageplan zeigt Abb. 236. Zum Unterschied von der Rampengestaltung nach Abb. 235 sind hier *beide* Schienen lotrecht gekrümmt. Für die Kräftewirkungen zwischen Fahrzeug und Gleis ist nur die relative Lage der Schienen zueinander maßgebend, es kommt also als „größte Rampenneigung" der doppelte Wert von 1 : 1120, somit 1 : 560, auf das Fahrzeug zur Wirkung. Über die Zweckmäßigkeit der einen oder anderen Rampengestaltung wird später noch gesprochen.

3. Rampe 1 : 1000 (Abb. 237).

$$l_1 = \frac{1000 \cdot 100}{1000} = 100 \text{ m.}$$

$$l_2 = \frac{150 \cdot 1000}{1000} = 150 \text{ m.}$$

Die Parabel dritten Grades für den Bogen $R = 800$ m

$$y = \frac{x^3}{6\,Rl_1} = \frac{x^3}{6 \cdot 800 \cdot 100} = \frac{x^3}{480\,000} \cdot$$

Die Parabel dritten Grades für den Bogen $R = 500$ m

$$y = \frac{x^3}{6\,Rl_2} = \frac{x^3}{6 \cdot 500 \cdot 150} = \frac{x^3}{450\,000} \cdot$$

Rampengestaltung und Lageplan zeigt Abb. 237.

Beim Vergleich der drei Lösungen sieht man, daß die geschwungene Rampe mit Größtneigung 1 : 400 eine Gesamtlänge von 125 m, die mit 1 : 560 eine Gesamtlänge von 175 m und die gerade Rampe eine Gesamtlänge von 250 m hat. Die Forderung, daß die Drehung aus einer Gleichgewichtslage in die andere nicht weniger als 3,6 Sekunden dauern soll, ist von allen drei Übergängen erfüllt. weil alle Übergänge länger als $l = V = 100$ m sind. Auch die kürzeste ist 125 m lang, so daß auch bei dieser der Übergang genügend sanft erfolgen wird.

Für die Sicherheit der Fahrt ist ausschlaggebend, daß die Drehbeschleunigung um die Längsachse des Fahrzeuges beim Übergang vom Kreisbogen auf die Überhöhungsrampe nicht zu groß wird, denn mit der Größe dieser Beschleunigung wächst die Entlastung des führenden Außenrades und damit die Entgleisungsgefahr. Ein Maß für diese Beschleunigung und Radentlastung ist das „Absinken" der führenden Außenschiene in der Zeiteinheit unter dem führenden Rad. Dieses Absinken beträgt auf 30 m Weg (also in rund 1 Sekunde) bei der Rampe

nach Beispiel 1 etwa 20 mm,
nach Beispiel 2 etwa 10 mm,
nach Beispiel 3 etwa 30 mm.

Daraus erkennt man, daß der entgleisungssicherste Übergang der nach Beispiel 2 mit 175 m Länge und einer Rampengrößtneigung von 1 : 560 ist. Der Übergang nach Beispiel 3, die gerade Rampe, hat die kleinste Entgleisungssicherheit, obwohl er eine so flache Durchschnittsneigung (1 : 1000) hat und dadurch unnotwendig lang (250 m) wird.

Vom Sicherheitsstandpunkt in der Mitte zwischen diesen beiden Übergängen liegt der Übergang nach Beispiel 1, denn er hat die geringste „statische" Entgleisungssicherheit, weil er die größte Rampenneigung (1 : 400) in Übergangsbogenmitte hat, liegt aber hinsichtlich „dynamischer" Entgleisungssicherheit immer noch günstiger als der Übergang 3 und hat dabei eine Länge von nur 125 m.

Aus dem Vergleich der drei Übergänge ergibt sich deutlich, welche Vorteile die Verwendung geschwungener Rampen sowohl hinsichtlich Sicherheit der Fahrt als auch Freizügigkeit der Linienführung bringen kann.

Bezüglich Ausführung der Überhöhung ist zu sagen, daß es fahrtechnisch gleichgültig wäre, ob man die „Überhöhung" und „Untertiefung" nur der *einen*

Schiene zuweist (Abb. 233) oder ob man beide Schienen gleichzeitig fallen oder steigen läßt gemäß Abb. 238, die Drehbewegung und Verwindung der Fahrzeuge ist in beiden Fällen die gleiche. Vom Standpunkt der Verlegungspraxis wird zumeist die zweite Anordnung (Abb. 238) vorzuziehen sein, weil in diesem Fall das normale Unterbauprofil verwendet werden kann, während man im ersten Fall zur Unterbringung eines genügend starken Schotterkörpers die Unterbaukrone der Untertiefung entsprechend anpassen müßte.

Die Behandlung der Gegenbogen hat gezeigt, daß der unmittelbare Übergang vom Bogen zu Gegenbogen ohne Zwischengerade die vollkommenste Stetigkeit des Krümmungsverlaufes ermöglicht. Da das Fahrzeug in der Geraden keine eindeutige Führung hat, sondern zwischen den Fahrkanten der beiden Schienen in mehr oder weniger unregelmäßigen Sinusschwingungen hin- und hergeworfen wird, dürfte ein Fortschritt in der Führung der Fahrzeuge bei großer Fahrgeschwindigkeit dadurch zu erzielen sein, daß man von der Geraden auf der freien

Abb. 238. Gegenbogen mit fallender und steigender Innen- und Außenschiene

Strecke (nicht in Bahnhöfen, wo die Gerade betriebstechnisch notwendig und daher anzustreben ist) ganz abgeht und nur stetig gekrümmte Bogen und Gegenbogen in ununterbrochener Folge aneinander reiht: *das stetig gekrümmte Gleis.*

Neben dem theoretischen Vorteil des stetigen Krümmungsverlaufes stützen auch noch folgende praktische Erwägungen das Einschlagen dieser Entwicklungsrichtung für die Linienführung künftiger Bahnen mit großer Fahrgeschwindigkeit.

Die Fahrversuche mit den Schnelltriebwagen der Deutschen Reichsbahn haben gezeigt, daß mit den normalen Radreifen kein ruhiger Lauf in der Geraden zu erzielen war und Rüttelschwingungen der Fahrzeuge zufolge des zu kurzen Sinuslaufes (Schlingern) der Radsätze auftraten. Erst durch Heruntersetzung der Neigung der Radlaufflächen von 1 : 20 auf 1 : 40 konnte das Auftreten dieser untragbaren Rüttelschwingungen vermieden werden. Je kleiner aber die Laufflächenneigung gemacht wird, desto mehr liegt die Möglichkeit nahe, daß bei kleinen Abweichungen der Raddurchmesser eines Radsatzes dieser Radsatz in der Geraden ständig an einer Schiene, also einseitig, anläuft und dadurch ungleichmäßig abgenützt wird. Schaltet man die Geraden aus, dann läuft auch bei kleiner Laufflächenneigung (die man dann zur Heruntersetzung der Schlingerneigung beliebig weit ermäßigen kann) jeder Radsatz abwechselnd an der linken oder rechten führenden Schiene der stetig wechselnden Gegenbogen an und muß sich daher gleichmäßig abnützen.

Der Mann der Oberbaupraxis wird von dem Vorschlag, die Geraden ganz auszuschalten, nicht sehr erbaut sein, denn das gerade Gleis ist am einfachsten zu verlegen und zu erhalten. Dazu ist zu sagen, daß jene Bogen, die an die Stelle der Geraden treten sollen, aber so gewählt werden können, daß sie auch nicht schwieriger zu verlegen und zu erhalten sein werden als das gerade Gleis. Zunächst wird man die Halbmesser so groß wählen, daß man die äußeren Stränge nicht überhöhen muß, aber nicht größer, daß die Abweichung der „Resultierenden“ wenigstens etwa 2 bis 3 % beträgt und dadurch die Fahrzeuge entsprechende „Anlehnung“ an der führenden Außenschiene haben.

Für $h = \dfrac{11{,}8 \cdot V^2}{R} - 30 = 0$, $\left(\dfrac{30}{1500} \cdot 100 = 2\,\%,\ \text{vgl. Gl. (112)}\right)$ erhält man

$$R = \frac{11{,}8 \cdot V^2}{30}\,.$$

Für $V = 100$ km/h wäre dementsprechend die Gerade durch Bogen und Gegenbogen von rund $R = 4000$ m zu ersetzen ohne Überhöhung und auch ohne „Übergangsbogen". Solche Bogen machen nur bei der Erstabsteckung etwas mehr Arbeit, das Verlegen und die Erhaltung so schwach gekrümmter Gleise ohne Überhöhung wird hingegen keine Mehrarbeit erfordern; sie werden sich auch nicht mehr abnützen, vielleicht sogar noch weniger als gerade Gleise, weil bei den Schlingerbewegungen im geraden Gleis unter Umständen recht große unregelmäßige Aushöhlungen des Schienenkopfes entstehen können. Auch die Verlängerung der Strecke gegenüber dem geraden Gleis ist verschwindend, so daß die Vorteile der *stetigen Führung* im „stetig gekrümmten Gleis" weitaus überwiegen würden.

Die Gestaltung der Rampe beim Übergang aus einem nicht überhöhten Bogen in einen Gegenbogen mit Überhöhung wird am besten so durchgeführt werden, daß man vor dem Beginn des Bogens, der eine Überhöhung bekommen soll, den Vorbogen auch überhöht, mit dem Ziel, daß im Wendepunkt die Drehung des Fahrzeuges um die Längsachse stetig durchläuft. Grundsätzlich wäre die Rampenanordnung dann ähnlich der, die schon beim Übergang aus der Geraden in den Kreis vorgeschlagen wurde [*211*]. Da dieser Übergang aber noch nicht praktisch erprobt ist, soll hier nicht näher darauf eingegangen werden.

# H. Die Gleisunterhaltung (Bahnerhaltung)

## I. Allgemeines

Die Bahnerhaltung hat den Zweck, die ganze Bahnanlage, insbesondere die Gleise, in gutem Zustand zu erhalten. Wenn auch zur Bahnerhaltung die Erhaltung des Unterbaues, der Brücken, Viadukte, Tunnelbauten, Hochbauten und der Sicherungs- und Fernmeldeanlagen gehören, hat doch die *Gleisunterhaltung*, die Erhaltung des Oberbaues die ausschlaggebende Bedeutung.

Unmittelbar obliegt die Sorge für die gute Erhaltung des Oberbaues dem *Bahnmeister* (entsprechend den anderen Zweigen der Bahnerhaltung gibt es Brückenmeister, Signalmeister, Fernmeldemeister, Gebäudemeister und Fahrleitungsmeister bei elektrisch betriebenen Bahnen). Sie unterstehen den *Streckenleitungen* (bei der deutschen Reichsbahn dem Betriebsamt), die als Glieder der Direktion die obere Aufsicht führen.

Eine Bahnmeisterei sollte womöglich nicht mehr als 8 bis 12 km Streckenlänge oder 15 bis 20 km Gleislänge zu betreuen haben, damit der Bahnmeister jederzeit den Zustand seiner Strecke bis ins einzelne kennt.

Für die Durchführung der Erhaltungsarbeiten unterstehen ihm eine größere Anzahl von *Oberbauarbeitern*, die unter der Aufsicht von *Bahnrichtern* (Rottenführern) die Erhaltungsarbeiten durchführen.

Daneben sind für die *tägliche* Bahnaufsicht Bahnwärter (Streckenbegeher) vorhanden, die bei der laufenden Aufsicht lockere Laschen- und Schwellenschrauben nachziehen, Schienennägel nachschlagen, die richtige Spurweite prüfen, hohl liegende Schwellen bezeichnen u. a. m. Einmal *wöchentlich* soll auch ein Ingenieur der Streckenleitung die Strecke mit einem Kleinwagen bereisen und sich von den Bahnmeistern und Bahnwärtern berichten lassen, so daß auch die Direktion immer über den Zustand der Bahn unterrichtet ist.

Denn wenn ein Gleis eine Reihe von Jahren im Betrieb gestanden ist, zeigen sich Mängel:

1. Die planmäßige Richtung ist verlorengegangen; das Gleis verschiebt sich unter den Seitenstößen der Fahrzeuge, es entstehen Krümmungsunstetigkeiten, die die Seitenstöße noch vergrößern, so daß die Gleislage von einem bestimmten Zeitpunkt dann rasch immer schlechter wird.

2. Durch ungleichmäßige Setzungen entstehen Gleisunebenheiten, die insbesondere in den Überhöhungsrampen gefährlich werden können, wenn durch unrichtige Höhenlage zu starke Verwindungen und Drehbeschleunigungen der Fahrzeuge entstehen.

3. Durch die Schläge am Schienenstoß wird der Schotter in der Umgebung des Stoßes mehr verdichtet als in Schienenmitte: die Stöße sinken ein, wodurch die Knickbildung vergrößert wird und die Schläge am Stoß immer heftiger werden.

4. Da im Bogen alle vier Räder eines zweiachsigen Fahrzeuges zufolge der Quergleitungen von innen nach außen drängen (s. Abschnitt G III 1 d, Abb. 192), werden die Befestigungsmittel seitlich in das Schwellenholz gepreßt. In dem Maß, als das Holz nachgibt, entsteht im Lauf der Zeit eine Lockerung der Befestigungsmittel und eine unerwünschte Spurerweiterung.

5. Durch die Längskräfte, die die Fahrzeuge auf die Schienen ausüben, haben die Schienen die Neigung, in der Fahrrichtung zu „*wandern*". Dadurch schließen sich die Stoßlücken in Gleisteilen, wo das Wanderbestreben einen größeren Widerstand findet und bei hohen Sommertemperaturen rückt die Gefahr der Gleisverwerfung nahe, wie im stoßlosen Gleis.

6. Im Laufe der Zeit wird der Schotter unter allen Schwellen zermahlen, die Hohlräume füllen sich mit Gesteinsmehl und Humus von der Unkrautbildung [*243*], die Bettung wird schließlich dicht und wasseranziehend statt wasserabstoßend. Ist dann noch der Unterbau nicht genügend entwässert, dann entstehen im Sommer bei nassem Wetter „Schlammpumpen", das Schmutzwasser spritzt bei jedem Radübergang aus dem Schotterbett heraus, die Senkungen werden sehr groß und unregelmäßig. Im Winter entstehen bei entsprechender Mächtigkeit der wasserführenden Schichten „Frostauftriebe", Hebungen von 2 bis 3 cm und mehr, die zufolge der Unregelmäßigkeit ihres Auftretens plötzliche Radüber- und -entlastungen zur Folge haben, so daß es zu Schienenbrüchen oder Entgleisungen kommen kann.

7. Alle Gleisteile führen bei der Verformung des Oberbaues unter den darüberrollenden Lasten kleine Bewegungen gegeneinander aus. Wenn diese Bewegungen auch verschwindend klein sind, die millionenfache Wiederholung bewirkt aber schließlich doch merkliche Abnutzungen und das ganze Gleisgefüge wird schlotterig. Dies führt dazu, daß ohne gründliche Überholung der verschlissenen Gleisteile ein befriedigender Zustand des Gleises auch bei bester Pflege nicht mehr zu erhalten ist.

# II. Durchführung der Erhaltungsarbeiten

Um die vorangeführten Mängel zu beheben, kann man zwei Wege beschreiten:
a) den Flickbetrieb,
b) die planmäßige, durchgreifende Gleispflege.

Zu a). Beim Flickbetrieb sucht man nach Bedarf die stellenweise auftretenden Mängel möglichst sofort nach ihrer Feststellung zu beheben, also die verlorengegangene richtige Lage oder Höhe nach dem Augenmaß wiederherzustellen, hohlliegende Schwellen frisch nachzustopfen, einzelne Kleineisenteile durch neue zu ersetzen usw., wobei man sich auf die Erfahrung des Bahnrichters, der die Arbeiten durchführt, verläßt. Dem Flickbetrieb liegt der Gedanke zugrunde, durch rechtzeitige Behebung kleiner Mängel die Entstehung großer Schäden zu verhüten.

Solange der Oberbau neu ist und nur an wenigen Punkten sich solche Schäden zeigen, ist der Grundgedanke sicher richtig.

Bei längerer Liegedauer und wenn Schäden in größerem Ausmaß auftreten, ist dieser Flickbetrieb unwirtschaftlich; er führt zur Verzettelung der Arbeitskräfte und ergibt trotz großem Arbeitsaufwand wegen der nicht zu beseitigenden Mängel gemäß Punkt 7 doch kein ordentliches Gleis. Dann ist die durchgreifende Methode, bei der das Gleis über eine bestimmte Länge (mehrere Kilometer) im ganzen überholt wird, besser am Platze.

Zu b). Bei der durchgreifenden Gleispflege wird die ganze Bettung herausgenommen, durch ein Gitter geworfen, um die zermahlenen Anteile zu entfernen, der feste Sitz aller Befestigungsteile nachgeprüft, angefaulte Schwellen durch neue ersetzt oder frisch verdübelt und abgenütztes Kleinzeug durch neues ersetzt.

Ist die Abnützung insbesondere in den Laschenkammern schon weit fortgeschritten, dann kann es vorteilhaft sein, den Oberbau überhaupt ganz auszubauen, ihn in die Oberbauwerkstätte zu schicken, um eine gänzliche Auffrischung mit den nur in der Werkstätte zur Verfügung stehenden Mitteln durchzuführen. Dazu gehört insbesondere die Kürzung der Schienen zwecks Entfernung der abgenützten Laschenkammern und Verschweißen der verbleibenden Reststücke, Aufpressen der abgenützten Laschen auf die planmäßige Form und Instandsetzen des übrigen Kleinzeugs, so daß zum Wiedereinbau ein vollwertiges Gestänge zur Verfügung steht. Der Nachteil der oft großen Transportweiten wird durch die Vorteile des guten Zusammenarbeitens der wieder neuwertigen Gleisteile reichlich aufgewogen.

Nach den im großen gegebenen Richtlinien, wie die Unterhaltungsarbeiten durchgeführt werden können, soll nun die Behebung der in Punkt 1 bis 7 angeführten Mängel im einzelnen besprochen werden.

## 1. Die Wiederherstellung der Richtung

In der Geraden ist das Richten des Gleises leicht nach dem Augenmaß durchzuführen, weil das Auge für ganz kleine Abweichungen von der Geraden sehr empfindlich ist.

Im Bogengleis kommen hingegen beim Richten nach dem Augenmaß Abweichungen von der planmäßigen Krümmung bis 50 % vor. Durch solche Krümmungsunstetigkeiten wird der Bogen immer mehr verfahren, bis schließlich nur eine durchgreifende Bogenberichtigung helfen kann. Dies setzt eine Neuabsteckung der Bahnachse voraus, die dann am besten bleibend in Festpunkten sichergestellt wird. Über die Art der Ausführung der Festpunkte, ihre Aufstellung und gegenseitige Entfernung ist bereits früher gesprochen worden.

Die Neuabsteckung kann entweder trigonometrisch erfolgen wie beim Bahnneubau. Diese Methode hat aber den Nachteil, daß die Feldarbeit sehr langwierig ist und vom Bahnverkehr bei dichter Zugfolge ständig gestört wird. Die Winkelpunkte liegen oft weit abseits der Bahn, was insbesondere bei hohen

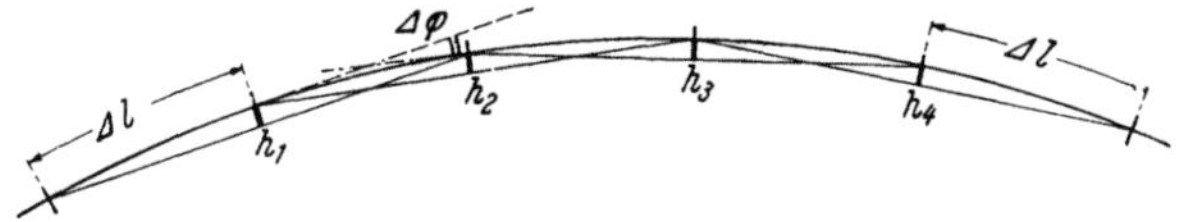

Abb. 239. Pfeilhöhenmessung

Dämmen oder sehr tiefen Einschnitten die Arbeit erschwert. Diese Methode hat aber den Vorteil größerer Anschaulichkeit gegenüber dem anderen Verfahren, das als Grundlage eine Pfeilhöhenmessung benützt.

Dieses Verfahren, das „Winkelbildverfahren" von Nalenz-Höfer-Schramm [15, 23] oder ein ähnliches von Szmodits [244] ist hingegen mit so geringer Feldarbeit durchzuführen und hat auch alle die sonstigen oben genannten Nachteile nicht, so daß es sich immer mehr einführt, um so mehr, als die geringere Anschaulichkeit bei einiger Übung bald verschwindet.

Die theoretischen Grundlagen des Winkelbildverfahrens wurden bereits bei Besprechung des Übergangsbogens mit geschwungener Überhöhungsrampe entwickelt [217]. Es beruht darauf, den vorhandenen verfahrenen Bogen als Standlinie für den neuen berichtigten Bogen zu verwenden, indem man nach diesem Verfahren die Abstände ermittelt, um die das verfahrene Gleis verschoben werden muß, damit sich ein Bogen mit stetigem Krümmungsverlauf ergibt.

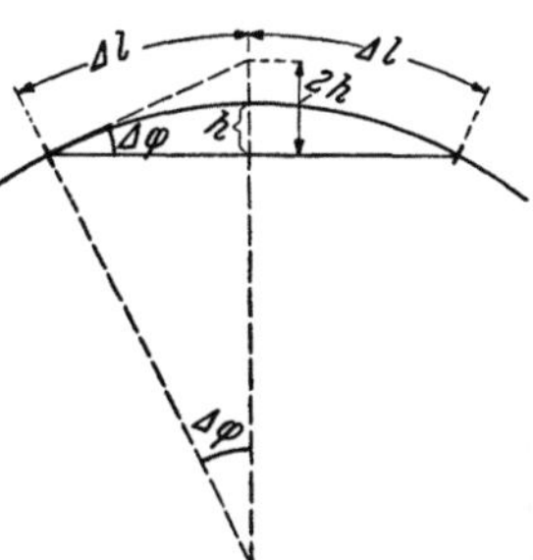

Abb. 240. Pfeilhöhe und Winkeländerung

Die Grundlage des Verfahrens bildet die Pfeilhöhenmessung (Abb. 239). Der Bogen wird in gleiche Teile geteilt und die Pfeilhöhen $h_1$, $h_2$, $h_3$ usw. gemessen, wie Abb. 239 zeigt.

Die Pfeilhöhen sind ein Maß der Winkeländerung von Punkt zu Punkt, denn nach Abb. 240 ist $\Delta\varphi = \dfrac{2\,h}{\Delta\,l}$. Die Werte $\Delta\varphi$ bzw. $h$ geben daher summiert und von einer Grundlinie aufgetragen, das Winkelbild des Bogens (Abb. 241a).

Zeichnet man nun in das Winkelbild des verfahrenen Bogens mit unstetigem Verlauf das Winkelbild des berichtigten Bogens mit stetigem Verlauf so ein, daß die Flächen oberhalb und unterhalb der angenommenen Entwurfslinien gleich sind, dann wird die Verschiebung am Bogenende gleich Null und es ergibt sich ein Minimum von Gesamtverschiebungsarbeit, wenn die beiden Winkelbilder sich möglichst aneinander schmiegen. Die Größe der notwendigen Seitenverschiebung zeigt die Summenlinie (Abstandsbild Abb. 241b); sie entsteht, wenn man die $\Delta h$ aus dem Winkelbild summiert und von einer Auftragslinie positiv oder negativ abträgt. Die Schnittpunkte der beiden Winkelbilder sind Größt- und Kleinstwerte des Abstandsbildes.

Wird das Gleis um die Maße $e = \Sigma \Delta h$ seitlich verschoben, dann zeigt es den Krümmungsverlauf nach Abb. 241c.

Der Vorteil des Winkelbildverfahrens bei der Bogenberichtigung liegt auch darin, daß es unter Umständen gar nicht notwendig ist, einen reinen Kreisbogen als „berichtigten Bogen" zu gewinnen (Winkelbild eine ansteigende Gerade), sondern fahrtechnisch ebensogut eine beliebige mathematisch nicht festlegbare

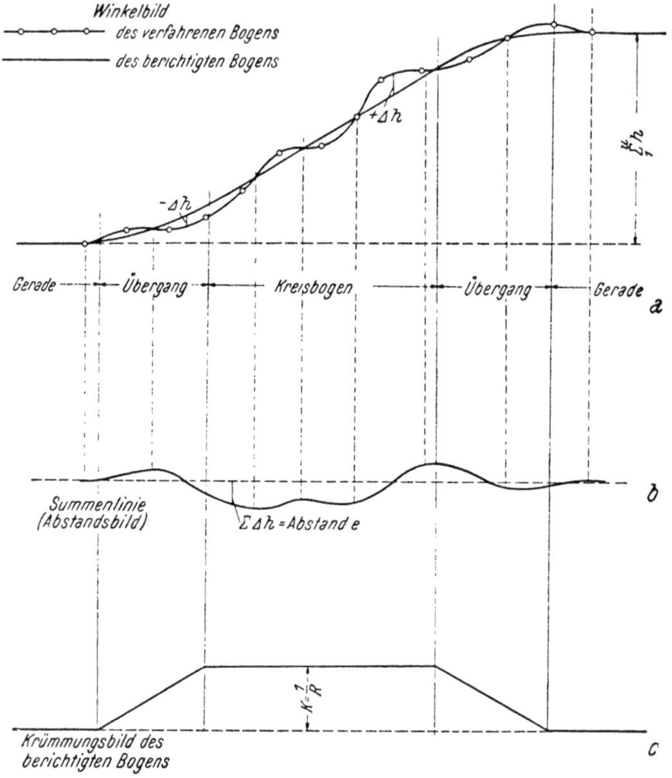


Abb. 241. Grundsätzliches zur Bogenberichtigung nach dem Winkelbildverfahren

Kurve verwendet werden kann, wenn sie nur stetigen Krümmungsverlauf hat und die Krümmungsänderungen sanft erfolgen. Statt der gleichmäßig ansteigenden Geraden als Winkelbild kann daher, wenn nötig (um die Verschiebungen kleiner zu halten), auch eine sanft gekrümmte Linie gesetzt werden. Der berichtigte Bogen besteht dann nicht aus „Übergangsbogen—Kreis—Übergangsbogen", sondern nur mehr aus „Übergangsbogen" vom Bogenanfang bis zum Bogenende.

Sehr viele Vorteile bietet das Winkelbildverfahren auch, wenn in der Linie „Zwangspunkte" vorkommen, die sich nicht verschieben lassen (Brücken, Durchfahrten und andere Lichtraumzwangslagen). Dann ist das Aufsuchen der günstigsten Gleislage auf dem Papier durch schrittweises Verbessern viel leichter durchzuführen als mit Theodolit und Meßband auf der Strecke [242].

Ist der günstigste Entwurf zeichnerisch auf dem Papier festgelegt (oder rechnerisch [231]), dann werden die Festpunkte gesetzt und nach dem Abstandsbild von der Meßkante die Richtungskerben eingemessen und eingeschnitten. Dabei wird vorausgesetzt, daß sich das Gleis in der Zeit zwischen dem Messen der Pfeilhöhen und dem Einbau und dem Einmessen der Festpunkte nicht verschoben hat, die Meßkante also unverändert erhalten geblieben ist. Pfeilhöhenmessung und Festpunktsetzung sollen daher möglichst rasch aufeinander folgen.

Nach den gesetzten Festpunkten wird dann das Gleis gerichtet, eine Arbeit, die im ausgekofferten Zustand (der Schotter zwischen den Schwellen und vor den Schwellenköpfen entfernt) leicht von zwei Mann, die mit Brechstangen ausgerüstet sind, geleistet werden kann, indem das Gleis ruckweise Zentimeter um Zentimeter in die richtige Lage gebracht (seitlich verschoben) wird. Der Vorgang der Vermarkung (Setzung der Festpunkte) ändert sich nicht, wenn man nachträglich auch das ganze Gleis abbricht und vollkommen neu verlegt.

## 2. Die Wiederherstellung der richtigen Höhe

Da sich das Gleis ungleichmäßig setzt, müssen die Stellen mit größerer Setzung nachgehoben werden [237]. Beim Flickbetrieb gleicht der Bahnrichter nach dem Augenmaß die Gleisunebenheiten aus, indem er die tieferen Stellen mit dem Hebebaum anhebt und gleichzeitig nachstopft.

Im geraden Gleis und im Kreisbogen mit gleichbleibender Überhöhung ist das sehr einfach; schwieriger schon in den Rampen der Krümmungsübergänge. Die geradlinig ansteigende Rampe kann man noch nach dem Augenmaß auf die richtige Höhe bringen. Bei der geschwungenen Rampe ist dies aber kaum mehr möglich, daher die Abneigung der älteren Praktiker gegen diese Rampengestaltung. Über diese Schwierigkeiten hilft aber ebenfalls die Verlegung der Festpunkte hinweg: Wenn an den Festpunkten, die in einem Abstand von 10 m gesetzt sind, außer der Richtung auch die Höhenlage von Innen- und Außenschiene angegeben wird, dann ist es für die Gleisunterhaltung völlig gleichgültig, welche Form die Rampe hat. Wenn das Gleis in der Umgebung der Festpunkte auf die angegebene richtige Höhe gehoben wird, dann stellt sich ein stetiger Rampenverlauf, gleichgültig welche Raumkurve eine Schiene beschreibt, durch Durchfluchten zwischen diesen Festpunkten von selbst ein.

Zum Anheben des Gleises werden statt der einfachen Hebebäume auch besondere Gleisheber verwendet, die mit einer Pratze unter die Schiene oder den Schwellenkopf greifen, mittels Schrauben- oder Winkelhebelübersetzung das Gleis hochwinden und in dieser Stellung durch Selbsthemmung festhalten. Diese Einrichtungen sind gegenüber dem Hebebaum kraft- und zeitsparend.

Die Stopfarbeit selbst wird entweder mit der Hand oder mit Gleisstopfmaschinen ausgeführt [239, 246]. Die Gleisstopfmaschinen älterer Bauart arbeiten nach dem Prinzip der Luftdruckbohrhämmer; in einem fahrbaren

Kompressor wird Druckluft erzeugt, welche in Schläuchen den Stopfern zugeführt wird, die ähnlich den Bohrhämmern von einem Mann bedient werden und mit etwa 1400 Schlägen in der Minute den Bettungsstoff mehr schiebend als schlagend unter die Schwelle bringen. Dadurch wird der Bettungsstoff weniger zerschlagen und alle Hohlräume werden gut ausgefüllt, auch dann, wenn die Stopfer nur auf *einer* Schwellenseite angesetzt werden, während man beim Handstopfen jede Schwelle immer von beiden Seiten stopfen muß. Bei rationeller Verwendung dieser Gleisstopfmaschinen läßt sich etwa eine 30%ige Ersparnis gegenüber Handstopfung erzielen.

Gleisstopfmaschinen neuerer Bauart sind von der Schweizer Firma *Matisa*, Lausanne, herausgebracht worden. Die Maschine hat sich in kurzer Zeit bei mehreren Eisenbahnverwaltungen nicht nur in Europa, sondern auch in Afrika und Amerika gut eingeführt.

Die Wirkungsweise dieser Maschine ist folgende:

Zum Unterschied von der vorher beschriebenen Art des Stopfens werden die Stopfbacken nicht mehr einzeln von Hand aus an die zu stopfende Schwelle gebracht, sondern jede Schwelle wird gleichzeitig durch 16 Stopfbacken, die in einem gemeinsamen Fahrzeugrahmen gelagert sind, unterstopft. Diese Stopfbacken greifen zu je zwei links und rechts von jeder Schiene zu beiden Seiten der Schwelle an (somit im ganzen 16 Stück), werden von einer Exzenterwelle mit etwa 1700 U/min in rüttelnde Bewegung versetzt und durch Druckluft in die Bettung versenkt, was durch die vibrierende Bewegung ohne besondere Kraftanstrengung gelingt (dabei reicht die Bettung bis zur Schwellenoberkante, wird also nicht ausgekoffert). In der versenkten Lage ziehen zwei Schraubenspindeln mit gegenläufigem Gewinde die ständig rüttelnden Stopfarme immer näher an die Schwelle heran, wodurch der Schotter unter der Schwelle verdichtet wird. Nach Bedarf wird der Vorgang (Hochheben der Stopfeinrichtung, Auseinanderziehen der Stopfarme, Versenken in das Schotterbett und Rütteln unter gleichzeitigem Zusammenziehen der Arme) mehrere Male wiederholt, bis der Schotterkörper unter der Schwelle die gewünschte Verdichtung erreicht hat. Besonders augenfällig wird die Verdichtung bei Stahltrogschwellen, die mit Handstopfung kaum so gut gelagert werden können. Die Gleisstopfmaschine fährt mit eigener Kraft auf dem zu stopfenden Gleis mit etwa 30 km/h bis zur Arbeitsstelle und kann nach Bedarf durch eine besondere Vorrichtung in kurzer Zeit seitlich aus dem Gleis aus- und wieder eingesetzt werden. Die durchschnittliche Leistung beträgt etwa 120 m/h.

An dieser Stelle sei auch noch auf die Verwendung von neuzeitigen Bettungsreinigungsmaschinen kurz hingewiesen, die es ermöglichen, im Gleis fahrend vor sich den Schotter durch eine endlose Kette mit Schaufeln herauszukratzen, über ein Förderband Rüttelsieben zuzuführen, wo der brauchbare Schotter von den feinen Bestandteilen getrennt wird. Zwei weitere Förderbänder führen einerseits den groben Schotter wieder hinter der Maschine unter die Schwellen, die während der Auskofferung auf Holzklötzen stehen, zurück, die feinen Bestandteile werden durch ein zweites Förderband auf Arbeitswagen verladen, die entweder wenn möglich in einem Nebengleis stehen oder hinter der Maschine im selben Gleis der Bettungsreinigungsmaschine nachfahren.

### 3. Das Herausheben der eingesunkenen Stöße

Die durch die Schläge am Stoß verdichtete Bettung muß entfernt und am besten durch neuen Steinschlag ersetzt werden. Um einem Einsinken der Stöße vorzubeugen, hat man auch versucht, durch Einbau von Eisenbetonrosten unter den Stößen die spezifische Belastung der Bettung zu verringern und dadurch das Verdichten und Zermahlen der Bettung zu verhindern. Die Bayrischen Staatsbahnen sollen mit diesem Verfahren gute Erfolge erzielt haben. Allgemein eingeführt haben sich diese Roste aber nicht.

Zumeist ist aber bei vorgeschrittenem Alter des Oberbaues auch die Laschenkammer ausgeschlagen und dann zeigt sich gerade am Stoß, daß der Flickbetrieb verlorener Arbeitsaufwand ist und nur die durchgreifende Überholung des Gleises bessere Lageverhältnisse bringen kann.

### 4. Das Wiederherstellen der richtigen Spur

Um die verdrückten und locker gewordenen Schienenbefestigungsmittel wieder zum richtigen und festen Sitz zu bringen, werden die Nägel und Schwellenschrauben herausgezogen, die alten Löcher mit Holznägeln verkeilt und die Schwellen frisch genagelt oder geschraubt. Ist an der Stelle der alten Löcher kein ordentlicher Sitz der Befestigungsmittel mehr zu erwarten, dann kann gegebenenfalls die Schwelle ein Stück querverschoben werden, so daß die Befestigungsmittel in noch unversehrtes Holz zu liegen kommen.

In alten Schwellen wird aber die Haftfestigkeit der Befestigungsmittel auf alle Fälle weit geringer sein als in neuen Schwellen. Es kann daher zweckmäßig sein, besondere Vorkehrungen zu treffen, den Sitz der Befestigungsmittel in solchen Schwellen zu verbessern. Dazu gehören die schon erwähnten Aufsattelungen der Schwellen (Zwieschwellen) und die Anwendung von Hartholzdübeln, die entweder als „Schraubdübel" oder „Einschlagdübel" in vorgebohrte Lochungen eingebracht werden. Schraubdübel haben einen Außendurchmesser von etwa 45 bis 55 mm, Einschlagdübel einen solchen von 30 bis 40 mm. Durch ihren großen Durchmesser sind sie befähigt, die Seitendrücke mit geringerer Pressung auf die Schwelle zu übertragen, so daß auch eine alte Weichholzschwelle noch längere Zeit genügen kann, um so mehr, als die Hartholzdübel die Schwellendecke auch vom lotrechten Druck entlasten und die Kraftübertragung in das Schwelleninnere verlegen, das ja immer besser erhalten sein wird als die Schwellendecke, die unter dem Druck des Schienenfußes oder der Unterlagsplatte schon stark verpreßt worden sein wird. Ob es wirtschaftlich von Vorteil sein kann, gleich von vornherein alle Weichholzschwellen zu verdübeln, steht nicht fest und wird von den besonderen Verhältnissen abhängen, die bei den einzelnen Bahnverwaltungen zu verschiedenen Ergebnissen führen können [230, 232].

### 5. Das Wandern des Oberbaues

Die Erfahrung hat gezeigt, daß sich das Gleis in der Längsrichtung verschiebt, und zwar verschieben sich die Schienen auf den Schwellen und es verschiebt sich das ganze Gleis, Schienen samt Schwellen im Schotterbett: das Wandern des Oberbaues [245, 233]. Die Kräftewirkungen, die das Wandern des Oberbaues verursachen, sind mannigfaltig:

A. Kräftewirkungen, die das Gleis in der Fahrtrichtung zu verschieben suchen, sind:

a) Die Stöße der Räder gegen die Anlaufschiene bei der Stufenbildung am Schienenstoß.

b) Die Gleitreibung an den gebremsten Rädern.

c) Das Kriechen der Schienen auf den Schwellen zufolge der Durchbiegung, wenn kleine Spielräume zwischen Schiene und Unterlage vorhanden sind. Der Schienenfuß schiebt sich unter der Durchbiegung zufolge Verlängerung der Fasern am Fuß etwas nach vorne und diese Verschiebung wird vom fahrenden Zug in der Fahrtrichtung festgehalten, während auf der zurückliegenden, entlasteten Schwelle die Schiene um das eingekrochene Stück nachgezogen wird.

B. Kräftewirkungen, die das Gleis entgegen der Fahrtrichtung zu verschieben suchen, sind:

a) Die Gleitreibung der angetriebenen Räder.

b) Die Gleitreibung aller ungebremsten Räder eines Zuges während des Bremsens, da diese Räder zufolge ihrer Drehträgheit die Schiene nach hinten schieben.

Außer diesen Kräftewirkungen sind noch andere Einflüsse festzustellen, die bewirken, daß die eine Schiene mehr wandert als die andere, die zum Teil nicht geklärt sind. In Gefällsstrecken hat überdies der Oberbau das Bestreben, talwärts zu wandern, unabhängig von der Fahrtrichtung.

Jedenfalls hat die Erfahrung gezeigt, daß auf zweigleisigen Bahnen die Schienen in der Regel in der Fahrtrichtung wandern und daß hauptausschlagend

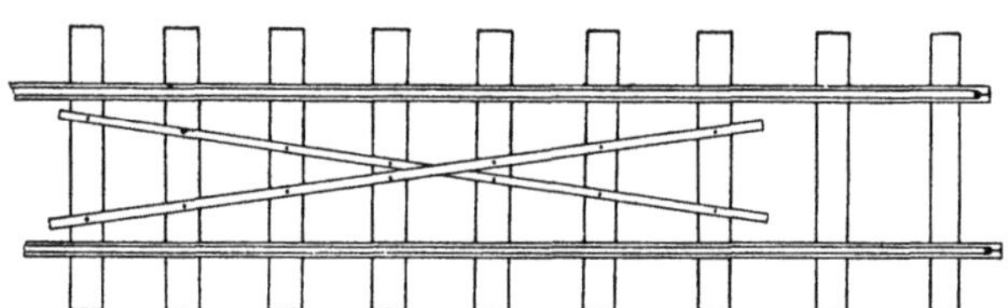

Abb. 242. Mittel zur Verminderung des Wanderns des ganzen Gleises

für die Schienenwanderung die Ursache A. c) sein dürfte, denn die Schienenwanderung ist seit Verwendung der Oberbauformen, die den Schienenfuß fest auf die Unterlage spannen, stark zurückgegangen und macht heute lange nicht mehr solche Schwierigkeiten als ehedem. Auch die Tatsache, daß Stuhlschienenoberbau eine geringere Wanderneigung hat, deutet daraufhin, daß die Kriecherscheinung die Hauptursache ist, denn zufolge der Stützung der Stuhlschiene auch am Schienenkopf rückt die resultierende Stützung gegen die Nullinie, die sich bei der Biegung nicht verändert, so daß die Kriechbewegungen wegfallen.

Ganz „wandersicher" ist aber kein Oberbau, das Wanderbestreben ist nicht immer vorauszusehen, so daß es angezeigt ist, gleich bei neuverlegten Gleisen „Wanderschutzeinrichtungen" einzubauen, die den Wanderschub in der mutmaßlichen Wanderrichtung aufnehmen.

Um das ganze Gleis in der Bettung zu verankern, verbindet man eine Gruppe von Schwellen durch Flach- und Winkeleisen (Abb. 242). Dadurch wird ein ganzer Schwellenrost gebildet, der einen Verankerungspunkt abgibt.

Um das Verschieben der Schienen auf den Schwellen zu verhindern, hat man zunächst die Schienenlaschen herangezogen, indem man sie so ausbildet, daß sie am Schienenfuß die Befestigungsmittel umfassen und auf diese den Wanderschub übertragen. Dadurch wurden aber die ohnehin stark beanspruchten Befestigungsmittel verdreht und verdrückt, auch die ungünstiger beanspruchten Stoßschwellen noch zusätzlich in ihrer ruhigen Lage gestört. Man ging daher bald dazu über, die Mittelschwellen zur Übertragung des Wanderschubes heranzuziehen, zunächst durch *Stützwinkel*, kurze Laschenstücke, die wie Laschen befestigt wurden, also eine Bohrung der Schienen erforderten. Das hat den Nachteil, daß man an dem Platz der Lochung also auch mit der Schwellenteilung gebunden ist.

Die neueren Ausführungen sehen daher *Stützklemmen* vor, die den Schienenfuß umfassen und durch exzentrische Schubübertragung sich so mit dem Schienenfuß verpressen, daß die größten Schubkräfte übertragen werden können. Eine

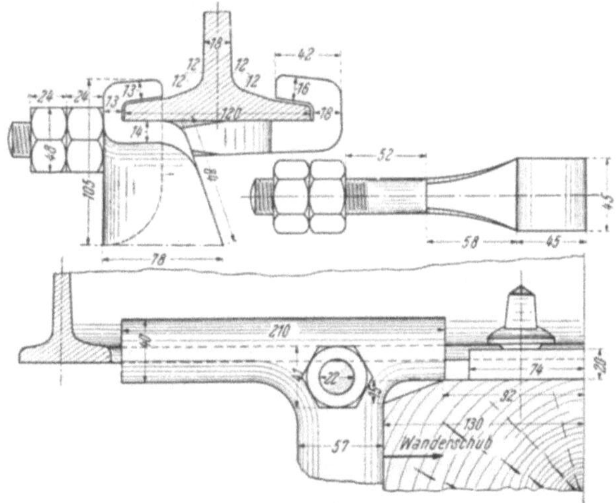


Abb. 243. Stützklemme RAMBACHER

der verschiedenen Bauarten, die Stützklemme Bauart RAMBACHER, die bei den bayrischen und österreichischen Bahnen viel benützt wird, zeigt Abb. 243.

Andere Bauarten beschreibt SALLER [20] und solche kommen sonst in verschiedener Ausführung [235, 238] zur Verwendung.

## 6. Das Beheben von Frostauftrieben

Es ist allgemein bekannt, daß bei strengem Frost oft Schienenbrüche in großer Zahl auftreten, unverhältnismäßig mehr als bei mildem Wetter, so daß vielfach die Meinung besteht, daß die Sprödigkeit des Schienenbaustoffes bei tiefen Temperaturen zunimmt und auch sonst die Festigkeitseigenschaften ungünstig beeinflußt werden. Da sich dies aber bei durchgeführten Erprobungen im Laboratorium nicht mit Sicherheit nachweisen läßt, dürften die beobachteten Schienenbrüche eher eine andere Ursache haben.

Wenn die Bettung und der Untergrund stark wasserhaltig sind, frieren sie bei großer Kälte in mächtigen Schichten zusammen, werden unelastisch und treiben zufolge Ausdehnung des Eises den Oberbau hoch. Es entstehen unregelmäßige Beulen (Frostauftriebe) [226], die im Verein mit der unelastischen Lagerung zu Überbeanspruchungen der Schienen und damit zu Brüchen führen.

Es gilt daher in erster Linie, die Entstehung von Frostauftrieben möglichst einzuschränken. Dazu ist erforderlich, auf gute Entwässerung der Bettung und des Unterbaues größte Sorgfalt zu verwenden. Wenn im Laufe der Zeit die Bettung nicht nur unter den Schienenstößen, sondern im ganzen dicht wird. dann muß das ganze Gleis ausgekoffert und womöglich die Bettung erneuert werden. Zumindest muß der alte Schotter vor Wiederverwendung durch ein Gitter geworfen werden, um die feinen und erdigen Anteile zu entfernen und ihn wieder wasserdurchlässig zu machen. An Stellen, wo Frostauftriebe in großer Ausdehnung auftreten, ist der Unterbau durch Sickerschlitze ausgiebig zu entwässern, bei besonders schlechtem Untergrund ist die ganze Unterbaukrone auf wenigstens ein Meter Tiefe zu entfernen und durch Lokomotivschlacke zu ersetzen.

Sind im Winter trotz aller Vorsorgen Frostauftriebe aufgetreten, dann läßt sich zunächst an der festgefrorenen Bettung nichts ändern. Um die Wirkung der ungleichmäßigen Hebungen zu mildern, bleibt nur der Weg, durch Unterlegen von „Frostplatten", am besten aus Hartholz (wegen größerer Elastizität ist Holz dem Eisen vorzuziehen), die Hebung der Schienen auf eine größere Strecke zu verteilen, damit die Neigung der Auf- und Abfahrtsrampen gleichmäßig und möglichst klein wird.

## 7. Der Ersatz verschlissener Gleisteile durch neue

Es ist schon mehrmals darauf hingewiesen worden, daß durch die unvermeidlichen kleinen Bewegungen zwischen den Gleisteilen Abnützungen entstehen (im Tunnel überdies durch Rostbildung [228]), die schließlich das ganze Gleisgefüge schlotterig machen, womit ein rascher Verfall des ganzen Oberbaues einhergeht.

Will man nun verschlissene Gleisteile durch neue ersetzen, dann hat es sich gerade für diesen Teil der Gleisunterhaltung gezeigt, daß der Flickbetrieb höchst unwirtschaftlich ist, weil dann immer alte und neue Gleisteile zusammenarbeiten müssen, die nicht aufeinander abgestimmt werden können. Wenn man z. B. neue Laschen in die abgenützten Laschenkammern der Schienen einbaut, dann wirken die neuen Laschen nicht viel besser als die alten, weil die Abnützung der Schiene, wie im Kapitel F ausgeführt, ungleichmäßig ist, ein einwandfreier Laschensitz daher nicht erreicht werden kann. Das Beilegen von dünnen Blechen zwischen Schiene und Lasche an den abgenützten Stellen ist natürlich auch nur wenig wirksam.

Ist daher die Abnützung der Gleisteile bis zu einem bestimmten Punkt fortgeschritten, dann ist es besser, den ganzen Oberbau auszubauen, in der Werkstätte zu überholen und übergreifend in Gleisen niederer Ordnung wieder einzubauen, wo er dann unter geringeren Beanspruchungen noch viele Jahre ausgezeichnete Dienste leisten kann.

# J. Sonderbauarten

Örtliche Erfordernisse bedingen, daß an bestimmten Stellen des Gleises von der Regelbauart abgewichen wird und ausnahmsweise andere Bauformen verwendet werden müssen. Diese besonderen Bauformen werden unter dem Namen Sonderbauarten zusammengefaßt und die wichtigsten sollen anschließend besprochen werden.

## I. Oberbau für Brückenwaagen und Putzgruben

Brückenwaagen und Putzgruben erfordern die Freihaltung des Raumes zwischen den Schienen von Querverbindungen. Bei Brückenwaagen braucht man den Raum zur Unterbringung der Wägeeinrichtungen, bei Putzgruben für die unbehinderte Arbeit unter der Lokomotive.

Die Schienen liegen daher auf Langschwellen (Abb. 244), die mittels Ankerschrauben in Abständen von etwa 1,5 m mit dem Mauerwerk [248] der Grube verbunden sind. Die fehlenden Querverbindungen lassen sich nicht vollwertig ersetzen, auch die unelastische Lagerung der Schwelle auf dem Mauerwerk ist ein Mangel, der nicht zu umgehen ist. Es sind daher schon

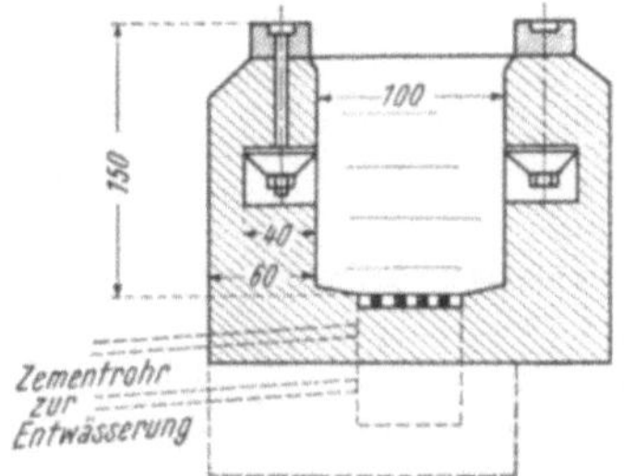

Abb. 244. Oberbau auf Putzgruben

Konstruktionen ersonnen worden, die entweder mehr den einen oder mehr den anderen Mangel zu beseitigen trachten. Die einfachste und vergleichsweise beste Lösung dürfte aber doch die elastische Langholzschwelle sein (Abb. 244), die man noch durch Aufsetzen von Winkeleisenrippen zusätzlich in ihrer Lage sichern könnte.

## II. Oberbau in Entseuchungsgleisen

Beim Viehtransport werden die Wagen durch die tierischen Abfallstoffe verunreinigt. Diese Wagen werden daher auf besondere Gleise abgestellt, wo sie ausgemistet, gewaschen, abgespritzt und dann desinfiziert werden. Die Schienen solcher Gleise werden auf Steinwürfel verlegt (Abb. 245). Zwischen

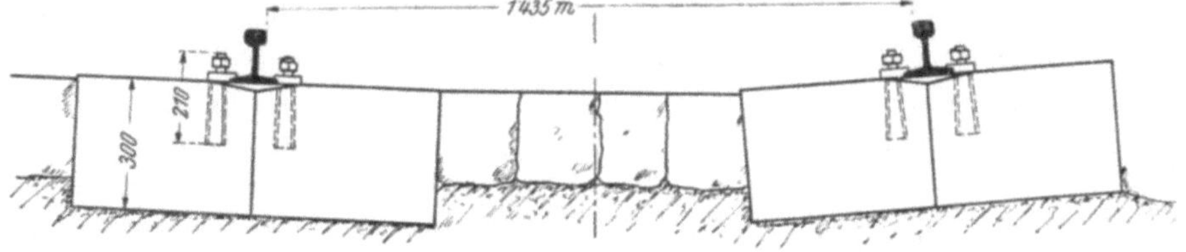

Abb. 245. Oberbau in Entseuchungsgleisen

Schiene und Steinwürfel wird zur gleichmäßigen Druckübertragung eine Bleiplatte eingelegt und die Schiene mittels Klemmplättchen und Steinschrauben befestigt. Der Raum zwischen den Steinwürfeln wird mit einem dichten Beton oder einem Pflaster mit sorgfältig abgedichteten Fugen abgedeckt. Möglichst reichliches Quer- und Längsgefälle soll für ausreichende Entwässerung sorgen.

# III. Oberbau auf Stahlbrücken, Schienenauszugvorrichtungen

Wenn die Bettung über eine Brücke durchläuft (wie bei allen Massivbrücken und Stahlbrücken im Bereich verbauten Gebietes, um das Fahrgeräusch zu mildern), dann unterscheidet sich der Oberbau auf der Brücke vom laufenden Oberbau nicht. Wenn aber aus Gewichtsersparnis das Schotterbett weggelassen wird, dann liegen die Schienen in der Regel auf stärkeren Querschwellen (Brückenhölzern), die sich auf die Längsträger der Brücke abstützen [247, 249]. Die Entfernung der Längsträger der Brücke wird immer größer als die Spurweite gewählt, um die Federung der Schwellen zur Stoßdruckverarbeitung heranziehen zu können.

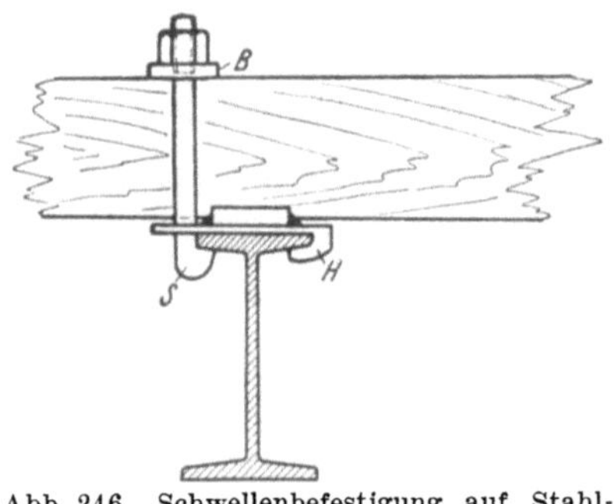

Abb. 246. Schwellenbefestigung auf Stahlbrücken

Die Lagerung der Schwellen soll möglichst mittig erfolgen und leicht lösbar sein, damit nicht zusätzliche Beanspruchungen in die ohnehin hoch beanspruchten Längsträger kommen und bei Schwellenbränden, die durch glühende Lokomotivschlacke verursacht werden, die Schwellen leicht ausgewechselt werden können.

Diesen Forderungen entspricht gut eine Befestigung gemäß Abb. 246. Eine Hakenplatte H faßt den Obergurt des Längsträgers, sichert durch ihre Form

Abb. 247. Schutzschienen und Sicherheitshölzer

eine mittige Druckübertragung und durch Einlassen in die Schwelle die Übertragung der Seitenkräfte. Zwei Hakenschrauben S, die durch die gelochte Hakenplatte führen und zu beiden Seiten der Schwelle angeordnet sind, pressen mittels eines ebenfalls zweimal gelochten Blechstreifens B die Schwelle auf die Hakenplatte.

Damit entgleiste Fahrzeuge nicht gegen die Hauptträger einer Brücke fahren können, ordnet man in 160 mm Abstand neben der Fahrschiene Schutzschienen oder Sicherheitshölzer an, Abb. 247, die am Brückenende gegen die Gleismitte zusammengeführt und so gelagert werden, daß herabhängende Bügel der Schraubenkupplung der Fahrzeuge von den Schutzschienen nicht gefaßt werden können (Abb. 248).

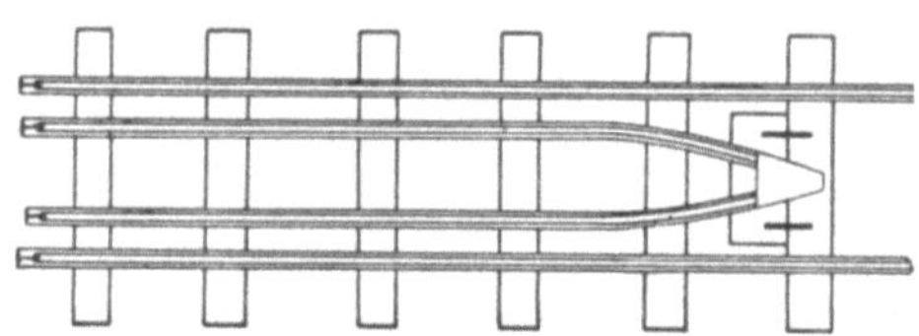

Abb. 248. Zusammenführung der Schutzschienen am Brückenende

Da sich auf Stahlbrücken der Oberbau mit der Brücke ausdehnt (er kann daher ohne Stoßlücken verlegt oder verschweißt werden), entsteht im Anschluß an den laufenden Oberbau im Bereich des beweglichen Lagers der Brücke eine stark veränderliche Stoßlücke, die der *Brückenlänge* und dem *Temperaturunterschied* entspricht. Für Schienen wird eine größte Ausdehnung von 1 mm für 1 m Schienenlänge angenommen. Da Brücken sich nie so stark erhitzen als Schienen, weil sie durch die Luft besser gekühlt werden, kann man für 100 m Brückenlänge mit etwa 40 bis 60 mm Stoßlückenweiten rechnen, zu deren Überbrückung der Einbau besonderer Einrichtungen, *Schienenauszugvorrichtungen*, erforderlich ist. Das Wesen einer solchen Vorrichtung schematisch dargestellt, zeigt Abb. 249.

Im Schotterbett, möglichst nahe dem beweglichen Lager der Brücke, wird auf einer Grundplatte die etwas abgebogene Schiene $S_1$ des anschließenden, festliegenden Oberbaues befestigt. Vom beweglichen Brückenende wird die

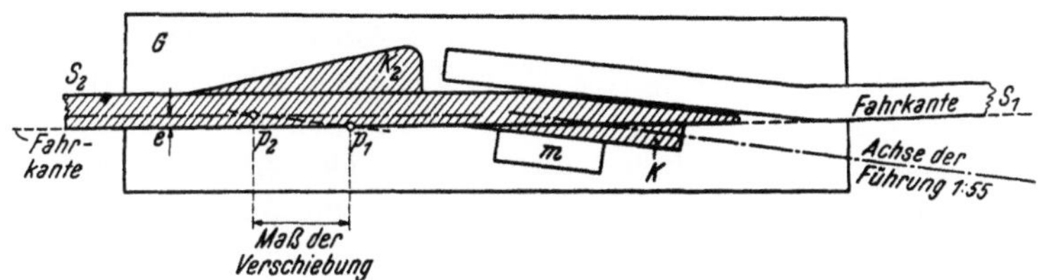


Abb. 249. Schienenauszugvorrichtung

Schiene $S_2$, die durch Behobeln zu einer Spitzschiene geformt wurde, so an die Schiene $S_1$ angeschlossen, daß die Fahrkanten von $S_1$ und $S_2$ bei der höchsten Temperatur in einer Flucht liegen. Mit der Schiene $S_2$ ist der Keil $K_1$ verbunden, der in der mit der Grundplatte fest verbundenen Führung „$m$" gleitet, die in jeder Lage einen satten Anschluß der beweglichen Schiene $S_2$ an die feste Schiene $S_1$ bewirkt. Aus der Abbildung kann noch entnommen werden, daß bei der Verschiebung der Schiene, wenn der Punkt $p_1$ nach $p_2$ wandert, eine Spurerweiterung „$e$" entsteht, die aber nicht von Bedeutung ist, denn bei einer Neigung der Führung $m$ gegen die Fahrkante von $1:50$ beträgt sie $e = \dfrac{100}{50} = 2$ mm für eine Längsverschiebung von 100 mm, die kaum überschritten werden wird, da längere Brücken aus mehreren Feldern bestehen, bei welchen man solche Auszugsvorrichtungen in entsprechender Anzahl im Bereich der beweglichen Lager anordnet. Zu erwähnen ist noch, daß mit der beweglichen Schiene $S_2$ ein zweiter Keil $K_2$ festverbunden ist, der den Zweck hat, einen entgleisten Radsatz um den vorstehenden Teil der Schiene $S_1$ herumzuführen.

## IV. Oberbau auf Wegübergängen

Schon bei Besprechung der Schwellenschienengleise wurde darauf hingewiesen, daß sich der Querschwellenoberbau, in die Straße eingebettet, nicht gut eignet, weil das Pflaster zufolge der ungleichmäßigen Lagerung nicht eben zu erhalten ist. Diesen Nachteil muß man auch bei Wegübergängen in Kauf nehmen, wenn man beim Querschwellengleis bleibt. Um diesen Nachteil zu mildern, legt man die Schiene auf einen hohen Stuhl (Abb. 250), so daß die Querschwelle möglichst tief liegt und dann nur mehr wenig Einfluß auf die Lagerung des

Pflasters hat. Besondere Einrichtungen sind noch nötig, um die Spurrille frei-
zuhalten. Am besten eignet sich hiezu ein besonders geformtes Walzprofil.
das in die Laschenkammer paßt und mit Laschenschrauben und kurzen Flach-

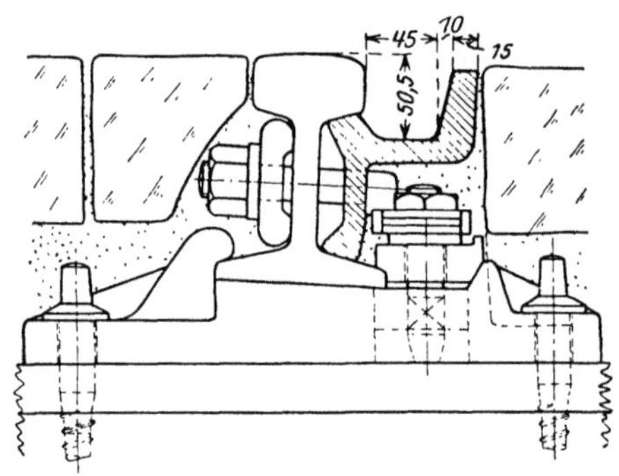

Abb. 250. Oberbau auf Wegübergängen

laschenstücken an der Schiene befestigt
wird. Mit diesem Walzprofil kann man
die Spurrille so formen, daß überall
glatte Flächen vorhanden sind, also die
Gewähr besteht, daß Menschen und
Tiere in der Rille nicht hängenbleiben
können, was noch dadurch gefördert
wird, daß man die Spurrille am Grund
45 mm und in Schienenkopfoberkante
55 mm, also nach oben hin breiter aus-
führt. Auch besondere Rillenschienen-
profile sind schon für Wegübergänge
gewalzt worden, die natürlich die Frei-
haltung der Spurrille ideal erfüllen, aber Schwierigkeiten beim Anschluß an das
normale Schienenprofil machen (Übergangslaschen oder Anwendung von Schweiß-
stößen). Im Bereiche der Pflasterung soll kein Schienenstoß liegen, weil er
unzugänglich und daher schwieriger zu erhalten ist.

Für ganz einfache Verhältnisse (geringer Verkehr auf Bahn und Straße)
können auch Streichbalken aus Holz oder Schutzschienen genügen, die aber
die oben gestellten Forderungen nicht voll erfüllen können.

# Schwellenschienenoberbau auf Querschwellen

## Ein Vorschlag für die Weiterentwicklung des Oberbaues

Auf Grund von Erfahrungen, die in der hundertjährigen Entwicklungszeit mit den verschiedenen Oberbauformen gemacht wurden, hat der Verfasser im Jahre 1922 eine Oberbauform entworfen, die einen weiteren Fortschritt bringen sollte [74]. Inzwischen sind die Achslasten weiter gestiegen, die Fahrgeschwindigkeit ist bei den Schnelltriebwagen sprunghaft bis zu Höchstgeschwindigkeiten von 180 km/h angewachsen und daher sind die Anforderungen, die an den Oberbau gestellt werden, größer geworden. Dementsprechend ist die Form der Schwellenschiene weiter entwickelt, die Auflagerbreite vergrößert und der Querschnitt spannungstechnisch verbessert worden.

Der Grundgedanke des Schwellenschienenoberbaues auf Querschwellen ist folgender: Heute liegt bei den kleinen Schwellenentfernungen im Querschwellenoberbau zuviel Baustoff in Gleismitte, der sowohl zur Druckübertragung nicht ausgenützt ist als auch für die Erhaltung der richtigen Spurweite nicht gebraucht wird. Man kann somit eine weit größere Tragfähigkeit des Gleises dadurch erzielen, daß man den unausgenützten Querschwellenbaustoff zur Schiene schlägt und die Schiene als Schwellenschiene mit so großer Auflagerbreite ausbildet, daß die Druckverteilung auf die Bettung durch die Schwellenschiene und eine verringerte Anzahl von Querschwellen günstiger wird als beim Querschwellenoberbau.

## 1. Die Form der Schwellenschiene

Die nunmehr vorgeschlagene Schwellenschiene ist, ebenso wie die Schwellenschiene aus dem Jahre 1922, eine Dreikopfschiene, um den Baustoff für das *Tragvermögen* möglichst auszunützen, sie ist aber, im Gegensatz zu der seinerzeitigen Form, symmetrisch zur lotrechten Schwerachse, die durch die Mitte des Schienenkopfes geht, während die erste Form 1922 wegen der geringen Gesamtbreite unsymmetrisch ausgebildet werden mußte, um einen genügend großen Schotterkörper zu umgreifen. Der Entwurf sieht zwei Formen vor, die, wie bei der Schienenform S 49 nach dem Metergewicht und als Schwellenschiene, abgekürzt mit SS bezeichnet werden (Tabelle 19). Als Nebenbezeichnung sind dann noch in Bruchform Höhe, Breite und kleinste Stegdicke in Millimetern angegeben:

1. Form SS 84 $\dfrac{210 \cdot 400}{11}$ (Abb. 251).

2. Form SS 70 $\dfrac{190 \cdot 400}{9}$ (Abb. 252).

Tabelle 19. *Abmessungen der Schienen*
S = Schiene; SS = Schwellenschiene

| | | Höhe $H$ | Fußbreite $B$ | Kopfst. $h$ | Kleinste Stegdicke | $J_x$ | $J_y$ | $W_x$ | $W_y$ | Gewicht pro m |
|---|---|---|---|---|---|---|---|---|---|---|
| | | mm | mm | mm | mm | cm⁴ | cm⁴ | cm³ | cm³ | kg |
| S 49 | neu | 148 | 125 | 50 | 14 | 1781 | 318 | 234 | 51 | 49 |
| | 10 mm Ablauf | 138 | 125 | 40 | 14 | 1455 | 294 | 200 | 47 | — |
| SS 84 $\frac{210 \times 400}{11}$ | neu | 210 | 400 | 52 | 11 | 4860 | 13704 | 430 | 685 | 84 |
| | 15 mm Ablauf | 195 | 400 | 37 | 11 | 4094 | 13680 | 393 | 684 | — |
| SS 70 $\frac{190 \times 400}{9}$ | neu | 190 | 400 | 45 | 9 | 3350 | 11360 | 322 | 568 | 70 |
| | 10 mm Ablauf | 180 | 400 | 35 | 9 | 2952 | 11344 | 298 | 567 | — |

Für die Formgebung der beiden Schwellenschienenprofile waren folgende Gesichtspunkte maßgebend:

Die erste Form SS 84 soll mit etwa dem Metergewicht des Oberbaues $K$ auf Holzquerschwellen an Leistungssteigerung herausholen, was möglich ist. Die

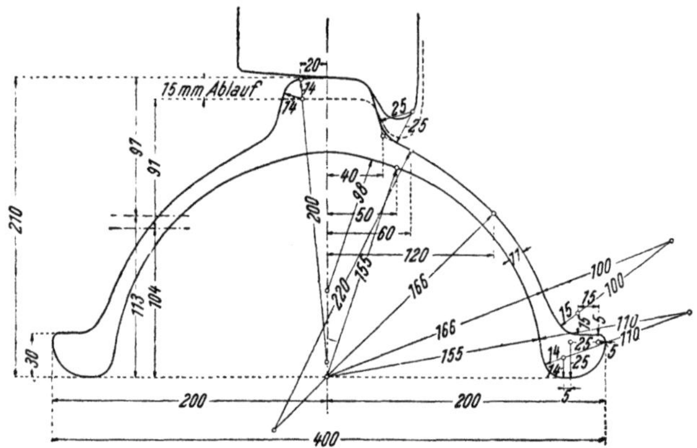


Abb. 251. Schwellenschiene, 84 kg Metergewicht

zweite Form SS 70 soll, trotz weitgehender Gewichtsherabsetzung, mindestens das Tragvermögen der Schiene S 49 haben, dieser aber hinsichtlich stetiger Führung der Fahrzeuge wesentlich überlegen sein.

Bei beiden Formen ist der umfaßte Schotterkörper so groß, daß auch die symmetrische Form den Oberbau genügend in der Bettung verankern wird. Anderseits hat die symmetrische Form walztechnische Vorteile und wird den Laschen eine bessere, gleichmäßigere Arbeitsfläche bieten, worauf bei Besprechung des Schienenstoßes noch zurückgekommen werden wird.

Die Schienenkopfseitenflächen sind unter einem Winkel von 72° 30′ geneigt, was zwei Vorteile hat: spannungstechnisch liegt der Vorteil darin, daß der sanfte

Übergang vom Kopf zum Steg durch die geneigten Seitenflächen gefördert wird, anderseits wird das Zusammenwirken von Rad und Schiene verbessert [*169*], deren Abnützung vermindert, so daß das Scharflaufen der Räder sich verringern wird. Die Dreikopfform gibt ein möglichst hohes Tragvermögen für lotrechte Lasten und eine noch größere Steifigkeit in waagrechter Richtung, so daß der

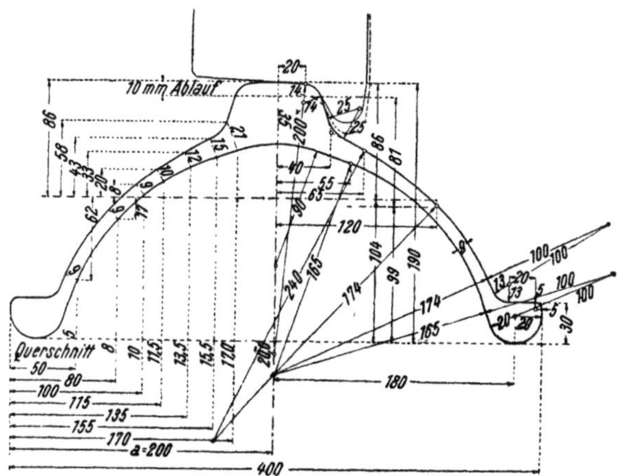

Abb. 252. Schwellenschiene, 70 kg Metergewicht mit Eintragung jener Maße, die zur Ermittlung der Nebenspannungen dienen

Baustoff für die vier Aufgaben, Tragvermögen, Druckübertragung, Seitensteifigkeit und Verankerung in der Bettung möglichst gut ausgenützt ist. Es ist klar, daß eine Breitfußschiene von gleichem Gewicht und der gleichen Höhe ein weit höheres Tragvermögen bekommen könnte. Sie würde aber hinsichtlich der drei anderen Eigenschaften nicht annähernd an die Leistung der Dreikopfschiene heranreichen.

Auf eine Verfeinerung der Formgebung gegenüber der ursprünglichen Form (1922) sei noch verwiesen: Durch die veränderliche Stegdicke, die bei der Form SS 84 von 11 mm in Stegmitte gegen den Fahrkopf allmählich bis 16 mm zunimmt (bei der Form SS 70 von 9 mm auf 15 mm), werden die Nebenspannungen durch die Querbiegung heruntergesetzt, was später noch nachgewiesen werden wird. Desgleichen wird die Leistung der verschiedenen Formen im Zusammenhang mit dem Nachweis dieser Nebenspannungen zum Vergleich mit der Schiene S 49 übersichtlich zusammengestellt werden.

## 2. Die Form der Querschwellen

Die *Druckübertragung auf die Bettung* erfolgt *durch die Schwellenschiene und die Querschwellen* somit der Länge und der Quere nach; der Oberbau bildet also eine Art Schwellenrost mit großer Auflagerfläche, so daß die Bettung weniger beansprucht wird als beim Querschwellenoberbau. Die Querschwellen beim Entwurf aus dem Jahre 1922 waren gewöhnliche Trogschwellen, wie sie beim Querschwellenoberbau verwendet werden und die Befestigung der Schwellenschiene auf den Stahlquerschwellen war der Befestigung HEINDL nachgebildet. Bei dem Entwurf von heute wird auf die Trogform der Querschwelle bewußt verzichtet und die I-Form (Abb. 253) gewählt, in der Erwägung, daß die Schwellen-

schiene zufolge des großen Schotterkörpers, den sie umgreift, und der damit
zur Wirkung kommenden großen Reibung „Schotter auf Schotter" an sich schon
großen Widerstand gegen Seitenverschiebung aufweisen wird. Durch das große
seitliche Trägheitsmoment der Schwellenschiene, das die Einwirkung eines
Seitenstoßes auf eine große Länge verteilt, wird überdies noch aus einem zweiten
Grund die richtige Form des Gleises gesichert.
so daß die Querschwelle nicht mehr in solchem
Maß für die Formhaltung des Gleises gebraucht
wird wie beim Breitfußschienenoberbau und ein
Querschwellenabstand von 3 m genügen wird,
die richtige Form des Gleises zu sichern.

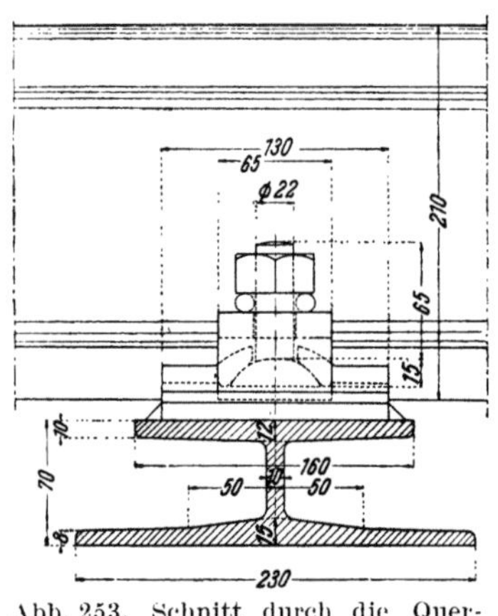

Abb. 253. Schnitt durch die Querschwelle. Ansicht der Befestigung der
Schwellenschiene auf der Querschwelle

Gegenüber Trogschwellen haben die I-Schwel-
len den Vorteil, daß sie bei gleicher Steifigkeit
niederer gehalten werden können (möglichst
kleiner Unterschied der Höhenlage der Lagerflächen von Schwellenschiene und Querschwelle
ist anzustreben) und daß sie eine ebene Unterfläche haben, also auf der gewalzten Bettung
ebenso gut aufliegen wie Holzschwellen.

*Die Druckübertragung auf den Unterbau* erfolgt ebenso wie die Druckübertragung auf die
Bettung der Länge und der Quere nach, so daß
sich der Länge nach durchlaufende dichte Schotterleisten, die dem Wasser den
seitlichen Ablauf verwehren, nicht bilden können. Bei schlechtem Untergrund
wird man natürlich die Bettungsstärke nach Bedarf vergrößern, um den Bettungsdruck immer gleichmäßiger zu verteilen, wie dies ja ebenso beim Querschwellenoberbau notwendig ist und auch ausgeführt wird.

### 3. Die Berechnung des Schwellenschienenoberbaues

Um das Tragvermögen und die Druckverteilung des neuen Oberbaues mit
der Leistung unseres derzeit besten Querschwellenoberbaues, des Oberbaues K,
vergleichen zu können, sind auf Grund der Langträgerberechnung [56] die Biegebeanspruchung der Schiene, die Bodenpressung und die Schienensenkung unter
der Wirkung einer Einzellast, einer Radlast von 10 t, bei schlechtem und gutem
Untergrund ($C = 5$ und $C = 10$) für die Schiene S 49 und die Schwellenschienen-
formen ermittelt und in Tab. 20, Zeile 1 bis 6, ausgewiesen worden. Um den
Einfluß einer Verkleinerung des Querschwellenabstandes beim Schwellenschienenoberbau auf das Tragvermögen und die Druckverteilung zu zeigen,
sind die gleichen Berechnungen auch für einen Querschwellenabstand von
1,5 m durchgeführt worden (Tab. 20, Zeile 7 und 8).

Für den K-Oberbau mit Schiene S 49 ergibt sich eine gedachte Auflager-
breite von $b' = \dfrac{2\,\ddot{u}\,b_1}{l} = \dfrac{2.50 \cdot 26}{65} = 40$ cm, also die gleiche Breite wie die der
Schwellenschiene ($b$). Um die wirksame Auflagerfläche der Querschwellen ist
also die Auflagerfläche des Schwellenschienenoberbaues größer als die wirksame
Auflagerfläche des K-Oberbaues.

Bei der Berechnung der Spannungen der Schwellenschiene mit 3,0 m Querschwellenteilung (Tab. 20, Zeile 3 bis 6) wurde die spannungvermindernde Wirkung der Querschwellen unberücksichtigt gelassen, da bei 3,0 m Schwellenabstand die Wirkung der Querschwellen auf ·das Biegemoment in Feldmitte schon sehr klein ist. Der Schwellenschienenoberbau wurde daher nach den einfachen Formeln des reinen Langschwellenoberbaues gerechnet ($b' = b$). Bei 1,5 m Schwellenteilung tritt hingegen die Wirkung der Querschwellen auf das Biegemoment schon merkbar in Erscheinung, weil die Einflußlinie der Senkung für eine Last in Feldmitte schon beachtliche Beträge am Querschwellenort aufweist. Überschlägig wurde daher die Wirkung der Querschwellen bei 1,5 m Schwellenteilung in der Weise berücksichtigt, daß die über den Schwellenschienenrand nach beiden Seiten überstehende wirksame Querschwellenfläche, wieder in die Längsrichtung gedreht gedacht, der Fläche der Schwellenschiene zugeschlagen wurde:

$$b' = b + \frac{2\,b_1\,ü}{l} =$$
$$= 40 + \frac{2 \cdot 23 \cdot 26}{150} = 48 \text{ cm.}$$

Der Grundwert $L$ des Langschwellenoberbaues wurde mit Zugrundelegung dieser gedachten Breite $b'$ gerechnet mit $L = \sqrt[4]{\dfrac{4\,E\,J}{b'\,C}}$, wobei

$E$ die Elastizitätsziffer des Stahles $= 2\,100\,000$ kg/cm²,

$J$ das Trägheitsmoment der Schwellenschiene,

$b'$ die gedachte Breite der Langschwelle und

$C$ die Unterlagsziffer bedeutet (Tab. 20, Zeile 7 und 8).

Stellt man die Frage, um wieviel die Achslasten erhöht werden

Tabelle 20. *Radlast $P = 10\ t$*

| Zeile | Schiene | Ablauf | Schwellenteilung | Auflagerbreite $b'$ | $L=\sqrt[4]{\dfrac{4\,EJ}{b'C}}$ | | Biegemoment $M=\dfrac{PL}{4}$ | | Biegespannung $\sigma=\dfrac{M}{W_x}$ | | Bodenpressung $p=\dfrac{P}{2\,b'L}$ | | Senkung $y=\dfrac{P}{2\,b'CL}$ | |
|---|---|---|---|---|---|---|---|---|---|---|---|---|---|---|
| | | | | | $c=5$ | $c=10$ | $c=5$ | $c=10$ | $c=5$ | $c=10$ | $c=5$ | $c=10$ | $c=5$ | $c=10$ |
| | | mm | cm | cm | cm | cm | tm | tm | kg/cm² | kg/cm² | kg/cm² | kg/cm² | mm | mm |
| 1 | S 49 | 0 | 65 | 40 | 93 | 78 | 2,32 | 1,95 | 990 | 835 | 1,34 | 1,60 | 2,7 | 1,6 |
| 2 | | 10 | | | 89 | 75 | 2,22 | 1,88 | 1110 | 940 | 1,40 | 1,66 | 2,8 | 1,7 |
| 3 | SS 70 | 0 | 300 | 40 | 109 | 92 | 2,72 | 2,30 | 845 | 715 | 1,15 | 1,36 | 2,3 | 1,4 |
| 4 | | 10 | | | 106 | 89 | 2,65 | 2,22 | 890 | 750 | 1,18 | 1,40 | 2,4 | 1,4 |
| 5 | SS 84 | 0 | 300 | 40 | 120 | 101 | 3,00 | 2,52 | 695 | 585 | 1,04 | 1,24 | 2,1 | 1,2 |
| 6 | | 15 | | | 114 | 96 | 2,85 | 2,40 | 725 | 610 | 1,10 | 1,30 | 2,2 | 1,3 |
| 7 | | 0 | 150 | 48 | 114 | 96 | 2,85 | 2,40 | 665 | 560 | 0,92 | 1,08 | 1,8 | 1,1 |
| 8 | | 15 | | | 109 | 92 | 2,72 | 2,30 | 695 | 585 | 0,96 | 1,13 | 1,9 | 1,1 |

können, wenn durch die lotrechten Lasten bei schlechtem Untergrund ($C = 5$) keine höheren Beanspruchungen als 1200 kg/cm² auftreten sollen, dann ergibt die Umrechnung der entsprechenden Werte aus Tab. 20 die Werte der Tab. 21.

Tabelle 21. *Tragkraft bei einer Beanspruchung von 1200 kg/cm² und C = 5*

| Schiene | S 49 | | SS 70 | | SS 84 | |
|---|---|---|---|---|---|---|
| Ablauf ......mm | 0 | 10 | 0 | 10 | 0 | 10 |
| Radlast......t | 12,2 | 10,8 | 14,2 | 13,5 | 17,3 | 16,5 |

Die in Tab. 20 ausgewiesenen Beanspruchungen werden durch die lotrechten Raddrücke hervorgerufen. Außer den lotrechten Raddrücken wirken aber noch Seitenkräfte auf die Schiene, die zusätzliche Beanspruchungen verursachen. Überdies entstehen Nebenspannungen durch die Querbiegung der Schienenprofile.

Bei der Breitfußschiene wird durch die Seitenkräfte der Steg quer gebogen und die Schiene auf Torsion beansprucht.

Bei der Schwellenschiene werden durch die Bodenpressungen die beiden Stege beim Übergang zum Fahrkopf zusätzlich quer gebogen.

Die durch diese Nebenwirkungen hervorgerufenen Beanspruchungen sind auf folgende Art ermittelt worden:

Über die Größe der Seitenkräfte, die Schienen aufzunehmen haben, liegen Messungen und theoretische Untersuchungen vor. Die Werte schwanken in weiten Grenzen, je nachdem, ob man außergewöhnlich ungünstiges Zusammenwirken von statischen und dynamischen Wirkungen in Betracht zieht (Messungen) oder welchen Reibungsbeiwert zwischen Rad und Schiene man annimmt (theoretische Untersuchungen). Wie bereits früher ausgeführt, sind unter den statischen Wirkungen jene zu verstehen, die im Bogengleis auch bei kleinsten Geschwindigkeiten durch die Quergleitung der Räder auf die Schienen übertragen werden. Mit dynamischen Wirkungen sind jene gemeint, die durch Drehbeschleunigungen ausgelöst werden, wenn die Fahrzeuge Krümmungsübergänge befahren, Fliehkräfte, wenn die Schienenüberhöhung der Fahrgeschwindigkeit nicht entspricht und Anlaufstöße bei den Schlingerbewegungen der Fahrzeuge. Die dynamischen Wirkungen wachsen natürlich mit der Größe der Fahrgeschwindigkeit, während die statischen Wirkungen von der Fahrgeschwindigkeit unabhängig sind. Damit sind die großen Schwankungen in der Größe der Seitenkräfte erklärt. Sie können bei Erreichung der Entgleisungsgrenze bis nahezu an den Raddruck selbst heranreichen.

Welchen Wert man der Ermittlung der Schienenbeanspruchung zugrunde legen soll, ist nach vorstehendem schwer zu sagen. Wenn man als waagrechte Wirkung ein Zehntel der lotrechten annimmt, dann ist das ein Wert, der wohl zumeist noch überschritten werden wird, und ein Fünftel der lotrechten Wirkung wird nicht selten erreicht werden, denn im Bogengleis kleinen Halbmessers wäre schon mit einer ständigen *statischen* Seitenkraft von einem Viertel des Raddruckes bei jedem Rad eines zweiachsigen Wagens zu rechnen, wenn ein Reibwert $f = 0{,}25$ zwischen Rad und Schiene angenommen wird. (Abb. 192.)

Tabelle 22. *Beanspruchung durch waagrechte Kräfte $C = 5$*
Radlast 10 t

| Ablauf | $L_y = \sqrt[4]{\dfrac{4\,E\,J_y}{h'\cdot C}}$ | Seitenkraft ein Zehntel der lotrechten Wirkung | | | Seitenkraft ein Fünftel der lotrechten Wirkung | | |
| | | Biegespannung | | Gesamt-spannung | Biegespannung | | Gesamt-spannung |
| | | $\sigma_y = \dfrac{P\cdot L_y}{4\cdot 10\cdot W_y}$ | $\sigma_x = \dfrac{P\cdot L}{4\cdot W_x}$ | $\sigma_y + \sigma_x$ | $\sigma_y = \dfrac{P\cdot L_y}{4\cdot 5\cdot W_y}$ | $\sigma_x = \dfrac{P\cdot L}{W\cdot 4_x}$ | $\sigma_y + \sigma_x$ |
| mm | cm | kg/cm² | | | | | |
| S 49 $\;$ 0 | 96 | 470 | 990 | 1460 | 940 | 990 | 1930 |
| $h' = \dfrac{16}{65}\cdot 26 = 6,4$ cm $\;$ 10 | 94 | 500 | 1110 | 1610 | 1000 | 1110 | 2110 |
| SS 70 $\;$ 0 | 178 | 78 | 845 | 923 | 156 | 845 | 1001 |
| $h' = 19$ cm $\;$ 10 | 178 | 78 | 890 | 968 | 156 | 890 | 1046 |
| SS 84 $\;$ 0 | 182 | 67 | 695 | 762 | 134 | 695 | 829 |
| $h' = 21$ cm $\;$ 15 | 182 | 67 | 725 | 792 | 134 | 725 | 859 |

Radlast 17,3 t

| | | | | | | | |
| --- | --- | --- | --- | --- | --- | --- | --- |
| S 84 $\;$ 0 | 182 | 115 | 1200 | 1315 | 230 | 1200 | 1430 |

Radlast 16,5 t

| | | | | | | | |
| --- | --- | --- | --- | --- | --- | --- | --- |
| S 84 $\;$ 15 | 182 | 110 | 1200 | 1310 | 210 | 1200 | 1410 |

In Tab. 22 wurden daher die Biegespannungen durch eine Seitenkraft von einem Zehntel und einem Fünftel der lotrechten Wirkung ausgewiesen, wobei angenommen wurde, daß für die waagrechten Kräfte ähnliche Stützungsverhältnisse gelten wie für die lotrechte Belastung, also wieder nach der Langträgerberechnung für den Breitfußschienenoberbau eine vermittelte Auflagerbreite $h'$ (jetzt Auflagerhöhe $h$) zur Berechnung von $L_y$ zugrunde zu legen ist nach der Gleichung

$$h' = \frac{h\cdot b}{l} = \frac{16\cdot 26}{65} = 6,4 \text{ cm (für den Oberbau K)},$$

wenn $h$ die Höhe der Querschwellen, $b$ die Breite der Querschwellen und $l$ die Schwellenentfernung bedeutet. Für die Schwellenschienen ist $h'$ die Schwellenschienenhöhe $h$ entsprechend der Schwellenschienenbreite $b$ für die lotrechte Belastung.

Für die „seitliche Bettungsziffer" ist $C = 5$ angenommen worden, ein Wert, der wahrscheinlich noch etwas zu hoch ist, so daß die Breitfußschiene beim Vergleich mit der Schwellenschiene eher besser als schlechter abschneidet. Auch dann, wenn man mit einer seitlichen Stützung des Oberbaues nur durch die Reibung an den Schwellenauflagerflächen rechnet und eine „Reibungsbettungsziffer" $C = 1,0$ annimmt, kommt man zu Beanspruchungen der gleichen Größenordnung. Für die Annahme $C = 1,0$ als seitliche „Reibungsbettungsziffer" sind wohl Anhaltspunkte vorhanden, die aber auch noch durch Versuche zu erhärten wären.

Zum Vergleich wurden wieder herangezogen die Schienen S 49, SS 70 und SS 84 bei einer Radlast von 10 t; letztere außerdem noch für Radlasten von 17,3 und 16,5 t, die als lotrechte Beanspruchung 1200 kg/cm² gemäß Tab. 21 ergeben.

Die Nebenspannungen wurden ermittelt für:

1. SS 70, nicht abgelaufen, bei einer Radlast von 10 t, $C = 5$, und einer größten Bodenpressung von 1,5 kg/cm² (Tab. 23).

Tabelle 23. *Nebenspannungen durch Querbiegung SS 70*
$C = 5$; Ablauf 0,0; $p = 1,5$ kg/cm²; Radlast 10 t

| Querschnitt. Abstand vom Außenrand der Schiene $a$ | Blechstärke der Schiene $d$ | Widerstandsmoment $W = \dfrac{b \cdot d^2}{6}$ $b=1$ cm | Biegemoment $M = \dfrac{p \cdot a^2}{2}$ $p = 1,5$ kg/cm² | Nebenbiegespannung $\sigma_n = \dfrac{M}{W}$ | Abstand der Randfaser des Querschnittes von der Schwerachse der Schiene $x$ | Druck- $\quad$ Zug-spannung in der Randfaser des Querschnittes von der Hauptbiegung $\sigma_h$ $\sigma_h = \dfrac{845 \cdot x}{104}$ | | Gesamtspannung $\sigma = \sigma_n + \sigma_h$ |
|---|---|---|---|---|---|---|---|---|
| cm | mm | cm³ | kg/cm | kg/cm² | mm | kg/cm² | | kg/cm² |
| 20 | 45 | 3,370 | 300 | 89 | 86 | 695 | — | 784 |
| 17 | 21 | 0,730 | 216 | 298 | 56 | 452 | — | 750 |
| 15,5 | 15 | 0,370 | 180 | 485 | 43 | 346 | — | 831 |
| 13,5 | 12 | 0,240 | 136 | 570 | 33 | 266 | — | 836 |
| 11,5 | 10 | 0,166 | 99 | 595 | 20 | 162 | — | 757 |
| 10 | 9 | 0,134 | 75 | 560 | 8 | 65 | — | 625 |
| 8 | 9 | 0,134 | 48 | 360 | 17 | — | 137 | 497 |
| 5 | 9 | 0,134 | 19 | 140 | 62 | — | 500 | 640 |

2. SS 84, Ablauf 0,0 mm, $C = 5$, bei einer Radlast von 17,3 t und einer größten Bodenpressung von 2,2 kg/cm² (Tab. 24).

Tabelle 24. *Nebenspannungen durch Querbiegung SS 84*
$C = 5$; Ablauf 0,0; $p = 2,2$ kg/cm²; Radlast 17,3 t

| Querschnitt. Abstand vom Außenrand der Schiene $a$ | Blechstärke der Schiene $d$ | Widerstandsmoment $W = \dfrac{b \cdot d^2}{6}$ $b=1$ cm | Biegemoment $M = \dfrac{p \cdot a^2}{2}$ $p = 2,2$ kg/cm² | Nebenbiegespannung $\sigma_n = \dfrac{M}{W}$ | Abstand der Randfaser des Querschnittes von der Schwerachse der Schiene $x$ | Druck- $\quad$ Zug-spannung in der Randfaser des Querschnittes von der Hauptbiegung $\sigma_h$ $\sigma_h = \dfrac{1200 \cdot x}{113}$ | | Gesamtspannung $\sigma = \sigma_n + \sigma_h$ |
|---|---|---|---|---|---|---|---|---|
| cm | mm | cm³ | kg/cm | kg/cm² | mm | kg/cm² | | kg/cm² |
| 20 | 52 | 4,5 | 440 | 98 | 97 | 1030 | — | 1128 |
| 17 | 22 | 0,810 | 318 | 395 | 62 | 660 | — | 1055 |
| 15,5 | 16 | 0,425 | 265 | 625 | 49 | 520 | — | 1145 |
| 13,5 | 13,5 | 0,302 | 200 | 665 | 39 | 415 | — | 1080 |
| 11,5 | 12 | 0,240 | 145 | 605 | 25 | 265 | — | 870 |
| 10 | 11 | 0,201 | 110 | 550 | 12 | 127 | — | 677 |
| 8 | 11 | 0,201 | 70 | 350 | 11 | — | 117 | 467 |
| 5,5 | 12 | 0,240 | 33 | 148 | 59 | — | 625 | 733 |

Zur Ermittlung der Nebenspannungen sind für die Bodenpressungen höhere Werte angenommen worden, als der Unterlagsziffer $C = 5$ entsprechen (Tab. 22), um ungleichmäßige Druckverteilung zu berücksichtigen, so daß möglichst hohe Werte von der Hauptbiegung ($C = 5$) mit hohen Nebenspannungen übereinandergelagert, also ungünstigste Belastungsfälle, berücksichtigt werden.

Es wurden in beiden Fällen eine Reihe von Querschnitten untersucht, die, von der Schwellenschienenmitte gegen den Rand fortschreitend, mit dem Randabstand „$a$" bezeichnet werden (Abb. 252). Die Stegstärke $d$ der Schwellenschiene wurde gegen den Kopf der Schiene zunehmend so gewählt, daß dem vom Rand gegen die Mitte steigenden Querbiegemoment $M = \dfrac{p \cdot a^2}{2}$ ein entsprechendes Widerstandsmoment $W = \dfrac{b \cdot d^2}{6} = \dfrac{1 \cdot d^2}{6}$ entgegenwirkt. Das Moment $M$ und das Widerstandsmoment $W$ wurden auf 1 cm Länge der Schwellenschiene bezogen. Demgemäß war $b = 1$ cm zu setzen und das Biegemoment $M$ war zu bilden aus Kraft „$1 \cdot a \cdot p$" und Hebelarm „$\dfrac{a}{2}$", somit $M = \dfrac{p \cdot a^2}{2}$.

Die größten Randspannungen entstehen dort, wo sich oberhalb der Schwerachse der Schwellenschiene die Druckspannungen von der Hauptbiegung zu den Druckspannungen von der Nebenbiegung addieren, also an der Außenseite der Schiene, und wo sich unterhalb der Schwerachse die Zugspannungen addieren, das ist an der Innenseite der Schwellenschiene.

Der Abstand $x$ dieser „Rand"fasern von der Schwerachse wurde am Querschnitt ausgemessen und mit Gleichung $\sigma_h = \dfrac{\sigma \cdot x}{m}$ die Biegespannung $\sigma_h$ von der Hauptbiegung an der betrachteten Faser ermittelt, wobei $\sigma$ die größte Hauptbiegerandspannung und „$m$" den Abstand des Ortes dieser Spannung von der Schwerachse bedeutet.

Eine Zusammensetzung der Nebenspannungen mit den aus den negativen Momenten hervorgehenden Spannungen der Hauptbiegung erübrigt sich, weil die negativen Momente nur etwa ein Fünftel der positiven Momente betragen.

Vergleicht man nun die ermittelten Beanspruchungen, Bodenpressungen und Senkungen in den Tab. 22 bis 24, dann erkennt man folgendes:

Die Beanspruchungen durch die Hauptbiegung (lotrechte Belastung) ermäßigen sich nach Tab. 22 vom Profil SS 84 gegenüber S 49 ($C = 5$, 0,0 mm Ablauf) um $\dfrac{990 - 695}{990} \cdot 100 = 30\%$ bei rund dem gleichen Gesamtgewicht der beiden Oberbauarten.

Das Profil SS 70 leistet bei einem Gewicht des Oberbaues von 172 kg/m noch immer mehr als der Oberbau K mit 235 kg/m. Es wird nämlich bei einer *Gewichtsermäßigung* von $\dfrac{235 - 172}{235} \cdot 100 = 27\%$ außerdem noch eine Spannungsermäßigung ($C = 5$, 10,0 mm Ablauf) von $\dfrac{1110 - 890}{1110} \cdot 100 = 20\%$ erzielt.

Während die größten Beanspruchungen der Schienen bei schlechtem Untergrund ($C = 5$) auftreten, entstehen die größten Bodenpressungen bei $C = 10$ und abgelaufenen Profilen. Die Bodenpressungen schwanken zwischen 1,66 kg/cm² bei S 49, 1,40 kg/cm² bei SS 70 und 1,30 kg/cm² bei SS 84. Die Ermäßigung der Bodenpressung unter der Schwellenschiene beträgt somit $\dfrac{1,66-140}{1,66} \cdot 100 =$

$= 15\,\%$ bzw. $\dfrac{1,66-130}{1,66} = 22\,\%$.

Die Senkung ist für normale Schwellenteilung $l = 300$ cm am kleinsten beim unabgenützten Profil SS 84 und guter Bettung ($C = 10$). Sie beträgt dort 1,2 mm und dürfte ausreichend sein auch bei diesen vergleichsweise steifen Profilen genügend weiches Fahren zu gewährleisten, um so mehr, als ja die Schwellenschiene auch noch der Quere nach elastisch nachgibt, während bei der Breitfußschiene zufolge des steifen Steges keine solche Nachgiebigkeit vorhanden ist. (Um eine solche Nachgiebigkeit zu schaffen, hat HAARMANN seinerzeit eine Wellstegschiene entworfen, die aber bald wieder verschwunden ist, weil anscheinend die kurzen steifen Wellen im Steg zu wenig zur Nachgiebigkeit beitragen konnten.)

Aus Tab. 20, Zeile 7 und 8, ist folgendes zu entnehmen:

Wenn man zur Verstärkung des Oberbaues die Schwellenteilung von 3,0 m auf 1,5 m heruntersetzt, wird die Schienenbeanspruchung wenig, die Bodenpressung dagegen im höheren Maße heruntergesetzt. Wenn die Beanspruchungen bei Profil SS 84 mit 15 mm Ablauf bei der gleichen Unterlagsziffer $C = 5$, aber mit verschiedenen Schwellenteilungen verglichen werden, ergibt sich eine Ermäßigung der Beanspruchung von $\dfrac{725-695}{725} \cdot 100 = 4\,\%$; die Ermäßigung der Bodenpressung beträgt jedoch $\dfrac{1,30-1,13}{1,30} \cdot 100 = 13\,\%$.

Gegenüber S 49 ist die Ermäßigung der Bodenpressung $\dfrac{1,66-1,13}{1,66} \cdot 100 =$ $= 32\,\%$, also schon ein recht beachtlicher Wert.

Wenn man bedenkt, daß bei Steigerung der Verkehrslasten in der Regel eher die Überschreitung der zulässigen Bodenpressung eintritt als eine Überlastung der Schiene (die großen Bodenpressungen führen zu ungleichmäßigen Setzungen und großen Unterhaltungsarbeiten), erkennt man den Wert der Verstärkung des Oberbaues durch Verkleinerung der Querschwellenteilung. Am wirksamsten bleibt aber beim Schwellenschienenoberbau die Verbreiterung der Schwellenschiene, was aber natürlich eine vollkommene Schienenneulage voraussetzt.

Zeigt schon die Betrachtung der Spannungen von der Hauptbiegung die Überlegenheit der Schwellenschiene, so wird diese Überlegenheit noch verstärkt, wenn man die Nebenspannungen mit in Betracht zieht.

Aus Tab. 22 geht hervor, daß schon bei einer Seitenkraft von einem Zehntel der lotrechten Wirkung die Gesamtspannung der Schiene SS 70 gegenüber S 49 bei 10 mm Ablauf um $\dfrac{1610-968}{1610} \cdot 100 = 40\,\%$ kleiner ist, trotz des viel geringeren Oberbaugewichtes. Der Spannungsunterschied zwischen S 49 mit 10 mm Ablauf und SS 84 mit 15 mm Ablauf beträgt $\dfrac{1610-792}{1610} \cdot 100 = 51\,\%$.

Da jedoch mit Bestimmtheit anzunehmen ist, daß die seitlichen Beanspruchungen sehr oft auch bis zu einem Fünftel der lotrechten Wirkungen anwachsen, wird das günstigere Verhalten der Schwellenschiene beim Vergleich der auftretenden Beanspruchungen noch deutlicher.

Es beträgt die Ermäßigung der Gesamtspannung S 49 gegen SS 70 $\frac{2110-1046}{2110} \cdot 100 = 50\%$; S 49 gegen SS 84 $\frac{2110-859}{2110} = 60\%$. *Die Gesamtbeanspruchung sinkt also auf weniger als die Hälfte.*

Aus Tab. 22 ist noch zu ersehen, daß auch bei Steigerung der Radlasten auf 17,3 t, also bei Achslasten von rund 35 t, die in Mitteleuropa auch auf weite Sicht kaum zu erwarten sind, noch erträgliche Gesamtspannungen entstehen, die weit hinter den Spannungen, welchen die Schiene S 49 bei 10 t Radlast ausgesetzt ist, zurückbleiben.

Aus Tab. 23 und 24 ist zu entnehmen, daß die Nebenspannungen durch die Querbiegung bei den Profilen SS 70 und SS 84 an keiner Stelle die größte Randspannung durch die Hauptbiegung überschreiten. Bei der Schiene SS 70 bleibt die Gesamtspannung an jedem Punkt kleiner als 845 kg/cm², bei der Schiene SS 84 kleiner als 1200 kg/cm².

Da die Gesamtspannungen diesen Grenzwerten an den maßgebenden Stellen aber recht nahe kommen, ist damit der Beweis erbracht, daß der Baustoff bei der Verbreiterung des Steges gegen den Fahrkopf hin weitgehend ausgenützt ist.

Die Profile SS 84 und SS 70 stellen somit hinsichtlich Tragfähigkeit und günstigste Ausnützung des Baustoffes auch bezüglich der Nebenspannungen einen Fortschritt gegenüber der Form aus 1922 dar.

Wie schon mehrmals betont, ist aber das Tragvermögen nicht allein ausschlaggebend für die Größe der Leistung einer Oberbauform. Mindestens ebenso wichtig ist die Fähigkeit eines Oberbaues, den Fahrzeugen eine *sichere und stetige Führung* zu geben. Ganz besonders für hohe Fahrgeschwindigkeit ist eine Oberbauform nur dann geeignet, wenn sie *Lage und Höhe der Schienen* ohne große Erhaltungsarbeiten sichert. Durch das große seitliche Trägheitsmoment ist die Schwellenschiene der Breitfußschiene auch in dieser Hinsicht weit überlegen. Örtliche, unstetige Krümmungsänderungen werden nicht auftreten können, weil die Gleisform durch die Schienensteifigkeit und die gute Verankerung in der Bettung der Länge und Quere nach dauernd erhalten bleibt. Hier wird ausschlaggebend sein, daß der heruntergesetzte Bettungsdruck beim Schwellenschienenoberbau dazu beitragen wird, daß ungleichmäßige Setzungen weniger leicht und weniger häufig vorkommen werden als beim höher beanspruchten Querschwellenoberbau.

## 4. Befestigungsmittel und Spurhaltung

Die Erhaltung der *richtigen Spurweite* ist ebenso gesichert wie beim Querschwellenoberbau. Zufolge des großen Trägheitsmomentes der Querschwelle ist auch diese selbst nur wenig verformbar; so daß am Querschwellenort die Spurweite sich nicht ändern kann. Aber auch zwischen zwei Querschwellen wird durch das große seitliche Trägheitsmoment und den Schotterkörper, den die Schwellenschiene umgreift, die Erhaltung der richtigen Spurweite beim Schwellenschienenoberbau ebenso gesichert sein wie beim Querschwellenoberbau.

Die Befestigung der Schwellenschiene auf der I-Querschwelle erfolgt mit Verwendung aufgeschweißter Unterlagsplatten, Hakenschrauben und Klemmplättchen ähnlich der bewährten K-Befestigung der Schiene S 49 (Abb. 254).

Dabei entfällt jede Lochung der Querschwelle, so daß Rißbildungen, die
von den Lochungen ausgehen, nicht zu befürchten sind. Für die Herstellung
der Spurerweiterung müssen, so wie beim K-Oberbau, besondere Querschwellen
mit entsprechender Bezeichnung vorhanden sein. Die Unterlagsplatten werden,
wie vom Verfasser für den K-Oberbau vorgeschlagen und von LEITNER weiterentwickelt, nur durch Pressen ohne Fräsarbeit hergestellt, so daß die Form-

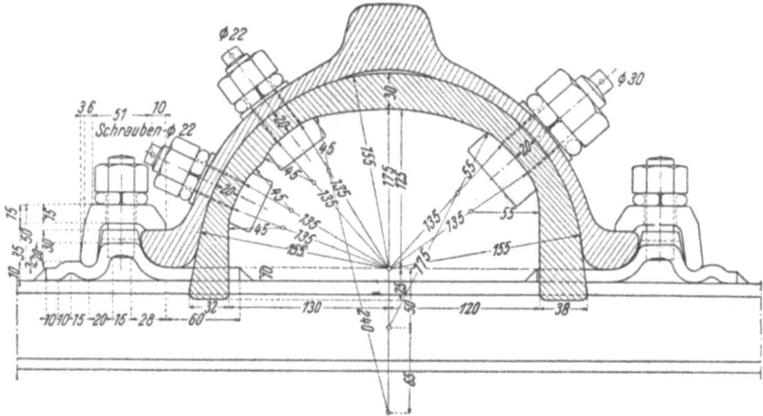

Abb. 254. Schnitt durch die Lasche der Schwellenschiene und Ansicht der Befestigungsteile.

gebung der Unterlagsplatten äußerst einfach ist. (Unterlagsplatten für den
Breitfußschienenoberbau, nur durch Pressen hergestellt, liegen versuchsweise
in den beiden Hauptgleisen im Bahnhof St. Pölten bei Wien.) Wird Wert darauf
gelegt, für den Schwellenschienenoberbau dieselben Klemmplatten verwenden
zu können wie für den K-Oberbau, dann genügt eine kleine Änderung der Form
der Fußränder gemäß Abb. 258. Die Unterlagsplatten sind dann genau so
herzustellen wie die vom Oberbau K.

## 5. Der Schienenstoß

Bei der Breitfußschiene ist die voll befriedigende Lösung der Schienenstoßfrage nicht gelungen. Die grundsätzlichen Mängel des Stoßes der Breitfußschiene
sind im ersten Abschnitt, in der Entwicklungsgeschichte, ausführlich besprochen
worden. Die Form der Schwellenschiene läßt erwarten, daß der Stoß der Schwellenschiene weniger mangelhaft sein wird als der Stoß der Breitfußschiene und der
Doppelkopfschiene. Überdies werden beim Schwellenschienengleis zufolge der
guten Einbettung und besseren Wärmeableitung längere Gleisfelder praktisch
ausführbar, so daß die Anzahl der Stöße weitaus geringer sein und für die dann
verbleibenden wenigen Stöße mehr aufgewendet werden kann. Damit ist zu
hoffen, daß es gelingen wird, mit dem Schwellenschienengleis der Lösung der
Schienenstoßfrage wieder einen Schritt näher zu kommen. Der Entwurf sieht
90 m lange Gleisfelder vor, die durch Verschweißen von je sechs Schienen zu
15 m Länge (oder drei Schienen von 30 m Länge) gewonnen werden. Am verbleibenden Stoß wird zunächst die Schwellenschiene überblattet, um die Stoßlücke zu decken (Abb. 255). Da bei der Überblattung nur der massige Schienenkopf

zu spalten ist, entstehen bei der Spaltung nicht wie bei der Breitfußschiene zu schwache Einzelteile, so daß Blattbrüche nicht zu befürchten sind. Immerhin bleibt das Blatt eine Gleisstelle, die zufolge der entstehenden größeren Flächenpressungen größeren Abnützungen unterworfen sein wird, so daß durch gute Abrundung aller Kanten die Randspannungen klein zu halten sein werden. Um die Schienenenden gut einzuspannen, haben die Laschen bedeutende Länge (1140 mm) und großes Gewicht (100 kg), so daß die Schwellenschienen mit einer großen Anzahl von Schrauben auf die Laschen gepreßt werden können. Die langen, schweren Laschen kann sich die Oberbauform ohne weiteres leisten, weil die Laschen das Metergewicht des Oberbaues zufolge der 90 m langen Gleisfelder nur wenig belasten; auch die große Anzahl der am Stoß verwendeten Schrauben sind deshalb leicht tragbar, weil nur wenige Schrauben zur Befestigung der Schwellenschiene auf den Mittelschwellen gebraucht werden. Es können somit für den Stoß der Schwellenschiene größere Aufwendungen gemacht werden als für den Laschenstoß der Breitfußschiene und da die Anlageflächen zwischen Lasche und Schwellenschiene sehr groß sind — die Lasche bildet ja eine Art Stoßbrücke —, werden auch zufolge der geringeren Flächenpressungen die Abnützungen klein

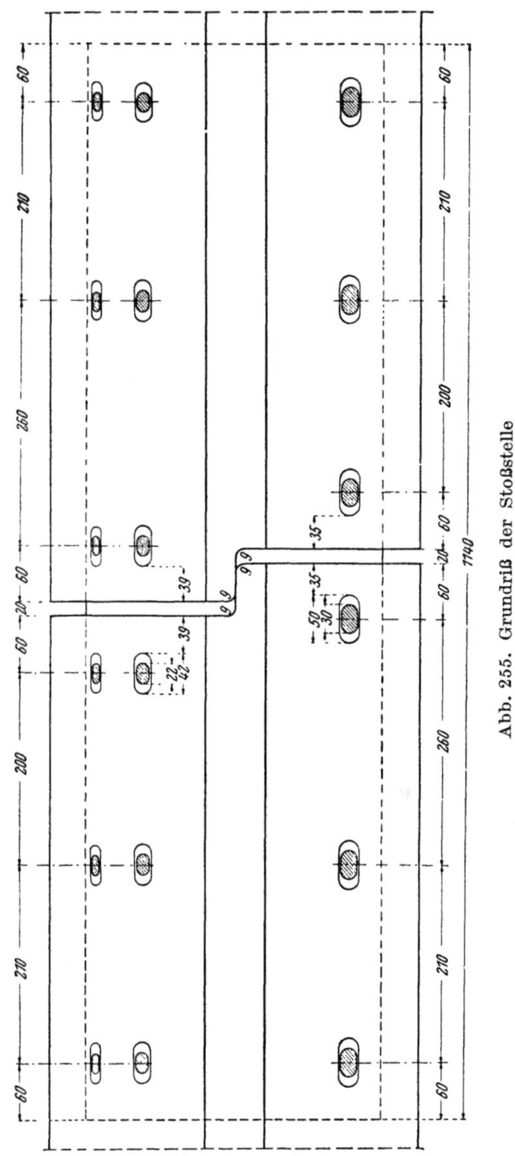

Abb. 255. Grundriß der Stoßstelle

bleiben, so daß zu erwarten ist, daß der entworfene Schwellenschienenstoß größere Betriebsbeanspruchungen aushalten und weniger Erhaltungsarbeiten erfordern wird als der Laschenstoß der Breitfußschiene.

Um die Schwellenschienenenden möglichst gleichmäßig auf die Laschen niederzuschrauben, sind auf der Außenseite des Gleises zwei Reihen Schrauben von 22 mm Durchmesser, auf der Innenseite *eine* Reihe Schrauben von 30 mm Durchmesser verwendet. Zwei Schrauben von 22 mm Durchmesser werden etwa dieselbe Klemmkraft besitzen wie eine Schraube von 30 mm Durchmesser, so daß die Schwellenschiene nahezu symmetrisch auf die Lasche gepreßt wird, Schwellenschiene und Lasche sind an ihren Berührungsflächen nach einem Kreis geformt, so daß auch bei kleinen gegenseitigen Verdrehungen immer satte Anlage besteht (ein Vorteil gegenüber der unsymmetrischen Schwellenschienenform aus dem Jahre 1922). Um dem „festen" Stoß eine größere Elastizität zu geben, liegt die Schwellenschiene im Scheitel nicht auf der Lasche auf, so daß der Schienenkopf etwas federnd nachgeben kann, wenn beim Übergang der Fahrzeuge Stöße auftreten.

Die Innenseite der Lasche ist so gestaltet, daß die mit gewölbtem Kopf ausgebildeten Laschenschrauben sich beim Anziehen der Mutter nicht mitdrehen können.

Der Schraubenschaft hat am Ende eine Bohrung, aus deren Lage man die richtige Stellung des Kopfes im Lascheninnern erkennen kann; gleichzeitig dient die Bohrung dazu, den Kopf an die Lasche angedrückt zu halten, so daß das Mitdrehen des Schraubenschaftes beim Anziehen der Schraubenmutter ausgeschlossen ist. Um die Laschenschrauben stets zugänglich zu erhalten, wird der Innenraum der Lasche nicht mit Schotter gefüllt. Zur Druckübertragung wird die Lasche auf kurze Trogschwellenstücke (dazu können alte Trogschwellen verwendet werden) gelagert (Abb. 256), der Zwischenraum zwischen diesen Trogschwellen wird nicht mit Schotter verfüllt, so daß man jederzeit mit der Hand den Hohlraum im Lascheninnern erreichen kann. Um dem Einsinken der Stöße vorzubeugen, werden die druckübertragenden Flächen in der Umgebung der Stöße vergrößert: durch Näherrücken der Querschwellen und Verlegen der Trogschwellenstücke, die somit einen doppelten Zweck erfüllen. Daß an der Stelle des Stoßes die Schwelle seitlich keine Stütze an der Bettung findet, weil diese wegen der Zugänglichkeit der Laschenschrauben tief liegt, wird der Formhaltung des Gleises nicht schaden, da die schwere Lasche mit dem großen seitlichen Trägheitsmoment die Formhaltung allein übernehmen wird.

Es wäre noch nachzuweisen, daß eine mittlere Stoßlückenweite von 25 mm genügt, das Gleis im Bedarfsfall bei hohen Sommertemperaturen zu entspannen, um Auswechslungsarbeiten durchführen zu können.

Eine möglichst kleine Stoßlücke wird auch bei der Anwendung des Blattstoßes zweckmäßig sein, weil das Blatt jedenfalls eine schwache Stelle im Gestänge darstellt und die größeren Flächenpressungen am gespaltenen Schienenkopf um so weniger schädlich sein werden, je kürzer die Unterbrechung der vollen Unterstützung ist.

Anderseits muß die Stoßlücke aber auch bei der höchsten Sommertemperatur noch so groß sein, daß nach dem Lüften der Laschenschrauben, das ein teilweises

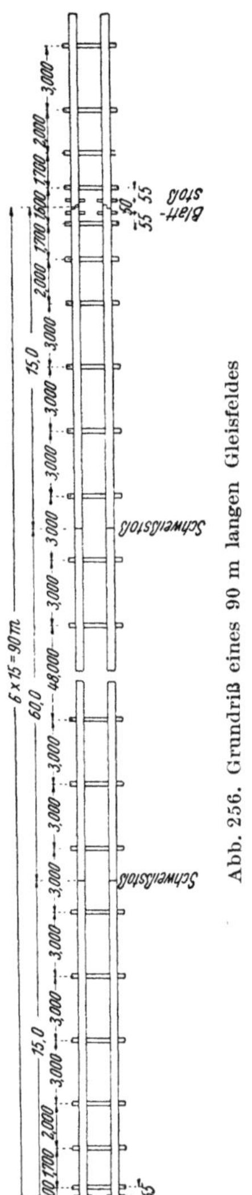

Abb. 256. Grundriß eines 90 m langen Gleisfeldes

Entspannen des gedrückten Gestänges bringt, die Stoßlücken sich nicht vollkommen schließen, sondern noch ein kleiner Zwischenraum bleibt. Dann kann das Ende der Schwellenschiene, die auszubauen ist, nach Entfernen der Laschenschrauben hochgehoben werden, damit bei der folgenden Weiterentspannung durch Lüften der Schwellenschrauben der Ausdehnung der Schwellenschiene keine Grenze gesetzt ist. Beim Lösen der Hakenschrauben auf den Mittelschwellen wird sich nämlich die Schwellenschiene vollkommen entspannen und dabei über das Ende der Nachbarschiene schieben, worauf die gelöste und entspannte Schwellenschiene ausgebaut werden kann.

Schon vom Breitfußschienenoberbau ist bekannt, daß zufolge der Reibung der Schienen auf den Schwellen und in den Laschen nicht die volle Wärmedehnung zur Auswirkung kommt, sondern ein Teil der Wärmedehnung sich in Spannung umsetzt, die Stoßlückenänderungen also kleiner bleiben, als sie rechnungsmäßig bei ungehinderter Ausdehnungsmöglichkeit sein sollten. Wie groß die Kräfte sind, die von der Bettung auf die Querschwellen übertragen werden, kann, ehe Versuche vorliegen, nur nach dem Verhalten der gebräuchlichen Schwellen bei seitlicher Verschiebung geschätzt werden. Nach überschlägigen Rechnungen dürfte eine mittlere Stoßlückenweite von 20 bis 30 mm genügen, im Bedarfsfall ein 90 m langes Gleisfeld auch bei höchster Temperatur entspannen zu können.

Dabei wurde als Schienenhöchsttemperatur $40^0$ C angenommen ($30^0$ über die Neutraltemperatur von $10^0$ C). Diese Annahme ist deshalb berechtigt, weil die Schwellenschiene ganz im Schotterbett eingebettet liegt, also nur der Schienenkopf der unmittelbaren Sonnenbestrahlung ausgesetzt ist. Dadurch wird einerseits die Wärmeaufnahme viel geringer, anderseits kann die aufgenommene geringere Wärmemenge an den Schotterkörper, den die Schwellenschiene umschließt, wieder abgegeben werden, so daß eine Erwärmung auf $40^0$ C eher eine zu ungünstige Annahme darstellt.

## 6. Das Wandern des Oberbaues

Bezüglich der Erscheinung des *Wanderns* des Oberbaues sei folgendes festgestellt: Zeigen schon die neuen Querschwellenbauarten mit Breitfußschienen nur mehr geringeres Wanderbestreben, weil die Schiene dauernd fest auf die Schwellen gepreßt wird, so wird der Schwellenschienenoberbau noch geringere Neigung zum Wandern haben, weil bei gleich guter Befestigung auf den Querschwellen die Art der Stützung der Schwellenschiene durch den Schotterkörper, der mehr in der Schwerachse der Schiene angreift, dazu beitragen wird, das Wanderbestreben weiter herunterzusetzen.

## 7. Das Beheben eines Schienenbruches

Schließlich sind noch die Maßnahmen zu erörtern, die getroffen werden müssen, um einen Schienenbruch unschädlich zu machen.

Zunächst ist festzustellen, daß ein Schienenbruch im Schwellenschienenoberbau weit weniger gefährlich sein würde als der Bruch einer Breitfußschiene, denn die Schwellenschiene umgreift die Schotterleiste derart, daß auch bei gebrochener Schiene Stützung und Führung ausreichen werden, Entgleisungen zu verhüten.

Um die Bruchstelle behelfsmäßig zu decken, werden Hilfslaschen bereit-
gehalten, die aus einem entsprechend gebogenen, nur 10 mm starken Blech
bestehen, so daß die Hilfslasche ein Gewicht von 23 kg bekommt und von
einem Mann eingebaut werden kann. Zu diesem Zweck wird der Schotter-

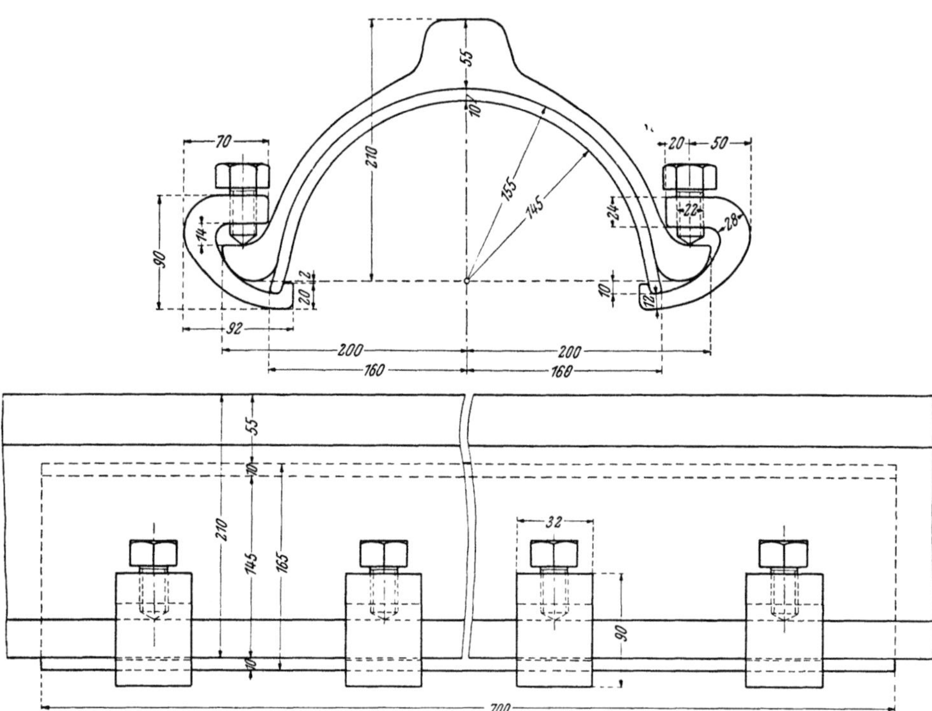

Abb. 257. Deckung eines Schienenbruches

körper unter der Bruchstelle entfernt, die Hilfslasche eingelegt und mit
Klemmbügeln und Schrauben an den Fußrändern der Schwellenschiene befestigt (Abb. 257).

Die Lasche wird dann mittels Holzkeilen gegen die darunterliegende Bettung
abgestützt.

Zur endgültigen Wiederherstellung der Bruchstelle wird entweder ein Stück
Schwellenschiene herausgeschnitten und ein neues Stück durch zwei Thermit-
schweißungen eingesetzt, wobei die Stoßlücken an den Gleisfeldenden die Span-
nungsregelung (im Bedarfsfall vollkommene Entspannung des Gleises) ermöglichen. Oder es wird die Stoßdeckung durch aufgeschweißte Laschen vorgenommen, je nachdem die Bahnverwaltung für das eine oder andere Schweißverfahren eingerichtet ist.

## 8. Der Übergang zum Breitfußschienenoberbau

Der Übergang zur Breitfußschiene wird ebenfalls durch Schweißung hergestellt. Ein solcher Übergang wird bei Weichenverbindungen notwendig sein,
denn im Weichenbau wird sich die Querschwelle und die Breitfußschiene immer

besser eignen als die Langschwelle, weil hier die schlechtere Ausnützung der Querschwellen bei der Druckübertragung keine solche Rolle spielt und gegenüber der überwiegenden Aufgabe der Formhaltung zurücktritt.

## 9. Der Zusammenbau des Gleises

Die Ausführung von Gleisneulagen kann auf zweierlei Art erfolgen. Wenn man die alte Methode des Unterkrampens oder Stopfens anwenden will, wird sich der Zusammenbau des Gleises in folgender Weise abspielen:

Auf den vorgerichteten Unterbau werden die Schwellenschienen am richtigen Ort auf Holzklötzen hoch gelagert und je sechs Schienen zu einem 90 m langen Strang verschweißt. Dann werden die Querschwellen unter den Schwellenschienen durchgeschoben und mit den Schwellenschienen verschraubt. Dieser Gleisrost wird von den Holzklötzen auf den Unterbau abgesenkt und kann bereits von Schotterwagen befahren werden. Nach Verteilung des Bettungsstoffes wird das Gleis nach und nach auf die richtige Höhe gehoben und dabei die Schwellenschienen und die Querschwellen unterkrampt. Beim Anheben des Gleises muß gleichzeitig auch die Gleislage nach den Richtpunkten ständig nachgeprüft werden, weil das nachträgliche „Richten", wie es beim Zusammenbau des Breitfußschienengleises üblich und wegen der geringen Seitensteifigkeit der Breitfußschiene auch leicht ausführbar ist, nur schwer möglich sein wird. Die große Quersteifigkeit und die Schotterleiste im Hohlraum der Schwellenschiene werden jede größere Verschiebung verhindern. Die Einhaltung der „richtigen Richtung" wird auch während des Anhebens zufolge der großen Quersteifigkeit des Gleises leicht möglich sein, weil das Gleis seine Form viel besser beibehält als ein Querschwellengleis mit Breitfußschienen.

Diese Formsteifigkeit wird es erforderlich machen, bei kleineren Bogenhalbmessern die Schwellenschienen vor dem Verschweißen zu biegen, weil die elastische Verformung nur bei großen Bogenhalbmessern genügen wird, die Bogenform herzustellen. Diese Erschwernis beim Zusammenbau wird sich aber reichlich bezahlt machen bei der Erhaltung der richtigen Gleisform während des Betriebes. Ist das Gleis auf die richtige Höhe gehoben und „fein gerichtet" worden, ist es bereits befahrbar. Nach etlichen Zugfahrten werden ungleichmäßige Setzungen noch durch Nachheben behoben und schließlich das Gleis außen bis zur Schienenoberkante, innen auf etwa halbe Höhe vollgefüllt (Abb. 258).

Wenn man das neue Verfahren des Stampfens oder Walzens der Bettung in Verbindung mit dem Füllformverfahren anwenden will, dann erfolgt der Zusammenbau in folgender Weise:

Die Schwellenschienen werden in diesem Fall seitlich außerhalb des Bettungskörpers auf Holzklötzen so hoch gelagert, daß sie später mit Unterstützung der Schwerkraft ohne große Mühe an ihren Bestimmungsort geschoben werden können. Während die Schwellenschienen geschweißt werden, wird der Bettungskörper auf die Höhe „Unterkante Querschwelle" gestampft oder gewalzt. Auf dieser ausgeglichenen Bettung werden die Querschwellen ausgelegt, der Höhe und Lage nach genau eingerichtet. Da die Querschwellen eine ebene Auflagerfläche haben, wird dieses Einrichten sehr einfach auszuführen sein.

Nach dem genauen Verlegen der Querschwellen wird die Bettung bis Querschwellenoberkante vollgestampft. Auf diese vorgerichtete Unterlage werden dann die Füllformen zum Stampfen der Schotterleiste für den Hohlraum der Schwellenschienen aufgelegt und die Formen ausgestampft. Vor Durchführung der Stampfung sind auf die Querschwellen kleine Böcke von etwa 15 cm Höhe aufgesetzt worden, auf welchen nun die von der Seite eingeschobenen Schwellenschienen über ihrem endgültigen Platz ihre vorläufige Abstützung finden.

Zur Absenkung der Schwellenschiene werden nun am Feldanfang diese kleinen Lagerböcke einer nach dem anderen seitlich herausgeschlagen, wodurch sich das Schwellenende nach und nach durch elastische Verbiegung auf die Lasche vom Feldende des bereits liegenden Gleises senkt und die Laschenschrauben eingebracht werden können. Durch weiteres Herausschlagen der Lagerböcke wird schließlich der ganze 90 m lange Strang, der an seinem Ende bereits die Lasche für das nächste Feld trägt, auf die vorgestampfte Schotterleiste abgesenkt. Nun wird die Schwellenschiene mit den Querschwellen leicht verschraubt, wobei kleine Verschiebungen der Querschwellen und der Schwellenschienen in der Längsrichtung des Gleises zufolge der ebenen Auflagerfläche der Querschwellen noch leicht möglich sind, ohne daß die satte Auflagerung der Schwellen verlorengeht. Bilden Schwellenschienen und Querschwellen nach dem festen Anziehen aller Schrauben einen zusammenhängenden Rost, dann wird mit Holzstößeln das ganze Gleis noch heruntergerammt, um eine möglichst gleichmäßige Auflage aller Teile sicherzustellen.

Das Einbringen des restlichen Schotterkörpers erfolgt dann in gleicher Weise wie bei der ersten Ausführungsart.

Der Zusammenbau ist also in allen Fällen sehr einfach. Beim Füllformverfahren sind weniger und größere Formen auszustampfen als beim Querschwellenoberbau, was die Arbeit bestimmt erleichtert. Beim Schwellenschienenoberbau ist weniger Schraubarbeit zu leisten, denn der K-Oberbau hat *7,0 Schrauben* je 1 m Gleis, während der Schwellenschienenoberbau trotz der vielen Laschenschrauben nur *3,2 Schrauben* je 1 m Gleis, also weniger als die Hälfte benötigt.

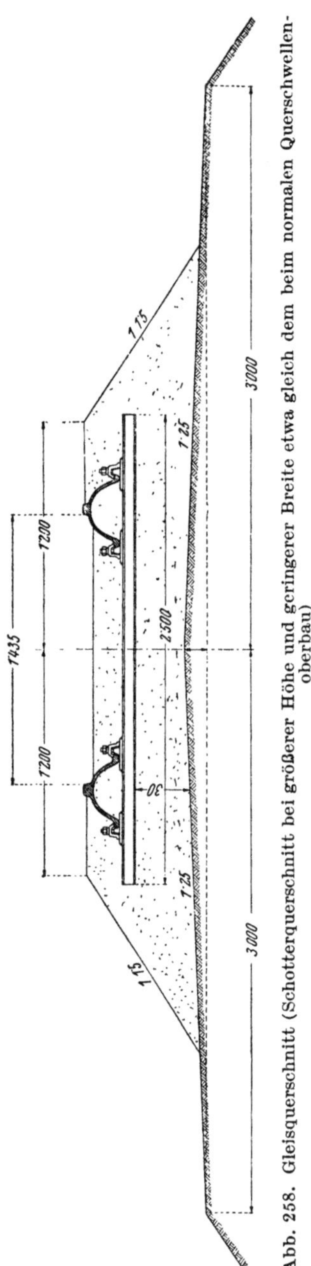

Abb. 258. Gleisquerschnitt (Schotterquerschnitt bei größerer Höhe und geringerer Breite etwa gleich dem beim normalen Querschwellenoberbau)

An Einfachheit ist der Schwellenschienenoberbau kaum zu überbieten und erfüllt damit eine Grundforderung, welche die Praxis an einen brauchbaren Oberbau stellt.

Es erscheint somit nachgewiesen, daß mit einem Metergewicht von 213 kg entsprechend der Schwellenschienenform SS 84, also einem *geringeren Gewicht* als der K-Oberbau hat, eine *weitaus höhere* Leistung zu erzielen sein wird und daß selbst mit einem Metergewicht von 172 kg entsprechend dem Oberbau mit Schwellenschienen der Form SS 70 noch die Leistung der Schiene S 49 übertroffen wird. Die guten Erfahrungen mit dem schweren Stuhlschienenoberbau und die schlechten mit gewissen zu leichten Langschwellenbauarten weisen darauf hin, daß ein zu kleines Metergewicht, das vom wirtschaftlichen Standpunkt erstrebenswert ist, ungünstig sich auswirken könnte, wenn nicht für die ruhige Lage des Gleises in anderer Weise gesorgt ist.

Es sei daher festgestellt, daß beim Schwellenschienenoberbau in beiden Fällen die Masse der unmittelbar den Stößen der Fahrzeuge ausgesetzten Schiene wesentlich größer ist als beim Breitfußschienenoberbau und daß das Gleisgewicht durch den auf der Schwellenschiene und den Querschwellen auflastenden Schotterkörper noch um etwa 100 kg/m Gleislänge erhöht wird. Das Gleisgewicht beträgt dann mit Hinzurechnung des auflastenden Schotterkörpers sozusagen 270 bis 310 kg, so daß trotz des geringen Stahlgewichtes auch beim Oberbau mit Schwellenschienen SS 70 eine ausreichend sichere Gleislage erwartet werden kann. (Eine Erhöhung des Gesamtgewichtes erscheint auch durch Verwendung von Stahlbetonquerschwellen möglich.)

Schließlich sei nochmals darauf hingewiesen, daß sich der Ausdruck „höhere Leistung" nicht nur auf die Tragfähigkeit bezieht, sondern in noch höherem Maße auf die Erhaltung der Richtung, die Schonung der Bettung, die Verbesserung des Schienenstoßes und damit im Zusammenhang auf die Herunterdrückung der Unterhaltungskosten.

# Literaturverzeichnis

Die Ziffern beziehen sich auf die im Text befindlichen Kursivziffern
in eckigen Klammern

## Werke


[1] BIRK, A.: Der Wegebau, 2. Teil (Eisenbahnbau). Wien: F. Deuticke. 1921.

[2] BLOSS, A.: Oberbau und Gleisverbindungen. Handbibliothek für Bauingenieure. Berlin: Julius Springer. 1927.

[3] BÖDECKER, N.: Die Wirkungen zwischen Rad und Schiene. Hannover: 1887.

[4] BRÄUNING, K.: Grundlagen des Gleisbaues. Berlin: W. Ernst und Sohn. 1920.

[5] CRAMER, E. v. und J. v. MIKULI: Handbuch für den Eisenbahnbau-, Bahnerhaltungs- und Bahnaufsichtsdienst. Wien: M. Perles. 1913.

[6] DREYER, N.: Beiträge zu einer dynamischen Theorie des Eisenbahnoberbaues. München: 1924.

[7] FINDEIS, R.: Absteckungstafeln für Eisenbahn- und Straßenbau. Wien: Springer-Verlag. 1946.

[8] HAARMANN, A.: Das Eisenbahngleis. Geschichtlicher Teil. Leipzig: Engelmann. 1891.

[9] HAARMANN, A.: Das Eisenbahngleis. Kritischer Teil. Leipzig: Engelmann. 1902.

[10] HANHART, H. und A. WALDNER: Tracierungs-Handbuch. (Achte unveränderte Auflage.) Berlin: W. Ernst und Sohn. 1942.

[11] HARTMANN, N.: Reichsbahnweichen und Reichsbahnbogenweichen. Berlin: O. Elsner, Verlagsgesellschaft. 1940.

[12] HELMERT, N.: Die Übergangskurve für Eisenbahngleise. Aachen: 1872.

[13] HILF, M.: Der eiserne Oberbau, System HILF. Wiesbaden: C. W. Kreidels Verlag. 1876.

[14] HÖFER, M.: Die Absteckung von Gleisbogen aus Evolventenunterschieden. Berlin: Julius Springer. 1927.

[15] HÖFER, M.: Taschenbuch zum Abstecken von Kreisbogen. Berlin: Julius Springer. 1938.

[16] KNOLL, C. und W. WEITBRECHT: Taschenbuch zum Abstecken der Kurven an Straßen und Eisenbahnen. Stuttgart: 1902.

[17] PERNET, M.: Tafeln zum Abstecken von Kreis- und Übergangsbogen durch Polarkoordinaten. Wien, Budapest, Leipzig: A. Hartlebens Verlag. 1903.

[18] SALLER, H.: Stoßwirkungen an Tragwerken und am Oberbau im Eisenbahnbetriebe. Wiesbaden: C. W. Kreidels Verlag. 1910.

[19] SALLER, H.: Einfluß bewegter Last auf Eisenbahnoberbau und Brücken. Wiesbaden: C. W. Kreidels Verlag. 1921.

[20] SALLER, H.: Der Eisenbahnoberbau im Deutschen Reich. Berlin: Verlag der Verkehrswissenschaftlichen Lehrmittelgesellschaft m. b. H. 1928.

[21] SCHRAMM, G.: Der vollkommene Gleisbogen. Berlin: Springer-Verlag. 1941.

[22] SCHRAMM, G.: Der Gleisbogen. Berlin: O. Elsner Verlagsgesellschaft. 1943.

[23] SCHRAMM, G.: Bogengestaltung und Bogenabsteckung. München: Erich-Schmidt-Verlag. 1949.

[24] SCHÜRBA, W.: Klothoiden-Abstecktafeln. Berlin: Volk-und-Reich-Verlag. 1942.

[25] SIMON, K.: Ermittlung der auf die Stellung von Eisenbahnfahrzeugen in Bogengleisen sich beziehenden Massen durch Rechnung sowie mittels des ROYschen graphischen Verfahrens. Wiesbaden: C. W. Kreidels Verlag. 1909.

[*26*] Verein Deutscher Eisenbahnverwaltungen. Technische Vereinbarungen über den Bau und Betrieb der Hauptbahnen und Nebenbahnen. Berlin: Julius Springer. 1930.

[*27*] Weber, M. v.: Die Stabilität des Gefüges der Eisenbahngleise. Weimar: B. F. Voigt. 1869.

[*28*] Winkler, E.: Der Eisenbahnoberbau. (Mit einem ausführlichen Schrifttumverzeichnis vom Beginn des Eisenbahnwesens bis 1870.) Prag: Verlag H. Dominikus. 1871.

[*29*] Zimmermann, H.: Die Berechnung des Eisenbahnoberbaues. Verlag Ernst und Korn. 1888.

## Zeitschriften

### *Abkürzungen*

Gleistechnik: Gleistechnik und Fahrbahnbau.
Organ: Organ für die Fortschritte des Eisenbahnwesens.
Schw. Bauz.: Schweizerische Bauzeitung.
V. W.: Verkehrstechnische Woche.
Z. d. Ö. Ing. u. Arch. V.: Zeitung des Österreichischen Ingenieur- und Architektenvereines.
Z. d. V. M. E.: Zeitung des Vereines Mitteleuropäischer Eisenbahnverwaltungen.

### A. Grundlagen

[*30*] Besser, F.: Die Umgrenzung des lichten Raumes und Umgrenzung der Fahrzeuge. Organ **1933**, S. 441.

[*31*] Feyl, E.: Die Grundlagen der Bestimmungen für die Umgrenzung des lichten Raumes. Organ **1936**, S. 477, 495.

[*32*] Potthoff, G.: Die Regelspur 1435 mm. Organ **1944**, S. 9. (Mit einem ausführlichen Schrifttumverzeichnis.)

### B. Das Tragvermögen

#### Allgemeines, Schienenbaustoff, Abnützung

[*33*] Bäseler, W.: Die einfache Eisenbahn. Z. d. V. M. E. **1927**, H. 27—29.

[*34*] Bloss, A.: Osnabrücker Verbundgußschienen. Organ **1932**, S. 19.

[*35*] Bowen, M.: Wärmebehandelte Schienenenden. Versuche der Chicago-Milwaukee, St. Paul and Pacific Railroad, Metal Progross **1931**, S. 33; Schw. Bauz. **1931**, S. 259, Bd. 97.

[*36*] Dormus, A.: Einige Bemerkungen zum Schienenproblem. Gleistechnik **1930**, S. 119.

[*37*] Feyl, E. und K. Pflanz: Steifigkeit des Oberbaues, Verschleiß und Krümmungswiderstand. Organ **1937**, S. 7.

[*38*] Raab, F.: Raddruck und Schienengewicht. Gleistechnik **1942**, S. 25, 33.

[*39*] Saller, H.: Einfluß der Zeit auf Formänderungen unter bewegten Lasten. Organ **1916**, S. 308.

[*40*] Schukowsky, N.: Die Seigerung der Schienen. Organ **1914**, S. 40.

[*41*] Spindel, M.: Technische und wirtschaftliche Bedeutung des Verschleißwiderstandes von Eisenbahn- und Maschinenmaterialien. Z. d. ö. Ing. u. Arch. V. **1926**, S. 99, 209 und 228.

[*42*] Spindel, M.: Prüfung von Stoffen auf Verschleiß durch Abnutzung und Verformung. Organ **1928**, S. 31.

[*43*] Steller, A.: Riffelbildung auf Vollbahnschienen. Organ **1929**, S. 424.

[*44*] Walzel, R.: Einige Beobachtungen zum Schienenverschleiß. Gleistechnik **1935**, S. 37.

#### Oberbauberechnung, Messungen am Oberbau

[*45*] Ast, N.: Beziehungen zwischen Gleis und rollendem Material. Organ **1898**, S. 1, Ergänzungsband.

[*46*] Bastian, R.: Das elastische Verhalten der Gleisbettung und ihres Untergrundes. Organ **1906**, S. 269.

[47] BLOSS, A.: Beobachtungen am Eisenbahngleis mit dem Lichtbildverfahren. Organ **1921**, S. 140.

[48] BLOSS, A.: Zur Frage des Biegemomentes in den Fahrschienen. Organ **1923**, S. 144.

[49] CZITARY, E.: Beitrag zur Berechnung des Querschwellenoberbaues. Organ **1936**, S. 154.

[50] CZITARY, E.: Beitrag zur Berechnung des Querschwellenoberbaues. Organ **1938**, S. 403.

[51] DRIESSEN, CH.: Dynamische Messungen am Eisenbahnoberbau. Organ **1926**, S. 426.

[52] DRIESSEN, CH.: Die einheitliche Berechnung des Oberbaues im Verein Mitteleuropäischer Eisenbahnverwaltungen. Organ **1937**, S. 113.

[53] GRUENEWALDT, C. v.: Amerikanische Oberbauuntersuchungen. Organ **1929**, S. 89 und 105, Abb. 14.

[54] HANKER, R.: Einheitliche Langträgerberechnung des Eisenbahnoberbaues. Organ **1935**, S. 93.

[55] HANKER, R.: Die Entwicklung der Oberbauberechnung. Organ **1938**, S. 45.

[56] HANKER, R.: Die Langträgerberechnung des Eisenbahnoberbaues. Gleistechnik **1941**, S. 16.

[57] HÄNTSCHEL, G.: Das Verhalten der Gleisbettung in statischer Beziehung nach den Versuchen der Reichseisenbahnen. Organ **1889**, S. 141.

[58] JAKY-JANICSEK, J.: Zur Frage der einheitlichen Berechnung des Eisenbahnoberbaues. Organ **1934**, S. 211.

[59] JAKY-JANICSEK, J.: Zum Abschluß der vereinfachten, einheitlichen Berechnung des Oberbaues. Organ **1935**, S. 97.

[60] NEMCSEK, J.: Zur Frage der Oberbauberechnung. Organ **1930**, S. 77.

[61] NEMESDY-NEMCSEK, J.: Prüfung von Oberbauberechnungsverfahren an Hand von Spannungsmessungen. Organ **1934**, S. 206.

[62] NEMESDY-NEMCSEK, J.: Zum Abschluß der vereinfachten, einheitlichen Berechnung des Oberbaues. Organ **1935**, S. 98.

[63] PETRONI, V.: Beitrag zur Frage der Unterlagsziffer und der Druckverteilung in der Gleisbettung. Gleistechnik **1938**, S. 162.

[64] PIHERA, H.: Einfluß der Druckverteilung des Unterbaues und des Untergrundes auf die Biegemomente und Stützendrücke der Schiene. Organ **1940**, S. 101.

[65] PISTOLKORS, E. v.: Beitrag zur Berechnung des Oberbaues. Gleistechnik **1937**, S. 197.

[66] SALLER, H.: Dynamik des Eisenbahnoberbaues. Organ **1926**, S. 422.

[67] SALLER, H.: Einheitliche Berechnung des Eisenbahnoberbaues. Organ **1932**, S. 14.

[68] SALLER, H.: Beobachtungen über die elastischen Formänderungen und die Arbeit des Eisenbahngleises von Wasiutynski. Organ **1937**, S. 140.

[69] SCHUBERT, E.: Über die Vorgänge unter der Schwelle eines Eisenbahngleises. Organ **1899**, S. 118.

[70] SCHRAMM, G.: Oberbauberechnungen. Gleistechnik **1942**, S. 1, 10, 17.

[71] VOGEL, R.: Die Berechnungen des Querschwellenoberbaues. Gleistechnik **1938**, S. 101, 121, 141.

[72] WASIUTYNSKI, A.: Beobachtungen über die elastischen Formänderungen des Eisenbahngleises. Organ **1899**, S. 293.

### C. Die Druckübertragung auf die Bettung
#### Holz- und Stahlschwellen

[73] BÄSELER, W.: Das neue Tränkverfahren. Z. d. V. M. E. **1942**, S. 73.

[74] HANKER, R.: Ein neuer Vorschlag für einen Oberbau mit Schwellenschienen auf Querschwellen. Organ **1922**, S. 203.

[75] HANKER, R.: Über die Länge der Querschwellen von Hauptbahnen. V. W. **1925**. S. 829.

[*76*] PIRATH, C.: Die Verarbeitung der Kraftangriffe in hölzernen Eisenbahnschwellen. Organ **1934**, S. 263.

[*77*] SALLER, H.: Grundsätzliches zur Eisenbahnquerschwellenfrage. Z. d. V. M. E. **1934**, S. 367.

[*78*] SCHEIBE, R.: Hohle Querschwellen. Organ **1919**, S. 65.

[*79*] THOMANN, S.: Die Buchenschwelle. Z. d. Ö. I. u. A. **1914**, S. 577.

[*80*] VOGEL, R.: Stahlschwellen. Verkehrstechnische Woche **1934**, S. 89, 107, 122.

### Stahlbetonschwellen

[*81*] DÖHLERT, R.: Versuche mit Eisenbetonschwellen in Sachsen. Organ **1925**, S. 229.

[*82*] EMPERGER, E.: Eisenbetonschwelle. Bauart Emperger. Organ **1929**, S. 251.

[*83*] EMPERGER, E.: Die Eisenbahnschwelle aus Stahlbeton. Beton und Eisen **1942**, S. 7.

[*84*] KRÄUTLE, R.: Versuche mit Asbestonschwellen bei der württembergischen Staatsbahn. Organ **1921**, S. 5.

[*85*] MEIER, H.: Die Eisenbahnschwelle aus Stahlbeton. Eisenbahntechnik. Organ für das deutsche Eisenbahnwesen **1947**, S. 97.

[*86*] RAUSCHENBERGER, A.: Versuche der Südbahn mit Schwellen aus bewehrtem Grobmörtel. Organ **1922**, S. 114.

[*87*] ROUDOLF, A.: Querschwelle aus Eisenbeton für Hauptbahnen mit Regelspur. Organ **1922**, S. 217.

[*88*] SALLER, H.: Versuche mit Asbestonschwellen bei den schwedischen Staatsbahnen. Organ **1921**, S. 169.

### Verbundschwellen

[*89*] BÄSELER, W.: Die geleimte Schwelle. Z. d. V. M. E. **1941**, S. 62.

[*90*] BLOSS, A.: Die Zwieschwelle. Organ **1943**, S. 355.

[*91*] SALLER, H.: Die zusammengesetzte Eisenbahnquerschwelle. Organ **1941**, S. 232.

[*92*] WERNEKKE, A.: Zusammengesetzte Holzschwellen. Gleistechnik **1940**, S. 61.

### D. Die Druckübertragung auf den Unterbau

[*93*] BLOSS, A.: Die Federung des Gleises. Organ **1929**, S. 427.

[*94*] BLOHME, R.: Verlegen des Reichsoberbaues mit Füllkästen nach dem Hannoverschen Verfahren. Organ **1927**, S. 399.

[*95*] FAATZ, A.: Wirtschaftlichere Gestaltung der Bettungsverdichtung durch das Walzverfahren. Organ **1926**, S. 364, 477.

[*96*] FAATZ, A.: Ist die Bettung elastisch? Organ **1930**, S. 377.

[*97*] FAATZ, A.: Gefahren des Hochstopfens von Gleisen. Organ **1931**, S. 97.

[*98*] HARDER, O.: Das Rammen der Gleisbettung bei der Gleiserneuerung und Gleisunterhaltung. Gleistechnik **1940**, S. 9, 21.

[*99*] HILDEBRANDT, N.: Gleis auf gewalzter Steinschlagbettung. Organ **1926**, S. 5.

[*100*] SALLER, H.: Gleisunterhaltung mittels Schaufelstopfens nach Maß. Gleistechnik **1937**, S. 212.

[*101*] VOGEL, R.: Veränderung der Bettung unter Stahl- und Holzschwellen. Organ **1940**, S. 79, 93.

[*102*] WATTENBERG, N.: Das Unterschaufeln in der Gleisunterhaltung. Gleistechnik **1938**, S. 29.

[*103*] WERNEKKE, A.: Ein Gleisbett aus Beton. Organ **1927**, S. 206.

[*104*] WIRTH, A.: Der Oberbau der großen Geschwindigkeiten und großen Achsdrücke. Das Gleis auf Federn und festen Stützen. Organ **1927**, S. 177, 193.

[*105*] WIRTH, A.: Das Gleis auf Federn und festen Stützen. Organ **1929**, S. 430.

[*106*] WÖHRL, F.: Gleisumbau auf gewalzter, gestampfter oder unterkrampter neuer Schotterbettung. Organ **1925**, S. 33.

### E. Befestigungsmittel

[107] BÄSELER, W.: Neue Zielrichtungen im Oberbau. Organ **1932**, S. 11.
[108] BÄSELER, W.: Der Selbstspannoberbau. Organ **1935**, S. 115.
[109] BLOSS, A.: Schienenbefestigung durch Schweißen. Organ **1933**, S. 119.
[110] REINGRUBER, W.: Geschichtliche Entwicklung der Schienenbefestigung mit Klemmbügel und Klemmbügelschrauben. Gleistechnik **1938**, S. 34.
[111] SALLER, H.: Blattfederoberbau nach RÜPING. Organ **1932**, S. 225.
[112] SCHMITT, N.: Der eiserne Oberbau der Oldenburgischen Staatsbahnen. Organ **1918**, S. 261.

### F. Stoßausbildung

#### Der Laschenstoß

[113] AHLERT, W.: Der Gleisbau in Nordamerika. Gleistechnik **1938**, S. 88.
[114] BÄSELER, W.: Der Schienenstoß als Gelenk. Z. d. V. D. E. V. **1931**, S. 597.
[115] FINDEIS, R.: Stuhlschienenstoß mit Spurregelung. Organ **1938**, S. 214.
[116] MITJUSCHIN, N. und H. SALLER: Der Einfluß großer Geschwindigkeiten der rollenden Last auf das Gleis. Organ **1940**, S. 327.
[117] PÖSENTRUP, N.: Die Beanspruchung des Schienenstoßes. V. W. **1925**, S. 463.
[118] SALLER, H.: Formänderungen am schwebenden Schienenstoß. Organ **1912**, S. 351.

#### Das geschweißte Gleis

[119] AHLERT, W.: Umbau von Vollbahnlaschengleisen in lückenlose Gleise unter besonderer Berücksichtigung des kombinierten aluminothermischen Schweißverfahrens. Gleistechnik **1937**, S. 177.
[120] AMMANN, O. und C. v. GRUENEWALDT: Versuche über die Wirkung von Längskräften im Gleis. Organ **1928**, S. 308.
[121] AMMANN, O. und C. v. GRUENEWALDT: Versuche über die Wirkung von Längskräften im Gleis. Organ **1932**, S. 115.
[122] AMMANN, O. und C. v. GRUENEWALDT: Der Widerstand des Gleises gegen Längs- und Querverschiebungen. Organ **1934**, S. 101.
[123] BLOCH, A.: Die Stabilität des lückenlosen Gleises. Organ **1932**, S. 169.
[124] BROSZKO, M.: Über die versuchsmäßigen Grundlagen der Verwerfungsforschung. Gleistechnik **1940**, S. 41, 49.
[125] GRUENEWALDT, C. v.: Die Knicksicherheit des lückenlosen Gleises. Organ **1931**, S. 109, 292.
[126] HANKER, R.: Gleiswirtschaft, Schienenstoßfrage und Thermitschweißun g. Z. d. Ö. Ing. u. Arch. V. **1926**, H. 43/46.
[127] HERWIG, N.: Die Schienenbruchstatistik der Deutschen Reichsbahn. Organ **1939**, S. 43; Stahl und Eisen 20. 10. 38.
[128] HERWIG, N.: Die Schienenstoßschweißung bei der Deutschen Reichsbahn. Organ **1939**, S. 36.
[129] HOFFMANN, S.: Das Langschienenproblem. Schw. Bauz. **1942**, S. 293.
[130] HUBER, M. T.: Über den Einfluß der Wärmespannungen auf die Verwerfungsgefahr eines geraden, lückenlosen Gleises. Gleistechnik **1938**, S. 221.
[131] HUBER, M. T.: Über die Verwerfungsgefahr eines geraden, lückenlosen Gleises im Zusammenhang mit der Stabilitätstheorie des elastisch eingebetteten schweren Stabes. Gleistechnik **1941**, S. 33, 41.
[132] HUBER, M. T.: Über die Anwendung der Theorie zur Deutung der Versuchsforschung im Gleisverwerfungsproblem. Gleistechnik **1941**, S. 61.
[133] KALBERLAH, A.: Der autogen geschweißte Schienenstoß. Gleistechnik **1938**, S. 55.
[134] KITTEL, G.: Schweißstöße im Eisenbahngleis. Gleistechnik **1938**, S. 96.
[135] LEDERLE, K.: Sicherheit gegen Verwerfen im durchgehend geschweißten Gleis. Organ **1935**, S. 97.

[*136*] LEDERLE, K.: Sicherheit gegen Verwerfung im durchgehend geschweißten Gleis. Organ **1937**, S. 443.

[*137*] MEIER, H.: Die Stabilität des lückenlosen Vollbahngleises. Zeitschrift des Vereines Deutscher Ingenieure **1934**, S. 1153.

[*138*] MEIER, H.: Eigenspannungen in Eisenbahnschienen. Organ **1936**, S. 320, 386.

[*139*] MEIER, H.: Vorschlag zur Verlegung eines Langschienengleises. Organ **1936**, S. 395.

[*140*] MEIER, H.: Ein vereinfachtes Verfahren zur theoretischen Untersuchung der Gleisverwerfung. Organ **1937**, S. 369.

[*141*] MEIER, H.: Wo bleibt das lückenlose Eisenbahngleis. Organ **1941**, S. 281.

[*142*] NEMCSEK, J.: Die Ausdehnung der Schienen durch die Wärme. Organ **1928**, S. 305.

[*143*] NEMCSEK, J.: Versuche der königlich ungarischen Staatsbahnen über die Standsicherheit des Gleises. Organ **1933**, S. 105.

[*144*] NEMESDY-NEMCSEK, J.: Über einheitliche Bedingungen für Prüfung und Abnahme geschweißter Schienenstöße. Organ **1939**, S. 32.

[*145*] PISTOLKORS, E. v.: Über die Stabilität des Eisenbahngleises. Gleistechnik **1939**, S. 40.

[*146*] PÖSCHL, T.: Über die Stabilität des Eisenbahngleises Gleistechnik **1937**, S. 157.

[*147*] PÖSCHL, T.: Über die Stabilität des Eisenbahngleises. Gleistechnik **1938**, S. 217.

[*148*] PÖSCHL, T.: Über die Stabilität des Eisenbahngleises. Gleistechnik **1939**, S. 61.

[*149*] RAAB, F.: Die Stabilität des Schienenweges unter neuen Gesichtspunkten. Zeitung des Vereines Deutscher Ingenieure **1934**, S. 405.

[*150*] RAAB, F.: Gleisverwerfung durch Wärmespannungen. Gleistechnik **1937**, S. 82.

[*151*] RAAB, F.: Das Eisenbahngleis unter dem Gesichtspunkt der Verwerfungssicherheit. Gleistechnik **1938**, S. 226.

[*152*] RAAB, F.: Grundsätzliches zur Frage der Berücksichtigung der Eigenschaften des Schotterbettes bei Untersuchungen über die Stabilität des Eisenbahngleises. Gleistechnik **1939**, S. 37.

[*153*] SCHÖNBERGER, R.: Schienenschweißung bei der Reichsbahndirektion Nürnberg. Organ **1925**, S. 477.

[*154*] SCHÖNBERGER, R.: Neues über Schienenstoßschweißungen. Organ **1929**, S. 1.

[*155*] STÜSSI, F.: Zur Theorie der Schienenatmung. Schw. Bauz. **1943**, S. 231.

[*156*] WATTMANN, D.: Schienenschweißung im Eisenbahnbau. Organ **1925**, S. 163.

[*157*] WATTMANN, D.: Querverschiebung geschweißter Gleiskurven. Organ **1926**, S. 306.

[*158*] WATTMANN, D.: Wärmewirkungen im Langschienenbau. Organ **1928**, S. 191.

[*159*] WATTMANN, D.: Langschienen und Stoßfugen. Organ **1929**, S. 297.

[*160*] WATTMANN, D.: Reibungskräfte im Langschienengleis. Organ **1930**, S. 192.

[*161*] WATTMANN, D.: Knicksicherheit von Gleisen. Organ **1932**, S. 176.

[*162*] WATTMANN, D.: Durchgehende Schweißung von Eisenbahngleisen. V. W. **1935**, S. 677.

[*163*] WATTMANN, D.: Der Schienenbruch im lückenlos geschweißten Gleis. Gleistechnik **1937**, S. 90.

[*164*] WATTMANN, D.: Schweißung lückenloser Gleise mit Vorspannung. Gleistechnik **1938**, S. 41, 65.

## G. Die Führung der Fahrzeuge

### Rad und Schiene

[*165*] BÄSELER, W.: Die Spurkranzreibung. Organ **1927**, S. 333.

[*166*] HANKER, R.: Schienenkopf und Radreifen. Zeitschrift für Bauwesen **1925**, H. 1/3, Ingenieurbauteil.

[*167*] HANKER, R.: Über Radreifenformen. Sonderheft Verkehrstechnik der Zeitschrift „Die Wasserwirtschaft" **1930**, H. 15.

[*168*] HARTMANN, F.: Der Einfluß der Spurkranzform auf das Spurmaß. Z. d. V. D. E. V. **1928**, S. 806.

[*169*] HEUMANN, H.: Spurkranz und Schienenkopf. Organ **1931**, S. 471, 491.

[*170*] HEUMANN, H.: Die Entgleisungsgefahr im Gleisbogen. Z. d. V. D. E. V. **1932**, S. 901.

[*171*] JAHN, R.: Sicherheit gegen Entgleisung in Gleiskrümmungen. Z. d. V. D. E. V. **1928**, S. 1109.

[*172*] LABRIJN, P.: Versuchsweise Bestimmung der zur Entgleisung eines führenden Rades nötigen Kraft. Organ **1937**, S. 241.

[*173*] LIECHTY, R., Losräder für Vollbahnfahrzeuge. Schw. Bauz. **1942**, S. 22.

## Fahrzeug und Gleis

[*174*] BÄSELER, W.: Spurerweiterung oder nicht? Z. d. V. D. E. V. **1926**, H. 8/10 und 12/13.

[*175*] BÄSELER, W.: Das Geheimnis der freien Lenkachsen. Wie weit sind sie eine Lösung der Kurvenfrage? Z. d. V. D. E. V. **1929**, S. 361.

[*176*] BÄSELER, W.: Der Einfluß der Spurweite und der Überhöhung in Gleiskrümmungen auf den Lauf freier Lenkachsen. Z. d. V. D. E. V. **1931**, S. 998.

[*177*] BÄSELER, W.: Auflaufbogengleise, ihre Geschichte und ihr heutiger Stand. Z. d. V. D. E. V. **1931**, S. 1143.

[*178*] BAUMANN, A.: Die Reibungszahl $\mu'$ der quergleitenden Bewegung rollender Räder an Eisenbahnfahrzeugen. Organ **1931**, S. 391.

[*179*] BECKER, P.: Widerstand einer dreiachsigen Lokomotive in Gleisbögen mit und ohne Spurerweiterung bei genauer Berücksichtigung der Spurkranzreibung. Organ **1929**, S. 163.

[*180*] CAESAR, A.: Schlingerbewegungen an Drehgestellwagen. Organ **1929**, S. 501.

[*181*] DAUNER, W.: Der Anlaufstoß bei Eisenbahnfahrzeugen. Organ **1937**, S. 390.

[*182*] DEISCHL, E.: Linienverbesserungen oder gesteuerte Achsen? V. W. **1937**, S. 97.

[*183*] DRECHSEL, A.: Die Lösung der Schnellverkehrsfrage durch den kurvenneigenden Kreiselwagen. Z. d. V. M. E. **1938**, S. 377.

[*184*] HAMELINK, C.: Die Wirkung zwischen der Hohlkehle des Radreifens und der Abrundung des Schienenkopfes. Organ **1918**, S. 309.

[*185*] HANKER, R.: Zu den Schlingerbewegungen von Drehgestellwagen. Organ **1930**, S. 378.

[*186*] HEUMANN, H.: Zum Verhalten von Eisenbahnfahrzeugen in Gleisbogen. Organ **1913**, S. 104.

[*187*] HEUMANN H.: Das Einfahren von Eisenbahnfahrzeugen in Gleisbögen. Organ **1930**, S. 463, 485, 520.

[*188*] HEUMANN, H.: Die Reibung zwischen Rad und Schiene im Bogen. Organ **1932**, S. 105.

[*189*] HEUMANN, H.: Bogenlauf vierachsiger Eisenbahnwagen. Organ **1932**, S. 337, 355.

[*190*] HEUMANN, H.: Die freien Lenkachsen im Gleisbogen bei Einpunktberührung. Organ **1933**, S. 325.

[*191*] HEUMANN, H.: Die freien Lenkachsen im Gleisbogen bei Zweipunktberührung. Organ **1934**, S. 439.

[*192*] HEUMANN, H.: Das Einfahren von Lokomotiven in Gleisbogen. Organ **1936**, S. 165, 331.

[*193*] HEUMANN, H.: Das Ausfahren von Eisenbahnfahrzeugen aus nicht überhöhten Gleisbögen. Organ **1938**, S. 283, 315.

[*194*] HEUMANN, H.: Liechtys Studien und Messungen der Bogenläufigkeit von Eisenbahnfahrzeugen. Organ **1939**, S. 256.

[*195*] LEVEN, W.: Die Reibung zwischen Rad und Schiene. Organ **1941**, S. 333, 349.

[*196*] LIECHTY, R.: Zwangläufig an der Schiene geführte Spurfahrzeuge. Z. d. V. D. E. V. **1929**, S. 907.

[*197*] NORDMANN, B.: Die Laufeigenschaften der Lokomotiven. Versuchsmäßige Feststellungen mit dem Oszillographenwagen der Deutschen Reichsbahn. Organ **1941**, S. 129.

[*198*] PAWELKA, K.: Aus der Theorie des Krümmungslaufes. Verkehrstechnik **1936**.

[*199*] PFLANZ, K.: Beitrag zur Untersuchung von Kurvenlaufeigenschaften elektrischer Lokomotiven. Organ **1933**, S. 238.

[200] Pöhner, A.: Das Reibungsgleichgewicht eines dreiachsigen Lenkachseisenbahnwagens, deren Endachsen von der seitenverschieblichen Mittelachse gesteuert werden. Z. d. V. D. E. V. **1931**, S. 68.

[201] Pöhner, A.: Entwicklung und Aussichten der gesteuerten Lenkachsen. V. W. **1932**, S. 256.

[202] Übelacker, A.: Untersuchungen über die Bewegung von Lokomotiven mit Drehgestellen in Bahnkrümmungen. Organ **1903**, Beilage.

[203] Vogel, R.: Zeichnerische Untersuchung der Bogenbeweglichkeit von Eisenbahnfahrzeugen. Organ **1926**, S. 354.

### Die Gleislage und das Verlegen des Oberbaues

[204] Bäseler, W.: Überhöhung und Abnutzung in Gleisbögen. Z. d. V. D. E. V. **1930**, S. 1253.

[205] Bäseler, W.: Gedanken zum Schnellverkehr. Z. d. V. D. E. V. **1931**, S. 201.

[206] Bloss, A.: Der Übergangsbogen mit geschwungener Überhöhungsrampe. Organ **1936**, S. 319.

[207] Cherbuliez, A.: Die Gestaltung der Übergangs- und Verbindungsbogen in Eisenbahngleisen. Organ **1916**, S. 355, 384.

[208] Findeis, R.: Der Übergangsbogen. Gleistechnik **1940**, S. 57.

[209] Hanker, R.: Gestaltung des Gleises für große Fahrgeschwindigkeiten. Organ **1922**, S. 297, 313.

[210] Hanker, R.: Der Gegenbogen im Eisenbahngleis. Organ **1933**, S. 343.

[211] Hanker, R.: Die stoßfreie Krümmungseinfahrt. Organ **1939**, S. 320.

[212] Klein, R.: Übergangsbogen mit sinusförmiger Überhöhungsrampe. Gleistechnik **1937**, S. 224.

[213] Leisner, N.: Die Geometrie des Gleisbogens für hohe Geschwindigkeiten. Organ **1935**, S. 89.

[214] Niemann, R.: Geschwindigkeiten in Kurven und Weichen auf der Eisenbahn. V. W. **1934**, S. 309.

[215] Petersen, R.: Die Gestaltung der Bogen im Eisenbahngleis. Organ **1920**, S. 63, 75.

[216] Petersen, R.: Der Übergangsbogen im Eisenbahngleis. Organ **1932**, S. 409.

[217] Schramm, G.: Allgemeine Theorie des Nalens-Höfer-Verfahrens. Organ **1931**, S. 337.

[218] Schramm, G.: Gleisverziehungen, verzerrte und verkrümmte Lagepläne. V. W. **1933**, S. 740, 755, 767.

[219] Schramm, G.: Beitrag zur Gleisbogengestaltung für hohe Fahrgeschwindigkeiten. Organ **1934**, S. 427.

[220] Schramm, G.: Die Gestaltung der Gleisbogen bei hohen Geschwindigkeiten. V. W. **1936**, S. 487.

[221] Schramm, G.: Entwicklung und Stand der Übergangsbogenfrage. Organ **1937**, S. 175.

[222] Schramm, G.: Zulässige Fahrgeschwindigkeiten in Gleisbögen mit Rücksicht auf die Überhöhungs- und Krümmungsverhältnisse. Organ **1940**, S. 67.

[223] Vogel, R.: Grenzen der Überhöhung in Gleisbogen. Organ **1937**, S. 39.

[224] Wentzel, R.: Zur Gestaltung des Übergangsbogens; eine Verteidigung der kubischen Parabel. Organ **1934**, S. 115.

[225] Zinsser, A.: Fahrgeschwindigkeit in Krümmungen. V. W. **1934**, S. 279.

### H. Gleisunterhaltung

[226] Backofen, K.: Frosthügel und Schlagstellen im Eisenbahnbau. Organ **1930**, S. 1.

[227] Bloss, A.: Unstetigkeiten der Krümmung am Laschenstoß. Organ **1935**, S. 175.

[228] Bloss, A.: Bekämpfung der Schienenkorrosion im Moffat-Tunnel. Organ **1940**, S. 106.

[229] BLUM, O.: Ursachen der Frosthügel im Eisenbahn- und Straßenbau und Mittel zu deren Verhütung. Organ **1931**, S. 102.

[230] FAATZ, A.: Wirtschaftliche Gestaltung der Bahnunterhaltung. Organ **1925**, S. 484.

[231] FINDEIS, R.: Rechnerisches Verfahren zum Abstecken von Gleisbogen auf Grund von Pfeilhöhenmessung. Gleistechnik **1938**, S. 61.

[232] HROMATKA, F.: Bewirtschaftung der Oberbaustoffe bei den Österreichischen Bundesbahnen. Organ **1926**, S. 371.

[233] JURENEK, E.: Beiträge über Schienenwanderung und Wärmedehnung der Schienen. Organ **1929**, S. 396.

[234] KÜHNEL, R.: Untersuchungen an Riffelschienen. Organ **1939**, S. 27.

[235] LUBIMOFF, L.: Stemmlasche gegen das Wandern der Schienen. Organ **1927**, S. 207.

[236] LUBIMOFF, L.: Einfluß der Beschaffenheit des Gleises auf die Abnützung der Schienen. Organ **1928**, S. 438.

[237] MAUZIN, N.: Nivellograph zur Untersuchung des Gleiszustandes. Revue générale des chemins de fer Jännerheft 1933.

[238] MÄRTENS, F.: Schraubenklemmen gegen das Wandern der Schienen. Organ **1917**, S. 139.

[239] MÜLLER, J. H.: Wirtschaftlichkeit und Zweckmäßigkeit des maschinellen Gleisumbaues. Organ **1928**, S. 187, 205.

[240] MÜLLER, J. H.: Neuere Verfahren auf dem Gebiet des Gleisbaues. V. W. **1935**, S. 433, 451.

[241] SEMMELMANN, G.: Schneeschutzanlagen. Erfahrungen im Bezirk der Reichsbahndirektion Nürnberg aus den Wintern 1940/41 und 1941/42. Z. d. V. M. E. **1943**, S. 116.

[242] SCHRAMM, G.: Das Krümmungsbild und seine Anwendung im Gleisbau. Gleistechnik **1938**, S. 170, 181.

[243] SCHRAMM, G.: Unkrautbekämpfung in Eisenbahngleisen. Z. d. V. M. E. **1943**, S. 231.

[244] SZMODITS, K.: Absteckung und Berichtigung von Gleisbogen. Organ **1935**, S. 331.

[245] TEX, K. v.: Die Schienenwanderung in der Richtung des Verkehrs. Organ **1912**, S. 234.

[246] TÖRÖK, K.: Neuere Werkzeuge und Gleisunterhaltungsmaschinen bei den königlich-ungarischen Staatseisenbahnen. Organ **1940**, S. 199.

### I. Sonderbauarten

[247] BLOSS, A.: Der Oberbau auf Brücken. Organ **1925**, S. 120.

[248] HELMKE, R.: Schienenbefestigung auf Mauerwerk. Organ **1922**, S. 333.

[249] SCHAECHTERLE, K.: Befestigung der hölzernen Querschwellen auf eisernen Bahnbrücken. Organ **1926**, S. 295.

# Namenverzeichnis

Die *stehenden* Ziffern beziehen sich auf die Seitenzahlen im Text, die *liegenden Ziffern* auf die Nummern im Literaturverzeichnis

# Sachverzeichnis